普通高等教育"十一五"国家级规划教材

21世纪交通版高等学校教材



# Traffic and Environment

# 交通与环境

陈　红　主编

严宝杰　邵春福　主审

人民交通出版社

## 内 容 提 要

本书为普通高等教育“十一五”国家级规划教材,全书共分九章,主要内容包括:绪论、交通运输与空气污染防治、交通噪声影响分析及控制、交通与生态环境保护、交通建设项目的水土保持、交通与水环境影响、环境费用分析、交通运输项目环境影响评价、交通环境与可持续发展。

本书为普通高等学校交通工程专业、交通运输专业及道路桥梁与渡河工程专业本科生教材,也可供从事交通土建工程施工及环境保护的技术人员参考。

**图书在版编目(CIP)数据**

交通与环境/陈红主编. —北京:人民交通出版社,2011.6(2025.1重印)
普通高等教育“十一五”国家级规划教材
ISBN 978-7-114-09244-2

Ⅰ.①交… Ⅱ.①陈… Ⅲ.①交通运输—环境保护—高等学校—教材 Ⅳ.①X322

中国版本图书馆 CIP 数据核字(2011)第 131309 号

普通高等教育“十一五”国家级规划教材
21 世纪交通版高等学校教材

**书　　名**:**交通与环境**
**著 作 者**:陈　红
**责任编辑**:沈鸿雁　刘永超
**出版发行**:人民交通出版社
**地　　址**:(100011)北京市朝阳区安定门外外馆斜街 3 号
**网　　址**:http://www.ccpcl.com.cn
**销售电话**:(010)85285911
**总 经 销**:人民交通出版社发行部
**经　　销**:各地新华书店
**印　　刷**:北京虎彩文化传播有限公司
**开　　本**:787×1092　1/16
**印　　张**:16
**字　　数**:392 千
**版　　次**:2011 年 6 月　第 1 版
**印　　次**:2025 年 1 月　第 3 次印刷
**书　　号**:ISBN 978-7-114-09244-2
**定　　价**:30.00 元

# 总　　序

当今世界，科学技术突飞猛进，全球经济一体化趋势进一步加强，科技对于经济增长的作用日益显著，教育在国家经济与社会发展中所处的地位日益重要。进入新世纪，面对国际国内经济与社会发展所出现的新特点，我国的高等教育迎来了良好的发展机遇，同时也面临着巨大的挑战，高等教育的发展处在一个前所未有的重要时期。其一，加入WTO，中国经济已融入到世界经济发展的进程之中，国家间的竞争更趋激烈，竞争的焦点已更多地体现在高素质人才的竞争上，因此，高等教育所面临的是全球化条件下的综合竞争。其二，我国正处在由计划经济向社会主义市场经济过渡的重要历史时期，这一时期，我国经济结构调整将进一步深化，对外开放将进一步扩大，改革与实践必将提出许多过去不曾遇到的新问题，高等教育面临加速改革以适应国民经济进一步发展的需要。面对这样的形势与要求，党中央国务院提出扩大高等教育规模，着力提高高等教育的水平与质量。这是为中华民族自立于世界民族之林而采取的极其重大的战略步骤，同时，也是为国家未来的发展提供基础性的保证。

为适应高等教育改革与发展的需要，早在1998年7月，教育部就对高等学校本科专业目录进行了第四次全面修订。在新的专业目录中，土木工程专业扩大了涵盖面，原先的公路与城市道路工程，桥梁工程，隧道与地下工程等专业均纳入土木工程专业。本科专业目录的调整是为满足培养"宽口径"复合型人才的要求，对原有相关专业本科教学产生了积极的影响。这一调整是着眼于培养21世纪社会主义现代化建设人才的需要而进行的，面对新的变化，要求我们对人才的培养规格、培养模式、课程体系和内容都应作出适时调整，以适应要求。

根据形势的变化与高等教育所提出的新的要求，同时，也考虑到近些年来公路交通大发展所引发的需求，人民交通出版社通过对"八五"、"九五"期间的路桥及交通工程专业高校教材体系的分析，提出了组织编写一套21世纪的具有鲜明交通特色的高等学校教材的设想。这一设想，得到了原路桥教学指导委员会几乎所有成员学校的广泛响应与支持。2000年6月，由人民交通出版社发起组织全国面向交通办学的12所高校的专家学者组成21世纪交通版高等学校教材（公路类）编审委员会，并召开第一次会议，会议决定着手组织编写土木工程专业具有交通特色的**道路专业方向、桥梁专业方向以及交通工程专业**教材。会议经过充分研讨，确定了包括**基本知识技能培养层次、知识技能拓宽与提高层次**以及**教学辅助层次**在内的约130种教材，范围涵盖**本科**与**研究生用**教材。会后，人民交通出版社开始了细致的教材编写组织工作，经过自由申报及专家推荐的方式，近20所高校的百余名教授承担约130种教材的主编工作。2001年6月，教材编委会召开第二次会议，全面审定了各门教材主编院校提交的教学大纲，之后，编写工作全面展开。

21世纪交通版高等学校教材编写工作是在本科专业目录调整及交通大发展的背景下展开的。教材编写的基本思路是：(1)顺应高等教育改革的形势，专业基础课教学内容实现与土木工程专业打通，同时保留原专业的主干课程，既顺应向土木工程专业过渡的需要，又保持服务公路交通的特色，适应宽口径复合型人才培养的需要。(2)注重学生基本素质、基本能力的培养，为学生知识、能力、素质的综合协调发展创造条件。基于这样的考虑，将教材区分为二个主层次与一个辅助层次，即基本知识技能培养层次与知识技能拓宽与提高层次，辅助层次为教学参考用书。工作的着力点放在基本知识技能培养层次教材的编写上。(3)目前，中国的经济发展存在地区间的不平衡，各高校之间的发展也不平衡，因此，教材的编写要充分考虑各校人才培养规格及教学需求多样性的要求，尽可能为各校教学的开展提供一个多层次、系统而全面的教材供给平台。(4)教材的编写在总结"八五"、"九五"工作经验的基础上，注意体现原创性内容，把握好技术发展与教学需要的关系，努力体现教育面向现代化、面向世界、面向未来的要求，着力提高学生的创新思维能力，使所编教材达到先进性与实用性兼备。(5)配合现代化教学手段的发展，积极配套相应的教学辅件，便利教学。

教材建设是教学改革的重要环节之一，全面做好教材建设工作，是提高教学质量的重要保证。本套教材是由人民交通出版社组织，由原全国高等学校路桥与交通工程教学指导委员会成员学校相互协作编写的一套具有交通出版社品牌的教材，教材力求反映交通科技发展的先进水平，力求符合高等教育的基本规律。各门教材的主编均通过自由申报与专家推荐相结合的方式确定，他们都是各校相关学科的骨干，在长期的教学与科研实践中积累了丰富的经验。由他们担纲主编，能够充分体现教材的先进性与实用性。本套教材预计在二年内完全出齐，随后，将根据情况的变化而适时更新。相信这批教材的出版，对于土木工程框架下道路工程、桥梁工程专业方向与交通工程专业教材的建设将起到有力的促进作用，同时，也使各校在教材选用方面具有更大的空间。需要指出的是，该批教材中研究生教材占有较大比例，研究生教材多具有较高的理论水平，因此，该套教材不仅对在校学生，同时对于在职学习人员及工程技术人员也具有很好的参考价值。

21世纪初叶，是我国社会经济发展的重要时期，同时也是我国公路交通从紧张和制约状况实现全面改善的关键时期，公路基础设施的建设仍是今后一项重要而艰巨的任务，希望通过各相关院校及所有参编人员的共同努力，尽快使全套21世纪交通版高等学校教材(公路类)尽早面世，为我国交通事业的发展做出贡献。

21世纪交通版
高等学校教材(公路类)编审委员会
人民交通出版社
2001年12月

# 前 言

随着世界人口的增加、工业化的发展以及城市化进程的加快,人类所从事的各种生产、生活活动对自然环境的干扰和影响愈来愈严重,致使许多类型的生态系统出现了严重退化,继而引发了一系列的环境问题。日趋严重的环境问题引起了国内外人士的广泛关注,各国都从不同层面开展了理论、技术、政策、法规等方面的研究,取得了一定的成果,但也面临着世界性的环境与发展的协调问题。在今后的研究中,环境保护与可持续发展仍是各国共同努力的方向。

近年来,我国的交通事业得到快速发展,特别是高速公路和高速铁路的建设,速度更是惊人。截至2010年底,全国公路总里程突破400万km,达400.82万km,其中,全国高速公路达7.41万km,居世界第二位;中国铁路营业里程已经达到9.1万km,其中,已经投入运营的高速铁路也已经达到8 358km。中国已建成城市轨道交通的城市有北京、上海等12个城市,共48条城市轨道交通线路,通车里程达到1 356km。我国共有颁证运输机场175个,定期航班航线1 880条,按重复距离计算的航线里程为398.1万km,按不重复距离计算的航线里程为276.5万km。全国内河航道通航里程12.42万km,全国港口拥有生产用码头泊位31 634个,其中,沿海港口生产用码头泊位5 453个,内河港口生产用码头泊位26 181个。不容置疑的是在交通快速发展的同时也带来了日益严重的环境问题,如水土流失、生物多样性减少等建设过程的生态环境问题以及交通噪声、汽车废气、水质污染等环境质量问题,交通环境问题已成为当今环境科学领域研究的重点问题之一。

为了适应交通的可持续发展和交通环境保护工作的需要,需要专业技术人员增强环境保护意识,掌握环境保护的基本理论、技术、政策及相关法规,将环境保护措施应用在交通设施工程建设与交通管理中。编者在多年从事交通环境保护教学、科研工作的基础上,结合相关文献编写了这本教材。本教材旨在使学生通过较深入了解汽车交通对环境产生污染的机理及影响因素等内容,广泛地通晓污染物在环境中的迁移扩散过程,掌握其变化规律以提高对环境质量变化的识别力;通过学习环境保护的基本理论与方法,培养分析和解决环境问题的技能,增强保护和改善环境的责任感和自觉性。在交通设施建设与运营管理过程中,将其不利的环境影响降至最低。

本教材共分九章,第一章阐述了环境的概念及环境问题的发展及保护措施;第二章至第六章分别对公路、铁路及机场交通产生的不同环境问题,即生态环境问题、水污染、交通噪声、汽车废气及水土流失等,从环境影响、污染物环境影响分析、控制措施等方面作了论述;第七章介绍了环境损益分析的方法及测算;第八章介绍了交通建设项目环境影响评价的工作程序、内容及方法;第九章介绍了交通环境与可持续发展的内涵及评价。每章均附有复习思考题。全书由陈红统稿主编。

本书在编写过程中得到了硕士研究生周继彪、尹豪企、王东亚、陈斌、孙娟、薛萌、鲍娜、王露等同学的协助,在查询文献、文字录入及绘图、校核方面做了较多的工作,在此表示感谢。书中引用了国内外学者的研究成果及发表的论文和相关资料,在此表示诚挚的感谢。

限于作者水平和资料掌握程度,书中的缺点和错误在所难免,望读者批评指正。

编者

2011 年 6 月于西安

# 目　　录

# 第一章　绪　　论

随着城市化与工业化进程的不断加快,交通需求急剧增加,而交通运输基础设施的建设和运营均需要占用土地、消耗能源,同时对环境也会造成污染和破坏,而且还可能存在着安全隐患。我国交通系统的资源消耗比重逐年增加,加上人多地少、能源后备不足等特点,资源供给的非均衡利用的矛盾已日趋突出。人口剧增、资源过度消耗,由此而引发的一系列环境问题,使本来就已经短缺的资源和脆弱的生态环境面临更大的压力。因此,必须从可持续发展的角度出发,对各种运输方式的技术经济特征进行比较,优先发展资源利用效率高、环境污染小的运输方式,实现资源节约型和环境友好型的交通发展模式。

## 第一节　环境的概念及其结构

### 一、环境的概念

环境一词的含义和内容极其丰富,它随着各种具体状况的差异而不同。从哲学上来说,环境是一个相对于主体的客体,它与主体之间相互依存,它的内容随着主体的不同而不同。在不同的学科里,环境一词的科学定义也不相同,其差异源于主体的界定。

对于环境科学而言,"环境"的含义应是"以人类社会为主体的外部世界的总体"。这里所说的外部世界主要指:人类已经认识到的,直接或间接影响人类生存和社会发展的周围世界,主要是指地球表面与人类发生相互作用的自然要素及其总体。它是人类生存发展的基础,也是人类开发利用的对象。环境是以人类为主体的客观物质体系,它具有整体性、区域性、变动性等最基本的特征。

我国于 1989 年 12 月 26 日公布的《中华人民共和国环境保护法》第一章总则第二条对环境的内涵有如下规定:"本法所称环境,是指影响人类生存和发展的各种天然的和经过人工改造的自然因素的总体,包括大气、水、海洋、土地、矿藏、森林、草原、野生生物、自然遗迹、人文遗迹、自然保护区、风景名胜区、城市和乡村等。"这是一种把环境中应当保护的要素和对象界定为环境的一种工作定义,其目的是从实际出发,对环境一词的法律适用对象或适用范围作出了规定,以保证法律的准确实施。

### 二、环境系统的概念

环境系统是指由自然环境、社会环境、经济环境组成的一个巨大系统,是一个具备时、空、量、构、序变化特征的、复杂的动态系统和开放系统,各子系统之间、各组分之间以及系统内外存在着相互作用,发生着物质的输入、输出和能量的交换,并构成了网络系统,正是这种网络结构保证了环境系统的整体功能,起到了协同作用,形成了聚集效应,为人类和其他生物的生存与发展提供了有益的物质与能量。自然环境系统由资源环境、要素环境和生物群落子系统组成；社会环境系统由政治、文化和人口系统组成；经济环境系统由生产、流通和服务子系统组成，见图 1-1。环境系统这种复杂的构成，决定了它必然具有特定的机构和功能。环境系统结构指的是环境整体（系统）中各组成部分（要素）在数量上的配比、空间位置上的配置关系以及相互之间的联系，通俗地说，环境系统结构表示的是环境要素是如何结合成一个整体的，而环境系统功能，是在环境结构运行中显示出来的作用和技能，是环境系统结构运动和变化的外在表现。

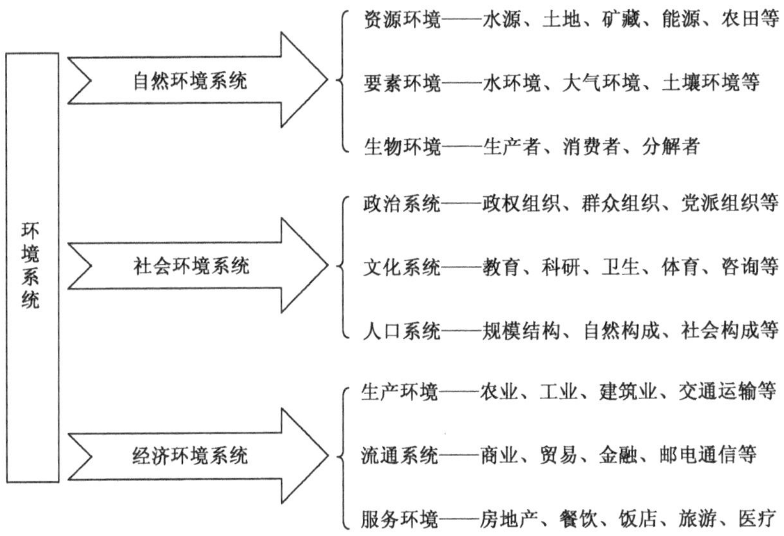


图 1-1　环境系统组成

环境系统的整体虽由部分组成，但其整体的功能却不是简单的由各组成部分功能之和来决定，而是由各部分之间通过一定的结构形成所呈现出的状态所决定的。环境系统和环境要素是不可分割地联系在一起的：一方面，当环境系统处于稳定状态时，它的整体性作用就决定并制约着各要素在环境系统中的地位、作用，以及各要素之间的数量比例关系；另一方面，各环境要素的联系方式和相互作用又决定了环境系统的总体性质和功能。比如，各环境要素之间处于一种协调、和谐和适配的关系时，环境系统就处于稳定的状态。反之，环境系统就处于不稳定的状态。

环境各个系统之间，具有相互作用、相互联系、互有因果的关系，通过自然再生产、社会再生产、经济再生产进行物质、能量、价值和信息流动（图 1-2）。三大系统及其内部各子系统都具有使物质、能量、价值和信息输入、储存、利用、输出及交换的功能、结构，并表现出一定的影响和效率，这样环境系统就处在不断的运动变化之中。

## 三、环境要素

环境要素是构成环境的基本组成部分。它们各自独立，性质不同，而又服从环境整体的演化规律。环境要素分为自然环境要素和社会环境要素，对于环境保护研究较多的是自然环境要素，故环境要素通常是指自然环境要素。自然环境要素主要包括水、大气、生物、土壤、岩石和阳光等。由环境要素组成环境的结构单元，环境的结构单元又组成环境整体或环境系统。例如，由水组成水体，全部水体总称为水圈；由大气组成大气层，全部大气层总称为大气圈；由土壤构成农田、草地、林地，由岩石构成岩体，全部土壤和岩体构成地球固体壳层（岩石圈或土壤);由生物体组成生物群落,全部生物群落集称为生物圈。阳光以其辐射能为环境要素提供能量。了解环境要素的特点,是认识环境、评价环境、改造环境的基本依据。环境要素有如下4个特点。

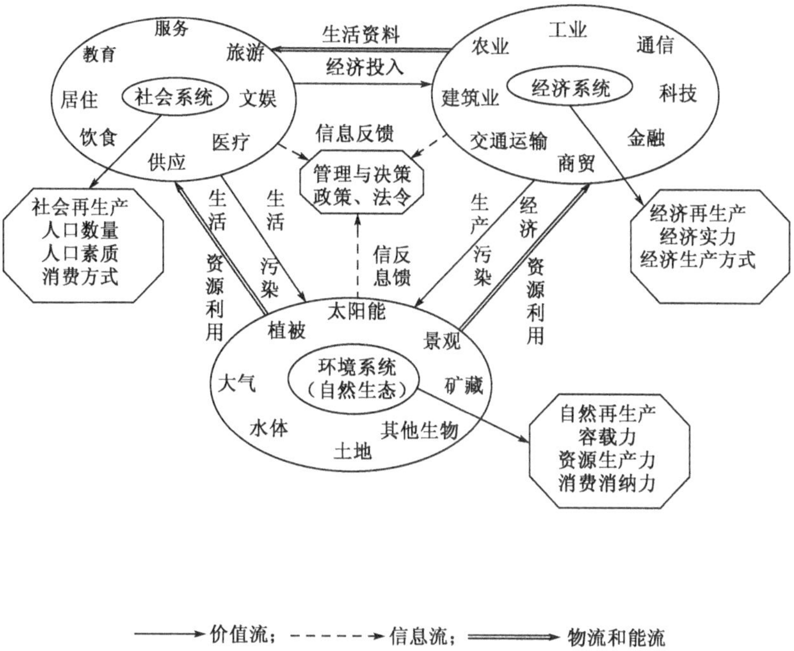


图1-2 环境各系统间物质、能量、价值和信息流动图

(1)最小限制律

整个环境的质量不是由各个环境要素的平均状况决定的,而是由其中与最优状态差距最大的环境要素所控制。即环境质量由处于"最劣状态"的那个环境要素来决定,而不能用其余处于优良状态的环境要素去弥补、去替代。因此,在治理环境时,应循着由差到优的顺序,依次改造每个环境要素,使之全面达到最佳状态。

(2)等值性

任何一种环境要素对于环境质量的限制,只有当它们处于最差状态时才具有等值性。这就是说,各种环境要素不论其规模还是数量上的不同,只要是一种独立的环境要素,那么它们对环境质量的限制作用是相同的。

(3)环境的整体效应大于各个环境要素的效应之和

环境各个要素的相互联系、相互作用所产生的整体效应,是个体效应基础上的飞跃,比组成该环境各个要素的作用之"和"要丰富得多、复杂得多。因此,研究环境不但要研究单个环境要素的作用,还要研究整个环境的作用机理,综合分析其整体效应。

(4)所有环境要素具有相互联系、相互依存的关系

在环境的发展过程中,某些环境要素会孕育着其他要素。例如,在地球发展史上,岩石圈的形成为大气的出现提供了条件,岩石圈和大气圈的存在为水的产生提供了条件,前三者又为生物的产生与发展提供了条件。各个环境要素之间的相互作用、相互联系,是通过能量流的传递或转换来实现的,能量形式的转换又影响到整体环境要素之间的相互制约关系。环境要素之间还通过物质流的循环,即通过各个要素对物质的储存、释放、转运等环节的调控,使全部环

境要素联系在一起。

## 四、环境系统结构

### (一)环境系统结构的概念

环境系统结构是指环境中各个独立组成部分(环境要素)在数量上的配比、空间位置上的配置、相互间的联系内容及其方式。它是阐明环境整体性与系统性的一个基本概念。环境系统结构直接制约着环境系统间物质、能量、价值和信息流动的方向、方式和数量,且始终处于不断地运动变化之中,因此不同区域或不同时期的环境,其结构可能不同,由此呈现出不同的状态与不同的宏观特性,从而对人类社会活动的支持作用和制约作用也不同。沙漠地区的环境系统结构基本上是简单的物理学结构,而植被繁茂地区的环境结构则主要是十分复杂的生态学结构;与此相似,陆地与海洋、高原与盆地、城市与农村、水网地区与干旱地区之间的环境结构均有很大的不同。人们关注的使人类社会和环境持续协调发展的着眼点应是以合理、适当的环境系统结构为目标来选择恰当的人类行为。

环境系统结构实质上是环境要素的配置关系,包括自然环境和社会环境的总体环境的各个独立组成部分在空间上的配置,是描述总体环境有序性和基本格局的宏观概念。环境的内部结构和相互作用直接制约着环境的物质交换和能量流动的功能。自然环境系统结构:从全球的自然环境看,可分为大气、陆地和海洋三大部分。聚集在地球周围的大气层的大气的密度、温度、化学组成等都随着距地表的高度而变化。按大气温度随着距地表的高度的分布可分为对流层、平流层、中间层、热层等。对流层与人类的关系极为密切,地球上的天气变化多发生在对流层内。陆地是地球表面未被海水浸没的部分,总面积约 $1.49\times14^{4}$ 万 $km^2$,占地球表面积的29.2%。海洋是地球上广大连续水体的总称,其中,广阔的水域称为洋,大洋边缘部分称为海。海洋的面积有 $3.61\times10^{4}$ 万 $km^2$,占地球表面积的70.8%。海与洋沟通组成了地球上四大洋,即太平洋、大西洋、印度洋和北冰洋。社会环境系统结构可分为城市、工矿区、村落、道路、桥梁、农田、牧场、林场、港口、旅游胜地和其他人工建筑物。

### (二)环境系统结构的特点

就地球环境而言,环境系统结构的配置及其相互关系有圈层性、地带性、节律性、等级性、稳定性和变异性等的特点。

1. 圈层性

在垂直方向上,整个地球环境的结构具有同心圆状的圈层性。在地球表面分布着土壤—岩石圈、水圈、生物圈、大气圈。在这种格局的支配下,地球上的环境系统,与这种圈层相适应。地球表面是土壤—岩石圈、水圈、大气圈和生物圈的交会处,是无机界和有机界交互作用最集中的区域,它为人类的生存和发展提供了最适宜的环境。

2. 地带性

在水平方向,从赤道到南北极,整个地球表面具有过渡状的分带性。太阳辐射能量到达地球表面,由于地轴倾斜和球面各处的位置、曲率和方向的不同,造成能量密度在地表分布的差异,因而产生了与纬线相平行的地带性结构格局。这种地带性分布的界线是模糊的、过渡性的。

3. 节律性

在时间上,地球表面任何环境结构都具有谐波状的节律性。地球上的各个环境系统,由于地球形状和运动的固有性质，在随着时间变化的过程中，都具有明显的周期节律性，这是环境结构叠加上时间因素的四维空间的表现。

4. 等级性

在有机界的组成中，依照食物摄取关系，在生物群落的结构中具有阶梯状的等级性。地球表面的绿色植物利用环境中无机成分，通过复杂的光合作用过程，形成碳水化合物，自身被高一级的消费者草食动物所取食；而草食动物又被更高一级的消费者肉食动物所取食；动植物死亡后，又由数量众多的各类微生物分解成为无机成分，形成了一条严格有序的食物链结构。这种结构制约并调节生物的数量和品种，影响生物的进化以及环境结构的形态和组成方式。

5. 稳定性和变异性

环境结构具有相对的稳定性、永久的变异性以及有限的调节能力。任何一个地区的环境结构，都处于不断的变化之中，在人类出现之前，只要环境中某一个要素发生变化，整个环境结构就会相应地发生变化，并在一定限度内自行调节，在新条件下达到平衡。人类出现以后，尤其是在现代生产活动日益发展，人口压力急剧增长的条件下，对于环境结构的变动的影响，无论在深度上、广度上，还是在速度上、强度上，都是空前的。环境结构本身虽然具有自发的趋稳性，但是环境系统结构总是处于变化之中。

### 五、环境系统功能

环境系统功能是环境要素及由其构成的环境状态对人类生活和生产所承担的职能和作用。对人类和其他生物来说，环境最基本的功能包括三方面：其一为空间功能，指环境提供了人类和其他生物栖息、生长、繁衍的活动场所，且这种场所是适合其生存发展要求的；其二为营养功能，环境提供了人类及其他生物生长繁衍所必需的各类营养物质及各类资源、能源（后者主要针对人类而言）等；其三为调节功能，如森林具有蓄水、防止水土流失、吸收二氧化碳、放出氧气、调节气候的功能。此外，各类环境要素包括江河湖泊、湿地、土壤、海洋、大气、森林、草原等皆有吸收、净化污染物的功能，使受到污染的环境得到调节、恢复的功能。但这种调节功能是有限的，当污染物的数量及强度超过环境的自净能力（阈值）时，环境的调节功能将无法发挥作用。

## 第二节　环境问题的产生与发展

环境是人类赖以生存和发展的基础，如果人类的生存环境遭到破坏，将严重阻碍社会经济的发展和威胁人类的健康与生存。人类在进入工业化时代以后，生产力得到了高度发展，创造了高度的物质文明，但也带来了一系列社会和环境问题。特别是人类从环境中获取物质和能量，创造了人类需要的物质文明和财富，同时也将污染物带给环境，造成对环境的污染和生态系统的破坏，这就是环境问题。人类造成环境问题有三个途径：非生物资源的消耗、向环境的排放、生物量的损失。

### 一、环境问题及其分类

人类社会发展到今天，创造了前所未有的文明，但同时又带来了一系列环境问题。环境问题是指由于自然或人为活动使环境质量发生变化，从而带来不利于人类生产、生活和健康的结果。

按照形成的原因，环境问题可以分为两类：由自然力引起的环境问题称为原生环境问题，又称为第一环境问题，如火山爆发、洪涝、干旱、地震、流行病等自然界的异常变化；由人类活动引起的环境问题称为次生环境问题，又称为第二环境问题。后者是人类当前面临的最为严峻的挑战之一。

环境问题又可以分为环境污染与生态环境破坏两大类。由于人为或自然的因素，使环境的化学组分或物理状态发生变化，与原来的环境相比，环境质量发生恶化，扰乱或破坏了原有的生态系统或人们正常的生产和生活条件，这种现象称为“环境污染”，又称“公害”，如工业生产排放的废水、废气、废渣对水体、大气、土壤和生物的污染。“生态环境破坏”主要指人类盲目地开发自然资源引起的生态退化及由此而衍生的环境效应，如人为过度放牧引起的草原退化、因毁林开荒造成的水土流失和沙漠化等。

环境污染作为一个重大的社会问题，是随着产业革命的开始而出现的。由于当时只顾生产，不顾对环境的污染，造成了严重的后果。产业革命的故乡——英国伦敦市，早在1873年、1880年、1882年、1891年和1892年连续发生了一系列煤烟型大气污染事件，每次都造成众多人员的伤亡。

进入20世纪，特别是第二次世界大战之后，科学、工业、交通都发生了迅猛的发展，尤其是石油工业的崛起，工业过分集中，城市人口过分密集，环境污染由局部逐步扩大到区域，由单一的大气污染扩大到大气、水体、土壤和食品等各方面的污染，酿成了不少震惊世界的公害事件，即所谓世界八大公害事件，如表1-1所示。

**突发性的严重公害事件** 表1-1

| 事件 | 时间 | 地点 | 危害 | 原因 |
|---|---|---|---|---|
| 阿摩柯卡的斯油轮泄油 | 1978年3月 | 法国西北部布列塔尼半岛 | 藻类、湖间带动物、海鸟灭绝，工农业生产、旅游业损失大 | 油轮触礁，$22\times10^4$t原油入海 |
| 三哩岛核电站泄漏 | 1979年3月28日 | 美国宾夕法尼亚州 | 周围80km200万人口极度不安，直接损失10亿多美元 | 核电站反应堆严重失水 |
| 威尔士饮用水污染 | 1985年1月 | 英国威尔士 | 200万居民饮水污染，44%的人中毒 | 化工公司将酚排入迪河 |
| 墨西哥油库爆炸 | 1984年11月9日 | 墨西哥 | 4 200人受伤，400人死亡，300栋房毁，10万人被疏散 | 石油公司一个油库爆炸 |
| 博帕尔农药泄漏 | 1984年12月2~3日 | 印度中央邦博帕尔市 | 1 408人死亡，2万人严重中毒，15万人接受治疗，20万人逃离 | 45t异氰酸甲酯泄漏 |
| 切尔诺贝利核电站泄漏 | 1986年4月26日 | 前苏联、乌克兰 | 31人死亡，203人受伤，13万人疏散，直接损失30亿美元 | 4号反应堆机房爆炸 |
| 莱茵河污染 | 1986年11月1日 | 瑞士巴塞尔市 | 事故段生物绝迹，160km内鱼类死亡，480km内的水不能饮用 | 化学公司仓库起火，30t的S、P、Hg剧毒物入河 |

续上表

| 事　　件 | 时　　间 | 地　　点 | 危　　害 | 原　　因 |
| --- | --- | --- | --- | --- |
| 莫农格希拉河污染 | 1988 年 11 月 1 日 | 美国 | 沿岸 100 万居民生活受到严重影响 | 石油公司油罐爆炸，$1.3\times10^4m^3$ 原油入河 |
| 埃克森·瓦尔迪兹油轮漏油 | 1989 年 3 月 24 日 | 美国阿拉斯加 | 海域严重污染 | 漏油 $4.2\times10\ m^3$ |
| 日本福岛核电泄漏 | 2011 年 3 月 12 日 | 日本 | 核辐射造成人体健康和环境影响 | 受地震及海啸影响，第一核电站机组发生爆炸 |

1962 年，美国科学家卡逊女士发表《寂静的春天》，提醒世人警惕过度使用农药的恶果。但类似的公害事件至今并未在世界绝迹，当今世界正面临着以下十大环境问题。

### （一）全球气候变暖

1896 年，诺贝尔奖得主，瑞典化学家斯万特·阿伦纽斯在经过至少 1 万次手算之后，正确地断定，大气中的大量水蒸气和二氧化碳能够充分吸收地球发出的热辐射，从而使地球升温（即温室效应）。二氧化碳对全球气温的平衡起着重要作用。二氧化碳能让太阳的短波辐射透过大气到达地面并能吸收地面反射回空间的红外辐射（长波辐射）。从而使低层大气温度升高，使气温发生变化。

由于人口的增加和人类生产活动规模的扩大，向大气释放的温室气体不断增加，导致大气的组成发生变化。大气质量受到影响，气候有逐渐变暖的趋势。由于全球气候变暖，将会对全球产生各种不同的影响，较高的温度可使极地冰川融化，海平面每 10 年将升高 6cm，将使一些海岸地区被淹没。全球变暖也可能导致降雨和大气环流的变化，使气候反常，对今后的人类环境带来最严重的威胁，它能影响全球生态系统、农业、水资源和海洋。

历史资料表明，在过去的 1.8 万年间，由于极地边缘冰层的融化，海平面上升了近 100m。据估计，在 21 世纪，如果南、北两极的冰块进一步融化，海平面将会再上升 1m 左右，会造成世界沿海地区的大灾难。此外，极地冰川的流失，还会改变海洋、空气的循环系统等。

### （二）臭氧层的耗损与破坏

由于大气中痕量气体浓度的增加，必然改变大气中的臭氧含量和臭氧在垂直方向上的分布，这将影响紫外线对地面的辐射量。自 1970 ~ 1980 年开始，同温层中的臭氧总量在减少，特别是 20 世纪 70 年代中期以来，根据卫星监测的结果，南极洲上空臭氧总量在当季春季（即 10 月）浓度减少 25% ~ 30%，近年来南极上空出现了一个直径上千公里的臭氧层空洞（地球同温层臭氧平均含量高于 250 个多布森单位，而空洞中臭氧平均含量低于 200 个多布森单位）。研究结果表明，含氯化学物质，特别是氟氯烃进入大气会破坏同温层的臭氧，其他一些化学品，如 $N_2O$、$CH_4$ 等也都是破坏臭氧的物质。科学家们预言：2050 年时，即使不考虑在南北极上空的特殊云层化学物质，在高纬度地区，臭氧的消耗将是 4% ~ 12%，这就是说，停止使用氯氟烃和其他危害臭氧层的物质已经刻不容缓。

臭氧层能吸收太阳的紫外线，以保护地球上的生命免遭过量紫外线的伤害，并将能量储存在上层大气，起到调节气候的作用。但臭氧层是一个很脆弱的大气层，如果一些破坏臭氧的气体进入臭氧层，它们就会和臭氧发生化学作用，臭氧层就会遭到破坏。臭氧层被破坏，将使地面受到紫外线辐射的强度增加，给地球上的生命带来很大的危害。

### （三）生物多样性减少

在自然状态下，生态系统的演变总是自动地向着生物种类多样化、结构复杂化、功能完善化的方向发展。如果没有外来因素的干预，生态系统必将最终达到成熟的稳定阶段，那时其生物种类最多，种群比例最适宜，总生物量最大，生态系统的内稳性最强。可是近百年来，由于人口的急剧增加、城市化、农业发展、森林减少和环境污染，自然生态区域变得越来越小了，这就导致了数以千计的物种绝迹，生物多样性正以前所未有的速度减少。据估计，目前世界平均每天有一个物种消失，现在物种灭绝的速度是自然灭绝速度的 1 000 倍。生物多样性的丧失已成为人类面临的全球范围内的环境问题。

全世界自然环境的恶化，正在导致物种灭绝达到空前的速度，因此保护自然生态系统和保护生物多样性是当今世界最迫切的问题之一。全世界已经正式辨明并分类的植物、动物、微生物品种有 170 万种，仍未发现或加以鉴定的动植物物种不可计数，可能逾 3 000 万种，多数都在热带，具有作为食物、纤维、药品、化学品或其他材料来源的重大价值。不过由于人类活动的频繁，人类的足迹差不多已经遍及世界上的各个角落，尤其是由于生物物种生境的不可逆转，这些生物物种正以空前的速度灭绝。全世界的湿地和天然林地特别受到了威胁，不仅是物种，即使是动植物物种之内的品系和族系也在消失，因此物种多样性也在减少。这种损失在热带雨林区内最为显著。据估计，倘若一个森林区的原面积减少 10%，即可使继续存在的生物品种下降至 50%。由于所有栽培作物和家畜都来源于野生物种，因此，保护其野生亲属的样品代表作为继续进行遗传选择和改良的基础是绝对必要的。保护人类和自然遗产，基于经济和科学方面的论点早已受到确认。全世界都已认识到保护物种和生态系统在道义、文化、心理和娱乐上的价值。

### （四）酸雨蔓延

1872 年，英国科学家史密斯在一些工业城市发现雨水的酸性偏高，并第一次使用了“酸雨”这个词。20 世纪 60 年代，素有“千湖之国”之称的瑞典，全国 3 000 多个湖泊虽仍清澈，却因酸度过高，鱼虾绝迹，成为死亡之湖。我国从 20 世纪 70 年代末开始也发现了酸雨。30 年来，酸雨受害面积已扩大到国土面积的 30% 以上，甚至连土质碱化的北方地区也有一些城市（如青岛、图们）出现酸雨。据中国环境科学院的研究，酸雨除对森林、建筑物、古迹等造成损害外，还会使农产品损失 5% ~10%。

酸雨是指 pH 值小于 5.6 的雨雪或其他方式形成的大气降水（如雾、露、霜、雹等），是一种大气污染的天然雨水的背景值。pH 值小于 5.6 的雨水被认为是酸雨，其酸性增强认为来自人为污染，因此 pH 值是否小于 5.6 实际上已被国际上用作判别雨水是否受到人为污染的界限。但近年来通过对降水的多年观测，特别是对清洁本底的监测，已经对 pH 值 5.6 能否作为酸性降水的界限以及判别人为污染的界限提出了异议。有人认为降水 pH 值小于 5.0 为酸雨比较合适。

大气中不同酸性物质所形成的各类酸，都对酸雨的形成起作用，但它们作用的程度不同。一般来说，对形成酸雨的作用，硫酸占 60% ~70%，硝酸占 30%，盐酸占 5%，有机酸占 2%。所以，认为排放的 $SO_2$ 和 $NO_x$ 是形成酸雨的两种主要物质。

酸雨的危害主要是破坏森林生态系统，改变土壤性质与结构，破坏水生生态系统，腐蚀建筑物和损害人体的呼吸道系统和皮肤。当酸雨降到地面后，导致水质恶化，使各种水生动植物受到死亡的威胁。植物叶片和根部吸收了大量的酸性物质后，引起枯萎死亡。酸雨进入土壤后，使土壤肥力减弱。人类长期生活在酸雨中，饮用酸性水质，都会造成呼吸器官、肾病和癌症等一系列疾病。例如，在欧洲 15 个国家中，有 700 万 $hm^2$ 森林受到酸雨的影响，在遭受死亡综合症的侵袭；在瑞典北部地区，因受酸雨的影响，土壤酸化使肥力减退，河湖酸化影响水生生物的生长和繁殖，瑞典农业部曾经在河道中投放石灰来治理酸雨对水体的酸化。此外，还有因酸雨渗入地下，使地下水酸化而造成地下水污染的事例。据统计，酸雨每年要夺走 7 500 ~ 12 000 人的生命。

酸雨的危害遍及欧洲和北美，在世界上酸雨分布的地区较广，我国的酸雨主要分布在贵州、重庆和柳州等地。酸雨有时飘越国境影响别国，如 20 世纪 50 ~ 70 年代，美国东北部和加拿大降水 pH 值降低的趋势十分明显，北美的湖泊酸化十分严重。这涉及了两国之间酸雨的污染来自何方的争议。由于各国对空气污染物长距离输送和超越国界现象的肯定，酸雨问题已不仅被视为区域性环境污染问题，而且有时也被列入全球性环境问题。

### (五)森林锐减

森林覆盖着全球陆地面积的 1/3，热带森林总面积共逾 190 亿 $hm^2$，其中 120 亿 $hm^2$ 是密闭森林，其余是宽阔树丛。森林是木材的供应来源，并具有储水、调节气候、保持水土及提供生计、保障生物多样性等重要作用，森林是最大的一种生态系统，是维护陆地生态平衡的枢纽。它对于人类文明的发展产生过并继续产生着巨大影响。目前世界森林资源趋于减少。历史上森林植被变化最大的是温带地区。自从大约 8 000 年前开始大规模的农业开垦以来，温带落叶林已减少 33% 左右。进入 20 世纪后期，世界毁林集中发生在热带地区，1997 年夏季，印度尼西亚热带雨林相继发生了森林大火，浓烟笼罩了整个东南亚。在雨林中大规模伐木是造成大火的主要原因之一。目前，全球热带森林正以每年 1 170 万 $hm^2$ 速度消失。据估计，1981 ~ 1990 年间全世界每年损失森林平均达 1 690 万 $hm^2$，每年再植森林约 1 054 万 $hm^2$。

在今天的地球上，森林正以平均每年 4 000$km^2$ 的速度消失。森林的减少使其涵养水源的功能受到破坏，造成了物种的减少和水土流失，对 $CO_2$ 的吸收减少进而又加剧了温室效应。

### (六)土地荒漠化

土地资源损失尤其是可耕地资源损失、土壤退化与沙漠化已成为全球性的问题，发展中国家尤为严重。目前，人类开发利用的耕地和牧场，由于各种原因正在不断减少或退化，沙漠化、盐碱化问题比较严重。而全球可供开发利用的备用资源已很少，许多国家或地区粮食不能自给，人均占有的土地资源在迅速下降，加之缺乏适当的环境管理，把森林和草原改为耕地，从而加快了土壤退化与水土流失、土壤肥力下降、土地盐碱化。农药和化肥的不适当使用，导致土壤污染。这一系列问题对人类的生存构成了严重威胁。

据联合国环境规划署的资料，从 1975 ~ 2000 年，全球有 3 亿 $hm^2$ 耕地被侵蚀，另有 3 亿 $hm^2$ 土地可能被新的城镇和公路占用。同时森林、植被的破坏使全世界每年流失的土壤达 240 亿 t，几乎全部土地的 1/3 有变成沙漠的危险。土壤退化及土地生产潜力降低使土地生产能力的丧失达 25% 时为中等沙漠化，20% ~ 50% 为严重沙漠化，超过 50% 为极度沙漠化。研究结果表明，全世界 2/3 的土地，即 20 亿 $hm^2$ 的土地不同程度地受到了沙漠化的影响（其中 16.1 亿 $hm^2$ 为牧区），每年估计有 21 亿 $hm^2$ 具有潜在生产能力的土地，由于人类活动丧失了经济价值。而受沙漠化影响的主要是发展中国家，现在世界上有 8.5 亿人口生活在不毛之地或贫瘠的土地上。全球荒漠化的土地已达到 3 600 万 $km^2$，占地球陆地面积的 1/4。荒漠化以每年 5 万 ~7 万 $km^2$ 的速度扩大，每年有 600 万 $hm^2$ 的土地变成沙漠。经济损失每年 423 亿美元。全球共有干旱、半干旱土地 50 亿 $hm^2$，其中 33 亿 $hm^2$ 遭到荒漠化威胁。人类文明的摇篮底格里斯河、幼发拉底河流域，已经由沃土变成荒漠。

### （七）大气污染

大气污染是指大气的组分和结构、状态和功能发生了不利于人类生存、发展的改变。大气污染的主要因子为悬浮颗粒物、CO、臭氧、$CO_2$、$NO_x$、Pb（铅）等。它的污染源有工业污染源、农业污染源、交通运输和生活污染源等。大气污染导致每年有 30 万 ~70 万人因烟尘污染提前死亡，2 500 万的儿童患慢性喉炎，400 万 ~700 万的农村妇女儿童受害。

### （八）水污染

地球表面只有不到 3% 是淡水，其中有 2% 封存于极地冰川之中。预测再过二三十年，地球上淡水资源将严重短缺。严重缺水的国家和地区将达 46 ~52 个，缺水人口将达 28 亿 ~33 亿人。水是我们日常最需要，也是接触最多的物质之一，然而就是水如今也成了危险品。人们将未经处理的工业废水、生活污水和其他废物直接或间接地排入江河湖海，使地表水和地下水的水质恶化，造成水体的富营养化和严重的赤潮，使水中生物死亡，威胁人类饮用水安全。

### （九）海洋污染

全世界 60% 的人口挤在离海洋不到 100km 的地方，沿海地区受到了巨大的人口压力，这种人口拥挤状况正使非常脆弱的海洋生态失去平衡。由于人类不断向大海中排放污染物，填海造地、大量建设海上旅游设施，近年来发生在近海水域的污染事件不断增多。海洋污染主要有原油泄漏污染、漂浮物污染和有机化合物污染及赤潮、黑潮等。全世界 1/3 的沿海地区（在欧洲是 80% 的沿海地区）遭到了破坏，破坏了红树林、珊瑚礁、滩涂、海草，使近海鱼虾锐减。

过度捕捞造成海洋渔业资源正在以令人可怕的速度减少。在某些海域，由于大量捕捞，某些特有的鱼种，如大西洋鳕鱼，已达到灭绝的程度。更为糟糕的是，过度捕捞严重影响海洋生产力和生物多样性，海洋生态系统遭到严重破坏。

### （十）危险性废物污染与越境转移

危险性废物是指除放射性废物以外，具有化学活性或毒性、爆炸性、腐蚀性和其他对人类生存环境存在有害特性的废物。因其数量和浓度较高，可能造成或导致人类死亡率上升，或引起严重的难以治愈的疾病或致残。工业带给人类的文明曾令多少人陶醉，但同时带来的数百万种化合物存在于空气、土壤、水、植物、动物和人体中，即使作为地球上最后的大型天然生态系统的冰盖也受到了污染。那些有机化合物、重金属、有毒产品，都集中存在于整个食物链中，并最终将威胁到人类的健康，引起癌症，导致土壤肥力减弱。有毒有害废弃物使自然环境不断退化，土壤和水域不断被污染，垃圾处置填埋场地越来越少，居民抗议声越来越大，发达国家开始以公开或伪装的方式向发展中国家转移危险废弃物。

## 二、环境问题的由来与发展

环境问题的出现，可以追溯到 18 世纪 50 ~60 年代的工业革命。当时，在急于追求物质生活的不断改善的共同目标推动下，借助科学技术的进步，人们殚精竭虑，想尽一切办法积极发展经济以满足人们对物质生活的不断追求。而当经济的快速发展，人们的物质生活得到快速改善的同时，伴随而来的是人们始料不及的环境的不断恶化。随着环境问题的恶化，人们逐渐意识到这不仅仅是一个技术问题,更与社会结构以及人们的行为模式相关。20 世纪 50 年代以来,环境污染问题出现了两次高潮。

第一次高潮是 20 世纪 50 ~ 60 年代,在工业发达国家环境污染达到了严重程度,直接威胁到人们的生命和安全,成为重大的社会问题,激起了广大人民的强烈不满,也影响了经济的顺利发展。1970 年 4 月 22 日,美国环境保护主义者还推动组织了 2 000 万人大游行,提出"先污染,后治理"这条路不能再继续走下去了,被动的防治局面必须改变,预防为主的综合防治办法必须尽早实施,这就是 1972 年 6 月联合国在斯德哥尔摩召开的人类环境会议的历史背景。113 个国家参加了这次会议,通过了《人类环境宣言》,唤起了全世界对环境问题的注意。这次会议对人类环境问题来说是一个里程碑。工业发达国家把环境问题摆上了国家的议事日程,制定法律,建立机构,加强管理,采用新型技术,环境污染得到了有效控制,环境质量有了很大的改善。

第二次高潮是 20 世纪 80 年代初伴随着环境污染和大范围生态破坏出现的一次高潮。人们关心的是一些影响范围大和危害严重的环境问题,主要是酸雨、臭氧层破坏和"温室效应"。这些全球性环境问题严重威胁着人类的生存和发展,不论是广大公众还是政府官员,不论是发达国家还是发展中国家,都普遍对此表示不安。1988 年 11 月在德国汉堡召开的全球气候变化会议上指出:如果"温室效应"不被阻止,世界在劫难逃。各国政府都充分认识到了这些问题的重要性和预防污染的必要性。为治理和改善已被污染的环境,为防止新的污染发生就要求加强环境管理。这首先就有一个如何全面正确地认识环境的问题。1997 年 12 月,在日本京都召开了"联合国气候变化框架公约"大会,会议通过了《京都议定书》,要求各国削减温室气体排放量。

为了在研究和认识环境问题中有共同语言、共同方法和共同标准,环境质量评价也应运而生。同时环境保护机构、环境立法等方面都有了突飞猛进的发展。

世界各国积极建立环保机构,国际组织踊跃参与推动环境保护的发展。斯德哥尔摩人类环境会议之后,联合国大会 2997 号决议成立联合国环境规划署。这是联合国各系统中把总部设在发展中国家的第一个全球性组织。环境署成立二十几年来,在推动和促进各国保护人类环境方面起到了催化和促进作用。根据斯德哥尔摩人类环境会议的建议,环境署特别将注意力放在人类居住区、人类健康、环境和发展、自然灾害、海洋和陆地生态系统等方面。第 14 届环境理事会(1987 年)进一步明确了环境署的职责方向,强调了中心问题是环境保护与经济发展之间的相互依存关系,即"持续发展"的观点。许多国家相继成立了环保管理机构(局、部、理事会、委员会等)。20 世纪 70 年代初成立的环保管理机构还不到 10 个,到 1974 年已增至 60 个,到 1982 年就大约有 100 个。同时,致力于环境保护问题的非政府组织也越来越多,1972 年估计有 2 500 个,1981 年增至 15 000 个,其中已在环境联络中心正式登记的有 5 200 个。这期间,联合国许多主要机构,如联合国粮食与农业组织(FAO)、世界卫生组织(WHO)、联合国教科文组织(UNESCO)、国际原子能机构(IAEA)、国际气象组织(IMO)等都以不同形式致力于某些环境保护问题。各区域委员会、大自然养护会、经济合作和发展组织以及欧洲经济共同体(EEC),都对推动环境保护的发展起了积极作用。在此期间,我国从中央到地方也相应成立了环境保护管理机构。

在各国成立环保机构的同时,各国加快了环境立法的步伐。20 世纪 70 年代发达国家与发展中国家的环境立法风起云涌。例如各国经济合作和发展组织,从 1955 年到 1960 年的 5 年间只通过了 4 个重要的环境法律,1961 年到 1970 年 10 年间通过了 28 个,而在 1971 年到 1979 年的 9 年就通过了 56 个。中国也于 1979 年 9 月 13 日公布了《中华人民共和国环境保护法(试行)》,使我国的环境保护逐步走上法制化的轨道。

环境问题是由于人类在追求经济发展的过程中,不重视环境承载能力和容量而无节制地开发利用环境,直接或间接造成的环境污染或环境破坏的状态。环境问题不仅仅是技术问题,而且是经济发展与产业结构的结果。其具体的产生、演化示意图如图1-3所示。

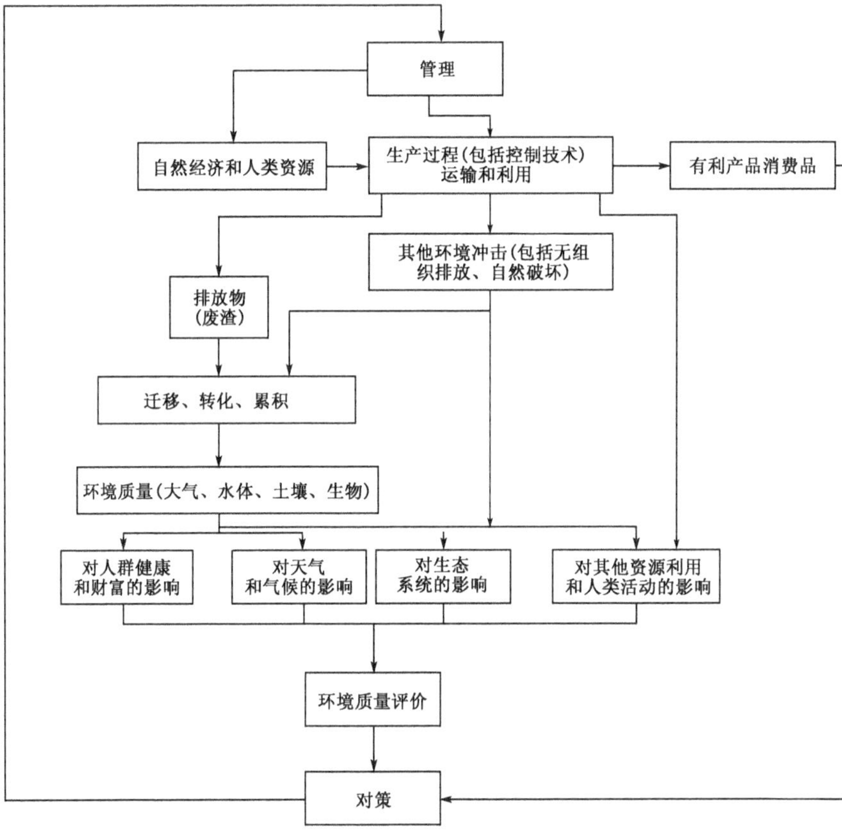


图1-3　环境问题的产生、演化示意图

改革开放后的中国,主要是以对自然资源的剥夺来发展经济,并且完全以经济建设为第一位,忽视环境的恶化。直到20世纪末,中国才真正意识到环境正在威胁着我们的生存与发展,这条"环境换经济"的老路是行不通的,从而才真正开始将环境保护落到实处。

首先是产业结构的改变。在处于农业时代的20世纪初,工业化的农业对环境产生了极大的压力:杀虫剂、化学药剂的大量使用严重污染了土壤,大量开发土地造成了土地的退化,大气中的二氧化碳和甲烷的含量在不断增大。至今虽有所改进,但这样的污染远不及工业时代带给我们的环境危害。工业造成了严重的环境污染以及全球资源危机。在我国,最大的问题便是由于缺乏技术而导致大量清洁能源得不到有效利用,使经济发展不得不依赖自然资源,以及由于资源利用不充分而造成的浪费。另外,由于我国资源分布状况不均,资源多分布于西部,产业与技术的发展却大部在东部。西部地区习惯于对资源的剥夺来改变经济状况,东部产业所需原材料则需要从西部获取,使得西部地区生态环境严重破坏。

其次是人们的生活方式对环境的影响。随着经济的发展,人们温饱需求得到基本满足,生活方式发生了巨大改变。随着人民生活的改善,消费理念及方式的变化,城镇化进程加快,城市空间的扩展,小汽车进入家庭以及私人小汽车拥有量的急剧增长,带来了资源消耗和严重的大气污染、噪声与严重交通堵塞问题。

环境问题的发展也反映了政府的行为引导控制方面存在的问题,从产业结构的引导与控制,低污染的产业结构的扶持力度不足,特别是缺失对居民生活方式的有效引导,在各种层面出现过度消费,尤其是住房与交通消费方面。同时对规划的执行控制性不严,带来了用地与交通、生产等一系列问题。

## 第三节　交通运输与环境

### 一、交通与运输的含义

《辞海》对运输的解释:人和物的载运和输送;对交通的解释:各种运输和邮电通信的总称,即人和物的转运和输送,语言、文字、符号、图像等传输和播送。2005年出版的《交通大词典》对交通和运输分别定义:交通是指人、物和信息在两地之间的往来、传递和输送,包括运输和通信两个方面,是国民经济活动的主要环节之一,在国民经济发展中起先行作用;狭义的交通专指运输。运输,又称交通运输,指使用运输工具和设备,运送人和物的生产活动。

从字面上理解交通和运输具有不同的含义。"交"具有连接、交叉、交会的含义;"通"具有通达、接通的含义。交通是指连接通达的方式和设施(广义的交通甚至包括通信),目前有铁路、公路、水运、航空、管道五种交通方式,这五种交通方式需要有不同的交通基础设施。"运"具有搬运、移动的含义;"输"具有输送的含义,运输是人或物的空间位移。交通和运输是两个不同的概念,二者既相互联系又有不同的功能。交通设施是一种投资品,而运输则是无形的位移服务,但由于现代的运输活动都是在特定的交通设施上进行的,铁路运输要以轨道交通为基础,汽车运输则要在公路上进行,因此人们习惯于把二者联系在一起,统称交通运输。

许多学者对交通和运输的界定:"交通是指通过一定的组织管理技术,实现运载工具在公共交通网络上流动的一种经济活动和社会活动。""运输是指借助公共交通网络及其设施和运载工具,通过一定的组织管理技术,实现人与物空间位移的一种经济活动和社会活动。"

运输体现的是一种服务,交通是体现其服务的基础。从这个意义上来理解交通运输的含义,交通与运输实际上涉及两类不同层次的问题,交通涉及交通方式的选择、交通基础设施建设,主要涉及国家政策、规划与投资问题;运输则是在现有交通设施的基础上如何进行运输活动等与企业经营有关的问题;二者既有区别又相互联系。运输的需要,或潜在的运输需求推动了交通设施建设和交通工具的创新。

### 二、交通运输系统的组成

交通运输系统主要由下列五个基本部分组成。

#### (一)载运工具

如火车、汽车、船舶、飞机、管道等,用以装载所运送的旅客和货物。

#### (二)站场

如火车站、汽车站、机场、港口等,作为运输的起点、中转点或终点,以供旅客和货物从载运工具上下和装卸。

### (三)线路

如有形的轨道、道路、河道、管道或无形的航路、航线等,作为运输的通道,供载运工具由一个站场点行驶到另一个站场点。

### (四)交通控制和管理系统

为保证载运工具在线路和站场上安全、有效地运行而制定的规则及设置的各种监视、控制、管理装置和设施,如各种信号、标志、通信、导(助)航以及规则等。

### (五)设施管理系统

为保证各项交通运输设施处于完好或良好的使用或服务状况而设置的设施状况监测和维护(维修)管理系统。

按载运工具和运输方式的不同,交通运输系统可分为下述五种基本类型。

1. 轨道交通运输

轨道交通运输是指由内燃、电力或蒸汽机车牵引的列车在固定的重型或轻型钢轨上行驶的系统,可分为城市间的铁路交通运输系统及区域内和城市内的有轨交通运输系统两种。

2. 道路交通运输

道路交通运输是指由汽车在城市间的公路和城市内的街道上行驶的交通运输系统。

3. 水路交通运输

水路交通运输是指由各种船舶在内河河道、沿海或远洋航线航行的交通运输系统。

4. 航空交通运输

航空交通运输是指由飞机利用空中航路飞行的交通运输系统。

5. 管道交通运输

管道交通运输是指利用管道连续输送原材料的交通运输系统。

整个交通运输系统是一个上述五种交通运输类型并存的综合系统,各自发挥本类型(系统)的特长和作用。

## 三、交通运输系统的性能

各类交通运输系统具有不同的特点和性能。通常从以下四个方面来表征或评价一个交通运输系统的性能。

### (一)普遍性(Ubiquity)或通达性(Accessibility)

普遍性主要指进出交通运输系统的出入口数量、这些出入口之间交通运输线路的直捷程度以及系统适应各种交通量的能力等方面的性能。它直接关系到使用者进出和使用该系统的便利性。影响普遍性的主要因素是交通线路网的密度和进出系统的出入口或站场的数量。

### (二)机动性(Mobility)

机动性可定义为交通运输系统在单位时间段内处理交通运输对象的能力,它包括系统的通行能力(或容量)和系统内交通流的速度两个方面。

### (三)效率和效益(Efficiency)

效率和效益包括修建和维护交通运输系统基础设施所需投入的资金量,使用该系统所需支付的运行费用(能源消耗、载运工具和基础设施的损耗、控制和管理费用等),系统的可靠性和使用的安全性,系统对周围环境的负面影响等方面。

### (四)服务对象和服务水平(Service Object and Service Level)

服务对象和服务水平是指交通运输系统适宜于输送的对象(货物或旅客的类别),系统所提供的服务质量(舒适性、频率等)。

## 四、各类交通运输系统的特点

由于各类交通运输系统组成要素中的载运工具和线路设施的差异性较大,所以各种交通运输方式具有不同的性能特点。

### (一)轨道交通系统

轨道交通运输由专用的列车车辆依次沿固定的线路(轨道)行驶,交通运输对象需在固定的站场进出线路系统,因而其普遍性便受到较大的限制。为使列车能以一定的速度安全地在线路上行驶,要求线路布置的平面曲率半径不宜过小,而纵向坡度不能太大。这就使轨道交通运输方式的采用较多的受到地形和地质条件的限制,或者在地形较复杂地区需要投入较多的建设资金。轨道交通运输的主要优点是货物或旅客的装载容量很大,而其平均运行速度可为中等(50~100km/h)到高速(200km/h 以上),因而其机动性较高。线路、站场和控制管理设施的修建和维护费用较高;货运的运输成本较低,但高速客运的运输成本较高;系统的可靠性和安全性较高,能源消耗较低。轨道交通运输的这些性能,使之在货物运输方面适宜于中长距离的散装和大宗货物以及集装箱运输,而在旅客运输方面适宜于短中距离(<500km)的城市间交通运输及大城市近郊和市区内的有轨交通运输。

### (二)道路交通系统

道路交通运输是一种可以实现"门到门"运输的方式,也即货物和旅客可以在起点(厂门、店门、家门……)装上和乘上汽车后,通过支线迅速进入道路系统,而后直接运输到终点(厂门、店门、家门……),中间不需倒换装卸作业。因而,路网密度大时,道路交通运输便具有很高的普遍性。道路路线布设的平面曲率半径可比轨道线路的小,而纵坡可以比它大,因而受地形限制的程度较轨道交通运输低。但在地形复杂地区,道路交通运输的通达性仍受到限制。道路交通运输的平均运行速度为中等(30~120km/h),受交通密度(用集成度)的影响很大,相比于轨道交通其装卸容量较小。道路交通运输基础设施修建和维护的投资量较轨道交通运输低,而其运营费用(运输成本)则较轨道和水路交通运输高,能源的消耗较大。道路交通运输的可靠性和安全性不如其他运输方式。因而,道路交通运输适宜于短途旅客和货物运输,小批量商品或时间价值较高的货物的中转运输。

### (三)水路交通系统

水路交通运输受河流通航条件及海岸和港口条件的限制,其普遍性较受局限。船舶的装载量较大,但其平均运行速度很低(15~40km/h)。港口、码头基础设施的修建费用较高,但由于运输能力较大,能源消耗低,其运输成本较其他各种运输方式都低。因而,水路交通运输适宜于大宗和散装货物以及集装箱运输;国际间的货物运输大部分都依靠远洋运输。由于速度低,旅客运输仅限于短途和游览。

### (四)航空交通及管道运输

航空交通运输的突出优点是快速(200~900km/h)和舒适。其普遍性受到机场密度的限制。飞机的载运量较汽车高，机场基础设施的修建费用较高，能源消耗大，运输成本高。因而，航空交通运输适宜于中长距离（>500km）的旅客运输和时间价值高的小宗货物运输。国际间的旅客运输大部分都依靠空运。

管道运输的普遍性与轨道运输相似。它适宜于长距离连续输送液体（石油）或气体（天然气）介质。其输送速度很低（16～30km/h），但能力较高。基础设施的修建费用较轨道和道路小，其运输成本也低；而且，其输送不存在空驶问题，不受气候影响，设施占地也少。

各类交通运输系统的不同特点和性能，使之能在整个交通运输系统中并存和互补，发挥各自的优势和特长，形成综合交通运输系统。

## 五、交通运输与环境

随着科技进步和社会生产力的极大提高，人类征服自然改造自然的能力不断加强，创造了前所未有的物质财富，加速和推进了人类文明发展的进程。为了适应经济发展对交通的需求，政府投入大量资金进行交通基础设施的规划和建设，从而产生交通发展与交通资源有限的矛盾。同时在交通发展中也出现交通拥挤严重、交通资源得不到充分利用、交通环境质量日趋恶化等问题，形成交通发展的恶性循环（图1-4）。由于各种交通基础设施对资源消耗强度不同，交通工具使用过程中的能源消耗方式不同，以及各种交通工具排放的污染物类型及排放量不同，所以存在各种交通方式对环境影响的区别，交通运输系统可以从环境约束方面优化交通结构。

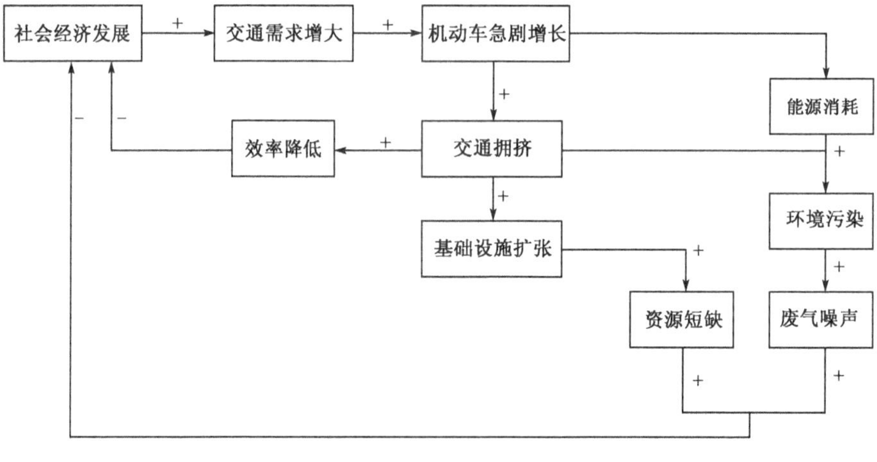


图1-4　交通发展因果关系图

### （一）交通运输与土地资源

目前，交通系统所消耗的资源主要有土地资源和能源资源两种，其中交通工具使用过程中的燃料消耗是当前交通能源消耗中最为严峻的问题。随着道路交通的逐步机动车化，交通系统的资源消耗比重会逐年增加，加上我国人多地少、能源后备不足等特点，资源供给的非均衡利用的矛盾已日趋突出。人口剧增、资源过度消耗，由此而引发的一系列生态、环境问题，使本来就已经短缺的资源和脆弱的生态环境面临更大的压力。

目前，我国各种运输方式交通线路和港站建设都要占用大量土地资源。据测算，双线电气化铁路每公里占用土地约90亩（59 994$m^2$），高速公路四车道每公里占用土地约110亩（73 326$m^2$），六车道每公里占地约120亩（79 992$m^2$），水运、航空、管道等方式的运输线路占地较少，但港站建设因规模不同也占用不等的土地。我国土地资源有限，农业耕地面积少，人均耕地面积仅为世界平均水平的40%。节约土地和保护耕地是我国的基本国策。在我国土地资源稀缺、耕地面积日益减少的情况下，节约用地对交通运输可持续发展具有十分重要的意义。由于土地资源的紧缺性和有限性，要想满足不断增长的运输需求，单靠加大土地等投入的粗放式发展方式是不可持续的，必须转变发展方式。充分发挥各种方式的比较优势，选择交通发展最佳方式。

各种交通设施对自然(生物)资源的影响，主要是占用或损坏自然生态系统、半自然(半人工)生态系统或生态系统中的物理条件——土地、水等造成的。

交通基础设施建设占用草地、湿地、森林、山地、耕地等生物的基本生存空间，不仅使生物界的生存空间缩小，更主要的是对生态系统的损坏，如分隔(阻隔)使整片的草地、林地、湿地分成两块，该两块地的生态效应比整片地的要小得多，如果其中的一块地面积过小，若干时间后有可能失去它原有的生态功能，如草地退化、湿地干涸、林木损失，使生活在其中的原有生物的生存受到影响甚至消亡。任何交通设施的施工均需占用土地资源，大面积地损坏植被、大面积地取土和大量填土、切挖山体对土石体的扰动等，导致在水力侵蚀和重力的作用下，产生严重的水土流失，还有可能引发山体滑坡、崩塌和泥石流。干旱地区在风力的侵蚀下会造成土地沙化。

国家和各地区为了保护野生生物和珍稀濒危生物，设立了各种保护区，如自然保护区、鸟类保护区、湿地保护区、热带雨林保护区、森林公园、风景名胜区及名贵动植物保护区等。由于受交通线路技术指标限制，线路穿越(侵占)保护区的现象已不在少数。

### (二)交通运输与能源消耗

随着世界工业经济的发展、人口的剧增、生产生活方式的无节制导致能源消耗量增长迅速。工业革命至今200多年，大约只占人口总数20%的发达国家消耗了地球几亿年积攒下的80%以上的化石能源。交通运输是目前能源消耗量最大，也是能源消耗增长最快的行业。发达国家交通运输业能耗占全社会能源消耗的比例一般在1/4～1/3之间。世界能源委员会1995年的报告称，交通是唯一对石油的需求在最近20年持续增长的部门。交通高度依赖于石油。在美国，95%的交通能源需求都由从石油中提炼的燃料供应，对于整个的OECD，相对应的数据是99%(国际能源机构，1993)。

石油燃料在内燃机中的不完全燃烧产生了多种污染物质，包括：一氧化碳、挥发性有机化合物(VOCs)、氮氧化物与微小颗粒物。在欧洲，66%的一氧化碳、39%的挥发性有机化合物、47%的氮氧化物是由机动车产生的；在美国，相对应的数据为：78%、37%、45%。来自交通运输的挥发性有机化合物包含多种有毒大气污染物，如：苯、甲醛、氰化物、二氧(杂)芑等。在美国，单是道路尘埃就引起了40%的微小颗粒物污染。除了区域性污染，交通排放还引起了国际性的环境问题。氮和硫的氧化物产生了酸雨，危害着陆地生态系统和水生生态系统。化石燃料的完全燃烧产生二氧化碳和水蒸气，人类造成的二氧化碳排放中有16%来源于交通排放。

交通，作为社会发展的重要载体和工具，也是温室气体的重要排放源。

2009年初，奥斯陆气候和环境国际研究中心发表的一份研究报告称，汽车、轮船、飞机和火车等交通工具所使用燃料释放的气体是目前造成全球变暖的主要原因之一。报告指出，过去10年全球二氧化碳排放总量增加了13%，而源自交通工具的碳排放增长率却达25%。

2009 年,亚洲发展银行呼吁包括中国在内的亚洲地区借贷国进行大众交通系统改造建设,以缓解二氧化碳排放迅速增长的局面。亚洲发展银行表示,虽然发达国家的温室气体排放仍然占全世界排放总量的大部分,但是发展中国家尤其是亚洲国家的交通源排放近年来增长迅猛。预计在未来的 25 年内,全球交通源二氧化碳排放将增加 57%,而由于发展中国家的汽车行业发展迅速,其排放增长将占到 80%。

根据国际能源署(IEA)的测算,全球交通运输在一次石油总消费量中所占的比例将从 2005 年的 47% 提高到 2030 年的 52%。尽管生物燃料在道路交通运输燃料市场中所占的份额有所增加,但是以石油为基础的燃料依然处于主导地位。在全球范围内,2005 ~ 2030 年期间,交通运输石油消费量预计年均将会增长 1.7%。交通能耗需求的不断增加,使得交通领域成为了温室气体排放的重要来源。随着能源危机、经济危机及气候危机问题的日益凸显,如何减少交通中的碳排放,实现交通的低碳化发展,成为世界各国低碳转型的重要组成部分。图 1-5 所示为 2005 年和 2030 年世界各地区交通运输在原油需求中所占的比例。

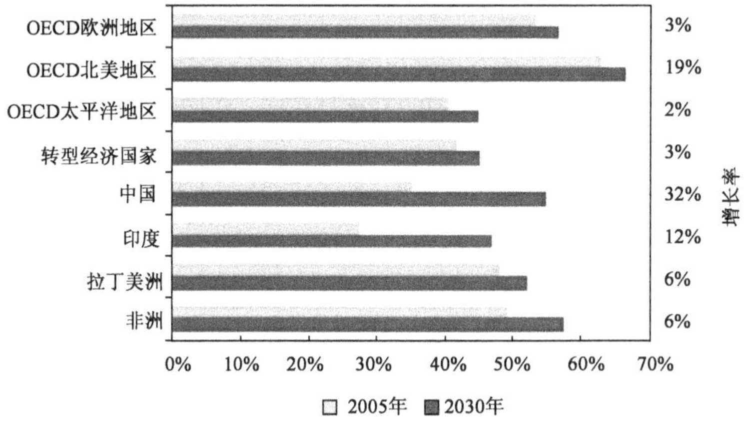


图 1-5 世界各地区交通运输在原油需求中所占的比例

2000 年,我国交通运输业能源消耗量为 9 721 万 t 标准煤;2004 年上升到 14 783 万 t 标准煤,年均增长 11%,占全社会能耗总量的 7.8%,预测到 2020 年,我国交通运输能耗将是现在的 2 倍以上,这还不包括私人小汽车出行的能耗。统计显示,我国各类汽车平均每百公里油耗比发达国家高 20% 以上,其中货车运输的百公里油耗较国际平均水平高出近 50%。据预测,如果全行业采用节能运输模式,全国公路运输行业营业性车辆汽柴油综合能耗将降低 10%,可节约燃油 800 万 t 左右。

我国人均能源占有率很低(人均可开采石油资源仅相当于世界平均水平的 7.7%),石油进口对外依存度逐年提高,2008 年升至接近 52%,预计 2020 年将达到 66%。交通运输的发展需要能源的支撑,有效节约和合理利用不可再生的能源,既关系到交通可持续发展,又关系到我国的能源安全。转变交通运输发展方式,发展低能耗的交通运输方式,提高能源的利用效率已成为构建“资源节约型和环境友好型”社会,促进交通运输持续发展的客观需要和必然选择。

### (三)交通运输与环境污染

作为现代经济中的重要元素,交通运输产生了多种不良的副作用,其中很多是危害环境的,包括:大气污染、水污染、固体废弃物、噪声污染和对生态栖息地的干扰和破坏。各种交通运输方式产生不同的污染,主要交通污染如下。

1. 公路运输与污染

公路运输对生态环境的影响概括起来有两方面：一是公路建设占用、损坏自然资源，从而破坏生态环境；二是排放污染物污染环境，危害人类的生存。

公路交通排放的车辆废气、交通噪声、路面雨水径流及危险品运输的交通事故等，对公路两侧环境质量造成严重影响。这种影响不仅使人类生活环境的质量下降，而且使公路两侧的自然生态环境质量下降，进而破坏生态系统的稳定。

空气中通常混入极少量有害物质，其数量、浓度和在空气中的滞留时间足以影响人们的健康和动植物的正常生长时，则被认为大气受到污染。汽车、火车、轮船、飞机等交通运输工具的运行，当使用燃料时，排放废物，对大气造成污染，其中以汽车为最甚。由交通引起的大气污染与车流量、车型、燃料、运行状态、道路条件及地理气象等有着密切的关系，并在不同的季节与时间里随机变化着。资料表明，在一些大城市中60%左右的大气污染来源于交通废气，这对人及其他生物的危害是严重的，所以要清洁城市空气和交通环境，必须控制交通废气的排放。交通运输产生的空气污染物主要有氮氧化物、一氧化碳、碳氢化合物、二氧化硫、颗粒物和施工期的扬尘及沥青油烟等。

2. 铁路运输与污染

铁路运输的环境问题主要表现在铁路基础设施建设和铁路客货运输的过程中，它对自然环境的大气质量、水资源、土壤和地质、生态资源、植被等带来的影响。铁路运输的环境问题随着铁路技术进步，管理手段提高而变化。总体来说，在铁路技术进步的同时，也减缓了对环境的影响，如铁路电气化改善了铁路沿线的大气环境质量。铁路电气化产生电磁干扰，会对居民的日常生活有所影响，随着电子技术的发展，铁路线上列车开行对数较密集，且速度高，其产生的噪声干扰较大；车站卸放的旅客列车垃圾较多，车站、列车垃圾的收集、回收、处置也将成为重要问题。

3. 水路运输与污染

水路运输中产生的各类含油污水或事故性排放的石油进入海洋、内河等水域造成石油污染，会给水域生态环境带来严重的后果。这不仅是因为石油的各种成分都有一定的毒性，还因为它具有破坏水域生物的正常生活环境，造成生物机能障碍的物理作用。

(1)影响水生生物的生存环境

石油进入水域后形成的油膜隔绝了大气与水体的气液交换，且石油膜的生物分解和自身的氧化作用，消耗水中大量的溶解氧，致使海(河)水缺氧。油膜减少了太阳辐射透入海(河)水的能量，影响海洋(河水)绿色植物的光合作用。另外海面油膜沾污海兽皮毛和海鸟羽毛，使它们失去保温、游泳和飞行的能力。

(2)使水生生物死亡

分散油和乳化油对一切海洋生物的影响都是致命的，它们破坏海洋浮游植物体内的叶绿素、阻滞细胞分裂而使之大量死亡，从而破坏海洋生态系统的平衡。分散油和乳化油能引起鱼鳃发炎坏死，使鱼的循环系统产生紊乱。原油沉降于潮间带和浅水海底，使一些动物幼虫、海藻袍子失去适应的固着基质。黏度大的油分可堵塞水生动物的呼吸和进水系统，使之窒息死亡。

(3)破坏水产养殖业

在水中含油浓度为0.01mg/L时，鱼类在一天内就出现油臭，食用价值降低。浓度为20mg/L时，鱼类不能生存。石油污染对鱼苗和鱼卵的危害更大，水中含油浓度为0.01mg/L

时，畸形鱼苗可达23% ~40%；0.1mg/L时孵化的鱼苗都有缺陷，存活期仅1 ~2d。石油及其产品对水域生物的化学毒性，依油的种类和成分而不同。通常是成品油毒性高于原油，低分子烃类毒性高于高分子烃。各种烃的毒性一般按芳烃、烯烃、环烃、链烃的顺序依次降低。

(4)破坏水域功能及景观环境

石油污染还会破坏海滨风景区和海滨浴场，有时甚至还会使海面起火。海洋如果受到石油严重污染，要经过5 ~7年的时间才能使海区生物重新繁殖起来。

4.航空运输与污染

随着民航运输事业的迅速发展，飞机噪声污染已成为突出的社会问题。据调查，在2000年我国飞机噪声污染严重的机场有18个(约占全国民用机场总数的14%)，其中北京首都机场最为严重，该机场周围群众对飞机噪声污染强烈不满。据估计首都机场噪声污染治理(拆迁、建筑隔声等)费用高达5亿元人民币。飞机噪声不仅制约了航空运输事业的发展，而且影响社会稳定。此外，由于机场人流量较大，办公区规模较大，机场的水污染等问题也不容忽视。

在各种交通方式中，由于其交通工具性能不同，动力驱动类型及交通运载能力的区别，从设施建设到运营阶段对自然环境产生的影响存在一定差异。据英国研究机构的研究，铁路运输每人/公里的二氧化碳排放量是公路运输的1/2，是航空运输的1/4，公路运输和航空运输的碳排放大约占交通运输业的85%。显然，大力发展铁路和水运对于我国交通运输业向低碳交通转变具有重要意义。因为这两种运输方式具有运量大、占地面积少、节能减排、运输成本低等突出优势，需要在综合运输体系中占有更大的比重。

## 第四节　环 境 保 护

环境保护，是指人类有意识地保护自然资源并使其得到合理的利用，防止自然环境受到污染和破坏；对受到污染和破坏的环境必须做好综合治理，以创造出适合于人类生活、工作的环境。人类解决环境问题最根本、最有效的办法就是针对造成环境退化的滥用资源和污染行为进行控制和规范。严格控制对不可再生资源的使用量，并且积极寻找其他的替代资源；保护生物的多样性，对可更新资源的使用速度要小于其更新速度；严格控制污染物的排放量，使其在环境的自净能力以内。环境问题的解决必须依靠法律、经济、行政、科学技术等手段综合起作用，并且它们的应用并非孤立，而是彼此渗透、相互作用、互相促进。

### 一、环境保护发展历程

环境保护范围广、综合性强，涉及自然科学和社会科学的许多领域。环境保护工作就是利用现代环境科学的理论和方法，来协调人类社会和环境的关系，解决各种环境问题，是保护、改善和创建环境的一切人类活动的总称。人类社会在不同的历史时期和不同的国家或地区，存在着各种不同的环境问题，因而环境保护工作的目标、内容、任务和重点，在不同时期、不同的国家和地区是不同的。

#### (一)世界环境保护的发展历程

西方发达国家，由于近代工业的迅猛发展，污染也随之严重，环境污染经历了三个阶段：污染的发生期、污染的发展期和污染的泛滥期。国外一些发达国家在20世纪60年代后期，均先后制定了有关环境保护的各种条例、规定。如日本在1967年制定了《公害对策基本法》；美国国会在1969年通过了美国《国家环境政策法》等。近年来，世界各国，主要是发达国家的环境保护工作，大致经历了四个发展阶段：限制阶段、“三废”治理阶段、综合防治阶段、规划管理阶段。

1992年6月，在里约热内卢召开了联合国环境与发展大会，这标志着世界环境保护工作迈上了新的征途：探求环境与人类社会发展的协调方法，实现人类与环境的可持续发展。“和平、发展与保护环境是相互依存和不可分割的”。至此，环境保护工作已从单纯的治理污染扩展到人类发展、社会进步这个更广阔的范围，即可持续发展及“环境与发展”成为环境保护工作的主题。

为应对全球气候变暖给人类经济和社会带来的不利影响，在1997年12月举行的《联合国气候变化框架公约》第3次缔约方大会上，149个国家和地区的代表通过了旨在限制发达国家温室气体排放量以抑制全球变暖的《京都议定书》，开启了全球应对气候变化的行动规则。2008年，联合国环境规划署将“改变传统观念，推行低碳经济”确定为“世界环境日”的主题，目的就是为了呼吁各国发展低能耗、低污染的“低碳经济”，通过技术创新和制度创新减缓人类活动对气候造成的不良影响。2009年12月7日，在哥本哈根召开了世界气候大会（《联合国气候变化框架公约》第15次缔约方大会），应对气候变化国际行动不断走向深入，寻求以减碳为目的的低碳发展模式，已成为全球的共识。

**（二）中国环境保护的发展历程**

中华民族是具有悠久历史文化的伟大民族，在古代文明史上长期处于世界的前列。在开发和利用自然环境和自然资源的过程中，逐步形成了一些环境保护的意识，在《周礼》、《左传》、《尚书》、《孟子》、《荀子》、《韩非子》、《史记》等书中均有记载和反映。

中国的环境保护事业的发展史，也是中国环境政策演变深化的历史。但我国正式的环境保护事业起步较晚，自1972年6月我国派代表团出席了斯德哥尔摩的联合国人类环境会议，我国把环境保护工作正式列入议程以来，先后召开了四次全国环境保护会议。经过三十多年的努力，在污染防治上取得了很大的成绩，但也走过一些弯路。

斯德哥尔摩会议以后，在周恩来总理的关心下，于1973年8月5日至20日，国务院委托国家计委在北京召开了全国第一次环境保护工作会议，会上总结了1994年以来正反两方面的经验，并在吸取国际上的“公害”教训的基础上，确定了我国的环境保护的“三十二字”方针。我国环境保护方针是“全面规划，合理布局，综合利用，化害为利，依靠群众，大家动手，保护环境，造福人民”。会议还制定了《关于保护和改善环境的若干规定（试行草案）》。

1974年5月，国务院批准成立国务院环境保护领导小组及办公室。随后，各省、自治区、直辖市和国务院有关部局也相应设立了环境保护管理机构。

从1973年以来，我国从中央到地方陆续建立了管理机构和科研教育机构。1984年成立国务院环境保护委员会，并将城乡建设环境保护部环境保护局改为国家环保局。各省（区）、市（地）县也成立了相应的环境保护局，形成了相应的环境管理体系。

1978年3月5日，五届人大一次会议通过的《中华人民共和国宪法》明确规定：国家保护环境和自然资源，防治污染和其他公害。

1979年9月13日，五届人大常委会第十一次会议原则通过《中华人民共和国环境保护法（试行）》，并予以颁布。它是我国环境保护的基本法，为制定环境保护方面的其他法规提供了依据，确定了环境保护的基本方针（三十二字方针）和“谁污染，谁治理”政策，明确要建立机构，加强管理。它标志着我国环境保护工作开始走上法制的轨道。

1982 年 12 月 4 日，五届人大五次会议通过《中华人民共和国宪法》，这部宪法在环境保护方面的规定比较详细、具体。如“国家保护环境和改善生活和生态环境，防治污染和其他公害”，“国家保障自然资源的合理利用，保护珍贵的动物和植物”，“国家保护名胜古迹，珍贵文物和其他重要历史文化遗产”等。

1983 年 12 月 31 日至 1984 年 1 月 7 日，国务院在北京召开了第二次全国环境保护工作会议，这次会议在总结过去十年环境保护工作经验教训的基础上，提出了到 20 世纪末我国环境保护工作的战略目标、重点、步骤和技术政策。会上，时任国务院总理李鹏代表国务院宣布“保护环境是我国的一项基本国策”。提出了“三建设、三同时、三统一”(即经济建设、城乡建设、环境建设，同步规划、同步实施、同步发展，实现经济效益、社会效益和环境效益的统一)的战略方针，确定了强化环境管理作为环境保护工作的中心环节。

1989 年召开的第三次全国环境保护工作会议上，在继续推行原来“三同时”制度、环境影响评价制度和排污收费制度的同时，又正式提出了环境管理的新五项制度：环境保护目标责任制、城市环境综合整治定量考核、排放污染物许可证制度、污染集中控制和污染限期治理等。前三项和后五项总称八项管理制度。

1989 年 12 月 26 日第七届人大常委会第十一次会议正式通过环境保护法，并从公布日期施行。该法的颁布标志着我国环境保护法制建设跨进了新阶段。新的《中华人民共和国环境保护法》把在实践中行之有效的制度和措施以法律的形势固定下来，这就形成了由环保专门法律、国家法规和地方法规相结合的环保法律法规体系。

1992 年 8 月，在联合国环境与发展大会以后不久，党中央、国务院又批准了我国环境与发展的十大对策。这十大对策吸取了国际社会的新经验，总结了我国环境保护工作 20 余年的实践经验，集中反映了当前和今后相当长的一个时期我国的环境保护政策。这十大政策是：①实行持续发展战略；②采取有效措施，防治工业污染；③深入开展城市环境综合整治，认真治理城市“四害”；④提高能源利用效率、改善能源结构；⑤推广生态农业，坚持不懈地植树造林，切实加强生物多样性保护；⑥大力推行科技进步，加强环境科学研究，积极发展环保产业；⑦运用经济手段保护环境；⑧加强环境教育，不断提高全民族的环境意识；⑨健全环境法制，强化环境管理；⑩参照环境与发展大会精神，制订中国行动计划。在联合国环境与发展大会以后一年多时间内，我国就组织制定了《中国 21 世纪议程》。

1994 年 3 月国务院批准了《中国 21 世纪议程——中国 21 世纪人口、环境与发展白皮书》，它将环境问题与人口、资源、发展等问题一起统筹考虑，把可持续发展原则贯穿到各个领域。

1996 年 7 月，国务院召开了第四次全国环境保护大会，会议确定了《国际环境保护“九五”计划和 2010 年远景目标》，明确了要实行经济体制和经济增长方式这两大根本转变，把科教兴国和可持续发展作为两项基本战略。发布了《国务院关于环境保护若干问题的决定》，部署了《污染物排放总量控制计划》和《跨世纪绿色工程规划》。

2002 年 10 月 28 日，中华人民共和国第九届全国人民代表大会常务委员会第三十次会议，通过了《中华人民共和国环境影响评价法》，该法是环保史上一部里程碑式的大法。

随着中国城市机动化程度的提高，城市地面交通噪声已不容忽视，中国环境保护部于 2010 年 1 月发布了《地面交通噪声污染防治技术政策》。

三十多年来，我国全民族的环境意识有很大提高。从认识上、战略思想上、管理思想上发生了转变，经历了由浅入深、由“小环境”到“大环境”，由片面到全面的过程。经济建设实践已经证明，经济稳步持续发展，是环境得到保护的基本条件，盲目发展经济的后果，只能带来严重的环境问题，而只考虑环境问题，又会限制经济的发展。经济发展既要遵守经济规律又要遵守自然规律。我国的经济发展战略，强调注重效益、提高质量、协调发展、稳步增长，在发展中注意维护生态平衡。注重环境保护管理思想的转变，从 1979 年起，我国环境保护管理工作，已从一般行政管理发展到法制管理，环境影响评价制度的建立，是重要的管理手段之一。

## 二、环境保护理论

环境保护对策研究不仅仅是自然学科中技术领域的研究，有许多重要观点来自社会学研究领域的影响或具有社会学研究意义的内容，其中，有些观点可以说是社会学研究的直接成果，可以用于指导工程技术领域的研究。

### （一）适度人口论

人口的急剧增长被认为是当今环境问题的重要根源。最早系统论述了人口与环境关系问题的是英国经济学家马尔萨斯。

20 世纪五六十年代以来，人口环境问题逐步演变为举世瞩目的全球性重大问题。在很多国家和地区，由人口增长引起的资源危机、环境危机已非常严重。一般认为，人口增长造成或加剧环境问题的作用机制表现在以下几个方面：第一，对环境资源产生巨大的压力，使对环境资源的开发利用处于一种超负荷的状态；第二，对就业和获取收入造成极大冲击，使人们不得不开发一些从长远来说并不合理的产业和资源；第三，急剧的城镇化进程对城市的基础设施带来很大压力，使城市环境建设和环境保护面临很大困难；第四，制约了经济发展速度和效益的提高，使国家保护和改善环境的经济实力受到影响。因此，采取适当的人口政策，控制人口增长，已经成为环境保护的一项重要原则。

现代“适度人口论”的主要代表人物是法国著名人口学家阿尔弗雷·索维。他在《人口通论》一书中指出，“适度人口”是介于人口过剩和人口不足之间的最适宜的人口。索维一方面继承了从经济角度分析“适度人口”的传统，另一方面也把“适度人口”的概念扩大到非经济领域，考察了许多非经济的社会因素同人口增长的关系。他重点研究的是“经济适度人口”，即获得最大经济福利的人口。他主要考察了技术进步等经济增长变量对“适度人口”的影响，提出了人口“适度增长”的概念。索维提出：“如果人口过剩，那么，除非有可能向外移民，否则，最好是提高适度人口，而不是减少实际人口。办法是增加就业机会，而不是降低个人效率和福利。”

精确计算“适度人口”一直是个困难的问题。但是，地球上的陆地和生物产量的有限性是很明显的，这是地球人口容量的基本限制因素。据研究，人类维持正常生存，每人每天需要能量 2 400 千卡，这样一年需要 $8.76\times10^5$ 千卡。而地球植物的生物产量为 $6.4\times10^{17}$ 千卡。如此计算，地球可养活 8 000 亿人口。但是，实际上植物生产量只有 1% 可以被人类食用，而且，食用这些植物的还不仅仅是人类。这样，单从食物供应来看，在目前人类的生产力水平下，地球只能养活 80 亿人，不可能容纳无限多的人口。

值得强调的是，保持或实现“适度人口”不仅在于控制人口数量，还应优化人口的地理分布、人口结构，提高人口素质；同时，改进技术手段，发掘资源潜力，提高资源利用率，以及发展替代资源，这样才能寻求人口与环境之间的平衡。

### (二)代际平等论

1974 年,由联合国环境规划署和贸易发展会议在墨西哥联合举办的"资源利用方式、环境与发展科约克讨论会"上提出"这一代人应具有长远的眼光,应考虑后代的需要,不应超前占用本星球有限的资源和其生命支持系统而危及人类未来的幸福甚至人类的生存"。1987 年,联合国世界环境与发展委员会的报告书——《我们共同的未来》中再次指出:"目前许多为保卫和维护人类进步,满足人类需要和实现人类理想的努力,无论在富国还是穷国,都不是能够持续的。它们过多、过快、过量地开采环境资源,使其过早地耗竭而不能持续到遥远的未来。这种努力,对我们这一代也许是有益的,但会让我们的子孙蒙受损失。我们从我们后代那里借来环境资本,没打算也没有可能偿还。后代人可能会责怪我们挥霍浪费,但他们却无法向我们讨债。我们可以为所欲为,因为我们可以毫无顾虑;后代人不参加选举,他们没有政治和财政权力,对我们的决定不能提出反对",主张应"在不危及后代人满足其需要的能力的前提下,寻求满足我们当代人需要和愿望的发展途径"。1992 年,《关于环境与发展的里约宣言》又强调了这一原则。

这里向我们提出了一个过去人们很少考虑的新的公正与平等问题——当代人与下一代人之间的平等。这是一个由环境问题而引起的意义更为深远的社会学问题。我们必须重视代际平等,使它在人们对种族平等、性别平等和国家之间的平等诸多平等的关系中,占有一席之地。如果当代人不能控制环境污染和生态破坏,我们的子孙后代就将生存在一个公害更加频繁,生态危机四起的环境中。

为了下一代有一个良好的生存与发展环境,不仅要求当代人更加合理、适度地开发利用环境资源,而且,尤其要求当代人重视和关心儿童、妇女的需要和利益,应当把一切儿童(包括未出生的)的福利作为所有环境与发展规划和决策的中心加以考虑,并建立起包含有当代人之间、当代人与后代人之间机会平等的持续性环境伦理道德观。

### (三)行为控制论

环境问题产生的原因多种多样,但人类行为的不适当是其直接表现。采取多种多样的手段,约束、引导和优化人类行为,促进人类行为与环境之间的协调,是环境保护的一个重要方面。这类控制、协调活动是环境管理的核心内容。

美国学者希维尔在其所著《环境管理》一书中指出:"环境管理是对人类损害自然环境质量(特别是大气、水和土地的质量)的活动施加影响。环境管理的方法多种多样。所谓施加影响,是从改变经济奖励手段(间接造成影响的行动)到完全禁止向河流排放有毒化学品之类的某些行动。施加影响的方式很多,要施加影响的人的活动也多种多样,例如,一个野营者把垃圾投入湖内,或千百万机动车的驾驶员每天驾驶他们的汽车沿城市街道行驶,排放有害气体等。"

在我国,所谓环境管理,从广义上讲,包括各有关部门对他负责的环境领域实施的管理活动;从狭义上讲,指各级人民政府的环境管理部门按照国家颁布的政策法规、规划和标准要求从事的督促监察活动。这种活动贯穿于经济和社会活动的全过程。督促监察的对象,既包括个体行为,又包括集体行为。

在环境管理活动中,人们可以运用经济、行政、法律、教育、技术等等各种手段,来协调人类行为与环境的关系,达到环境保护的目标。其中,加强法制和运用经济手段,按照市场经济规律,将环境保护与人类行为及其效益紧密联系起来,是较为重要的方面。一般来说,按照环境管理的方式和内容,可以将其归纳为环境经济管理、环境立法管理和环境监督管理三类。

我国是一个发展中国家,经济水平和资源利用的管理水平都比较落后,人们的法制意识不强,行为的自我约束能力较差,因此,在环境保护中,强化以行为控制为中心的环境管理应当是重要的一环。我国环境管理的实践被证明是一条花小钱办大事的成功经验。目前,我国环境管理的基本原则和制度主要有:谁污染,谁治理原则;"三同时"原则;综合利用奖励原则;集中控制原则;环境影响评价制度;限期治理制度;征收排污费制度;排污申报登记和许可证制度;环境保护目标责任制;城市环境综合整治定量考核制等。

### (四)意识改造论

在1977年的世界环境教育会议上,当时的联合国环境规划署主任托尔巴指出:"从长远看,国际或地区性的环境问题,只能在所有民众都产生相当的环境意识时,才能维护一定的环境质量,以满足人们的需求。"

环境意识包含三个层次:①对一般环境知识及环境发展、演变规律的认识和了解;②对环境保护的政策、法规及其意义的认识和了解;③对人类社会与自然环境之间关系的认识和了解。改造环境意识,最根本的是增进对人类社会与自然环境之间关系的了解,树立现代的科学的生态意识。

所谓生态意识,是指人们对社会生态矛盾做出的主观反映。它是在人类生态活动的基础上获得的对人类与自然环境相互关系的认识,以及通过这种认识所形成的理论、思想观点、价值观念及情感意志等的总和。

按照马克思主义的观点,人类与自然界的关系、认识与实践活动经历了四个阶段:人类初期的依赖关系、农业社会的顺应关系、工业社会的掠夺关系和当代社会的和谐关系。与此相应,生态意识的发展大体经历了三个阶段:古代生态意识、近代生态意识和现代生态意识。古代生态意识具有直观性、猜测性和神秘性的特点。近代生态意识的核心内容则是一种"人类中心论",强调人类对自然的统治和主宰地位;20世纪以来,环境状况的恶化日益危及人类自身的生存和发展,促使人们不得不反省人与自然的关系。现代生态意识即是在此基础上诞生的。它以社会生态系统的整体性、相关性和协调性为其基本指导原则,同时又体现出对社会存在和发展的高度的责任感和道义感,旨在谋求建立人与自然之间的一种协调共生关系。

现代生态意识的崛起,在西方一些国家已导致一场新的政治运动。绿党的行动思想就是所谓的"生态学马克思主义"。其出发点就是运用生态学理论去补充马克思主义,主张以一种"高效的社会"取代资本主义"生产过剩"和"消费过剩"的社会模式;主张用"异化消费"论补充马克思主义;改变"劳动闲暇二元论"和"幸福就是消费"的观点,主张用小规模的技术去取代高度集中的大规模生产技术,使生产过程民主化,从而建立一种稳定的社会主义经济模式。

总之,自觉进行意识改造,树立现代的科学的生态意识,既是社会发展的必然结果,也是环境保护工作的一个本质问题。

### (五)绿色消费论

目前,世界各国正在兴起一种绿色消费运动。它是环境保护所引起的人们生活方式变革的产物,也是环境意识深入人心的必然结果。继续倡导和推广这种全新的消费方式,无疑将反过来促进生产和技术的变革,改变人类开发利用资源的方式,对环境保护发挥重要作用。

大致来说,绿色消费主要包括以下内容:

第一,消费既没有受到污染,又不会污染环境和破坏生态的产品,即"绿色产品"。这类产品由专门的委员会认定,并使用一定的绿色产品标志。由于这类产品容易获得消费者的好感,十分畅销,它已在很大程度上影响了企业的行为,促使企业意识到环境保护不但功在社会,而且与企业命运直接相关,从而更加重视环境保护工作。例如,1988 年 4 月,在保护臭氧层的问题上,“地球之友”(一个国际民间环保团体)发动了一场国际性的绿色消费运动,散发 15 万份传单,上面列有不含氯氟烃的产品,以使消费者排斥那些含有氯氟烃的产品,迫使生产厂家宣布两年内停止生产氯氟烃。

第二,采用既节省资源又不污染环境的产品包装。许多国家正在积极研究开发,以实现理想的零度包装,不制造任何垃圾的包装方法。同时,积极开展包装材料的再利用工作。

第三,调整食物结构,摒弃享乐主义的生活方式,厉行节约,做到既保证人体健康和工作方便,又不浪费资源。

第四,回归自然,珍惜自然,与自然界和睦相处,采取有利于环境保护的,更加顺应自然的生存方式,包括设计生态建筑,开展无污染旅游和生态旅游等。绿色消费带动环境保护反映出每个社会成员在环境保护问题上的主观能动性。要保护环境,不仅要对那些直接破坏环境的生产行为进行适当控制,还应该看到消费行为对环境的间接影响,积极创造出有利于人与自然关系协调的新的生活内容和生活方式。

**(六)协调发展论**

一个国家或地区所奉行的发展战略与其环境状况之间的关系十分密切。所谓协调发展,是指经济、社会与生态环境之间的协调发展。它是发展战略的一种选择,主要是针对传统发展战略而言的。

第二次世界大战以后,世界各国,特别是发展中国家所采取的都是传统发展战略。传统发展战略有许多不同的模式,但其突出的共同特征是强调工业化,强调经济的片面发展,轻视农业的地位和作用,忽视国民的收入分配和社会福利,强调高投资、高积累、低消费的战略方针,把人均国民生产总值的增长作为社会发展的首要的甚至是唯一的目标。因此,这种发展战略又被称为“增长第一战略”。支撑传统发展战略的理论有三个:其一是资源供给的无限性;其二是社会发展的趋同性与西方国家发展的典型性;其三是线性因果论和绝对意义上的经济决定论。

传统发展战略确实带来了一定的经济增长,但是它也造成了各种日益严重的社会问题,如农业问题、失业问题、“城市病”、环境污染和生态破坏问题等,这种增长被称为“没有发展的经济增长”。自罗马俱乐部 1972 年出版《增长的极限》报告以来,传统发展战略受到极大动摇,各种新的替代发展战略纷纷出台。

协调发展战略是新型发展战略的一种。它的目标在于追求整个社会的全面、持续的发展,促进社会、经济和环境关系的协调,尤其是经济发展与环境保护的协调。在这种战略中,经济发展要考虑到自然生态环境的长期承载能力,使环境和资源既能满足经济发展目标的需要,又使其作为生活环境要素之一而直接满足人民生活的需要;既满足当代人的现实需要,又足以支撑后代人的潜在需求。与此同时,环境保护工作也要充分考虑到一定经济发展阶段下经济的支持能力,采取积极而可行的环境政策,积极配合和推进经济发展进程,提高人民的收入水平,消除广泛存在的贫困,避免贫困与环境恶化之间恶性循环。正如世界银行在 1992 年的世界发展报告中所指出的:“经济发展与稳妥的环境管理是同一计划中互为补充的内容。没有充分的环境保护,发展就会遭到破坏;而不发展经济,环境保护也将无以为继。”由此可见,协调发展并非单纯的环境战略和环境政策，它是同时针对社会、经济和环境三个要素的。保证资源的持续供给，对环境资源价格实行科学核算，发展生态农业，实现工业的绿化，提高资源利用率，控制人口增长，消除贫困等，都是促进社会、经济和环境协调发展的重要措施。

## 三、环境保护的措施

### (一)环境管理

我国现阶段的环境管理是指管理者运用法律、经济、技术、行政、教育等手段，限制或禁止污染环境、破坏自然资源的人的活动。以协调发展与环境的关系，达到既要发展经济满足人类的基本需要，又不超出环境容许极限的各种行为的总称，即以实施可持续发展战略为目标的各项管理工作。

环境管理的目标随着人类对环境问题认识的深入而不断调整和发展。20 世纪 70 年代至 80 年代初期的环境管理，基于人类对环境污染给人类生存环境产生的危害认识肤浅，环境管理仅以控制环境污染、改善环境质量为主要目标。当自然资源耗竭等环境问题受到人们广泛重视之后，环境管理工作核心从污染控制转向合理开发自然资源，环境管理的范围扩大到“对污染环境、破坏自然资源的人的活动，运用法律、经济、技术、行政、教育等手段予以限制或禁止”，环境管理的目标转为以实施可持续发展战略为目标，可持续发展的理论便成为环境管理的理论基础。

环境管理的基本职能是规划、协调、指导和监督。其内容包括：环境规划管理、环境质量管理、环境技术管理和环境监督管理等。在环境保护措施中，环境管理能够起到事半功倍的效果。

环境规划管理是指通过全面规划，协调发展与环境的关系，加强对环境保护的计划指导的工作。

环境质量管理是指为了保护人类生存与发展所必需的环境质量而进行的各项管理工作；主要内容包括制定和实施环境质量标准、建立描述和评价环境质量的恰当的指标体系、建立环境质量的监控系统等。

环境技术管理是指通过制定技术政策、技术标准、技术规程以及对技术发展方向、技术路线、生产工艺和污染防治技术进行环境经济评价，以协调经济发展与环境的关系。

环境监督管理是指运用法律、行政和技术等手段，根据环境保护的政策、法律法规、环境标准和环境规划的要求，对各地区、各部门、各行业的环境保护工作进行监察督促，以保证各项环保政策、法律法规、标准、规划的实施。环境监督管理的范围包括由生产和生活活动引起的环境污染，由开发建设活动引起的环境污染和生态破坏等。

### (二)环境保护法律、法规

环境保护法律、法规是指国家制定或认可的、体现广大人民共同意愿的，调整因保护和改善环境、合理利用自然资源、防治污染和其他公害而产生的各种行为规则的总称。目前，我国已基本形成一套完整的环境保护法律、法规体系。按照我国环境保护法律、法规的不同层次，其体系大致分为：

(1)全国人民代表大会制定的《中华人民共和国宪法》中有关环境保护规范的条款。

(2)全国人大常委会制定的《中华人民共和国环境保护法》(环境保护基本法)。

(3)全国人大常委会制定的各种自然资源保护和污染防治专项法。

(4)国务院制定的环境保护行政法规。

(5)国务院名部、委(局)制定的环境保护法规等(包括国家环境标准)。

(6)省级人民代表大会及其常委会、省政府所在地的市和经国务院批准的较大的市人民代表大会及其常委会制定的地方环境保护法规。

(7)其他部门法规中关于环境与资源保护的法律规范等。

例如公路水土保持方面的法律、法规有:

(1)全国人大常委会制定的《中华人民共和国水土保持法》。

(2)国务院制定的《中华人民共和国水土保持法实施条例》。

(3)原国家计委、水利部和国家环保局制定的《开发建设项目水土保持方案管理办法》;水利部制定的《开发建设项目水土保持方案编报审批管理规定》;原交通部制定的《交通建设项目环境保护管理办法》。

(4)地方政府制定的水土保持法实施办法或细则。

(5)《中华人民共和国公路法》中关于水土流失的法律条文。

**(三)环境标准**

环境标准是国家为了保护人群健康、社会财富和生态平衡,根据国家的环境政策和有关法令,在综合分析自然环境特征、控制环境污染的技术水平、经济条件和社会要求的基础上,规定所容许的环境中污染物的含量和污染源排放污染物的数量和浓度等的具有法律性的技术指标和规范的总称。它是评价环境质量、监督和检查环境保护工作、确定环境污染和污染者是否承担法律责任的依据,是环境保护法的有机组成部分。所以,环境保护标准是环境保护措施中强有力的依据和支撑体系。

目前,我国已颁布实施了有各类国家环境标准、环境保护行业标准,还有一系列地方环境标准,由此构成了我国的环境标准体系。

1999 年 1 月 5 日国家环境保护总局令第 3 号《环境标准管理办法》对我国现行环境标准的类型、级别做出了明确规定。按标准的发布权限来划分,将环境标准分为:国家环境标准(GB)、地方环境标准和国家环境保护总局标准(GHZB)等三级。按环境标准的性质来划分,将环境标准分为:环境质量标准、污染物排放标准、监测方法标准、标准样品标准和基础标准共五类,其中环境质量标准和污染物排放标准是环境标准体系的主体结构,而方法标准、标准样品标准和基础标准属体系的技术支持系统。

国家环境标准包括:国家环境质量标准、国家污染物排放标准(或控制标准)、国家环境监测方法标准、国家环境标准样品标准和国家环境基础标准。

地方环境标准包括:地方环境质量标准、地方污染物排放标准(或控制标准)。

**(四)环境管理制度**

1973 年 8 月,我国召开了第一次全国环境保护工作会议,从此环境保护作为一项全民性的事业,提到了各级政府的工作日程上。同年国务院颁布了《关于保护和改善环境的若干规定》,提出了我国第一项环境管理制度,即新建、改建、扩建项目的防治污染措施必须同主体工程同时设计、同时施工、同时投产的“三同时”制度。1979 年颁布了《中华人民共和国环境保护法(试行)》,把环境影响评价和基本建设项目实行“三同时”作为强制性的法律制度确定下来。根据《中华人民共和国环境保护法》(试行),1981 年国务院四部委颁发了《基本建设项目环境保护管理办法》,比较详细地规定了环境影响评价制度。至此,我国相继提出和实施的环境管理制度有“三同时”制度、环境影响评价制度和超标排污收费制度，即俗称的“老三项”环境管理制度。

1989年，我国召开了第三次全国环境保护工作会议，正式出台了“环境保护目标责任制、城市环境综合整治定量考核制、排放污染物许可证制、污染集中控制、限期治理”五项环境管理制度，即通常所说的“新五项”环境管理制度。

第八届全国人民代表大会第四次会议批准的《中华人民共和国国民经济和社会发展“九五”计划和2010年远景目标纲要》提出“创造条件实施污染物排放总量控制”。1996年8月3日，《国务院关于环境保护若干问题的决定》提出“要实施污染物排放总量控制，抓紧建立全国主要污染物排放总量指标体系和定期公布的制度”。

“老三项”、“新五项”和“总量控制”共9项环境管理制度构成了具有中国特色的环境管理制度体系。

1.“三同时”制度

《中华人民共和国环境保护法》第二十六条规定：“建设项目中防治污染的设施，必须与主体工程同时设计、同时施工、同时投入使用。防治污染的设施必须经原审批环境影响报告书的环境保护行政主管部门验收合格后，该建设项目方可投入生产或者使用”。

2.环境影响评价制度

《中华人民共和国环境保护法》明确规定：“建设污染环境的项目，必须遵守国家有关建设项目环境保护管理的规定。建设项目的环境影响报告书，必须对建设项目产生的污染和对环境产生的影响做出评价，规定防治措施，经项目主管部门预审并依照规定的程序报环境保护行政主管部门批准。环境影响报告书经批准后，计划部门方可批准建设项目设计任务书。”

3.排污收费制度

《中华人民共和国环境保护法》规定：“排放污染物超过国家或者地方规定的污染物排放标准的企事业单位，依照国家规定缴纳超标排污费，并负责治理。”排污收费制度实际是指对污水、废气、团体废物、噪声和放射件等各类污染物的各种污染因子，按照一定标准收取一定数额的费用，所收排污费专款专用，主要用于重点污染源治理工程的补助。

4.环境保护目标责任制

《中华人民共和国环境保护法》第十六条规定：“地方各级人民政府，应当对本辖区的环境质量负责，采取措施改善环境质量。”第二十四条规定：“产生环境污染和其他公害的单位，必须把环境保护工作纳入计划，建立环境保护责任制度。”第三次全国环境保护会议规定：“省长对全省的环境质量负责，市长对全市的环境质量负责，县长对全县的环境质量负责，乡长对全乡的环境质量负责。所谓环境保护目标责任制，就是具体落实行级人民政府和产生污染的单位对环境质量具体责任的行政管理制度。”

环境保护目标责任制确定一个区域、一个部门乃至一个单位环境保护的主要责任范围，运用目标化、定量化、自动化的管理方法，使贯彻执行环境保护这一基本国策成为各级领导的行为规范。

5.城市环境综合整治定量考核制度

城市环境综合整治是在1984年12月中共中央《关于经济体制改革的决定》中提出的。城市环境综合整治定量考核作为环境管理制度是由1989年第三次全国环境保护工作会议决定的，其内容主要可分为两大部分：一部分为城市环境综合整治，即用综合对策整治、调控保护和塑造城市环境，创造一个良性城市生态系统；另一部分为定量考核，是实行城市环境目标管理的重要手段，通过科学的、定量的考核指标体系，对城市环境综合整治方面的工作情况进行考核。

6. 排放污染物许可证制度

《国家水污染防治法实施细则》第九条规定："企事业单位向水体排放污染物，必须向所在地环境保护部门提交《排污申报登记表》。环境保护部门收到《排污申报登记表》后，经调查核实，对不超过国家和地方规定的污染物排放标准及国家规定的企业事业单位污染物排放总量指标的，发给排污许可证。"排污许可证制度以污染物排放总量控制为基础，对排污单位污染物排放种类、排放浓度、排放总量和排放去向等做出了限制性的规定。

排污许可证在性质上是环境保护部门对申请排污单位的排污活动的同意，能有效控制排污单位污染物的排放。排污许可证制度包括排污单位的排污申报登记、许可证控制指标的确定、排污许可证污染物控制目标的规划分配、发放排污许可证、许可证执行情况的监督和管理等。

7. 污染集中控制

污染集中控制是1989年第三次全国环境保护工作会议出台的环境管理制度。其主要内容是指在一定范围内，不过分要求污染源达标治理，而是通过科学的规划，选择先进、合理的技术进行集中治理。这样有利于集中财力，以最少的投资换取最大的环境效益。显然，污染集中控制有利于发挥规模效益，与分散治理相比较，更有利于提高污染的治理效率及废物的资源转化率，有利于降低运行成本。

8. 污染限期治理制度

所谓限期治理，是以污染源的系统分析为基础，以环境保护规划为依据，突出重点，分期分批地对污染危害严重、群众反映强烈的污染物、污染源、污染区域采取限定治理时间、治理内容及治理效果的强制性措施，是人民政府为了保护人民的利益对排污单位采取的法律强制手段。

《中华人民共和国环境保护法》对限期治理内容做出了明确的规定。第十八条规定："在国务院、国务院有关主管部门和省、自治区、直辖市人民政府划定的风景名胜区、自然保护区和其他需要特别保护的区域内，不得建设污染环境的生产设施，建设其他设施，其污染物排放不得超过排放标准。已建成的设施，其污染排放超过规定的排放标准的，限期治理。"第二十九条规定："对造成环境严重污染的企事业单位，限期治理。"

9. 污染物排放总量控制

污染物排放总量控制是一项比排污收费等制度更严格、更科学的环境管理措施，它对遏制我国环境污染和生态破坏加剧的趋势具有十分重要的作用。污染物排放总量控制作为重要的环境管理制度，在全国实施是由1996年第四次环境保护工作会议决定的。所谓污染物排放总量控制，就是在一定时间、一定空间条件下，对污染排放总量的限制，其总量控制目标可以按环境容量确定，也可以将某一时段排放量作为控制基数，确定控制值。

### （五）交通污染控制技术

交通对环境的影响不是不可改变的，而是高度依赖于产生交通的技术和用于削减其影响的技术。

1. 提高现有交通工具燃料利用率

现有交通工具的燃料利用率普遍相对较低，致使大量的燃料燃烧不彻底，大大增加了二氧化碳等有害气体的排放，研发能够提高燃料利用率的技术和设备是改善目前交通空气污染的有效手段。

2. 大力推进清洁能源技术

交通运输工具产生的废气污染源主要来自燃料的燃烧，要从源头上控制交通工具对空气质量的影响，必须采用清洁能源技术，在保证运输性能的基础上实现废气污染排放最小。几十年来，人们一直在寻求清洁型替代燃料以缓解石油短缺和减少环境污染，天然气、液化石油气、甲醇、乙醇、生物柴油等正在逐渐地取代汽油，电动汽车、最清洁的氢发动机的推广，意味着如果人们愿意的话，技术可以将污染减少到接近零的水平。由于汽车制造技术和油品质量的落后，我国单车污染物排放是发达国家受控汽车的几倍甚至十几倍。另外，汽车替代燃料的开发也大大落后于欧美国家。利用先进的清洁能源技术减轻交通运输带来的环境污染有着较大的发展空间。

3. 加强综合运输结构中的各种运输方式协调

交通技术政策的核心思想是发挥各种运输方式的优势，做到彼此协调发展，充分发挥航空、铁路、汽车、船舶客运运输的优势；作为货物运输中的主力，铁路的市场将更加广阔；还要积极发展管道运输，通过管道运输成品油和煤炭，这种方式，运输成本低，占地少，有利于环境保护。

在城市交通中，公交优先是城市道路及环境改善的良策，从节约城市道路空间、合理控制城市交通污染等方面考虑，在城市中运送人员最好的工具是公共交通，而不是个体机动车，目前我国各城市小汽车增长速度都过快，导致城市交通污染问题加重，为了缓解交通拥堵、改善交通环境，各大、中城市，如北京、上海、广州、深圳、重庆、成都、西安等城市都在积极发展城市公共交通，包括公交车、地铁、轻轨以及快速公交等。

总之，环境保护的根本途径是建立环境污染的控制系统，主要包括交通运输、环境和人几个方面。虽然它们各自均存在着不同的可控因素，但也存在着共同的可控因素，应对环境污染的总体效应制订一个综合性治理方案。从交通工程的角度出发，把交通规划、交通管制和工程措施结合起来，定性定量地进行综合性的控制，以达到降低交通污染危害程度的目的。

## 复习思考题

1. 简述环境的概念、结构及环境问题的产生与发展。
2. 简述交通运输对环境的影响，概括交通污染控制的对策。

# 第二章　交通运输与空气污染防治

## 第一节　空气污染与气象

### 一、环境空气与空气污染

#### (一)环境空气

地球周围有一层很厚的大气层。近代卫星探测资料表明,大气上界约在高空2 000~3 000km处。与人类关系最为密切的是底层大气。

近地层的大气常称为空气,环境空气是指室外的空气,空气由干洁空气、水蒸气和杂质三部分组成。空气是最宝贵的资源之一,它是生命物质。如果地球上没有空气,人类和其他一切生物就不会存在。

不含水蒸气和杂质的空气称为干洁空气。它是混合气体,主要气体组分是氮、氧、氩,次要组分是二氧化碳、氖、氦、氪、氙、臭氧等。

空气中的水蒸气含量是不稳定的,它随着时间、地点、气象条件的不同而有较大的变化,变化范围在0%~4%之间,且沿垂直方向和水平方向的分布也是不均匀的。水蒸气能演变成云、雾、雨、雪等复杂的天气现象。

空气中的二氧化碳主要来源于燃料的燃烧、动植物的呼吸和有机物的腐烂。二氧化碳吸收短波辐射的能力弱,吸收长波辐射的能力强。当大气中二氧化碳含量增多时,地球向宇宙空间辐射热量减弱,气温变暖。由此将导致冰川融化,海平面上升,沿海城市将被淹没。为避免这一灾难,世界各国正在设法减少二氧化碳的排放量。

近地层空气中臭氧含量极少,随着距地面(称下垫面)高度的增加其含量也不断增加,约在20~30km高度处臭氧含量达到最大值,再向上臭氧含量又逐渐减少,到55~60km高空处臭氧含量就极少了。据地面12~35km高度的一层大气称臭氧层,臭氧层能吸收波长短于0.29μm的紫外线,这就保护了动植物有机体免受过量紫外线照射的危害。

空气中的杂质可分为固态杂质和液态杂质。固态杂质主要有烟尘、粉尘、扬尘等,多集中在空气的底层;液态杂质主要指水汽凝结物,如云、雾滴杂质(它们以气溶分散体的形式存在于空气中)等。

#### (二)空气污染

空气污染是指由于人类活动或自然作用,使某些物质进入空气,这些物质在空气中达到足够的浓度,并持续足够的时间,危害了人体的舒适、健康和福利,或危害了生物界及环境。人类的活动包括生产活动和生活活动。自然的作用主要是火山的喷发、森林火灾、岩石风化、土壤扬尘等。

所谓危害了人体的舒适和健康,是指对人体生活环境和生理机能的影响,引起急、慢性疾病,甚至死亡等。所谓福利,是指人类为更好的生活所创造的各种物质条件,如建筑物、器物等。

当今世界的空气污染主要是燃烧煤和石油造成的。当然,人类其他活动排放的空气污染物,也使空气受到不同程度和不同性质的污染。我国是世界上空气污染最为严重的国家之一。我国的空气污染属于煤烟型污染,随着中国城市机动化程度的快速提高,我国空气污染的类型也逐渐向石油型污染转变,且污染程度在加剧,特别是城市环境空气污染呈加重趋势。

### (三)我国交通运输污染现状

空气污染源可分为两类:一类是固定污染源,如火电厂、水泥厂、冶炼厂、炼油厂、化工厂、采暖锅炉、家庭炉炕等;另一类是移动污染源,如汽车、拖拉机、火车、飞机、轮船等。移动污染源主要集中在交通运输产业中。

根据国际能源署的数据,就全球而言,运输业所产生的 $CO_2$ 排放量占到占总排放量的21%。对于发达国家而言,其工业生产的碳排放并不占绝对比重,建筑、交通领域的排放比例也非常高。例如,2001 年英国交通的耗能占总量的 26%,比工业高 4%;2007 年英国交通运输业产生的温室气体排放量占总量的 21%,仅比工业低 12%。

2002 年发展中国家运输业 $CO_2$ 排放量仅为 1 245 亿 t,比其石化等工业排放量少 36%,总量和所占总排放的比例也远远低于 OECD(经济合作和发展组织)国家。但预测到 2030 年发展中国家运输业的排放量将达到 3 353 亿 t,比其石化等工业排放量多 12%,总量达到 OECD 国家目前的水平。

我国交通运输业的温室气体排放规模逐年上升,增速超过全社会总排放量的增速。《交通运输系统节能减排方向与途径研究》预计到 2020 年,在乐观情况下,道路机动车、民航、铁路、水运船舶的总能耗比 2007 年增长约 1.5 倍,交通运输领域 $CO_2$ 总排放量将达到 15 亿 t 左右,届时交通运输领域 $CO_2$ 排放贡献率将提高到 18% ~20%。而如果不加控制,交通运输领域的 $CO_2$ 排放增长将更为惊人。

在移动污染源中,汽车数量最大,排放污染物最多,是主要的移动污染源。发达国家的汽车保有量十分巨大,如美国平均两人拥有一辆汽车,汽车排气已成为主要空气污染源。据美日两国所作的研究与推测,汽车排放的污染物在空气污染物总量中的分担率为:一氧化碳(CO)达 80% ~90%,碳氢化合物(HC)达 50% 以上。

我国随着道路交通的不断发展,汽车保有量的迅速增加,汽车向空气中排放的 CO、$NO_x$ 和 HC 的排放量也逐年增加。表 2-1 给出了我国几个城市汽车污染物分担率分析结果。从表中可看出,汽车排气已是我国大城市空气污染的主要来源,因此,控制汽车尾气排放污染,改善我国城市环境空气质量势在必行。

**城市汽车源的污染分担率(%)** 表 2-1

| 城　市 | CO | HC | $NO_x$ | 类　别 |
|---|---|---|---|---|
| 北京 | 48 ~64 | 60 ~74 | 10 ~22 | 区域 |
| 上海 | 69 | 37 | | 区域 |
| 沈阳 | 27 ~38 | | 45 ~53 | 区域 |
| 济南 | 28 | | 46 | 区域 |
| 广州 | 70 | | 43 | |

## 二、环境空气质量标准及道路交通空气污染危害

### (一)环境空气质量标准

为控制和改善空气质量,保护人体健康和自然生态环境,我国在1982年制定了《大气环境质量标准》,1996年又颁布了新的《环境空气质量标准》(GB 3095—1996),2000年对《环境空气质量标准》(GB 3095—1996)进行了微调,环保部2008年下达了环境空气质量标准修订项目,由中国环境科学研究院承担后,经历了长达两年的酝酿期,修订形成了《环境空气质量标准》(GB 3095—2012)。此次修订的《环境空气质量标准》(GB 3095—2012)调整的主要内容如下:

(1)调整了环境空气功能区分类,将三类区并入二类区。

(2)增设了颗粒物(粒径小于等于2.5μm)浓度限值和臭氧8小时平均浓度值。

(3)调整了颗粒物(粒径小于等于10μm)、二氧化氮、铅和苯并[a]芘等的浓度限值。

(4)调整了数据统计的有效性规定。

**环境空气污染物基本项目和其他项目浓度限值**(GB 3095—2012) 表2-2

| 类别 | 污染物项目 | 平均时间 | 浓度限值 | | 单位 |
|---|---|---|---|---|---|
| | | | 一级 | 二级 | |
| 基本项目 | 二氧化硫($SO_2$) | 年平均 | 20 | 60 | μg/m³ |
| | | 24小时平均 | 50 | 150 | |
| | | 1小时平均 | 150 | 500 | |
| | 二氧化氮($NO_2$) | 年平均 | 40 | 40 | |
| | | 24小时平均 | 80 | 80 | |
| | | 1小时平均 | 200 | 200 | |
| | 一氧化碳(CO) | 24小时平均 | 4 | 4 | mg/m³ |
| | | 1小时平均 | 10 | 10 | |
| | 臭氧($O_3$) | 日最大8小时平均 | 100 | 160 | μg/m³ |
| | | 1小时平均 | 160 | 200 | |
| | 颗粒物(粒径小于等于10μm) | 年平均 | 40 | 70 | |
| | | 24小时平均 | 50 | 150 | |
| | 颗粒物(粒径小于等于2.5μm) | 年平均 | 15 | 35 | |
| | | 24小时平均 | 35 | 75 | |
| 其他项目 | 总悬浮颗粒物(TSP) | 年平均 | 80 | 200 | |
| | | 24小时平均 | 120 | 300 | |
| | 氮氧化物($NO_x$) | 年平均 | 50 | 50 | |
| | | 24小时平均 | 100 | 100 | |
| | | 1小时平均 | 250 | 250 | |
| | 铅(Pb) | 年平均 | 0.5 | 0.5 | |
| | | 季平均 | 1 | 1 | |
| | 苯并[a]芘(BaP) | 年平均 | 0.001 | 0.001 | |
| | | 24小时平均 | 0.0025 | 0.0025 | |

### （二）道路交通空气污染危害

道路交通空气污染是由机动车辆（主要为汽车）排出的空气污染物引起的。主要污染物有：一氧化碳（CO）、碳氢化合物（HC）、氮氧化物（$NO_x$）、二氧化硫（$SO_2$）、颗粒物质（铅化合物、碳烟、油物）及恶臭物质。它们大部分是有害有毒物质，有些还带有强烈刺激性，甚至有致癌作用。

下面简要介绍这些空气污染物对人体健康及公共环境的影响。

1. 一氧化碳（CO）

CO是无色、无刺激的有毒气体。CO经呼吸道吸入肺部被血液吸收后，能使血液中的血红蛋白结合合成CO－COHb（血红蛋白）。CO与COHb的亲和力比氧气大250倍，一经形成离解很慢，使血液失去传送氧的功能，发生低氧血症，因而导致人体内各组织缺氧。当人体血液中CO－COHb含量为20%左右时就会引起中毒，当含量达60%时可因窒息而死亡。

2. 碳氢化合物（HC）

机动车辆排气中所含的碳氢化合物有百余种，其中大部分对人体健康的直接影响并不明显，但它是发生光化学烟雾的重要物质。排气中对人体健康危害较大的碳氢化合物主要是醛类（甲醛、丙烯醛）和多环芳烃（苯并[a]芘等）。甲醛和丙烯醛对鼻、眼和呼吸道黏膜有刺激作用，可引起结膜炎、鼻炎、支气管炎等症状，它们还有难闻的臭味。甲醛刺激阈的主要指标为2.4$mg/m^3$，当空气中甲醛浓度为5$mg/m^3$时，接触的人立即出现血压降低倾向。甲醛还有致敏作用，使人发生变态反应疾病。苯并[a]芘是一种强致癌物质。

3. 氮氧化合物（$NO_x$）

氮的氧化物较多，机动车排出的氮氧化合物主要是NO和$NO_x$，统称氮氧化合物（$NO_x$）。

NO是一种无色、无臭、无味的气体。它和血红蛋白的结合力比氧高30万倍，如果NO侵入人体与血红蛋白相结合，就会造成体内缺氧，严重时可引起意识丧失，甚至死亡。NO本身对呼吸道亦有影响。因此，NO对健康的影响是不容忽视的。

$NO_2$是棕色气体，有特殊的刺激性臭味。$NO_2$被吸入肺部后，能与肺部的水分结合生成可溶性硝酸，严重时会引起肺气肿。

空气中$NO_x$和HC同时存在时，在太阳紫外线的照射下，存在潜在的光化学烟雾污染。

4. 光化学烟雾

光化学烟雾，是HC和$NO_x$在阳光紫外线作用下，进行一系列的光化学反应而形成的一种毒性较大的浅蓝色烟雾。光化学烟雾是臭氧（$O_3$）、$NO_2$、过氧化酰基硝酸盐（PAN）、硫酸盐、颗粒物及还原剂等的混合物。

实验证明，对烟焦油刺激作用时氧化剂（以$O_3$表示）的浓度为0.10～0.90$mg/m^3$。引起人体有下列症状的氧化剂浓度为：头痛0.10$mg/m^3$；咳嗽0.53$mg/m^3$；胸部不适0.58$mg/m^3$。

5. 二氧化硫（$SO_2$）

$SO_2$是一种无色气体。空气中$SO_2$浓度达1～3$mg/m^3$时，大多数人都会有感觉，当浓度再高一些时便感觉有刺鼻的气味。由于$SO_2$的高度可溶性，大部分可被鼻腔和上呼吸道吸收，很少达到肺部。

6. 颗粒物

机动车排气中的颗粒物主要有铅化物微粒和燃料不完全燃烧而生成的烟雾等。如果采用无铅汽油，铅化物微粒影响便可基本消失。碳烟主要是危害人体的呼吸系统。

## 三、与道路交通空气污染物扩散有关的气象要素

### (一)描述大气的物理量

对大气状态和大气物理现象,给予定量或定性描述的物理量称为气象要素。与道路交通空气污染物扩散有关的气象要素主要有气温、气压、气湿、风向、风速、云况、云量、能见度及太阳辐射等。

1. 气温

气象上讲的地面气温,一般是指离地面1.5m高处,在百叶箱中观测到的空气温度。气温一般用摄氏温度(℃)表示,理论计算常用热力学温度(K)表示。

2. 气压

气压是大气作用到单位面积上的压力,气压的单位为帕斯卡(Pa)。

3. 气湿

空气湿度简称气湿,它是反映空气中水汽含量多少和空气潮湿程度的物理量。常用的表示方法有绝对湿度、水汽分压力、相对湿度等。其中相对湿度应用较普遍,它是空气中的水汽分压力与同温度下饱和水汽压的比值,以百分数表示。

4. 风

气象上把空气质点的水平运动称为风。空气质点的垂直运动称为升、降气流。风是矢量,用风向和风速描述其特征。

风向指风的来向。例如,风从东方吹来称东风,风向南边吹去称北风。风向的表示方法有方位表示法和角度表示法两种。

风速是单位时间内空气在水平方向移动的距离,单位用m/s表示。气象站给出的通常是地面风速,地面风速是指距地面10m高的风速。

5. 云

云是由漂浮在空中的大量小水滴或小冰晶抑或两者的混合物构成。云的生成、外形特征、量的多少、分布及其演变不仅反映了当时大气的运动状态,而且预示着天气演变的趋势。云可用云状和云量描述。

云状是指云的形状。根据1932年国际云学委员会出版的国际云图,按云的高度及其形状将云分为三族十属几十种。具体分类可查有关资料。

云量(亦称云总量)是指云的多少。我国将视野能见的天空分为10等份,被云遮蔽的份数称为云量。例如,碧空蓝天,云量为零;云遮蔽了4份,云量为4;满天乌云,云量为10。低云量是指低云遮蔽天空的份数,低云是指云底高度在2 500m以下的云。我国云量记录以分数表示,分子为总云量。低云量不应大于总云量,如总云量为8,低云量为3,记作8/3。

6. 能见度

正常人的眼睛能见到的最大水平距离称为能见度(水平能见度)。所谓"能见",就是能把目标物的轮廓从它们的天空背景中分辨出来。

能见度的大小反映了大气的浑浊程度,反映出大气中杂质的多少。

### (二)气温层结与风速廓线

1. 气温层结

从地面到大约高度为1~2km的大气层称为大气边界层或行星边界层。地面以上100m

左右的一层大气称为近地层或摩擦边界层。在大气边界层中大气的温度随着高度而变化，气温随高度的变化可以用气温沿铅直高度分布曲线来表示，该曲线称为气温层结曲线，简称气温层结或层结。

气温随高度变化的快慢用气温递减率来表示。气温递减率的数学定义式为 $\gamma = \Delta T/\Delta Z$，是指单位高差（通常取 100m）气温变化的负值。

干空气在绝热升降过程中，每升降 100m 气温变化的负值称为干空气温度绝热递减率，以 $\gamma_d$ 表示。经计算，$\gamma_d \approx 0.98$K/100m（取 1.0K/100m），这表示干空气在作绝热上升（或下降）运动时，每升高（或下降）100m 气温约降低（或升高）1K。

大气边界层中气温层结有 4 种典型情况：

（1）气温随高度的增加而递减，即 $\gamma > 0$，称为正常分布层结或递减层结。气温随高度的分布多数是这种分布。

（2）气温递减率等于或近似等于干绝热递减率，即 $\gamma = \gamma_d$，称为中性层结。

（3）气温随高度增加而增加，即 $\gamma < 0$，称为气温逆转，简称逆温。

（4）气温随高度增加而不变化，即 $\gamma = 0$，称为等温层结。

2. 风速廓线

大气的水平运动是作用在大气上的各种力的总效应。作用在大气上的水平力有：①水平气压梯度力，它是空气水平运动的原动力；②地转偏向力，又称科里奥利力，简称科氏力；③惯性离心力，是作曲线运动的大气所受的力；④摩擦力，是阻碍运动的力。由于这些力在不同高度上的组合不同，从而使风速随高度变化而变化。表示风速随高度变化的曲线称为风速廓线，风速廓线的数学表达式称为风速廓线模式。常用的风速廓线模式有对数律模式和幂函数模式两种。

（1）对数律风速廓线模式

对数律风速廓线模式用于近地层（100m 以下）中性层结条件下，精度较高。其模式为：

$$\bar{u} = \frac{u^*}{k}\ln\frac{z}{z_0} \tag{2-1}$$

式中：$\bar{u}$——计算高度 $z$ 处的平均风速（m/s）；

$u^*$——摩擦速度（m/s）；

$k$——卡门常数，$k = 0.4$；

$z_0$——地面粗糙度（m）。

（2）幂函数风速廓线模式

幂函数风速廓线模式使用范围较广，其模式为：

$$\bar{u} = \bar{u}_1\left(\frac{z}{z_1}\right)^m \tag{2-2}$$

式中：$\bar{u}$——计算已知高度 $z$ 处的平均风速（m/s）；

$\bar{u}_1$——已知高度 $z_1$ 处的已知平均风速（m/s）；

$m$——幂指数，一般是地面粗糙度和气温层结的函数。

3. 大气稳定度及其判据

如果大气中空气受到外力作用，产生了向上或向下运动，当外力去除后可能发生 3 种情况：①气块逐渐减速并有返回原来位置的趋势，称这种大气是稳定的；②气块加速上升或下降，称这种大气是不稳定的；③气块立即停止运动或作等速直线运动，称这种大气是中性的。

大气静力稳定度（简称稳定度）是表示大气抗干扰能力的物理量。大气扩散中，大气稳定度表征了大气的扩散能力。不稳定的大气扩散能力强，中性的大气扩散能力次之，稳定的大气扩散能力弱。

判断大气稳定度的方法较多，这里只介绍其中一种，用气温递减率（$\gamma$）与干绝热递减率（$\gamma_d$）之差来判断。当$\gamma - \gamma_d > 0$时，大气是不稳定的；当$\gamma - \gamma_d = 0$时，大气是中性的；当$\gamma - \gamma_d < 0$时，大气是稳定的。

## 四、气象条件与地形对大气污染的影响

### （一）近地层大气温度分布与空气污染

近地层大气运动不仅存在着有规律的水平运动和垂直运动，还存在着空气微团的无规则的湍流运动，大气的湍流运动使气体各部分之间充分混合，从而使进入大气的污染物得以逐渐扩散稀释。大气湍流运动的成因和强弱取决于：一是机械作用引起的机械湍流，其强度取决于风速、风雨和地面起伏度；二是由于大气各部分的温度差而引起的热力湍流，这种热力湍流与空气污染关系极大。

如果将大气作为一个热力学系统，根据热力学第一定律：

$$dQ = dU + Pd\bar{V} \tag{2-3}$$

式中：$dQ$、$dU$、$Pd\bar{V}$——分别为气体热量变化量、热能变化量和体积变化功。

对于空气，式(2-3)可写为：

$$dT = \frac{dQ}{mc_p} + \frac{RT}{c_p} \times \frac{dP}{p} \tag{2-4}$$

式中：$dT$、$dP$——分别为空气温度和压力变化量；

$m$、$R$、$T$、$c_p$、$p$——分别为空气质量、理想气体常数、空气温度、定压热容、空气压力。

由式(2-4)可知，引起大气温度变化的原因有两个：一是空气与外界的热量交换，二是大气本身的压力变化。

大气低层，气压变化不大，热交换的影响是主要的，此时式(2-4)简化为：

$$dT = \frac{dQ}{mc_p} \tag{2-5}$$

而在大气高层，往往气压变化的影响大大超过热交换的影响，此时式(2-4)可简化为：

$$dT = \frac{RT}{c_p} \times \frac{dP}{p} \quad 或 \quad \frac{T_2}{T_1} = \left(\frac{P_2}{P_1}\right)^{\frac{K-1}{K}} \tag{2-6}$$

式中：$K = \frac{c_P}{c_V}$，称为绝热指数。

由式(2-5)、式(2-6)两式可知，在大气低层，气温随大气吸热量增加而升高，而在大气高层，气温是随气压升高而升高。大气的热量来源于四个方面：①大气直接吸收太阳短波辐射$dQ_s$；②大气中的水汽、$CO_2$能强烈吸收地面的长波辐射$dQ_l$；③大气向地面的逆辐射$dQ_a$；④大气与地面之间的对流换热$dQ_c$。所以，大气吸收的热量$dQ$为：

$$dQ = dQ_s + dQ_l + dQ_a \pm dQ_c \tag{2-7}$$

对于从地面起到10km左右的一层大气而言，从热交换的影响来看，在式(2-7)中以$dQ_l$项

最大,而且越接近地面,$dQ_1$ 越大;从气压变化的影响来看,气压是随高度的降低而增加的,所以在这一层中的大气温度总是随高度增加而降低的,即气温总是下高上低的。其气温平均直减率为6.5℃/km,这样的温度分布引起空气在垂直方向上强烈的自然对流,特别是在100m左右的近地层中,上下气温之差很大,可达1~2℃,在这一层中,大气上下有规则的对流和无规则的湍流都比较盛行,直接影响着污染物的传播扩散。

**(二)逆温层与大气污染**

近地层中气温的垂直递减型分布不是绝对不变的,如果从下层使空气降温或从上层向空气加热,都会改变气温的这种垂直分布情况而造成气温上高下低的倒置分布,即形成逆温。逆温阻碍大气的热力湍流,使大气中的污染物不易扩散而大量积聚,造成严重的空气污染。

按成因,逆温可分为辐射逆温、平流逆温、下沉逆温、湍流逆温及锋面逆温五种类型,其中辐射逆温与大气污染的关系最为密切。

辐射逆温完全取决于大气与地面的热交换。夜晚地面不再吸收太阳辐射,但本身仍有强烈的对空辐射,所以地面很快冷却下来,近地面气层也随之很快冷却,较高气层由于受地面辐射影响较小而冷却较慢,这样就形成了气温上高下低的辐射逆温层。辐射逆温层从日落前1h开始形成,黎明时最强,日出后便自下而上逐渐消失,大约在10:00左右全部消失。

在上述五种逆温中,下沉逆温和湍流逆温发生在离地面几百米至1~2km的高度,为上部逆温层,其余三种为近地逆温层。上部逆温层起着限制污染物向上扩散的顶盖作用,它使污染物的垂直扩散受到抑制,污染物的扩散被限制在逆温层底和地面之间进行,形成封闭型扩散;近地逆温层又大大削弱了地面附近的大气湍流,使排在逆温层内的污染物扩散缓慢,在地面上积聚,浓度增加而造成污染。许多大气污染事件多发生在有逆温和静风的条件下,例如1948年美国多诺拉大气污染事件,是由于海拔210~340m高度的逆温层造成的,其污染源主要是工厂烟囱的排出物,而1952年英国伦敦烟雾事件,则是由于60~150m的低空逆温层引起的,其污染源主要是家庭采暖排出的烟气。

逆温强度(用负温度梯度 $-\dfrac{\Delta T}{\Delta t}$ 的数值表征)和逆温层厚度都会影响污染的程度。研究表明当逆温强度增大和逆温层厚度增加时,污染都将加重。

**(三)城市热岛环流与空气污染**

让我们来考察一下城乡上空在式(2-7)中各项热量的大小。

(1)由于城市人口密集,工厂集中,交通繁忙,使得能量消耗巨大,产生的大量余热直接释放到大气之中。

(2)城市地面大多被水泥、砖石覆盖,地面蒸发热量少,温度较高;另外,城市表面建筑物鳞次栉比,大大增加了地面粗糙度,这都使城市上空大气向地面吸收的对流换热量 $dQ_c$ 增加。

(3)城市上空笼罩着大量烟气和 $CO_2$,因此,城市大气吸收的太阳辐射 $dQ_s$ 及吸收地面的长波辐射 $dQ_1$,都要大于农村上空大气对应的吸热量。

(4)城市覆盖物(建筑物、水泥路面等)热容量大,白天吸收太阳辐射热,夜间放热缓慢,使低层空气冷却缓慢。

由于以上原因,城市近地层大气的净吸热量 $dQ$ 比周围农村多,其平均气温高于周围农村(特别是夜间),形成所谓城市热岛,据统计,城乡年平均温度差一般为0.4~1.5K,最大差别可达6~8K。由于城市气温经常高于农村,使得城市上空暖而轻的空气上升,周围郊区的冷空气则向城区上空补充,形成所谓城市热岛环流或城市风,这种城市风是向市区中心汇合上升的,若城市周围有较多产生污染物的工厂,就会使污染物向市中心输送,造成污染,特别是夜间且城市上空有逆温存在时,这种污染更严重。例如日本旭日市的工厂虽然分散建立在四周的郊区,但由于城市风的影响,市区污染物浓度反比郊区高出3倍左右。

#### (四)地形与空气污染

1.山谷风

在山区,白天太阳光照射到山坡,使山坡温度比同高度的山谷中的空气温度要高,形成由谷底吹向山坡的风,称为谷风;夜间山坡比谷底冷却得快,冷空气则沿山坡滑向谷底形成山风,山风和谷风的交替出现使工厂排出的污染物常在谷地与坡地之间回旋,同时当夜晚出现山风时,由于冷空气下沉于谷底,上面为山谷上原来的暖空气,所以常伴随有逆温层出现,污染物就是更不易扩散而造成污染。如前述的多诺拉污染事件及1930年比利时的马斯河谷烟雾事件都与这样的地形条件有密切关系。

2.水陆风

在沿海地区以及大湖泊和江河沿岸的水陆交界地带,由于陆地和水域的热力学性质不同,水的比热比陆地要大得多(约是干旱土壤的5倍),所以水要比土壤吸收更多的热量,又由于水的对流换热作用,使局部区域吸收的热量能迅速传播到整个水域,这种冷热各部分的混合换热作用是陆地无法实现的,因此水温的昼夜变化很小。而陆地在白天吸收太阳辐射迅速升温,使陆地气温高于水面气温,夜晚放热时,水面气温又高于陆地气温,这种水陆区域空气层的温度差造成气流的自然对流,白天近地层的风从水域吹向陆地,形成水风,夜晚,风从陆地吹向水面,形成陆风。而在水陆上空则存在着方向相反的气流,形成水陆风环流。这样就使排入近地层的污染物在夜晚被陆风吹向水域,而在白天又被水风吹回来,或进入水陆风环流中,使污染物循环积累不能稀释扩散;而直接排入上层反旋气流的污染物,也会被环流重新带回地面;如果水陆交界区域上空存在着与水风方向相反的较强的主导风,则由于水风温度低于陆上来的主导风的温度,在冷暖风交界面上部会出现逆温层,这样,沿岸近地层污染物随水风吹向内陆,上部逆温层又阻碍其向上扩散,从而造成近地层污染物高浓度的封闭型扩散。沿海的工业城市,为了运输和用水的方便,常将工业区建在海边,生活区建在内地,这样就会由于海陆风的影响而使生活区受到污染,如果生活区背面有山,则污染物遇山产生回流,对生活区将造成更严重的污染,日本的神户、大阪、横滨等城市都存在这种情况。

## 第二节　废气排放监测与测算

### 一、废气排放与交通条件

据有关资料报道,机动车辆排气中含有约120~200种不同物质的化合物。机动车辆的空气污染物主要由尾气排放出来,约占总排放量的70%。此外,曲轴箱泄漏燃油约占20%,油箱、化油器等燃料系统的泄漏约占10%。各种泄漏产生的空气污染物是燃油的气化物,即碳氢化合物。

影响机动车排放水平的因素有很多。机动车的排放水平不仅由机动车的发动机技术和污染控制技术等自身条件决定,还受道路状况和行驶状态等外部因素影响。此外,影响机动车排放水平的因素还包括机动车维护水平、驾驶员驾驶习惯、空调使用状况、油品质量和环境温度等。根据各影响因素的特征,可将其归纳为如下三类。

(1)与机动车技术相关的影响因素,包括发动机技术和催化剂技术,以及机动车质量和发动机排量等参数。先进技术的普及极大地降低了机动车排放水平。例如,电子燃油喷射三元催化转化器技术车辆仅为化油器车辆排放水平的10% ~20%。

(2)与机动车使用相关的影响因素,包括累积行驶里程和维护状况等。研究发现,机动车的排放会随行驶里程增加而不断劣化。并且,如果车况维护不佳,部件调整不当,行驶里程较少的车辆也会出现排放严重超标的情况。

(3)与机动车行驶状态相关的影响因素,包括机动车启动方式(冷启动或热启动)、机动车平均车速、运行模式(加速、减速、匀速和怠速)以及爬坡等。

发动机的燃烧特性决定了车辆污染排放与行驶速度的关系,当车速较低时,HC 和 CO 排放较高,$NO_x$ 排放较低;车速较高时,HC 和 CO 排放较低,$NO_x$ 排放较高,但能获得良好的行驶排放效率(即单位行驶里程的污染物排放量较小)。美国国家环保局对大量排放测试数据的研究结果表明,车辆的行驶速度对污染物的排放量影响很大,在低速段(速度 <30km/h)行驶时,其 HC 和 CO 排放因子随速度的增加而呈现负指数下降,但对 $NO_x$ 排放的影响较小。而车辆处于怠速和减速状况时 HC 和 CO 排放严重,在加速和高速行驶时,$NO_x$ 排放较多。车速影响单车排放,交通环境的好坏又决定车辆的行驶速度,因此交通环境对单车排放的影响不容忽视。

(4)其他,包括油品质量、环境温度和湿度等。

## 二、废气排放量的监测

### (一)机动车辆排气污染物的监测方法

机动车辆排气污染物的监测必须在一定的工况条件下进行。根据工况条件不同,可把监测方法分为工况法、强制装置法和怠速法三种。

1. 工况法

将被测试的汽车放在底盘测功机(转鼓试验台)上运转,并模拟汽车在道路上实际行驶所受到的阻力。该测试方法可以近似地呈现汽车实际行驶的工况,故称工况法。由于该方法需要底盘测功机、测试运转的控制系统、复杂而精密的污染物分析仪等,因此,该方法应用不普遍,主要用于定型车的鉴定、科研以及生产车的抽样检验。我国摩托车的污染物监测方法《摩托车污染物排放限值及测量方法》(GB 14622—2007)采用的是工况法。

2. 强制装置法

该方法要求汽车制造厂在新生产的汽车上安装相应的装置,以控制曲轴箱通风和燃料系统的汽油蒸发所排放的 HC 污染物,在现有车上安装减少排放 HC 和 $NO_x$ 的装置。该方法应用较少。

3. 怠速法

怠速法是在怠速工况下进行的测试方法。“怠速”是指机动车辆的驱动轮处于静止状态,发动机运转,化油器的节气门处于最小位置,阻风门全开,转速符合车辆使用说明书规定的运行状态。怠速工况测试法比较简单,它不需要特殊的试验台,应用便携式的测定仪器,在交通路口的验车处就可以进行测试。因此,怠速法在各国都广泛应用。

### (二)怠速法监测车辆排气污染物的基本方法

怠速工况下,机动车辆排气中主要污染物是 CO 和 HC。因此,怠速法只监测车辆排气中的 CO 和 HC。怠速法监测的基本程序是受检车辆准备、监测仪器准备、对排气取样、排气中污染物分析、数据处理等。

1. 受检车辆准备

受检车辆应做检查,同时具备监测规定的各项条件,关于监测规定的条件请参阅有关资料。

2. 监测仪器准备

按有关标准和规范要求准备好采样仪器、分析仪器、转速计和点温计等。仪器在每次使用前后应作零点漂移和量程校正,误差不得超过满量程的 ±3%。

3. 排气取样

排气取样方法有直接取样法、全量取样法、比例取样法和定容取样法等四种。各种方法请查阅有关资料。

4. 排气中污染物分析

我国的《轻型汽车排气污染物测试方法》(GB 18352.3—2005)中规定:一氧化碳(CO)、二氧化碳($CO_2$)采用不分光红外吸收(NDIR)分析仪;碳氢化合物(HC)采用氢火焰离子(FID)分析仪,对压燃式发动机应采用加热式氢火焰离子(HFID)分析仪;氮氧化物($NO_x$)采用化学发光型(CLD)分析仪或者不分光紫外共谐吸收(NDUVR)分析仪。

5. 数据处理

首先应去除有误数据,然后按有关规定和各种测试方法的规定进行数据处理,以保证数据的正确性。

## 三、废气排放量的测算

在道路交通的空气污染预测中,机动车辆空气污染物的排放量是其基础数据,直接影响空气污染预测的准确性。

### (一)空气污染物排放量的估算方法

1. 实测法

它是用仪器检测车辆排气中污染物的浓度($C_i$)和废气的排放量($Q$),废气中污染物的排放量($m_i$)可按下式计算:

$$m_i = C_iQ \qquad (2\text{-}8)$$

交通管理部门对机动车辆的性能有定期检测的制度。对车辆性能定期检测的同时,用实测法估算排气中污染物的排放量是较为方便的。

2. 经验计算法

它是利用机动车辆消耗单位燃料的空气污染物排放系数($K$)、单车运行一定吨公里(t·km)所消耗的燃料量($Q$),按下式计算排气中污染物的排放量($m_i$):

$$m_i = KQ \qquad (2\text{-}9)$$

式中,$K$ 值可按表 2-3 和表 2-4 取值。

**机动车辆大气污染物排放系数表**　　表 2-3

| 污染物 | 以汽油为燃料(g/L) | 以柴油为燃料(g/L) | |
|---|---|---|---|
| | 小汽车 | 载货汽车 | 机车 |
| 一氧化碳 | 169.0 | 27.0 | 8.4 |
| 烃类 | 33.3 | 4.44 | 6.0 |
| 氮氧化合物 | 21.1 | 44.4 | 9.0 |
| 铅化合物 | 2.1 | 1.56 | 3.0 |
| 二氧化硫 | 0.295 | 3.24 | 7.8 |

注:使用无铅汽油时,该项可不考虑。

**机动车辆消耗单位燃料大气污染物排放系数(g/L)**　　表 2-4

| 车的种类 | | CO | $C_nH_m$ | $NO_x$ | RCHO | $SO_x$ | 烟尘 |
|---|---|---|---|---|---|---|---|
| 公共汽车 | 轻型机动车 | 370 | 179 | 4.14 | 0.672 | 0.470 | — |
| | 轿车(用汽油) | 191 | 24.1 | 22.3 | 0.324 | 0.291 | — |
| | 轿车(用柴油) | — | — | — | — | — | — |
| | 同上(发动机汽车) | 19.3 | 2.34 | 28.6 | 0.267 | 8.35 | — |
| 货车 | 小型(汽油发动机) | 322 | 40.3 | 22.2 | 0.315 | 0.290 | — |
| | 普通(发动机) | 33.8 | 3.67 | 21.9 | 0.631 | 8.95 | 3.10 |

各类车辆的单车运行一定吨公里所消耗的燃料量($Q$)用下列公式计算。

(1)载货汽车燃料消耗量

载货汽车燃料消耗量用下列公式计算:

$$Q_1 = (q_a \frac{S}{100} + q_b \frac{w \cdot S}{100} + q_c \frac{\Delta G \cdot S}{100}) \cdot K_r \cdot K_t \cdot K_h \cdot K_e \tag{2-10}$$

式中:$Q_1$——同一运行条件下的燃料消耗量(L);

$q_a$——空驶基本燃料消耗量(L/100km);

$q_b$——货物周转量的基本附加燃料燃料消耗量[L/(100t·km)];

$q_c$——整车整备质量变化的基本附加燃料消耗量[L/(100t·km)];

$S$——在同一运行条件下的基本里程(km);

$w$——承载质量(包括挂车整车整备质量)(t);

$\Delta G$——整车整备质量增量;

$K_r$——道路修正系数;

$K_t$——温度修正系数,各地应采用相应的$K_t$值;

$K_h$——海拔修正系数,海拔高度大于500m的地方,取$K_h=1.03$;

$K_e$——其他修正系数,一般情况下取1,最大不大于1.05。

(2)大型客车燃料消耗量

大型载客汽车燃料消耗量按下式计算:

$$Q_2 = (q_a \frac{S}{100} + q_b \frac{N \cdot S}{100} + q_c \frac{\Delta G \cdot S}{100}) \cdot K_r \cdot K_t \cdot K_h \cdot K_e \tag{2-11}$$

式中:$N$——旅客总质量(t);

其余符号的物理意义同式(2-10)。

(3)小型客车燃料消耗量

小型客车燃料消耗量按下式计算：

$$Q_3 = q \cdot \frac{S}{100} \cdot K_r \cdot K_t \cdot K_h \cdot K_e \tag{2-12}$$

式中：$q$——小型客车综合基本燃料消耗量（L/100km）。

上述各式中的各种参数取值请参阅有关资料。

3. 燃料理论计算法（物料衡算法）

由于燃烧理论计算法比较烦琐，这里不做介绍，请查阅有关资料。

### （二）道路交通线源源强估算方法

道路上行驶的机动车辆排气形成了空气污染线源，线源的中心线取为道路中心线。道路线源污染物的源强按下式计算：

$$Q_j = \frac{\sum_{i=1}^{3} E_{ij} \cdot A_i}{3\,600} \tag{2-13}$$

式中：$Q_j$——道路交通 $j$ 类气态污染物线源源强[mg/（s · m）]；

$E_{ij}$——$i$ 型车在预测年的单车排放 $j$ 类气态污染物的排放系数[mg/（m · veh）]；各类车的排放系数按表 2-5 的推荐值取值，车辆的分类参见表 2-6；

$A_i$——$i$ 型车预测年的小时交通量（veh/h）；

3 600——小时和秒的换算系数（1h = 3 600s）。

**车辆单车排放系统推荐值[g/（km · veh）]** 表 2-5

| 平均车速（km/h） | | 50.00 | 60.00 | 70.00 | 80.00 | 90.00 | 100.00 |
|---|---|---|---|---|---|---|---|
| 小型车 | CO | 31.34 | 23.68 | 17.90 | 14.76 | 10.24 | 7.72 |
| | THC | 8.14 | 6.70 | 6.06 | 5.30 | 4.66 | 4.02 |
| | $NO_x$ | 1.77 | 2.37 | 2.96 | 3.71 | 3.85 | 3.99 |
| 中型车 | CO | 30.18 | 26.19 | 24.76 | 25.47 | 28.55 | 34.78 |
| | THC | 15.21 | 12.42 | 11.02 | 10.10 | 9.42 | 9.10 |
| | $NO_x$ | 5.40 | 6.30 | 7.20 | 8.30 | 8.80 | 9.30 |
| 大型车 | CO | 5.25 | 4.48 | 4.10 | 4.01 | 4.23 | 4.77 |
| | THC | 2.08 | 1.79 | 1.58 | 1.45 | 1.38 | 1.35 |
| | $NO_x$ | 10.44 | 10.48 | 11.10 | 14.71 | 15.64 | 18.38 |

**车 型 分 类 标 准** 表 2-6

| 车　　型 | 车辆总质量（t） |
|---|---|
| 小型车 | <3.5 |
| 中型车 | 3.5～12 |
| 大型车 | >12 |

注：大型车包括集装箱车、拖挂车、工程车等。实际汽车质量不同时可按相近归类。

## 四、汽车废气排放的模型

### （一）常见排放模型

为给机动车排放控制提供可靠的依据和支持，必须对机动车现状及未来排放因子、排放总量做出科学的估算，为此很多国家和地区都开发了适合本地区的排放因子计算模型。在美国，以 EPA 开发的 MOBILE 系列模型为代表，欧洲以欧洲环保局开发的 COPERT 模型为代表，各种模型请查阅相关资料。主要排放模型见表 2-7。

主要排放模型列表　　表 2-7

| 序　号 | 模型名称 | 最新版本 | 研发部门 |
|---|---|---|---|
| 1 | MOBILE | MOBILE6.2 | EPA |
| 2 | EMFAC | EMFAC2002 | CARB |
| 3 | IVE | IVE1.0.3 | CE－CERT，GSSR，ISSRC |
| 4 | CMEM | CMEM2.02 | CE－CERT |
| 5 | COPERT | COPERTIII | EEA |

### （二）MOBILE 模型

MOBILE 系列排放因子计算模型由美国环保局开发，可以计算各种各样条件（如环境温度、交通流平均速度）下车队（Fleet）排放水平的计算机程序。在美国主要用于以下几种情况：

（1）EPA 用于评价公路移动源控制策略。

（2）州、地方以及区域规划部门用来为清洁空气法案下的州执行计划研究排放清单和控制策略。

（3）都市区规划机构和州交通部门用于交通规划和一致性分析。

（4）大学以及工业研究人员用于从事研究工作。

（5）用于环境影响分析。

MOBILE 模型是目前世界上应用最广泛的排放因子计算模型，1978 年发布第一版 MOBILE1，后来又相继发布了 MOBILE2（1981 年），MOBILE3（1984 年），MOBILE4（1989 年），MOBILE4.1（1991 年），MOBILE5a（1993 年），MOBILE5b（1996 年），MOBILE6（2001 年），MOBILE6.1/6.2（2002 年）。每一代 MOBILE 模型的推出都建立在大量的测试数据的收集和分析基础之上。MOBILE 系列模型的数据来源为美国环保局（EPA）组织的各种不同的在用车排放水平检测结果，以及联邦测试程序 FTP（Federal Test Procedure）中测得的排放结果。

MOBILE6 是 1996 年 MOBILE5b 发布以来对 EPA 排放因子模型的首次重大更新。这个最新的 MOBILE 版本在结构和数据要求上都跟前期版本有很大不同。MOBILE6 更新了基本排放率信息，有更加真实的行驶模式，区分了启动与行驶排放，改良了校正因子，改变了车流组成。MOBILE6 还考虑了 MOBILE5b 以来新发布法规的影响，提供给用户更加详实的选择，以适应特定时间、地点的排放因子计算。

该模型通过工况法确定基本排放因子，并在此基础上通过对大量车辆测试，确定其他影响因素的经验计算公式。此类方法的核心为对应于不同年份的车辆基本排放因子，反映了车辆排放控制水平。需要用基于逐年积累的排放因子测试数据库，对模型的核心数据进行修正。模型的基础为统计分析，模型中的变量并不一定是具有明确意义的排放相关参数，可能仅仅是统计分析的产物。模型根据平均速度计算排放，并采用速度校正因子的方法反映速度变化对排放的影响，这是因为排放并不是随着速度提高呈线性增长，必须通过更加详细的测试来更好地理解速度变化对相关排放的影响。

MOBILE6 模型从覆盖范围等方面来讲是比较完善的，但在很多方面模型是基于统计分析的，这就使得模型很大程度上是描述性的，而不是确定性的。而且，模型的核心是 FTP 工况下的基本排放因子,模型很多算法的基础在于从一些大的排放试验室长期积累的数据的结果,而这些数据都是按照美国的测试程序测试美国本土车辆所得,这使得模型的移植性比较差,美国以外的地区在使用时必须对核心内容进行修正。

### (三)IVE 模型

IVE(International Vehicle Emissions)模型是一个计算机动车排放的计算机模型。主要用于发展中国家,模型可以预测地区空气污染物、温室气体排放以及有毒污染物。IVE 模型是加州大学里弗塞德(Riverside)分校工程学院环境研究和技术中心(CE - CERT)、全球可持续发展系统研究(GSSR)以及国际可持续发展系统研究中心(ISSRC)的共同的研究成果。IVE 模型作为一个工具,可以在一些城市和地区计算排放量上应用。

(1)针对那些最有效的控制策略和交通规划。

(2)预测不同的策略如何影响地方排放。

(3)量测随着时间排放的削减的进步。

IVE 模型排放预测过程的基础始于一个基本排放率和用于计算各种类型车辆污染物排放量的一系列的校正因子。要利用 IVE 模型研究准确的移动源排放清单,有三个重要组分是必不可少的:①车辆排放率(基本排放因子和校正因子);②车辆活动;③车流分布。IVE 模型就是为了使用合适的现有信息以及容易收集的地方数据来量化这三个基本输入。一旦收集到这些信息,研究适当的移动源清单并针对不同的情景进行修正就比较容易了。如果部分数据缺失,在收集到当地数据之前可以用相似城市区域的数据进行计算直到收集到当地数据。

IVE 模型的很多基础数据及算法都借鉴了 MOBILE6,不过为了达到为发展中国家使用的目的,模型在引用 MOBILE6 中的算法以及部分数据的同时,去除了一些只适用于美国的内容,如美国的排放标准实施计划等。IVE 模型在模拟车辆运行条件对排放的影响方面采用了与 MOBILE6模型完全不同的方法,引入了 VSP 功率比来反映车辆运行条件对排放的影响。

### (四)CMEM 模型概述

在美国,为了开发和评估交通政策,地方、州以及联邦利用移动源排放因子模型 MOBILE(由 USEPA 开发),或者加利福尼亚州的 MVEI 模型组(机动车排放清单模型,由加利福尼亚州空气资源局开发)。MOBILE 跟 MVEI 都是部分基于平均出行速度来预测机动车排放,在大量 FTP 阶段排放测试得到的回归系数的基础上建立。由于这些模型是为大区域预测排放清单用,不太适合评价自然界中一些更加微观的排放情况,比如匝道仪控、信号灯协调,以及很多智能交通系统(ITS)战略等。除了这些“地区型”的移动源模型外,还需要的是一个在更基础的层次考虑车辆一些典型的运行的排放模型,例如,与怠速、稳态漫游、各种层次的加、减速等直接相关的排放。1995 年 8 月,加州大学里弗赛德分校从事环境研究与技术的工程中心学院跟来自密歇根大学和劳伦斯伯克利国家实验室的研究者一道开始了一个四年的研究项目,以开发综合性的常用排放模型(CMEM),该研究由美国全国公路合作研究项目(NCHRP,Project 25-11)发起。这个研究项目的总体目标是开发并验证一个瞬态的排放模型,可以准确反映轻型车(LDV,如小客车和小货车)排放,排放可以由车辆运行模式的函数生成。这个模型可以预测各种各样的轻型车在不同状态(如正常运行、劣化、损坏)下的排放,从这种意义上说,模型是综合性的。这个模型可以预测一系列车辆/技术类型车辆每秒的尾气管(和发动机)排放和燃料经济性。

综合瞬态排放模型的主要目的是与不同的车辆运行模式,如怠速(Idle)、慢速行车

(Cruise)、加速(Acceleration)以及减速(Deceleration)等,相关的尾气管排放。这些运行模式可能在时间上是非常短的(如几秒)或者会持续很多秒。另外,模型对下列运行条件进行了处理:

(1)不同的启动条件(如,冷启动、热启动)。

(2)中等功率行车(如FTP工况下大部分的行车)。

(3)"工况外"行车(如FTP工况以外的行车,通常包括富燃跟贫燃的情况)。

CMEM基于一个排放生成物的参数化的分析表示法,使用了一个物理的功率－需求方式模型方法。在这样一个物理模型中,整个排放过程被分解成不同的组分,组分对应于与车辆运行和排放生成物相关的物理现象。每个组分都被模拟成一个包含不同排放过程特征参数的分析表达式。这些参数根据车辆类型、发动机和排放技术而不同。这些参数中的大部分(如车辆体积、发动机尺寸、动力牵引系数等),车辆生产者在车辆说明书中都有描述,很容易获得。其他与车辆运行和排放生成物相关的重要参数必须从一个综合性测试项目中推算。这个测试的工作量比为一个范围广大的车辆运行点建立排放图要小得多。而且这种模拟方法是相对更加确定性的,而不是描述性的。这样一个确定性模型是基于因果参数或变量,而不是基于简单的观察到的影响(如排放)并将之分配到统计组(如描述性模型)。

## 第三节　道路交通空气污染预测

### 一、湍流扩散基本理论

#### (一)湍流扩散的概念

当流体流动或搅拌时,由于流体质点的宏观随机运动(湍流),组分从浓度高处向低处移动,这种现象成为湍流扩散。在湍流状态下,流体内部产生漩涡,故又称为漩涡扩散。

湍流扩散导致大气或水体中的污染物质或其他物质与周围清洁流体的混合。如湍流气流中的一个烟团,起始时刻外形规则,由于湍流速度涨落而逐渐变形,涨落速度的湍涡以携带部分污染物进入清洁空气中,而另一批湍涡将干净空气混入烟团从而实现湍流扩散。

湍流扩散效果可以采用湍流通量定量表示,即单位时间单位面积污染物扩散的平均输送量。设$U^*$、$V^*$、$W^*$是某一位置湍流速度的三个分量,$C^*$是该处污染物混合比浓度的涨落。湍流是大量分子组成的湍涡的宏观运动,湍流扩散也属于宏观运动范畴,有别于大量单个分子微观迁移构成的分子扩散。在湍流大气中湍流扩散能力远比分子扩散强,一般地说,不必考虑污染物质的分子扩散作用。大气湍流扩散是大气污染物散布的一种重要的过程,尤其在局地性大气污染问题中更有特殊重要作用,随着散布时间加长才逐渐退居次要地位。

#### (二)湍流扩散理论简介

1.湍流梯度输送理论

德国科学家菲克,在1855年发表了一篇题为"论扩散"的著名论文。在这篇论文中,他首先提出了梯度扩散理论。他把这个理论表述为:"假定食盐在其溶剂中的扩散定律与在导体中发生的热扩散相同,是十分自然的。"它是一维的大气扩散方程式,是经典的热传导方程式。

湍流梯度输送理论的基本假定是由湍流所引起的局地的某种属性的通量与这种属性的局地梯度成正比,通量的方向与梯度方向相反,比例系数$K$称为湍流交换系数。

2. 湍流统计理论

泰勒是湍流统计理论的创始人之一。他在1921年发表的论文中,首先应用统计学的方法来研究湍流扩散问题,提出了著名的泰勒公式。它把描写湍流的扩散参数 $Y_2(t)$ 和另一统计特征量相关系数 $R$ 建立起关系,只要能找到相关系数的具体函数,通过积分就可求出扩散参数 $Y_2(t)$,污染物在湍流中扩散问题就能得到解决。萨顿首先找到了相关系数的具体表达式,应用泰勒公式,提出了解决污染物在大气中扩散的实用模式,成为这一领域的先驱者。高斯烟流模式是在大量实测资料分析的基础上,应用统计理论得到的。它是目前应用较广的模式。

3. 相似扩散理论

湍流相似扩散理论,最早始于英国科学家里查森和泰勒。后来由于许多科学家的努力,特别是俄国科学家的贡献,使湍流扩散相似理论得到很大发展。湍流扩散相似理论的基本观点是湍流由许多大小不同的湍涡所构成,大湍涡失去稳定分裂成小湍涡,同时发生了能量转移,这一过程一直进行到最小的湍涡转化为热能为止。从这一基本观点出发,利用量纲分析的理论,建立起某种统计物理量的普适函数,再找出普适函数的具体表达式,从而解决湍流扩散问题。我们把这种理论称为相似扩散理论。

## 二、大气扩散的数学模式

### (一)高斯模式坐标系及其假设

1. 坐标系

高斯模式的坐标系规定为排放源点在地面上的投影点为坐标原点;平均风向为 $x$ 轴,下风方向为 $x$ 轴的正向;$y$ 轴在平面内垂直于 $x$ 轴,$y$ 轴的正向在 $x$ 轴的左侧;$z$ 轴垂直于水平面,向上为正向。即该坐标系为右手坐标系。

2. 四点假设

高斯模式的四点假设为:①污染物在空中按高斯分布(正态分布);②在整个空中风速是均匀的、稳定的,且风速大于1m/s;③源强是连续均匀的;④在扩散过程中污染物质量是守恒的。

### (二)点源扩散高斯模式

1. 无限空间连续点源的高斯模式

由污染物正态分布的假设,下风向任一点的污染物平均浓度分布函数为:

$$C(x、y、z) = A(x)\exp(-ay^2)\cdot\exp(-bz^2) \tag{2-14}$$

由概率统计理论,其方差的表达式为:

$$\sigma_y^2 = \frac{\int_0^\infty y^2 c\mathrm{d}y}{\int_0^\infty c\mathrm{d}y};\sigma_z^2 = \frac{\int_0^\infty z^2 c\mathrm{d}z}{\int_0^\infty c\mathrm{d}z} \tag{2-15}$$

由假设④可写出污染物的源强为:

$$Q = \int_{-\infty}^{\infty}\int_{-\infty}^{\infty} \bar{u}c\mathrm{d}y\mathrm{d}z \tag{2-16}$$

上述四个方程组成一个方程组。其中源强 $Q$、平均风速 $\bar{u}$、标准差 $\sigma_y$ 和 $\sigma_z$ 为已知量,浓

度 $C(x、y、z)$ 、函数 $A(x)$ 、系数 $a$ 和 $b$ 为未知量。经推导计算,便得到无限空间连续点源污染物扩散的高斯模式为:

$$C = \frac{Q}{2\pi \bar{u}\sigma_y\sigma_z}\exp\left[-\left(\frac{y^2}{2\sigma_y^2}+\frac{z^2}{2\sigma_z^2}\right)\right] \tag{2-17}$$

式中:$\sigma_y$、$\sigma_z$——污染物在 $y$ 、$z$ 方向的标准差(m);

$\bar{u}$——平均年风速(m/s);

$Q$——污染物源强(g/s)。

2. 高架连续点源高斯模式

高架连续点源的扩散问题,必须考虑地面对扩散的影响。它的坐标系和假设条件同前所述,所不同的是认为地面像镜面那样对污染物起到全反射的作用。按全反射原理,可以用“像源法”来处理这类问题。如图 2-1 所示,$P$ 点的污染物浓度可看成是由位置(0、0、$H$)的实源和位置(0、0、$-H$)的像源在 $P$ 点所构成的污染物浓度之和。

(1)实源的作用。$P$ 点在以实源排放点(有效源高处)为原点的坐标系中,它的垂直坐标系(距烟流中心线的垂直距离)为 $Z-H$。为不考虑地面影响,实源在 $P$ 点所造成的污染物浓度为:

$$C_1 = \frac{Q}{2\pi \bar{u}\sigma_y\sigma_z}\exp\left[-\left(\frac{y^2}{2\sigma_y^2}+\frac{(z-H)^2}{2\sigma_z^2}\right)\right] \tag{2-18}$$

(2)像源的作用。$P$ 点在以像源排放点(负的有效源高处)为原点的坐标系中,它的垂直坐标为 $Z+H$。像源在 $P$ 点所产生的污染物浓度为:

$$C_2 = \frac{Q}{2\pi \bar{u}\sigma_y\sigma_z}\exp\left[-\left(\frac{y^2}{2\sigma_y^2}+\frac{(z+H)^2}{2\sigma_z^2}\right)\right] \tag{2-19}$$

$P$ 点的实际浓度为实源和像源的作用之和($C=C_1+C_2$)。即:

$$C = \frac{Q}{2\pi \bar{u}\sigma_y\sigma_z}\exp\left(\frac{-y^2}{2\sigma_y^2}\right)\left\{\exp\left[\frac{-(z-H)^2}{2\sigma_z^2}\right]+\exp\left[\frac{-(z+H^2)}{2\sigma_z^2}\right]\right\} \tag{2-20}$$

式中:$H$——高架点源排放点有效高度(m)。所谓排放点有效高度是指点源实际高度与排放抬升高度之和(图 2-1)。

其余各符号的物理意义与式(2-17)中的相同。

式(2-20)为高架连续点源污染物的扩散模式。由这一模式可求出下风向任一点的污染物浓度。

①地面浓度扩散模式

地面浓度扩散模式可由式(2-20)在 $z=0$ 的情况下得到。即:

$$C = \frac{Q}{\pi \bar{u}\sigma_y\sigma_z}\exp\left(\frac{-y^2}{2\sigma_y^2}\right)\exp\left(\frac{-H^2}{2\sigma_z^2}\right) \tag{2-21}$$

②地面轴线浓度扩散模式

地面浓度是以 $x$ 轴为对称的,$x$ 轴上具有最大值,向两侧($y$ 方向)逐渐减小。地面轴线浓度模式可由式(2-21)在 $y=0$ 的情况下得到。即:

$$C = \frac{Q}{\pi \bar{u}\sigma_y\sigma_z}\exp\left(\frac{-H^2}{2\sigma_z^2}\right) \tag{2-22}$$

③地面连续点源扩散模式

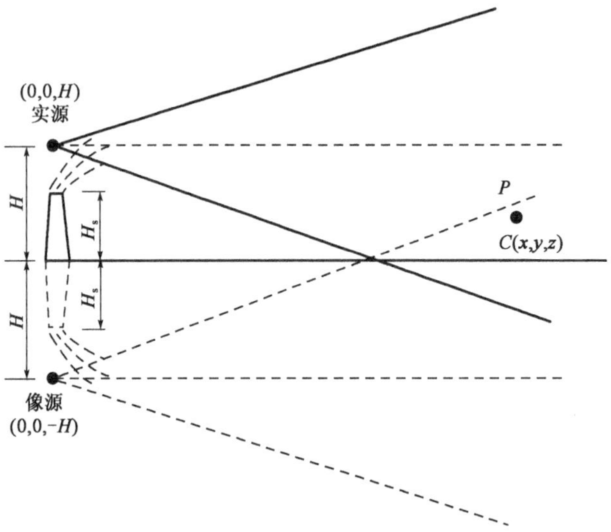


图 2-1　高架点源扩散模式示意图

地面连续点源扩散模式可由式(2-20)，令其有效源高 $H=0$ 时得到。即：

$$C = \frac{Q}{\pi \bar{u}\sigma_y\sigma_z}\exp\left[-\left(\frac{y^2}{2\sigma_y^2}+\frac{z^2}{2\sigma_z^2}\right)\right] \tag{2-23}$$

## 三、汽车尾气扩散模式

在道路上由机动车辆排气所形成的空气污染源（车流量 > 100veh/h）可以看作是线源。下面介绍线源污染物扩散模式。

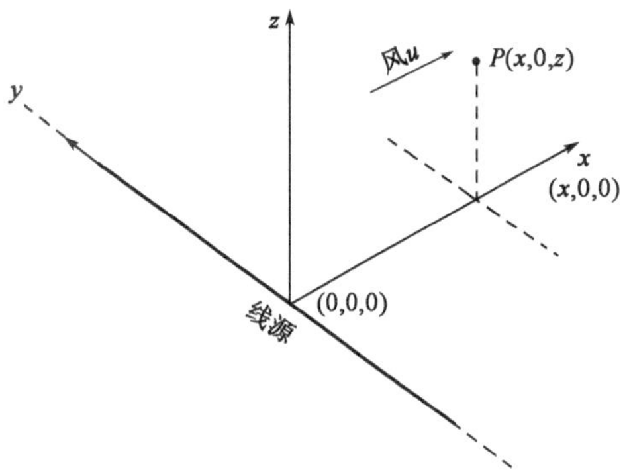


图 2-2　线源坐标系示意图

### （一）无限长线源扩散模式

一条平直的足够长的繁忙道路，可以看作为一无限长连续线源。

设 $x$ 轴的正向为主导风向的下风方向，$x$ 轴与无限长线源的交点为坐标原点。在水平面内 $y$ 轴垂直于 $x$ 轴，$y$ 轴正向位于 $x$ 轴的左侧。铅直向上为 $z$ 轴正向（图 2-2）。

一无限长线源可看成是由无限多个点源组成，每个点源的源强可以用单位长线源源强表示。无限长线源在某一空间点产生的污染物浓度，相当于无限长线源上的所有点源（单位长度线源）在该空间点产生的污染物浓度之和，它相当于一个点源在该空间点产生的污染物浓度对 $y$ 轴的积分。因此，把点源扩散高斯模式(2-20)对变量 $y$ 积分，可得无限长线源扩散模式。

1. 风向与线源垂直时的无限长线源扩散模式

当风向与线源垂直时，取 $x$ 轴与风向平行，$y$ 轴为线源方向，其扩散模式为：

$$C_{垂直} = \frac{Q_L}{2\pi\bar{u}\sigma_y\sigma_z}\left\{\exp\left[\frac{-(z-H)^2}{2\sigma_z^2}\right]+\exp\left[\frac{-(z+H)^2}{2\sigma_z^2}\right]\right\}\int_{-\infty}^{\infty}\exp\left(\frac{-y^2}{2\sigma_y^2}\right)dy$$

$$= \frac{Q_L}{2\sqrt{2\pi}\bar{u}\sigma_z}\left\{\exp\left[\frac{-(z-H)^2}{2\sigma_z^2}\right]+\exp\left[\frac{-(z+H)^2}{2\sigma_z^2}\right]\right\} \tag{2-24}$$

2. 风向与线源平行时的无限长线源扩散模式

当风向与线源平行时,取 $x$ 轴为线源方向。

在 $\sigma_x / \sigma_y$ = 常数($B$)、$\sigma_y = ax$ 条件下的扩散模式为:

$$C_{平行} = \frac{Q_L}{\sqrt{2\pi}u\sigma_z}\left\{erf\left[\frac{r_1}{\sqrt{2}\sigma_y(x-x_0)}\right]-erf\left[\frac{r_1}{\sqrt{2}\sigma_y(x+x_0)}\right]\right\} \tag{2-25}$$

$$erf(\eta) = \frac{2}{\sqrt{\pi}}\int_0^{\eta}e^{-x^2}\mathrm{d}x$$

$$r_1^2 = y^2 + \frac{(z-H)^2}{B}$$

3. 风向与线源成任意夹角

风向与线源成任意夹角($\varphi$)时,用简单的内插方法,计算无线长线源两侧的污染物浓度:

$$C_{\varphi} = \sin^2\varphi C_{垂直} + \cos^2\varphi C_{平行} \tag{2-26}$$

上述式中:$Q_L$——线源单位长度源强[mg/(s·m)];

$H$——线源的有效高度(m);

$z$——接收点(计算点)的高度(m);

$\sigma_y$——横向扩散参数(m);

$\sigma_z$——垂直向扩向参数(m)。

扩散参数 $\sigma_y$、$\sigma_z$ 与地面、大气稳定度及距线源的横向距离等有关,一般表达为:$\sigma_y = b_1X^{a_1}$;$\sigma_z = b_2X^{a_2}$。系数 $b_1$、$b_2$ 和指数 $a_1$、$a_2$ 可参阅有关资料或通过试验得出。

在道路交通空气污染物浓度预测计算中,大气稳定度是个重要的气象要素。我国《制定地方大气污染物排放标准的技术方法》(GB/T 3840—1991)中,关于大气稳定度的分类方法见表2-8。表中关于太阳辐射等级与地区云量和太阳高度角等的关系,可参阅该国标的有关规定。稳定度的级别规定是:A-极不稳定;B-不稳定;C-微不稳定;D-中性;E-微稳定;F-稳定;A~B-按A、B级数据内插,其余类推。

**大气稳定度的等级** 表2-8

| 地面风(m/s) | 太阳辐射等级 | | | | | |
|---|---|---|---|---|---|---|
| | +3 | +2 | +1 | 0 | -1 | -2 |
| ≤1.9 | A | A~B | B | D | E | F |
| 2~2.9 | A~B | B | C | D | E | F |
| 3~4.9 | B | B~C | C | D | D | E |
| 5~5.9 | C | C~D | D | D | D | D |
| ≥6.0 | C | D | D | D | D | D |

### (二)有限长线源扩散模式

估算有限长线源产生的环境空气污染物浓度时,必须考虑有限长线源两端的"边缘效应"。随着接收点距有限长线源距离的增加,"边缘效应"将在更大的横风距离上起作用。

当风向垂直于线源时，通过接收点作垂直于线源的直线($x$ 轴)，直线的下风方向为 $x$ 轴正向，线源的范围从 $y_1$ 到 $y_2$，则有限长线源地面浓度扩散模式为：

$$C = \frac{\sqrt{2}Q_L}{\sqrt{\pi}u\sigma_z}\exp\left[\frac{-H^2}{2\sigma_z^2}\right]\int_{P_1}^{P_2}\frac{1}{\sqrt{2\pi}}\exp[-0.5p^2]dp \tag{2-27}$$

式中：$P_1 = y_1/\sigma_y$；

$P_2 = y_2/\sigma_y$。

**【例 2-1】** 风向与一足够长的平直道路垂直，大气为 D 类稳定度，平均风速为 4m/s，最大交通流量为 8 000veh/h，排放 CO 的速率为 39mg/(m · veh)，扩散参数 $\sigma_z = 0.104x^{0.826}$。计算距道路下风向 100m 处的 CO 浓度。

**解**：把该道路看作无限长线源，且线源的有效高度：$H=0$

单位线源的源的源强为：$Q_L = 39 \times 8\,000/3\,600 = 86.67\text{mg}/(\text{s} \cdot \text{m})$

大气扩散参数：$\sigma_z = 0.104 \times 100^{0.826} = 4.67\text{m}$

距路下风向 100m 处的 CO 的浓度为：$C = \frac{\sqrt{2}Q_L}{\sqrt{\pi}u\sigma_z} = \frac{\sqrt{2} \times 86.67}{\sqrt{\pi} \times 4 \times 4.67} = 3.70\text{mg/m}^3$

# 第四节　道路交通空气污染控制与管理

## 一、汽车废气排放标准的制定

### (一)我国尾气排放标准历史

1983 年我国颁布了第一批机动车尾气污染控制排放标准，这一批标准的制定和实施，标志着我国汽车尾气污染控制法规从无到有，并逐步走向法制治理汽车尾气污染的道路。

1989 年至 1993 年，我国又相继颁布了《轻型汽车排气污染物排放标准》(GB 11641—1989)、《车用汽油机排气污染物排放标准》(GB 14761.2—1993)两个限值标准和《轻型汽车排气污染物测量方法》(GB/T 11642—1989)、《车用汽油机排气污染物试验方法》(GB/T 14762—1993)两个测量方法标准。至此，我国已形成了一套较为完整的汽车尾气排放标准体系。

1999 年，我国开始实施欧 I 排放标准，同年停止了含铅汽油的生产和使用，并不在生产化油器汽车。

2004 年 7 月 1 日，我国轻型汽车全面实施国家第二阶段排放标准(相当于欧 II 标准)，重型车辆(最大总质量 >3.5t)自 2004 年 9 月 1 日实施欧 II 标准，而摩托车已从 2004 年 1 月 1 日开始全面实施欧 II 标准。自 2005 年 7 月 1 日起，我国所有机动车全面实施欧 II 标准。

2005 年 7 月 1 日北京率先实施轻型汽车尾气排放欧 III 标准，上海与全国其他各地分别于 2006 年和 2007 年实施欧 III 标准。

### (二)汽车废气排放新标准

国家环保总局于 2005 年 4 月 27 日发布了五项机动车污染物排放新标准，目的是制定和实施更严格的排放标准。五项排放标准包括：《轻型汽车污染物排放限值及测量方法(中国 III、IV 阶段)》(GB 18532.3—2005)(即中国轻型汽车 III、IV 号排放标准)、《装用点燃式发动机重型汽车曲轴箱污染物排放限值》(GB 11340—2005)、《装用点燃式发动机重型汽车燃油蒸发污染物排放限值》(GB 14763—2005)和《摩托车和轻便摩托车加速行驶噪声限值及测量方法》(GB 16169—2005)。其中,与人们关系最为密切的是轻型汽车 III、IV 号排放标准。轻型汽车 III 号排放标准自 2007 年 7 月 1 日起实施,IV 号排放标准自 2010 年 7 月 1 日起实施,其他标准于 2005 年开始实施。

当前我国实行的是国 III 标准,国 III 标准是我国要实行的第三阶段标准,国 III 与欧 III 在主要技术内容及检验方法和限值上都相同,所以国内一般所称的欧 III 标准实质就是国 III 标准。轻型汽车国 II 与国 III、IV 排放限值对比见表 2-9。

**轻型汽车国 II 与国 III、IV 排放限值对比** 表 2-9

| 标准 | 一氧化碳 (g/km) | | 碳氢化合物 (g/km) | | 氮氧化合物 (g/km) | | 碳氢化合物和氮氧化合物 (g/km) | | 颗粒物 (g/km) |
|---|---|---|---|---|---|---|---|---|---|
| | 汽油 | 柴油 | 汽油 | 柴油 | 汽油 | 柴油 | 汽油 | 柴油 | 柴油 |
| II | 2.2 | 1.0 | — | — | — | — | 0.5 | 0.7/0.9 | 0.08/0.10 |
| III | 2.30 | 0.64 | 0.20 | — | 0.15 | 0.50 | — | 0.56 | 0.050 |
| IV | 1.00 | 0.50 | 0.10 | — | 0.08 | 0.25 | — | 0.30 | 0.025 |

注:表中仅针对第一类车(即座位数不超过 6 座,最大总质量不超过 2 500kg 的车)的限值进行比较,其他车型略。

### (三)汽车废气排放新标准制定的意义

近年来,我国机动车产量和保有量迅速增长,2005 年全国汽车保有量超过 2 000 万辆,摩托车 4 500 万辆,农用运输车 2 400 万辆。与此同时,机动车数量的高速增长造成了污染物排放量的大幅度上升,机动车排放的废气和噪声所造成的环境污染已引起了社会各界的普遍关注。由于目前我国机动车制造技术水平不高,致使机动车污染物排放量较大、排放控制性能的耐久性较低,这些都影响了大气环境质量的改善。

环境容量会极大地制约机动车保有量的增长。要使环境能够容纳更多的机动车,就必须降低单车污染排放负荷,达到更加严格的排放标准的要求。制定和实施更为严格的排放标准,降低排放负荷是解决机动车污染问题的必然选择和有效手段。新排放标准的出台,标志着我国机动车污染排放控制达到了更高的水平。低排放甚至零排放汽车将成为未来汽车工业的发展方向。实施国家第 III、IV 阶段排放法规对于未来机动车污染防治工作的开展,引导我国机动车工业走新型工业化道路,提高国产机动车的竞争力具有重大和积极的意义。

虽然第 III、IV 阶段排放标准在控制机动车污染方面取得了进展,但距国际先进水平仍有很大差距且在实施时间方面比欧洲晚了 7 年,因此我国机动车污染控制工作仍然任重道远。

## 二、道路交通空气污染控制技术

道路交通空气污染,主要由机动车行驶中排放有毒害物质及在道路上产生的扬尘所致。道路交通空气污染防治主要有七种途径:①采用新的汽车能源;②采用新燃料;③对现有燃料进行改进及前处理;④改进发动机结构及有关系统;⑤在发动机外安装废气净化装置;⑥控制油料蒸发排放;⑦加强和改进道路交通管理。

### (一)采用新的汽车能源

为防治汽车空气污染,世界各国汽车行业都在寻找不产生空气污染物的汽车新能源。现已获得试验成功的新能源有太阳能和电能。欧、美、日的太阳能汽车和电力汽车已试验成功，但距商品化还有一定距离。我国也在积极研制新能源汽车，清华大学研制的太阳能汽车已试运行成功，标志着我国汽车新能源研究已跻身于世界先进之列。

### (二)采用新燃料

液化石油气、甲醇、氢气已被列为汽车的新燃料而进行研究，在今后还会有新的发现。

1. 天然气

天然气作为机动车用燃料可直接使用，也可以压缩后使用。天然气的主要成分是甲烷($CH_4$)，其含量在81% ~98%之间，甲烷不易引燃，抗爆性好。甲烷的氢原子和碳原子比例高达4，是汽油和柴油的2倍左右。产生同样的热能，甲烷燃烧产生的$CO_2$ 比柴油和汽油少30%左右。根据对使用汽油和天然气的车辆实测，使用天然气的CO排放减少60%以上，$NO_x$ 排放降低80%以上，HC的总量虽略有增加，但能导致产生臭氧的非甲烷碳氢化合物却减少了90%以上。

2. 液化石油气

液化石油气发动机是比较成熟的机型，许多国家都有定型产品。液化石油气在发动机的工作温度以下以气态存在，它可以和空气混合得十分均匀，从而获得完全燃烧。燃烧液化石油气排放的空气污染物数量比燃烧汽油有所减少。它的缺点是汽车需要携带沉重的储气罐，在运行和更换时存在爆炸的危险，是难以解决的隐患。因此，液化石油气只能在特殊运输工作中使用，如定线行驶的公交车等。

3. 甲醇

甲醇是一种高辛烷值的燃料，在常温下呈液态，沸点为64.7℃，在发动机工作温度下易于气化。由于其气化热比汽油高两倍多，使其和空气混合及汽车起动造成困难。燃用甲醇汽油混合燃料与燃用汽油相比，HC和CO的排放明显减少，$NO_x$ 的排放量也有一定的减少。其缺点是甲醇具有毒性，需要防止蒸发。另外，甲醇能溶解塑料零件和腐蚀金属，这些都需要研究克服。

4. 氢气燃料

氢气是一种理想的清洁燃料，以氢气为燃料的氢气发动机只排放$NO_x$。氢燃料的特点是：氢与空气混合气的着火界限很宽，氢的含量在4% ~7%的范围内可燃烧；氢的点火能量较低，与其他燃料相比，约差一个数量级；氢火焰的传播速度很快，约为普通燃料的7 ~9倍；氢完全燃烧后，其容积有所缩小。这些特点要求氢在稀混合气条件下工作，以减少$NO_x$ 的产生量。不过试验表明，当空气系数近于1时，$NO_x$ 的排放量也不多。研究还发现，用1%的氢和99%的汽油混合燃烧，可以节油，并减少CO和HC的排放量；目前，许多国家都在致力于氢发动机的研究，并取得了不少成果。由于氢气的制取和储存问题还有待于进一步研究解决，目前氢发动机还停留在实验阶段。

### (三)对现有燃料的改进及前处理

1. 燃油掺水

燃油掺水后在气缸中燃烧时，由于水具有较高的比热，尤其是水蒸气的生成要吸收大量潜热，使燃烧最高温度下降。同时水蒸气稀释燃气降低了氧浓度，因而使$NO_x$ 的产生量减少；燃油掺水的缺点是机件易锈蚀，冬季有结冰现象发生，乳化油储存时易发生水油分离，特别是喷水量随负荷变化的控制难以实现，因而该方法的应用受到限制。

2. 采用无铅汽油

采用无铅汽油,可以杜绝汽车排气的铅污染。

3. 汽油裂化为可燃气体

使汽油裂化为可燃气体的方法也称汽油裂化前处理方法。该方法是将液体燃料(例如无铅汽油或柴油)经裂化汽化器转变为可燃气体后,送入气体发动机工作。由于可燃气体与空气形成的混合气较均匀,燃烧完全,使空气污染物的排放量减少。目前该项技术尚处于试验研究阶段,有待完善。

### (四)改进发动机结构及有关系统

1. 分层燃料系统

汽油发动机基本上是均匀混合气的燃烧,空燃比的变化范围较窄,通常是10~18范围内的变化。所谓空燃比是指混合气中空气与燃料的质量之比。在分层燃烧系统中,使进入气缸的混合气浓度依次分层,在火花塞周围充有易于点燃的浓混合气(空燃比为12~13.5)以保证可靠点火,在燃烧室的大部分区域充有稀的混合气。这样,燃烧室内总的空燃比平均在18:1以上,以减少CO和$NO_x$的排放量。

2. 均质稀燃技术

均质稀燃技术是对现有发动机稍作修改,如改进燃烧室的形状、结构,以改善混合气的形成与分配。实现该技术的实例有丰田的扰流发生罐、三菱的喷流控制阀系统及火球型燃烧室等。这些实例的共同特点是在实现稀混合气稳定燃烧的同时,力求增大燃烧速度,以实现快速燃烧,获得高的热效率和降低排污量。

3. 汽油直接喷射技术

发动机采用汽油喷射系统的最大优点是使各缸的喷油量非常均匀,并且能按照发动机的使用状况和不同工况,精确地供给发动机所需的最佳混合气空燃比。它可以在较稀的混合气条件下工作,从而减少HC和CO的排放量。试验结果表明,该技术还可以提高功率约10%,节省燃料约5%~10%,因此,它得到了实用性的发展。特别是电子控制式汽油喷射系统的采用,每缸的喷油量控制得更精确,混合气空燃比控制得更严格,使CO和HC的排放量达到最少,但$NO_x$的排放量接近最大值。现采用消除$NO_x$的机外技术,可以获得减少CO、HC、$NO_x$排放的效果。

4. 电子控制发动机

电子控制发动机系统主要控制的参数是混合气的空燃比和点火准时,也可以控制二次空气喷射及废气循环,从而减少CO、$NO_x$的排放量。

### (五)发动机外安装废气净化装置

当对发动机本体进行改进,尚不能符合汽车排气标准时,可加装机外净化装置,使其符合汽车排气标准要求。机外废气净化装置有多种,下面对主要的几种简单介绍。

1. 二次空气喷射

二次空气喷射是用空气泵把空气喷射到汽油发动机各缸的排气门附近,借助于排气的高温喷射空气中的氧和废气中的HC、CO相混合后再燃烧,以减少HC和CO的排放量,达到排气净化的目的。

2. 热反应器

热反应器通常与二次空气喷射技术一起使用。热反应器是由壳体、外筒和内筒三层壁构成,壳体与外筒之间填有绝热材料,使热反应器内保持高温,以利于 HC 和 CO 的再燃烧。由喷管向排气门喷射的二次空气与排气相混合后进入热反应器的内筒及热反应器的中心部,利用热反应器和排气的高温,使 HC 和 CO 燃烧变为无害的物质。

3. 氧化催化反应器

氧化催化反应器是具有很大表面并具有催化剂的载体。当汽车排气经过反应器时,排气中的 HC 和 CO 在催化剂的作用下可以在较低的温度下与 $O_2$ 反应,生成无害的 $H_2O$ 和 $CO_2$,从而使排气得以净化。由于所用催化剂为贵重金属铂和钯,使该方法的应用受到了限制。在 20 世纪 70 年代,发现用稀土金属作催化剂也可收到良好的效果,给氧化催化反应器的实际应用带来了希望。

4. 三元催化反应器

三元催化反应器是一种能使 CO、HC 和 $NO_x$ 三种有害成分同时得净化的处理装置。这种反应器要求把空燃比精确地控制在理论空燃比的最佳范围内,以实现同时对三种有害成分的高效率净化。为做到这一点,将三元催化反应器与电子计算机控制系统结合使用。该反应器净化效率高,但成本费用大,只适用于汽油发动机。

### (六)控制油料蒸发排放

油料蒸发排放的有害气体主要是 HC,蒸发排放的部件主要有曲轴箱、油箱、化油器。

1. 曲轴箱油料蒸发控制

曲轴箱油料蒸发是指从气缸窜入曲轴箱的混合气体和箱内润滑油蒸气,经通风管排到大气。美国首先对曲轴箱的窜气加以控制,采用强制通风系统把窜气引入气缸内燃烧。目前该系统有开、闭式两种,闭式是对开式的改进。

2. 油箱和化油器油料蒸发控制

油箱和化油器油料蒸发主要是在汽车行驶和受热时引起排放 HC 蒸气引起大气污染。控制油箱和化油器油料蒸发的方法较多,它们的基本思路如下:

(1)消除和减少周围热源对油箱和化油器的影响,减少油料蒸发污染。措施是对油箱和化油器采取防热和隔热措施。

(2)把油箱和化油器中的油料蒸气引入发动机的进气系统,在气缸内烧掉。

(3)把油箱和化油器产生的油料蒸气输送到曲轴箱内,靠曲轴箱设置的强制通风系统把蒸气送入气缸内烧掉。

(4)将油箱和化油器产生的油料蒸气送入进气系统的储存器内,随滤清的空气进入气缸燃烧。

### (七)加强道路交通管理

为减少道路交通对环境空气的污染,应从以下几方面加强和改进对道路交通的管理:

(1)加强对道路的养护,使道路保持平整,保证汽车在良好的路况下顺畅行驶,减少排放有害气体。

(2)加强汽车保养管理,以保证汽车安全和减少有害气体的排放量。

(3)制定各种机动车辆的废气排放标准,控制机动车辆的废气排放量。

(4)限制拖拉机、载重柴油机车在城市市区道路上行驶。

(5)取消道路上各种关卡和收费站(以其他收费方式取代),减少车辆的怠速状态。

(6)改善城市交叉口的通行条件和交通干道的通行条件,以减少有害物质的排放。

(7)加强油料质量管理,防止产生严重污染的劣质油料上市。

(8)加强道路两侧绿化,种植能吸收(或吸附)CO、HC 和 $NO_x$ 等有害气体的树种,以减小道路交通大气污染的范围。

## 三、汽车废气排放的管理

如果说发展道路交通空气污染控制技术是治理机动车废气超标排放的根本的、长效的手段,那么汽车废气排放的管理则是对发展道路交通空气污染控制技术有效的辅助和补充。在现有的道路交通空气污染控制技术下,通过汽车废气排放的科学管理,能够有效地控制机动车的废气过量排放,显著改善交通工具对大气环境的影响状况。目前,常用的汽车废气排放管理办法主要有以下几点。

(1)新增机动车上牌管理

凡经改装、组装、装配或新生产的机动车,在上牌前必须进行排气污染物监测,其废气排放必须符合国家标准,方准出厂。

(2)I/M 制度(检查/维护制度)

I/M 制度是对在用车辆进行强制性定期检测,并对出现故障的车辆进行强制修理的制度。I/M 制度通过对在用车辆的强制定期检测(例如年检),以及时发现车辆故障,并实行强制修理,使在用车辆恢复和保持出厂时的原厂标准和符合国家规定的排放控制值,该制度可防止在用车辆因故障而引起的排放超标和大气环境的污染,是一项行之有效的汽车养护的重要措施之一。

(3)完善路(抽)检制度

利用可移动检测设备对道路上的车辆进行随机抽查,对于不满足排放标准的车辆强制到指定地点进行复检。对于复检不合格的车辆进行罚款并强制维修。

(4)发放环保分类合格标志

通过定期检测和路(抽)检,对于符合较高排放标准的机动车发放绿牌标志,对于符合较低排放标准的车辆发放黄牌标志,并适当限制其出行的时空资源。

(5)超标车辆维护治理跟踪

对超标车辆进行跟踪管制并强制其到指定地点进行维修治理,记录其车牌号和车主身份证、联系方式,并不定期通知车主进行复检。对于复检不合格的车辆进行严厉惩罚。

(6)机动车强制报废管理

根据机动车使用年限和安全技术、排放检测状况,对达到使用年限的机动车经维修治理或者采用排放控制技术后,排放污染物仍超过规定标准的实施强制报废,对到达一定行驶里程的机动车鼓励其报废,建立与财政联网的汽车提前报废更新补贴管理制度,对符合补贴要求提前淘汰的车辆,更好地实施汽车以旧换新补贴政策,解决好老旧车辆淘汰更新问题。

(7)重点单位车辆管理

对机动车废气排放严重的公交公司、客运公司、旅游公司、物流公司等重点单位的营运车辆进行车辆信息、排气状况登记,并对其不定期抽检,实现长期跟踪监控,为完成机动车废气排放污染减排和环境执法任务提供有力保障。

## 复习思考题

1. 简述我国交通运输业对环境空气污染的现状，分析道路交通空气污染的影响因素。
2. 结合你所在的(或熟悉的)城市的现状，分析城市热岛效应的成因及影响因素。
3. 概括机动车辆排气污染的监测方法。
4. 汽车废气排放的模型主要有哪些？他们具有怎样的特点？
5. 简述我国汽车废气排放标准的历史，概括汽车废气排放新标准的内容和意义。
6. 除了本教材介绍的措施，你认为汽车废气排放的管理措施还有哪些？

# 第三章　交通噪声影响分析及控制

随着中国城镇化进程加快，机动化程度大幅提升，我国城市交通噪声污染已成为主要噪声污染源。根据我国2008年声环境质量报告，在全国113个环保重点城市中，各功能区按监测点次统计达标情况，4类功能区（交通干线两侧区域）昼间达标率为83.0%，夜间达标率仅为50.1%，夜间有一半的监测点次不达标，反映了我国城市道路噪声污染的严重性。铁路、高速公路等的噪声污染状况同样不容乐观，随着交通量的增加，以及交通线路由城市向乡村延伸，覆盖范围不断扩大，对沿线居民的正常生活造成影响。所以，交通噪声的控制已不容忽视。

## 第一节　交通噪声及其度量

### 一、交通噪声及其噪声源

人们生活在一个充满各种声音的世界里，对客观世界的认识和感知很大程度上依赖于声音，但噪声是一种使人烦扰不安，对人体有害的声音，它不仅包括杂乱无章不协调的声音，而且也包括影响他人工作、休息、睡眠、谈话和思考等人们所不需要的声音。因此，对噪声的判断不仅仅是根据物理学上的定义，而且往往与人们所处的环境和主观感受反映有关。

早在罗马时代，就有过关于噪声的记载，但交通噪声成为一个污染问题，还是在汽车的出现并成为一种主要交通工具之后。交通噪声是由于交通工具在道面上行驶，其自身驱动系统（包括发动机、风扇、变速箱、进排气系统、轮轴等）以及轮胎（轮轨）与路面摩擦所产生的噪声。

通常人们将发出声音的振动物体称为声源，发出噪声的振动物体称为噪声源。交通噪声的主要声源是各类交通工具（汽车、火车、轮船、飞机）在不同的行驶状态和条件下而产生的合成噪声。

### 二、交通噪声的度量指标

#### （一）声功率、声强和声压

1. 声源的声功率

声功率是声源单位时间内向外辐射的声能，记作 $W$，单位为瓦（W）或是微瓦（μW）。声源的声功率与频率有关，在计量时应指明其频率范围。

声源辐射的声功率一般与环境条件无关，纯属于声源本身的一种特性。表3-1列出了几种声源的声功率。

2. 声强

声强是衡量声场中声音强弱的物理量。声强的定义，是单位时间内在垂直于声波传播方向的单位面积上通过的声能量，记作 $I$，单位是 $W/m^2$，其定义式为：

$$I = \frac{W}{S} \tag{3-1}$$

式中：$I$——声强（$W/m^2$）；

$W$——声能量（W）；

$S$——声波传播方向面积（$m^2$）。

几种声源的声功率 表 3-1

| 声源种类 | 声功率 | 声源种类 | 声功率 |
|---|---|---|---|
| 喷气飞机 | 10kW | 钢琴 | 2mW |
| 气锤 | 1W | 女高音 | 1 000 ~ 7 200μW |
| 汽车 | 0.1W | 对话 | 20μW |

自由声场中，点声源均匀地向四周辐射声能（图 3-1），距声源某处球面上的声强为：

$$I = \frac{W}{4\pi r^2} \tag{3-2}$$

式中：$W$——点声源辐射的声功率（W）；

$r$——距点声源的距离（m）。

自由声场中，线声源均匀地向周围辐射声能（图 3-2），距声源中心线某处圆柱面上的声强为：

$$I = \frac{W}{2\pi r} \tag{3-3}$$

式中：$W$——线声源单位长度的声功率（W/m）；

$r$——距线声源的距离（m）。

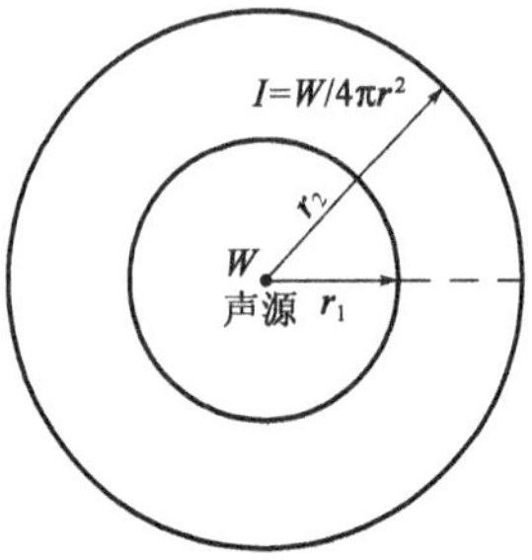


图 3-1 点声源球面波的声能分布

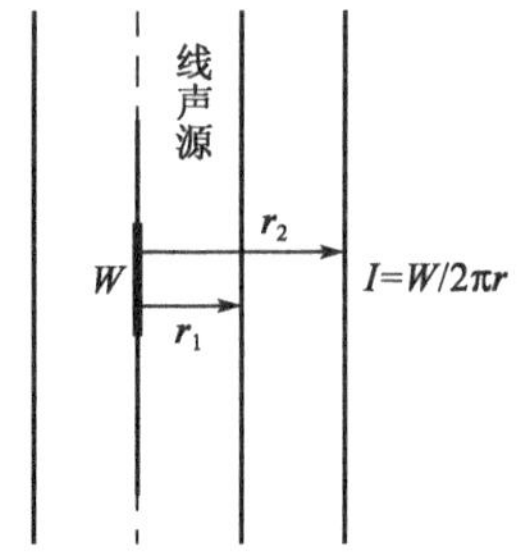


图 3-2 线声源柱面波的声能分布

3. 声压

声压是指介质中的压强相对于无声波时压强的改变量，记作 $P$，单位为帕（Pa）。声波传播时，声场中任一点的声压都是随时间而不断变化的，称瞬时声压。实际上，人耳分辨不出声压的瞬时变化，因此，声压的实际效果是某段时间内瞬时声压的平均值，该平均值称为有效声压，从能量分析可看出有效声压是瞬时声压在一段时间内的均方根值。实际应用中如果没有说明，声压一词即指有效声压。

4. 声强与声压的关系

声场中声波（音）的强弱可用声强来表示，也可用声压来衡量，因而声强与声压有密切的关系。在自由声场中，某处的声强与该处声压的平方成正比，与空气的密度和声速的乘积成反比，即：

$$I = \frac{P^2}{\rho_0 C} \tag{3-4}$$

式中：$P$——有效声压（$N/m^2$）；

$C$——空气中声速(m/s);

$\rho_0$——空气密度($kg/m^3$),习惯上用 $\rho_0$ 表示空气中无声波时的密度;有声波时密度的改变是个极小量,故仍用 $\rho_0$ 表示。

空气的密度与声速的乘积 $\rho_0 C$ 称为空气的特性阻抗,20℃时,其值为 415N · S/ $m^3$。

**(二)声强级、声压级、声功率级**

人耳刚能听到声音的界限叫听阈,使人耳产生疼痛感觉的界限叫痛阈。对频率为 1 000Hz 的声音,正常人耳的听阈和痛阈声压分别为 $2\times10^{-5}$Pa 和 20Pa,相应的声强为 $10^{-12}W/m^2$ 和 $1W/m^2$。从听阈到痛阈,声压相差一百万倍,声强相差一万亿倍。由此可见,用声压或声强来度量声音是很不方便的,而且人耳对声音大小的感觉并不与声压或声强值成正比,而近似地与它们的对数值成正比,所以通常用对数标度方法来表示声音的大小。

1. 声强级

声强级的定义是某处的声强和基准声强之比值的常用对数值乘以 10,称为该处的声强级。即:

$$L_1 = 10\lg\frac{I}{I_0} \tag{3-5}$$

式中:$L_1$——声强级(dB);

$I$——声场中某处的声强($W/m^2$);

$I_0$——基准声强,取 $10^{-12}W/m^2$。

2. 声压级

与上述相仿,某处声压级的数学表达式为:

$$L_P = 20\lg\frac{P}{P_0} \tag{3-6}$$

式中:$L_P$——声压级(dB);

$P$——声场中某处的声压($N/m^2$);

$P_0$——基准声压,取 $2\times10^{-5}N/m^2$。

3. 声功率级

同样声功率级的表达式为:

$$L_W = 10\lg\frac{W}{W_0} \tag{3-7}$$

式中:$L_W$——声源的声功率级(dB);

$W$——声源的声功率(W);

$W_0$——基准声功率,取 $10^{-12}$W。

这里应指出的是声强级、声压级、声功率级和声强、声压、声功率是不同的概念。以分贝为单位的“级”只有相对比值的意义,是无量纲的量。

4. 声压级的叠加

当几个不同声源同时作用时,它们在某处产生的总声压并不是各个声压的代数和,应按照能量法则进行叠加,其总声压为:

$$P_t = \sqrt{P_1^2 + P_2^2 + \cdots + P_n^2} \tag{3-8}$$

叠加后的总声压级为:

$$L_{P_t} = 20 \cdot \lg \frac{P_t}{P_0} = 20 \cdot \lg \frac{P_1^2 + P_2^2 + \cdots + P_n^2}{P_0} \tag{3-9}$$

如果 $P_1 = P_2 = \cdots = P_n = P$ 时，总声压级为：

$$L_{P_t} = 20 \cdot \lg \frac{\sqrt{nP^2}}{P_0} = 20 \cdot \lg \frac{P}{P_0} + 10 \cdot \lg n = L_P + n \tag{3-10}$$

由上式可见，两个数值相同的声压级的叠加，只比单个声压级增加 3dB，两声压级叠加 $L_1$、$L_2$（$L_1 > L_2$），叠加后的声压级为：

$$L_{P_t} = L_1 + \Delta L \tag{3-11}$$

式中，$\Delta L$ 为叠加修正量（增值）。若 $L_1$ 与 $L_2$ 的差值越小，则修正量 $\Delta L$ 越大；若 $L_1$ 与 $L_2$ 的差值越大，则修正量 $\Delta L$ 越小。修正量 $\Delta L$ 可由表 3-2 查得。

**声压级的差值与增值的关系** 表 3-2

| $L_1 - L_2$ | 0 | 0.1 | 0.2 | 0.3 | 0.4 | 0.5 | 0.6 | 0.7 | 0.8 | 0.9 |
|---|---|---|---|---|---|---|---|---|---|---|
| 0 | 3.0 | 3.0 | 2.9 | 2.9 | 2.8 | 2.8 | 2.7 | 2.7 | 2.6 | 2.6 |
| 1 | 2.5 | 2.5 | 2.5 | 2.4 | 2.4 | 2.3 | 2.3 | 2.3 | 2.2 | 2.2 |
| 2 | 2.1 | 2.1 | 2.1 | 2.0 | 2.0 | 1.9 | 1.9 | 1.9 | 1.8 | 1.8 |
| 3 | 1.8 | 1.7 | 1.7 | 1.6 | 1.6 | 1.6 | 1.6 | 1.5 | 1.5 | 1.5 |
| 4 | 1.5 | 1.4 | 1.4 | 1.4 | 1.4 | 1.3 | 1.3 | 1.3 | 1.2 | 1.2 |
| 5 | 1.2 | 1.2 | 1.2 | 1.1 | 1.1 | 1.1 | 1.1 | 1.0 | 1.0 | 1.0 |
| 6 | 1.0 | 1.0 | 0.9 | 0.9 | 0.9 | 0.9 | 0.9 | 0.8 | 0.8 | 0.8 |
| 7 | 0.8 | 0.8 | 0.8 | 0.7 | 0.7 | 0.7 | 0.7 | 0.7 | 0.7 | 0.7 |
| 8 | 0.6 | 0.6 | 0.6 | 0.6 | 0.6 | 0.6 | 0.6 | 0.6 | 0.5 | 0.5 |
| 9 | 0.5 | 0.5 | 0.5 | 0.5 | 0.5 | 0.5 | 0.5 | 0.4 | 0.4 | 0.4 |
| 10 | 0.4 | — | — | — | — | — | — | — | — | — |
| 11 | 0.3 | — | — | — | — | — | — | — | — | — |
| 12 | 0.3 | — | — | — | — | — | — | — | — | — |
| 13 | 0.2 | — | — | — | — | — | — | — | — | — |
| 14 | 0.2 | — | — | — | — | — | — | — | — | — |
| 15 | 0.1 | — | — | — | — | — | — | — | — | — |

注：表中第一列表示两个声压级的整数差值，表中第一行表示其小数差值。

几个不同数值的声压级在某处的叠加，应用计算机计算时，可按下式进行叠加：

$$L_{P_t} = 10 \cdot \lg \left( \sum_{i=1}^{n} 10^{\frac{L_i}{10}} \right) \tag{3-12}$$

式中：$L_i$——第 $i$ 个声压级（dB）；

$n$——声压级的个数。

## 三、交通噪声的主观评价量

噪声主观评价是从噪声对人的心理影响的角度来量度噪声的方法。噪声对人的心理和生理的影响是非常复杂的，是多方面的（如烦恼、语言干扰、行为妨害等），甚至有时噪声的客观量不能正确反映人对噪声的主观感觉，而且因人而异。因而人们需要一些统计上能正确反映主观感觉的评价量，并把这些主观评价量同噪声的客观物理量建立起联系，这是噪声主观评价的任务。将声压、声强等客观物理量与人的心理、生理等主观因素，以及与噪声的频率、起伏变化程度等因素联系起来，形成以下评价指标。

**（一）响度级**

要将噪声的主观评价建立在科学的基础上，首先就要测量人耳对各种频率声音响度的感觉特性。人们早就知道，人耳对低频声和高频声的敏感性差别很大，但对这一特性进行定量测定还是在20世纪30年代开始的。H·弗莱彻和W·A·芒森在1933年用各种频率的纯音对许多受试人进行了测量，绘出了一组反映人耳主观感觉的等响曲线。1956年D·W·鲁宾森和R·S·达德森测得的等响曲线为国际标准化组织（ISO）所接受（ISO/R226—1961）。

为了既能显示出声音在客观上的大小，又能反映出声音在主观感觉上的强弱，仿照声压级的形式引出一个新的概念——响度级，单位是方（phon）。选取1 000Hz纯音作基准音，凡是听起来和该基准音一样响的声音，不论其声压级和频率是多少，它的响度级就等于该纯音的声压级值。例如，某噪声的频率为3 000Hz，声压级为90dB，主观感觉与1 000Hz纯音声压级100dB时一样响，那么，该噪声的响度级为100phon。用响度级作为表示声音大小的量，可以把声压级和人的主观感觉联系并统一起来。响度级是人们对噪声主观评价的一个基本量。

利用与基准纯音相比较的方法，通过实验可以得到整个音频范围各个纯音的响度级。国际标准化组织（ISO）于1961年推荐的纯音等响曲线如图3-3所示。在图中任意一条曲线上的每一个点都代表一个纯音，尽管同一条曲线上的每个纯音的声压级和它的频率都不相同，但是它们的响度级却是相同的。

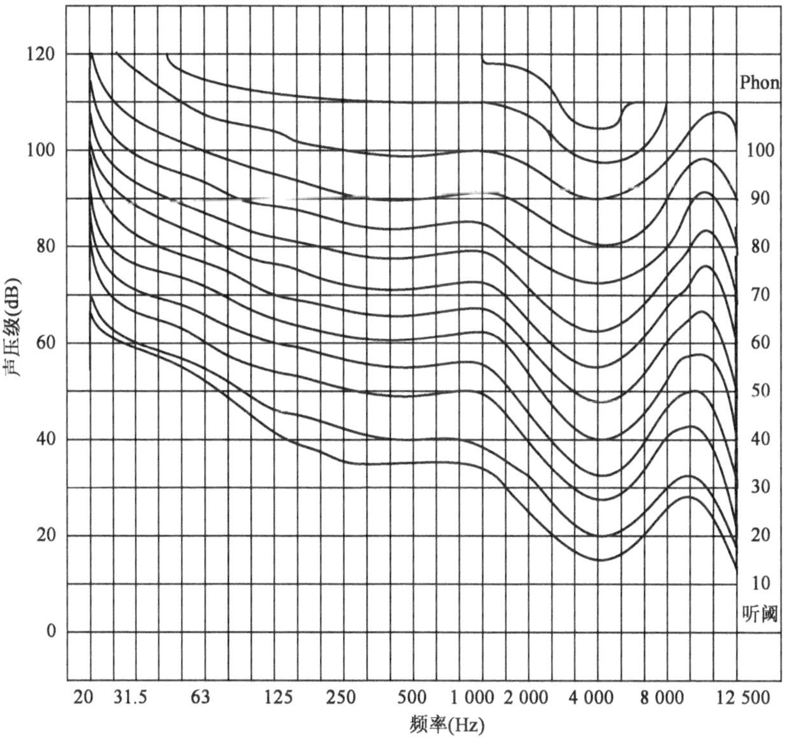


图3-3　纯音等响曲线图

从等响曲线图可以看出，人耳对高频声，特别是3 000～4 000Hz的声音最敏感，而对低频声，尤其是100Hz以下的低频声很迟钝。如同样响度级40phon，对1 000Hz的声音其声压级是40dB，对3 000～4 000Hz的声音其声压级是33dB，而对100Hz声音的声压级则为51dB。由此可见,人耳对声音的主观感觉随频率的不同相差很大。

### (二)计权声级

不论用何种方法求响度,都须要进行烦琐的计算。为了能用仪器直接读出反映人的主观响度感觉的评价量,R·W·杨等人提出了用电子网络模拟在不同声强下的人耳频率特性,以便用仪器(声级计)直接测量噪声主观评价量,测得结果称为计权声级或简称声级。计权声级是通过测量仪器对不同频率的声压级,人为地给予适当的增减,这种修正方法称为频率计权。实现频率计权的电子网络称为计权网络,经过计权网络测得的声级称为计权声级。通用的有A、B、C声级。在测量噪声时,人们逐渐发现用A计权网络测出的声级更接近人耳对噪声总的评价,A声级现已被国际标准化组织和绝大多数国家采用,作为噪声主观评价的主要指标。

计权网络A、B、C、D的频率响应特性曲线的国际规定如图3-4所示。A网络曲线近似于响度级为40phon的等响曲线的倒置,B网络曲线近似于响度级为70phon的等响曲线的倒置,C网络曲线近似于100phon的等响曲线的倒置。通过计权网络测得的声级值分别是A计权声级、B计权声级、C计权声级,简称A声级、B声级和C声级,其单位分别表示为dB(A)、dB(B)、dB(C)。如果不加频率计权,即仪器对不同频率的响应是相同的,测得的声级称为线性声级(或总声级)。

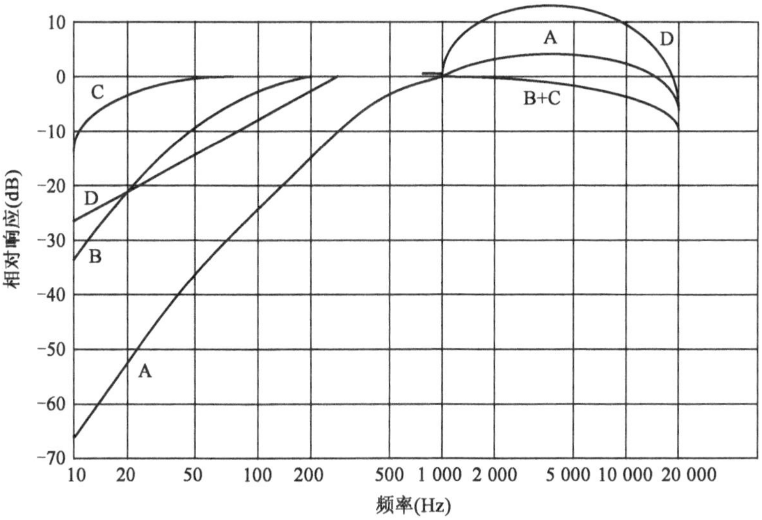


图3-4　A、B、C、D计权网络

在实践中发现A声级与人耳的主观反映非常接近,A声级分贝数的大小与人们主观上响度的感觉近乎一致。所以近年来,国际、国内各种噪声标准和规范多数采用A声级作为评价量。习惯上,A声级的单位可以记作dB,如果没有注明时,单位dB即表示A声级。

A声级通常用于稳态噪声(随时间变化不大的噪声)的评价量。对于随时间起伏变化的非稳态噪声的评价量采用等效声级、昼夜等效声级、统计声级、噪声污染级等。

### (三)等效声级

当噪声的A声级随时间起伏变化时,需用按能量法则算出的平均A声级来评价该噪声,称为等效连续A声级,简称等效声级,记为$L_{Aeq}$,单位为dB。

等效声级等效于一个连续稳定的噪声作用在测量周期内,此稳定噪声和实际起伏噪声具有相同的A计权能量。等效声级的表达式为:

$$L_{Aeq}=10\cdot\lg\frac{1}{T}\int_0^T 10^{0.1L_{Ai}}dt \tag{3-13}$$

式中：$T$——噪声测量时间(s)；

$L_{Ai}$——随时间变化的声级(dB)。

当噪声的 A 声级采用等时间间隔测定时，式(3-13)变为：

$$L_{Aeq}=10\cdot\frac{1}{N}\sum_{i=1}^{N}10^{0.1L_{Ai}} \tag{3-14}$$

式中：$N$——测量次数；

$L_{Ai}$——第 $i$ 个 A 声级(dB)。

如果噪声随时间作阶段性变化，可按照声级的不同划分成若干时间段进行计算。即：

$$L_{Aeq}=10\cdot\lg\left[\sum_{i=1}^{n}t_i\cdot10^{0.1L_{Ai}}\right] \tag{3-15}$$

式中：$L_{Ai}$——第 $i$ 时间段内的平均 A 声级(dB)；

$t_i$——第 $i$ 时间段与总时间的比值。

按国家现行噪声测量方法规定，对于随时间起伏变化的噪声(如交通噪声)的等效声级应采用积分式声级计直接测定。

### (四)昼夜等效声级

因噪声在夜间比昼间对人干扰更大，为了考虑这种因素，提出了昼夜等效声级作为评价量，记作 $L_{dn}$，单位为 dB。

计算昼夜等效声级时，规定将夜间测得的噪声级加 10dB，然后再计算一昼夜 24h 的等效声级。其表达式为：

$$L_{dn}=10\cdot\lg\frac{1}{24}\left[T_d\cdot10^{0.1L_d}+T_n\cdot10^{0.1(L_n+10)}\right] \tag{3-16}$$

式中：$L_d$——昼间的等效声级(dB)；

$L_n$——夜间的等效声级(dB)；

$T_d$、$T_n$——分别为昼、夜时间段(h)。关于昼、夜时间段的划分应按当地的规定。我国一般规定，夜间为 22:00 至次日早晨 6:00，昼间为早晨 6:00 至 22:00。

### (五)统计声级

当噪声随时间起伏变化较大时(如道路交通噪声)，常用统计方法来评价。用噪声级出现的累计概率来表示这类噪声的大小，称为统计声级，又称为累积分布声级，记作 $L_N$，单位为 dB。

统计声级 $L_N$ 表示在测量时间内，有 $N\%$ 时间的噪声值超过的声级。常用的指标有 $L_{10}$、$L_{50}$、$L_{90}$，分别表示在测量时间内有 10%、50%、90% 时间的声级超过它的值。如 $L_{10}=80$dB，表示有 10% 时间的噪声级超过 80dB，而 90% 时间的噪声级低于 80dB。在应用中 $L_{10}$ 代表噪声的峰值，$L_{50}$ 代表中值，$L_{90}$ 代表背景噪声级。$L_{50}$ 数值和人们对吵闹感觉程度有较好的相关性，有些国家直接采用 $L_{50}$ 来评价交通噪声。

### (六)噪声污染级

等效声级是从能量平均的角度来评价噪声。从噪声对人的干扰来讲，起伏变化的噪声比平稳的噪声要更大一些。噪声污染级是综合能量平均值和变动特性(用标准偏差表示)两者的影响而给出的对噪声(主要是交通噪声)的评价数值，记作 $L_{Np}$，单位为 dB。它的表达式为：

$$L_{Np} = L_{Aeq} + 2.56\sigma \tag{3-17}$$

式中：$L_{Aeq}$——测量时间内的等效声级(dB)；

$\sigma$——标准偏差(dB)。

如果噪声级为正态分布，噪声污染级可由下式计算：

$$L_{Np} = L_{50} + (L_{10} - L_{90}) + \frac{(L_{10} - L_{90})^2}{60} \tag{3-18}$$

**(七)感觉噪声污染级**

随着喷气式飞机的出现，环境噪声问题日益突出。为了正确评价飞机噪声和交通噪声，提出了不少评价方法。其中最重要的是K·D·克里特的用感觉噪声级评价机场附近噪声的方法。这一方法已为国际标准化组织所采用(ISO/R507—1970)。目前噪声主观评价指标大致可以分为两大类。一类是以A声级为基础的，如等效声级、昼夜等效声级、统计声级、噪声污染级等；另一类则是以感觉噪声级为基础的，如有效感觉噪声级、有效连续感觉噪声级，以及D声级等。它是基于"烦恼"而不是基于"响度"的主观分析。感觉噪声级是通过噪度转换成分贝指数而得的。人们主观判断噪声的"吵闹"程度成比例的数值量称为噪度，用$Na$表示，单位为纳(noy)。噪度转换成分贝指数，称为感觉噪声级。感觉噪声级是在"吵闹"上与该声音相同的中心频率为1kHz的窄带噪声的声压级。

定义在中心频率为1kHz的倍频带上，声压级为40dB的噪声的噪度为1 noy。噪度为3 noy的噪声听起来是噪度为1 noy的噪声的3倍"吵闹"。当感觉噪度纳值每增加1倍，感觉噪声级增加10dB。

## 第二节　交通噪声的传播特性

### 一、声波的基本特性

声波是在具有弹性的媒质中传播的一种机械波，来源于发声体的振动，声波传入人耳时，使耳鼓膜发生振动，刺激听神经而产生感觉，波动频率高于2 000Hz(超声波)和低于20Hz(次声波)的波不能引起声感，介于两者之间的声波才能听到，故称为可听声。

频率、波长和声速，是描述声波的三个重要物理量，它们之间有如下关系：

$$\lambda = \frac{C}{f} \quad 或 \quad C = \lambda \cdot f \tag{3-19}$$

式中：$\lambda$——波长(m)；

$f$——频率(Hz)；

$C$——声速(m/s)。

声波具有绕射、反射、吸收和透射等特性。

**(一)声波的绕(衍)射**

当声波遇有孔洞(或缝隙)的障板时，由于声波的绕射特性，可以通过孔洞传到障板的背后。如果孔洞的直径($d$)比入射声波的波长($\lambda$)小得多时(即$d \ll \lambda$)，小孔可近似看作一新波源，它的子波是以小孔为中心的球面波(图3-5)。在噪声控制工程中，应防止障板(如声屏障)上有孔洞(或缝隙)，避免漏声而造成"声短路"现象。

当声波遇一障板时，因声波的绕射在障板边缘处将改变其原来传播方向而"绕"到障板的背后(图 3-6)。如果障板的尺度比声波的波长大的多时,绕射的范围有限,板后将产生明显的声影区,如果声波的频率很低,绕射范围就将扩大。

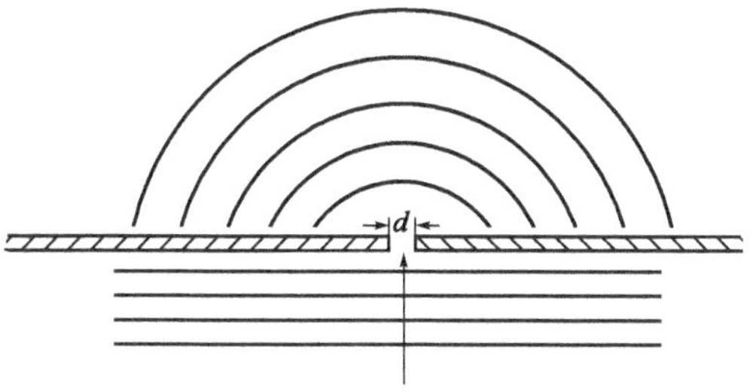


图 3-5　声波通过小孔绕射示意图

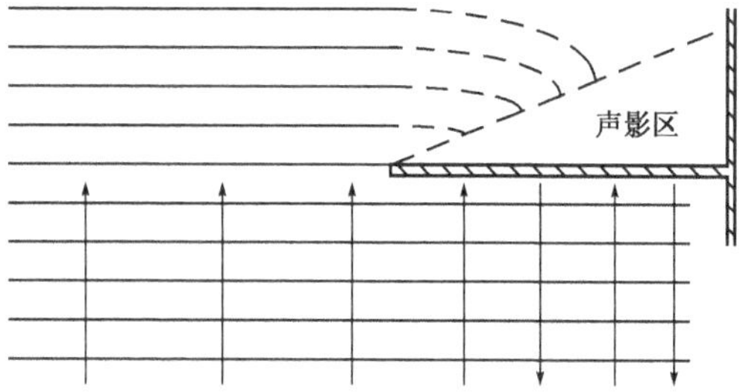


图 3-6　声波在障板边缘绕射示意图

**(二)声波的反射**

当声波入射到墙、板等表面时,声能的一部分将被反射。若单位时间内的入射声能为 $E_0$,反射声能为 $E_r$,则墙、板的反射系数 $r$ 定义为:

$$r = \frac{E_r}{E_0} \tag{3-20}$$

如果反射面的尺度比声波波长大得多时,将产生镜面反射。为使声波扩散反射,反射面需做成扩散体形式,且扩散的尺寸应与入射声波的波长相当。声波频率越低,要求扩散体的尺度越大,它们的关系可参照图 3-7,按式(3-21)估算。

$$a > \frac{2c}{\pi f},\ \frac{b}{a} > 0.15 \tag{3-21}$$

式中:$a$——扩散体宽度(m);

$b$——扩散体凸出的高度(m);

$c$、$f$——分别为声波的声速(m/s),频率(Hz)。

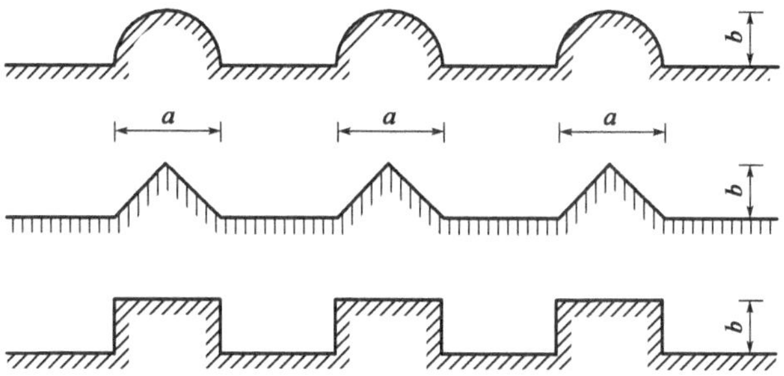


图 3-7　扩散体尺寸示意图

**(三)声波的吸收和透射**

声波入射到墙、板等构件时,除一部分声能被反射外,其余部分将透过构件和被构件材料吸收。

根据能量守恒定律,单位时间的入射声能 $E_0$、反射声能 $E_r$、透射声能 $E_\tau$ 和吸收声能 $E_a$ 有如下关系(图 3-8):

$$E_0 = E_r + E_\tau + E_a \tag{3-22}$$

从入射声波和反射声波所在的空间看,材料的吸声系数 $a$ 与反射系数 $r$ 之间有如下关系:

$$a + r = 1 \quad 且 \quad a = \frac{E_a + E_\tau}{E_0} \tag{3-23}$$

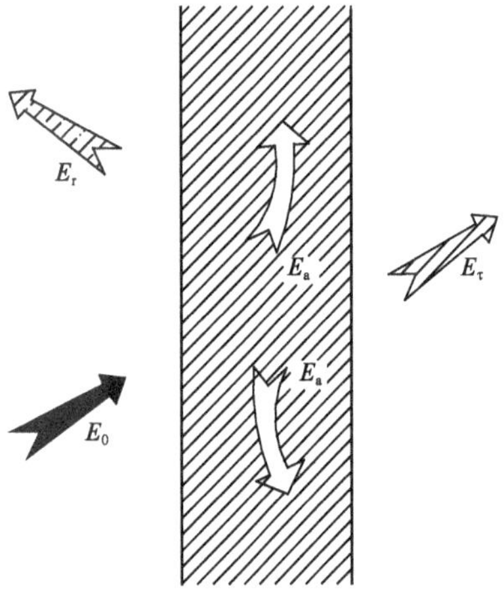

图 3-8 波的反射、透射与吸收

材料的透射系数 $\tau$ 定义为：

$$\tau = \frac{E_\tau}{E_0} \tag{3-24}$$

我们将反射系数 $r$ 值小的材料称为吸声材料，把透射系数 $\tau$ 值小的材料称为隔声材料。在噪声控制工程设计时，还必须了解各种材料或构件的吸声、隔声性能，从而合理选用材料。

## 二、交通噪声的特点

交通噪声是一种随机变化的噪声，除了与车辆本身声功率级有关外，与道路结构和交通状态也有很大关系。公路上车流连续，速度快而且重车比较多，因此噪声也比较大，相应的计算方法也比较简单。城市道路车流不连续，受到交叉口等影响，速度相对比较慢，周围建筑物较多，计算比较复杂。高架道路车流连续，重车较少，速度快，声源点位置较高，影响范围比较大。高架道路使得通行能力大大提高，避免了平面交叉，减少了车辆鸣号、制动、启动的频率，在同等交通量的情况下，交通噪声应该是降低的。但车速提高，而且声源点高架后使受影响的范围扩大，在地面道路上修筑了桥梁，使得地面道路的交通噪声多次反射，增加了对周围环境的影响。如果以桥面为基准的话，在桥面以上的高架道路的交通噪声分布应该和一般道路的噪声分布是相似的，对桥面以下的影响比较小，带来交通噪声的最主要的因素是重车。

由于交通噪声的源头具有流动性，是一种随机非稳定噪声，它受到道路与交通条件的密切影响，有以下特点：

(1)道路交通噪声的分布与道路网的分布一致，其影响范围主要是道路两侧一定范围内的居民及其建筑物等。

(2)道路交通噪声与道路的坡度、路面粗糙度、路段位置等有关。道路坡度越大，发动机负荷越增加，噪声越高(表 3-3)，越接近交叉口处噪声越高(表 3-4)，路面粗糙度大的噪声越大(图 3-9)。

**路面坡度对等效声级的影响** 表 3-3

| 路面坡度 | 5% | | | | | | | | 7% | | | | | | | |
|---|---|---|---|---|---|---|---|---|---|---|---|---|---|---|---|---|
| 车流量(vch/h) | 1 000 | | | | 4 000 | | | | 1 000 | | | | 4 000 | | | |
| 载货汽车所占比例(%) | 0 | 25 | 50 | 100 | 0 | 25 | 50 | 100 | 0 | 25 | 50 | 100 | 0 | 25 | 50 | 100 |
| 等效声级(dB) | 67 | 68.8 | 70 | 72 | 72.5 | 74.3 | 75.6 | 76.7 | 67.3 | 72.7 | 75 | 77.5 | 73.3 | 78.8 | 81 | 83.5 |

**一个交叉口附近的噪声** 表 3-4

| 噪声统计参数 | 交叉路口处 | 交叉路口后 50m 处 | 交叉路口前 80m 处 |
|---|---|---|---|
| $L_{10}$(dB) | 76.5 ~ 77.6 | 76.5 ~ 76.8 | 68.2 ~ 68.8 |
| $L_{50}$(dB) | 72.7 ~ 73.1 | 71.3 ~ 72.2 | 65.3 ~ 65.7 |

(3)道路交通噪声与道路交通状况有着密切的关系。车流量与噪声的关系其总的趋势是随车流量的增加噪声增大,如图3-10所示。但车流量的增加对本底噪声和平均噪声影响虽较大,而对噪声峰值的影响却很小,当车流量增加到2 000veh/h以后,噪声峰值基本不再增加。噪声峰值主要决定于载货车的数量。交通噪声的时间分布规律与交通流量的时间分布很接近(图3-11)。

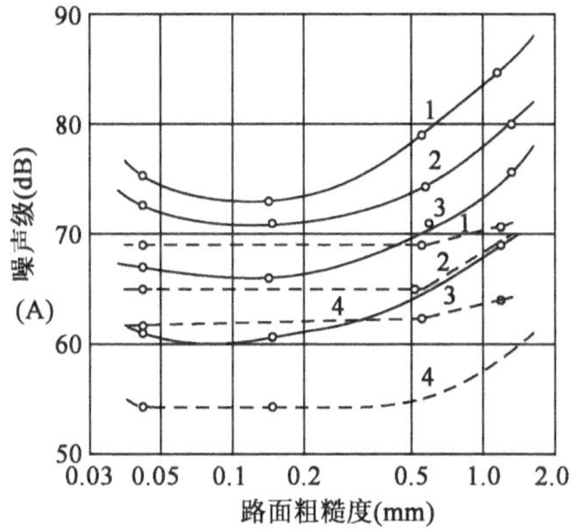


图3-9 路面粗糙度对噪声的影响

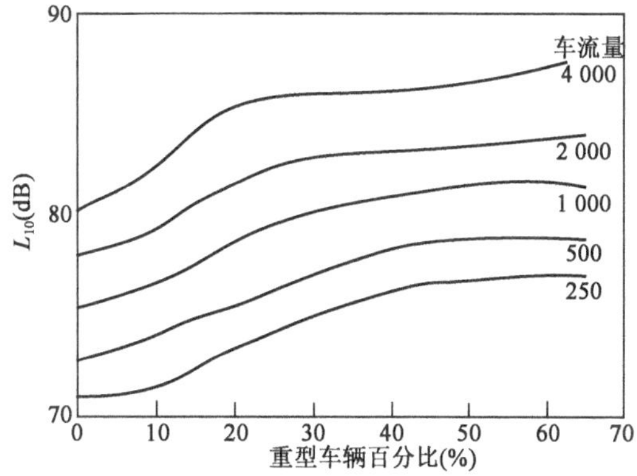


图3-10 噪声峰值与重型车辆所占比例数之间的关系

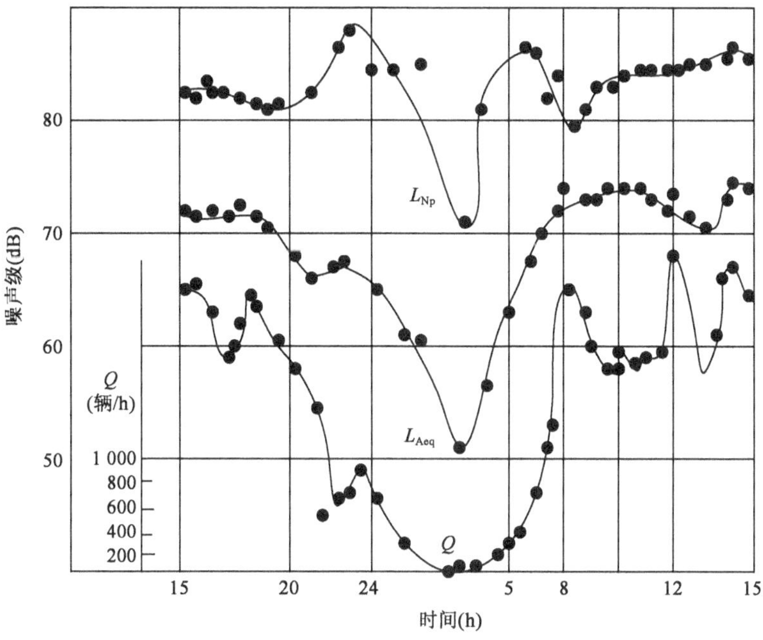


图3-11 一条街道的$L_{NP}$、$L_{Aeq}$和交通量$Q$昼夜变化曲线

从图3-10还可以看出重型车车辆所占的比例越大,噪声越高。此外,加速行驶频繁的地段比匀速行驶的地段噪声高。而车辆加速产生的噪声与其加速档位和加速度的大小有关。

## 三、交通噪声的传播特性

声在大气中传播将产生反射、衍射、折射等现象,并在传播过程中引起衰减。同样,噪声从声源传播到受声点,因传播发散、空气吸收、阻挡物的反射与屏障等因素的影响,也会使其产生衰减。这一衰减通常包括声能随距离的扩散(衰减)和传播过程中产生的附加衰减(包括大气的声吸收、屏障和建筑物产生的声反射等)两个方面,总的衰减值应是两者之总和。

### (一)声能随距离的衰减

最简单的情况是假设以声源为中心的球面对称地向各方向辐射声能[即无指向性,见图3-12a)],它的声强 $I$ 与声功率 $W$ 间的关系,即:

$$I = \frac{W}{4\pi r^2} \tag{3-25}$$

当声源放置在刚性地面上时,声音只能向半空间辐射,如图3-12b)所示,设接收点与声源距离为 $r$,则半径为 $r$ 的半球面之面积为 $2\pi r^2$,由此得半空间接收点声强:

$$I = \frac{W}{2\pi r^2} \tag{3-26}$$

可见,声强随着离开声源中心距离的增加,按平方反比的规律减少。

若用声压级来表示,可得在 $r$ 处的声压:

$$L_p = L_w - 20 \cdot \lg r - 11 \quad (全空间) \tag{3-27}$$

$$L_p = L_w - 20 \cdot \lg r - 8 \quad (半空间) \tag{3-28}$$

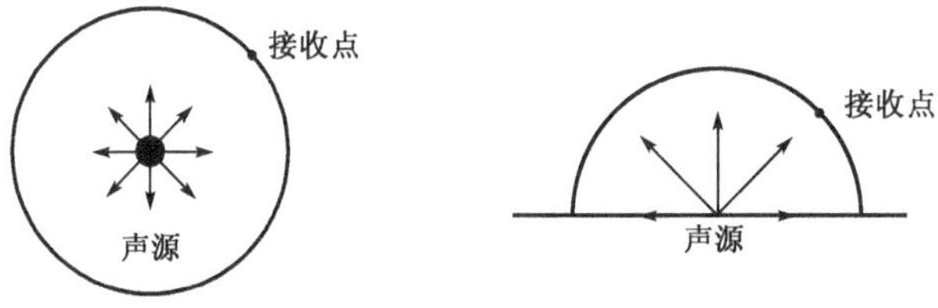


图3-12　球面对称辐射声源

### (二)声传播过程中的附加衰减

产生附加衰减的因素一般指:大气的声吸收;树林引起的声音散射和吸收,屏障和建筑物产生的声反射;风和大气温度引起的声折射;雾、雨、雪的声吸收;不同地面覆盖物(如草地等)的吸收等。

1.噪声被空气吸收的衰减

空气吸收声波而引起的声衰减与声波频率、大气压、温度、湿度有关,被空气吸收的衰减值可由下式计算:

$$\Delta L_2 = \alpha_0 \cdot r \tag{3-29}$$

式中:$\Delta L_2$——空气吸收造成的衰减值(dB);

$\alpha_0$——空气吸声系数;

$r$——声波传播距离(m)。

当 $r < 2\,000$m 时,$\Delta L_2$ 近似为零。

在实际评价中,为了简化计算手续,又常把距离衰减和空气吸收衰减两项合并,并用下式计算(声源位于硬平面上):

$$\Delta L_2 = 20 \cdot \lg r + 6 \times 10^{-6} f \cdot r + 8 \tag{3-30}$$

式中:　$f$——噪声的倍频带几何平均频率(Hz);

$r$——噪声源与受声点的距离(m);

$6\times10^{-6}f\cdot r$——由空气吸收而引起的衰减值(dB)。

2. 墙壁屏障效应

室内混响声对建筑物的墙壁隔声影响十分明显,其总隔声量 $TL$ 可用下式计算:

$$TL = L_{p_1} - L_{p_2} + 10\cdot\lg\left(\frac{1}{4}+\frac{S}{A}\right) \tag{3-31}$$

所以,受墙壁阻挡的噪声衰减值为:

$$\Delta L_3 = TL - 10\cdot\lg\left(\frac{1}{4}+\frac{S}{A}\right) \tag{3-32}$$

式中:$\Delta L_3$——墙壁阻隔产生的衰减值(dB);

$L_{p_1}$——室内混响噪声级(dB);

$L_{p_2}$——室外1处的噪声级(dB);

$S$——墙壁的阻挡面积($m^2$);

$A$——受声室内吸声量($m^2$)。

若用不同类型的门窗组成组合墙时,则总隔声量又应按下列公式计算:

$$TL = 10\cdot LG\left(\frac{1}{\tau}\right) \tag{3-33}$$

$$\bar{\tau} = \frac{1}{S}\sum_{i=1}^{n}\tau_i S_i = \frac{\tau_1 S_1 + \tau_2 S_2 + \cdots + \tau_n S_n}{S_1 + S_2 + \cdots + S_n} \tag{3-34}$$

式中:$\bar{\tau}$——组合墙的平均透射系数;

$S$——组和墙的总表面积($m^2$)。

对于墙壁、门、窗的透射系数:$\tau_{墙} = 5\times10^{-5}$,$\tau_{门} = 10\times10^{-2}$,$\tau_{窗} = 3.7\times10^{-2}$。

3. 户外建筑物的声屏障效应

声屏障的隔声效应与声源和接收点,及屏障的位置和屏障高度和屏障长度及结构性质有关。我们根据它们之间的距离、声音的频率(一般铁路和公路的屏障用频率500Hz)算出非涅耳数 $N$,然后,从图3-13的曲线查出相对应的衰减值(dB),声屏障衰减最大不超过24dB。非涅耳数 $N$ 的计算可用下式:

$$N = \frac{2(A+B-d)}{\lambda} \tag{3-35}$$

式中:$A$——声源与屏障顶端的距离(m);

$B$——接收点与屏障顶端的距离(m);

$d$——声源与接收点间的距离(m);

$\lambda$——波长(m)。

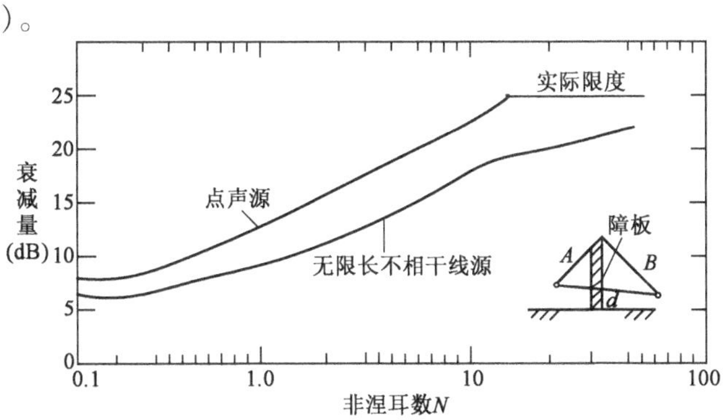


图3-13 障板及其声衰减曲线

4. 植物的吸收屏障效应

声波通过高于声线 1m 以上的密集植物丛时，即会因植物阻挡而产生声衰减。在一般情况下，松树林带能使频率为 1 000Hz 的声音衰减 3dB/10m；杉树林带为 2. 8dB/10m；槐树林带为 3. 5dB/10m；高 30cm 的草地为 0. 7dB/10m。阔叶林地带的声衰减值见表 3-5。

**阔叶林地带的声衰减值**（dB/10m）　　表 3-5

| 频率（Hz） | 250 | 500 | 1 000 | 2 000 | 4 000 | 8 000 |
|---|---|---|---|---|---|---|
| 声衰减值 | 1 | 2 | 3 | 4 | 4. 5 | 5 |

5. 阻挡物的反射效应

声波在传播过程中，若遇到建筑物、地表面、墙壁、大型设备等阻挡时，便会在这些物体的表面发生反射而产生反射效应，对某些位置的受声点，会使原来的声音强度增高。

在工业噪声评价中，对于阻挡物的反射效应一般粗略地用镜像声源法来处理。图 3-14 为反射的镜像声源示意图。

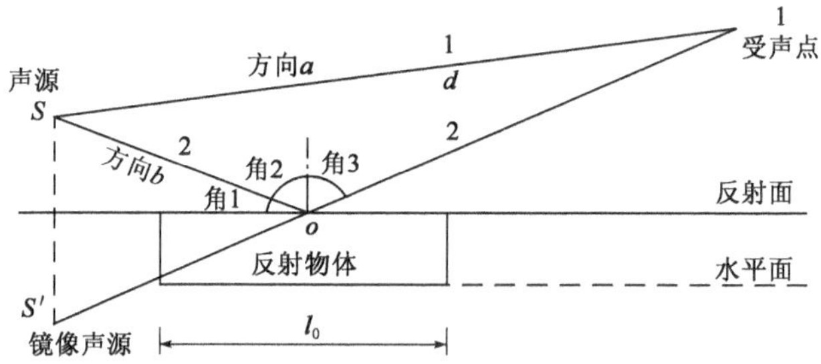


图 3-14　反射的镜像声源示意图

声音反射增量和反射体性质密切相关。从图中可以看出，噪声从声源传播到受声点有直接和反射 1、2 两条途径。若声波途径 1 和途径 2 基本相等，且声场情况又满足表 3-6 中规定时，则反射效应 $\Delta L_4$ 可由下式求出：

$$\Delta L_4 = 10 \cdot \lg(1 + p) \tag{3-36}$$

式中：$p$——反射表面的能量反射系数，见表 3-7。

**反 射 声 场 条 件**　　表 3-6

| 序　号 | 反射声场条件 |
|---|---|
| 1 | 反射表面是“声学坚硬”的 |
| 2 | 反射物的水平量纲大于波长，即 $l_0 \cos\theta > \lambda$ |
| 3 | 反射角 $\theta$ 小于 85° |
| 4 | 反射点 $o$ 距离反射物体的边缘至少在一个波长 $\lambda_0$ 以上 |

注：$l_0$ 表示反射点距反射体边缘的距离。

**反射物体的反射系数**　　表 3-7

| 反 射 物 体 | 反射系数 $p$ |
|---|---|
| 平面或坚硬的壁面 | 1 |
| 有窗或不规则的建筑物表面 | 0. 8 |
| 建筑物敞开区域占壁面 50% 左右或密集的管道 | 0. 4 |

若途径 1 和途径 2 相差很大，而声场能满足表 3-6 中的规定条件，则可用镜像源法求出反射的镜像声功率级。反射效应 $\Delta L_4$ 可由下式计算：

$$\Delta L_4 = L_W(\Phi)_m - L_W(\Phi) \tag{3-37}$$

式中：$L_W(\Phi)_m$——镜像源声功率级；

$L_W(\Phi)$——声源声功率级；

$\Phi$——方向函数。

镜像声源的声音功率级 $L_W(\Phi)_m$ 可由下式确定：

$$L_W(\Phi)_m = L_W(\Phi) + 10 \cdot \lg p \tag{3-38}$$

式中：$L_W(\Phi)$——声源在 $\Phi$ 方向上的声功率级；

$p$——反射表面的能量反射系数。

应当注意，因反射系数 $p$ 与频率无关，因此，反射作用 $\Delta L_4$ 是频率的函数。

6. 地面吸收的附加衰减

地面吸收对噪声的附加衰减量，取决于地表性质、植被类型等。对于灌木丛和草地的衰减量可用下式估算：

$$\Delta L_2 = (0.18 \cdot \lg f - 0.13) r \tag{3-39}$$

式中：$\Delta L_2$——地面吸收对噪声的附加衰减量(dB)；

$f$——噪声的频率(Hz)；

$r$——噪声在草地或灌木丛上传播的距离(m)。

由于公路两侧的地表情况较复杂，对于公路交通噪声，可用下列经验公式估算其地面吸收的附加衰减量：

$$\Delta L_2 = \alpha \cdot 10 \cdot \lg r \tag{3-40}$$

式中：$r$——噪声传播的距离(m)；

$\alpha$——与地面覆盖物有关的衰减因子。当接受点距地面 1.2m 时，各种地面的平均衰减因子取 $\alpha = 0.5 \sim 0.7$。接受点距地面高度增加时，$\alpha$ 值随高度减少。

由上述讨论可见，在自由声场条件下如距噪声源 $r_0$(参照点)处的声压级为 $L_0$，则距离 $r$(接受点)处的声压级 $L_p$ 为：

$$L_p = L_0 + 10 \cdot \lg\left(\frac{r_0}{r}\right)^{\alpha} - \alpha(r - r_0) + \begin{cases} 20\lg \dfrac{r_0}{r} \text{(点声源)} \\ 10\lg \dfrac{r_0}{r} \text{(线声源)} \end{cases} \tag{3-41}$$

### (三)风速和温度梯度对噪声传播的影响

声波从声速大的媒质进入声速小的媒质时，折射声波的传播方向将靠拢法线，反之，折射声波的传播方向将背离法线。

当声波顺风向传播时，声速应叠加上风速。由于地面对空气运动的阻力，风速随着离地面的高度的增加而增大，即声速随高度的增加而增大，从而使声波传播方向向下弯曲。当声波逆风向传播时，声速应减去风速，即声速随高度减小，从而使声波传播方向向上弯曲(图 3-15)。该现象就是声波顺风往往比逆风传得更远的道理。

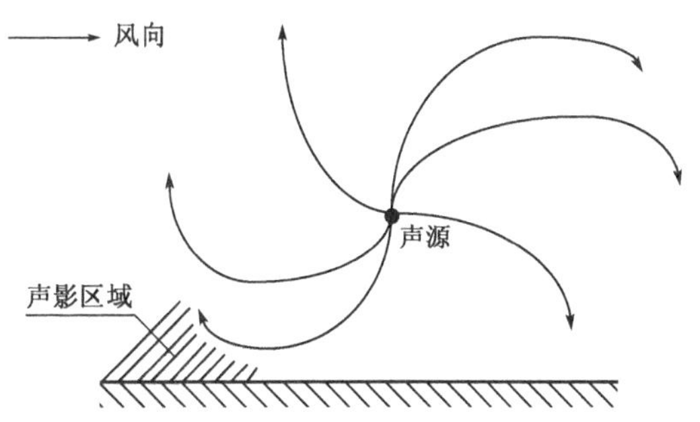


图 3-15　风速对声波传播的影响

$$V = 331 + 0.6T \tag{3-42}$$

式中：$V$——声音传播速度；

*T*——温度。

由上式知,空气中的声速与温度成正比。当空气温度随高度增大时(温度梯度为正),声速亦随高度增大,因而使声波传播方向向下弯曲[图 3-16a)]。例如,在晴天的夜间,地面由于热辐射和热传导迅速冷却,靠近地面的空气温度下降,而离地较高处仍保持较高的温度,即所谓逆温现象,这时地面上声源辐射的噪声就可以传播得较远。相反,当温度随高度减少时(温度梯度为负),声速传播方向向上弯曲[图 3-16b)],例如,在晴朗的白天,空气温度随高度下降,地面上声源辐射的噪声就传播得较近。

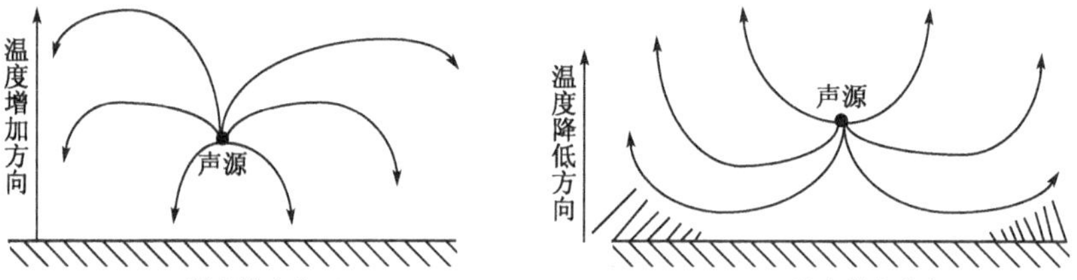


a)温度梯度为正　　b)温度梯度为负

图 3-16　温度梯度对声波传播的影响

# 第三节　交通噪声分类及测量

## 一、交通噪声分类

### (一)道路交通噪声

道路交通噪声主要来自机动车辆在道路上行驶辐射的噪声(简称行驶噪声),其影响范围广且持续时间较长。行驶噪声主要由动力噪声和轮胎噪声两部分构成。

1. 动力噪声

车辆动力噪声(又称驱动噪声)主要指动力系统辐射的噪声。发动机系统是主要噪声源,包括进气噪声、排气噪声、冷却风扇噪声、燃烧噪声及传动机械噪声等(图 3-17)。

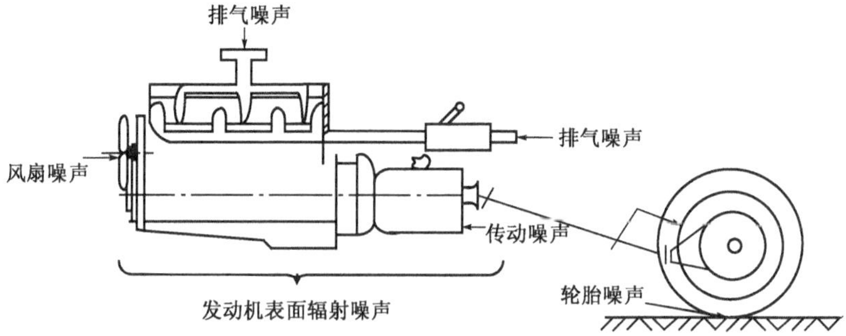


图 3-17　汽车主要噪声源示意图

动力噪声的强度主要取决于发动机的转速,与车速有直接关系,噪声强度随车速增大而增强。此外,车辆爬坡时,随着路面纵坡加大动力噪声也增大。

2. 轮胎噪声

轮胎噪声是指轮胎与路面的接触噪声,又称轮胎—路面噪声。它由轮胎直接辐射的噪声和由轮胎激振车体振动产生的噪声构成。

轮胎直接辐射的噪声，按其机理主要包括轮胎表面花纹噪声和轮体振动噪声，还有在急转弯和紧急制动时与路面作用下产生的自激振动噪声等。轮胎噪声的大小与轮胎花纹构造、路面特性（材料构造、路面纹理）及车速有关，且主要取决于车速，其强度随车速的增大而增大。此外，我国城市道路交通噪声主要来源于汽车喇叭声，当行车道宽度小于15m时，喇叭的平均噪声级较车辆行驶的平均噪声级大出10～15dB，道路行驶条件越好，喇叭声越小。

### （二）轨道交通噪声

地铁的噪声主要来自于地铁车辆噪声，当车辆行驶在高架轨道上时，还将激发结构振动而产生“二次噪声”，即结构噪声。另外车辆运行所带来的车站噪声、地基噪声、车辆段噪声以及施工噪声都将成为地铁噪声源对城市环境造成影响。地铁各类噪声源可归纳为表3-8。

**地铁各类噪声源** 表3-8

| 序号 | 噪声源 | 地铁各类噪声源 | |
|---|---|---|---|
| 1 | 车辆噪声 | 动力系统噪声 | 牵引设备噪声、辅助设备噪声、车门、广播、照明等噪声 |
| | | 轮轨系统噪声 | 滚动噪声、撞击噪声、摩擦噪声 |
| 2 | 车辆内部噪声 | 外部空气噪声、车厢门窗、车体振动噪声、车厢内部供暖通风空调等设备 | |
| 3 | 高架结构噪声 | 轻型高架钢结构噪声<br>混凝土高架结构噪声<br>碎石枕木道床结构噪声 | |
| 4 | 车站噪声 | 车辆噪声 | 辅助设备噪声、运行滚动噪声、制动啸叫噪声 |
| | | 设备噪声 | 风机噪声、空调噪声、变电站噪声 |
| 5 | 地基振动 | 地铁结构的地基振动<br>混凝土高架结构的地基振动<br>碎石枕木道床结构的地基振动 | |
| 6 | 车辆段和修理厂 | 轮轨噪声、列车鸣笛声、车辆辅助设备噪声、检修工具和机械噪声、车辆清扫空压机噪声 | |
| 7 | 施工噪声和振动 | 施工噪声 | 破坏建筑物、道路破碎、打桩、挖掘、运土、压路 |
| | | 施工振动 | 打桩、钻孔、大型挖土空压机运转、回填打夯、重型车辆运输 |
| 8 | 其他噪声 | 工务工程噪声 | 轨道加工、安装、维修和钢轨研磨、道床清理 |

#### 1. 机车噪声

目前常见的机车类型有内燃机车和电力机车。机车和动车组产生的噪声取决于牵引方式和它们的构造，并且随着速度的增加而增大。另外，当列车加速和爬坡时，噪声也会明显增大。

（1）内燃机：在内燃牵引方式中，内燃机带动发电机发电，再将电能输送到驱动电机，驱动列车前进。内燃机的噪声主要来自于传输电能的受电弓或专用输电轨。

（2）电力机车：电力机车的输电方式对噪声也有较大的影响，采用输电轨比采用受电弓将产生更大的噪声。内燃机车在开足马力时也会产生很大的噪声，同时在低频范围噪声明显偏高。

机车噪声只有当离开轨道不远处机车处于加速时才能明显感觉到，静止列车的噪声主要来自发动机的空转以及其他如通风、空调系统的噪声。

机车和动车组最主要的噪声源是发动机和空调系统进、排气口和车体的振动。

2. 轮轨噪声

有轨运输系统中最重要的噪声源是轮轨噪声，轮轨噪声包括轮轨滚动噪声、啸叫声和撞击声。

(1)滚动噪声

轮轨滚动噪声是由于轨道结构钢轨表面的短波不平顺激发轮轨振动通过空气传播而产生的。列车在磨耗的轨道上运行时比平顺状态下激发的噪声可高达10dB(A)。当列车速度超过250km/h时，轮轨滚动噪声开始占优势；当列车速度达160～250km/h范围时，轮轨滚动噪声起主导作用。轮轨滚动噪声的能量集中在频率800～2 500Hz范围。

(2)摩擦噪声(啸叫声)

摩擦噪声(啸叫声)是当车辆在小半径曲线线路上运行时发出的一种高音调噪声。一般的转向架式车辆，轮对车轴平行地配置于转向架构架中，当运行在小半径曲线路线时，车轮沿曲线钢轨并非纯滚动运行，要产生局部的横向滑动，轮缘与钢轨侧面发生激烈摩擦和切削作用。正是这种在曲线上车轮对轨道的激烈摩擦和切削作用，形成一种高音调的啸叫声。摩擦噪声与曲线半径、转向架轴距和行车速度有关。

(3)撞击噪声

撞击噪声是由车轮或钢轨表面的局部不连续性所产生。这种不连续性包括钢轨的轨隙，不平坦的钢轨接头和车轮踏面局部磨损，以及在制动时闸瓦抱死车轮所造成踏面局部磨平。

总之，滚动噪声与列车速度、列车、钢轨和车轮类型以及它们的状况(如磨平、扁疤、接头、不平顺等)有密切的关系。列车通过时，不仅辐射噪声，而且在轮轨接触处激发振动，并通过钢轨扣件、轮轨和道砟传递到下部结构(地面、路基、隧道、高架结构等)。

3. 列车运行噪声

列车通过时的噪声主要与牵引系统和轮轨相互作用有关，在轨道附近也能感受到空气动力噪声。如果列车是由内燃机牵引，那么列车通过时的噪声主要取决于机车的噪声。电力牵引列车和动车组的噪声主要来自于轮轨噪声。一般来说，当离开轨道中心的距离大于20m以上时，轮轨噪声起主要作用，即使在内燃牵引的情况下也是如此。

评价铁路噪声通常用“A计数网络声级 $L_A$”和“A计数网络等效连续声级 $L_{Aeq}$”。前者表示铁路噪声的峰值，仅与列车速度和离开轨道中心的距离有关。后者表示一定时间内铁路噪声的平均值，它与该时间段内通过的列车数和列车长度及离开轨道中心的距离有关。另外，列车类型(旅客列车、货物列车)、牵引方式(内燃、电力)、钢轨形式(有缝、无缝)及车辆构造(包括是否有闸瓦制动、车裙等)也会影响列车噪声。

4. 高架铁路噪声

铁路需要穿过人口稠密区时，常采用高架方式。高架铁路常常产生比地面铁路高得多的噪声。由于高架铁路的声源离地面有一定距离，周边建筑起不到屏障的作用，另外地面的吸声作用也大大降低，因此即使是在离开声源较远处仍有较大的噪声干扰。

由于列车运行激发轨道结构并通过桥梁各构件，如承重梁、墩台等从地面向临近的建筑物传递，引起建筑物的墙壁、地板及天花板的振动而产生一种低频噪声，成为“二次噪声”，即结构噪声，见图3-18，一般高架桥轨道噪声高于地面线路噪声0～20dB(A)。

高架轨道按轨道结构分为三类：

(1)轻型高架钢结构钢轨

由于共振作用钢结构桥对路旁的辐射噪声最大,传播范围广,主要成分是结构噪声。

(2)混凝土桥

混凝土桥的桥梁构件自重大,当列车通过时受到的激励响应比钢结构桥要小得多,因此辐射噪声比较小,主要噪声成分是轮轨噪声。城市高架轨道一般采用混凝土结构。

(3)碎石枕木道床高架

碎石枕木道床高架与混凝土桥结构相比噪声级大致相等或稍低一点,频率特征也基本相同。

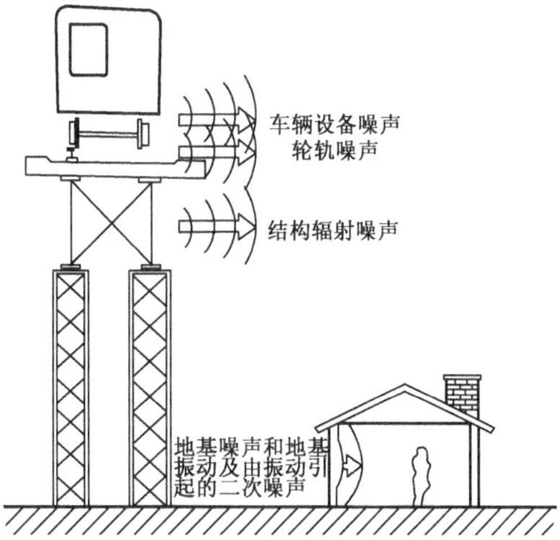


图 3-18　结构噪声

5. 车站噪声

地铁车站噪声源主要有车辆噪声、设备噪声、客流噪声及地面交通噪声(对于地面车站而言)。

列车进站、出站、停站、制动和通过等各种运行工况,将会给车站环境带来不同程度的噪声影响。车辆在减速进站、制动停车、停站等候和加速出站四个阶段,站台噪声级呈现周期性的变化。

车站设备噪声包括车站通风、供暖和空调设备噪声、变压器噪声以及自动扶梯噪声等。

6. 地基噪声和振动

地面铁道和高架轨道对于沿线环境的干扰以噪声为主,而地下铁道所产生的振动是影响地面建筑的主要环境问题。而且,地下铁道的地基噪声及振动问题引起了人们极大的关注。

地基振动的频率范围是 10 ~ 200Hz,这种低频声的传播距离较远,影响范围广,使临近建筑物的墙壁、地板及天花板产生振动感觉,并由此产生低频轰鸣声,即二次辐射噪声。由于建筑物的地基振动频率接近于人的感觉阈,因此振动级有微小变化就会引起人们很大程度的反应。

地基噪声和振动的影响因素包括轨道车辆、轮轨粗糙度、轨道支承、轨道结构、道床及隧道结构等。

7. 编组场噪声

列车编组场的噪声十分强烈,可高达 100dB 以上。编组场主要噪声源有列车编组时,车辆挂钩时的撞击噪声、闸瓦噪声、减速器与轮对间的摩擦噪声,以及调转机车的轰鸣声等。

8. 附属设备噪声

列车上的压缩机、发电机、通风机和空调系统等附属设备也是噪声源。附属设备产生的噪声只有在停车时才能明显感到。通过加装消声器和在停车点安装声屏障可降低噪声。

传统轨道结构道岔中的辙叉会引起噪声;列车采用闸瓦制动时将产生制动噪声,特别是在紧急制动时,还会出现啸叫声,避免制动噪声的方法是采取盘形制动替代闸瓦制动;鸣笛也是一种噪声。

### (三)机场噪声

机场航空噪声是指航空器在机场及其附近空域活动(包括起飞、降落、滑行、试车)时产生的噪声,属于交通运输噪声的范畴,噪声源为航空器。

航空器噪声是航空器飞行时存在的各种噪声源的声辐射总和。航空器噪声源主要有两类,即推进系统噪声和空气动力噪声。推进系统噪声包括螺旋桨噪声、喷流噪声、风扇/压气机噪声、涡轮噪声和燃烧噪声等。空气动力噪声则是由于气流流过机翼、增升装置(尾缘襟翼、前缘襟翼)、尾翼、机身、起落架等引起的气流压力扰动而产生的,其中气流流过机翼而产生的噪声是主要的,因此也称机体噪声,当然,航空器在高速飞行时的附面层压力起伏也辐射噪声。

对于不同类型的航空器,各噪声源在航空器总噪声中所占比重也是不相同的。螺旋桨航空器主要噪声源是螺旋桨,喷气式航空器主要噪声源是喷流,而涡扇航空器的风扇噪声却是航空器的主要噪声源之一。目前,我国各主要航空公司大部分采用喷气发动机航空器,机场航空噪声也主要是由此类航空器造成的。

机场航空噪声与一般环境噪声不同,它包含着逐次突发的高声级事件,期间又被非常安静的状态所隔开。综合来说,机场航空噪声有以下几方面的特点。

(1)声压级高。喷气式航空器起飞时,其噪声的声功率级可高达150dB以上,相当于数十辆客车产生的噪声总和。

(2)低频( <250Hz)噪声大。航空低频噪声比车辆交通低频噪声高5.10dB,而中高频噪声平均来讲反而比交通噪声低。

(3)噪声影响范围广。航空器在起飞和降落的过程中,其声辐射范围可达数十平方公里。

(4)属于非稳态运动噪声源。航空器在不同运行状态下,如起飞、爬升、进场、着陆、地面滑行时产生的噪声以及噪声随时间的变化特性均具有明显的差异。

(5)噪声影响具有时空的间断性。对于某一架航空器来说,其噪声影响只是在起、落点(机场)附近造成短时的较大噪声影响。通常,人们听到航空器噪声是由远及近,再远去。没有航空器经过时,环境可能非常安静。航空器从远处飞来时,首先听到的是隆隆的低频声,随着航空器的接近,声音不断增大,中高频声音也多起来,飞到距离最近处噪声达到最大。在头顶时,中、高、低频的噪声成分都很多。航空器远去时,先降低的为中高频噪声,低频噪声再逐渐降低到正常水平。这就是说,机场周边地区每隔一段时间(机场航班架次越多,间隔可能就越短)的安静中会出现一次30~60s的航空器噪声。这种安静环境中出现的短时持续噪声会让人感到非常不舒适,产生相对于持续道路交通噪声更高的烦恼度。而在航路飞行时,由于航空器所处位置较高,一般不会对地面造成噪声影响。

(6)噪声影响具有累加性。即尽管一架航空器的噪声影响转瞬即逝或持续时间并不长,但繁忙机场的多架次航空器同时或不间断或小间隔的运行,均会造成噪声影响的累积或叠加。

## 二、交通噪声的测量

交通噪声测量是控制交通噪声的第一步,只有通过噪声测量,掌握噪声源或环境噪声级的大小和声学特性,才能确定是否采取控制措施以及如何采取控制措施。

### (一)噪声测量仪器

为了对噪声进行准确的测量与分析,首先要了解有关测量仪器。声级计是噪声现场测量的一种基本测试仪器,主要用来测试噪声的声级。

声级计一般由传声器、放大器、衰减器、计权网络、检波器和表头组成。所需电源由干电池供给。声级计的特点是:体积小、质量轻、便于携带,适用于现场快速测量,能直接测出计权声级,特别适用于环境噪声现场测量。

噪声是由许多频率成分组成的，为了了解噪声频率成分，需要进行噪声的频谱分析。频谱分析仪主要由测量放大器和滤波器组成。滤波器的作用是把复杂的噪声成分分成若干个具有一定宽度的频带，测量时只允许某个特定的频带声音通过，这时表头指示的读数是该频带的声压级，而不是总声压级。把声压级和滤波器组合起来，就可以组成一个简单而方便的能应用于现场的频谱分析仪。

### （二）交通噪声的测量

交通噪声包括道路交通噪声、铁路交通噪声、飞机机场噪声。由于各种交通工具的运行条件及影响不同，其测量的内容存在一定的差异，其中最大差别是机场周边噪声的测量。各种交通基础设施产生的噪声测量方法见表 3-9。

**各种交通噪声测量方法**　　表 3-9

| 分　类 | 测量方法 |
|---|---|
| 道路交通噪声 | 《声学　环境噪声的描述、测量与评价　第 1 部分：基本参量与评价方法》（GB/T 3222.1—2006） |
| | 《声学　环境噪声的描述、测量与评价　第 2 部分：环境噪声级测定》（GB/T 3222.2—2009） |
| 机动车辆噪声 | 《汽车加速行驶车外噪声限值及测量方法》（GB 1495—2002） |
| | 《摩托车和轻便摩托车　定置噪声限值及测量方法》（GB 4569—2005） |
| | 《摩托车和轻便摩托车加速行驶噪声限值及其测量方法》（GB 16169—2005） |
| | 《声学　机动车辆定置噪声测量方法》（GB/T 14365—1993） |
| 铁路边界噪声 | 《铁路边界噪声限值及其测量方法》（GB 12525—1990） |
| 地下铁道车站站台噪声 | 《城市轨道交通车站站台声学要求和测量方法》（GB 14227—2006） |
| 内河航运噪声 | 《内河航道及港口内船舶辐射噪声的测量》（GB/T 4964—2010） |
| | 《声学　环境噪声的描述、测量与评价　第 1 部分：基本参量与评价方法》（GB/T 3222.1—2006） |
| | 《声学　环境噪声的描述、测量与评价　第 2 部分：环境噪声级测定》（GB/T 3222.2—2009） |
| | 《声环境质量标准》（GB 3096—2008） |
| 机场周围飞机噪声 | 《机场周围飞机噪声测量方法》（GB 9661—1988） |

在实际测量中可参考上述表中测量的标准，标准中均规定了测量的地点、时间、频次、仪器及数据处理的要求。除机场噪声以外，其他噪声在测量中均可以根据仪器进行直接计算测量时段的数值，由于飞机噪声的评价指标的差异，其测量方法及数据具有一定的特殊性。

机场周围飞机噪声测量方法目前有效的国家标准是《机场周围飞机噪声环境标准》（GB 9660—1988）和《机场周围飞机噪声测量方法》（GB 9661—1988）。《机场周围飞机噪声测量方法》（GB 9661—1988）是参照采用国际标准《声学　描述地面上听到的飞机噪声的方法》（ISO 3891—1978）和国际民航组织《国际民用航空公约》中附件十六制定的。标准规定了机场周围飞机噪声的测量条件、测量仪器、测量方法和测量数据的计算方法。适用于测量机场周围由于飞机起飞、降落或低空飞越时所产生的噪声。测量方法有以下两种。

1. 精密测量

这种测量方法适用于需要作为时间函数的频谱分析的测量。由传声器通过声级计将飞机噪声信号送到测量录音机记录在磁带上，然后在实验室按原速回放录音信号并对其进行频谱分析。再换算成噪度 $N_i$，再计算总噪度 $N$、感觉噪声级 $L_{PN}$、一次飞行事件的有效感觉噪声级 $L_{EPN}$。

2. 简易测量

这种方法适用于只需经频率计权的测量。用声级计读出并记录一次飞行噪声的 A 声级（或 D 声级）的最大值，用声级计接声级记录仪或用录音机记录相应飞行事件的时间历程，算出持续时间 $T_d$，再用最大声级 $L_{Amax}$ 或 $L_{Dmax}$ 及持续时间 $T_d$，计算有效感觉噪声级 $L_{EPN}$。

测量计算得到 $L_{EPN}$ 后，再计算一系列相继飞行 $N$ 次事件的噪声级，$N$ 次事件的噪声级是 $N$ 次事件的有效感觉噪声级的能量平均值。而对一段监测时间内的连续噪声级的表示，使用有效连续感觉噪声级 $L_{WECPN}$，既考虑了一段监测时间内通过一固定点的飞行引起的总噪声级，同时也考虑了不同时间内飞行所造成的不同社会影响。以一昼夜 24h 定为单位监测时间。

# 第四节　交通噪声影响预测

## 一、公路交通噪声预测

### （一）交通车流模型

当行车道上的车流量足够大时，公路上的车流可视作等间距排列的不连续的线声源（图 3-19），每辆车为无指向性的点声源。

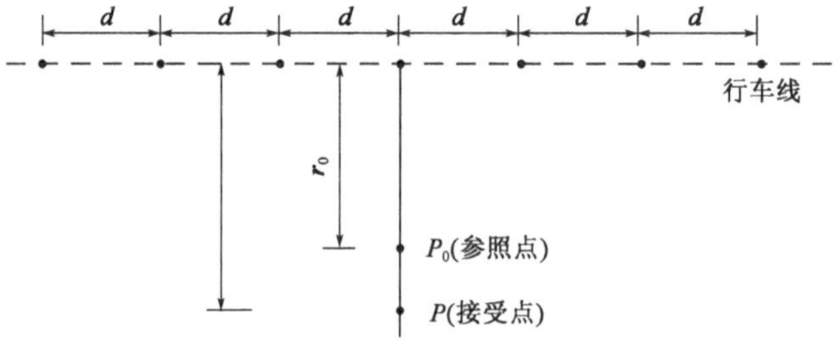


图 3-19　等间距车流模型

### （二）公路交通噪声预测

1. $i$ 型车辆行驶于昼间或夜间，预测点接收到小时交通噪声值按下式计算

$$(L_{Aeq})_i = L_{w,i} + 10 \cdot \lg\left(\frac{N_i}{v_i T}\right) - \Delta L_{距离} + \Delta L_{纵坡} + \Delta L_{路面} - 13 \tag{3-43}$$

式中：$(L_{Aeq})_i$——$i$ 型车辆行驶于昼间或夜间，预测点接收到小时交通噪声值（dB）；

$L_{w,i}$——第 $i$ 型车辆的平均辐射声级（dB）；

$N_i$——第 $i$ 型车辆的昼间或夜间的平均小时交通量（veh/h）；

$v_i$——$i$ 型车辆的平均行驶速度（km/h）；

$T$——$L_{Aeq}$ 的预测时间，此处取 1h；

$\Delta L_{距离}$——第 $i$ 型车辆行驶噪声，昼间或夜间的距离声等效行车线距离为 $r$ 的预测点处的距离衰减量（dB）；

$\Delta L_{纵坡}$——公路纵坡引起的交通噪声修正量（dB）；

$\Delta L_{路面}$——公路路面引起的交通噪声修正量（dB）。

2. 各型车辆昼间或夜间行驶预测点接收到的交通噪声值应按下式计算

$$(L_{Aeq})_{交} = 10 \cdot \lg\left[10^{0.1(L_{Aeq})_L} + 10^{0.1(L_{Aeq})_M} + 10^{0.1(L_{Aeq})_S}\right] - \Delta L_1 - \Delta L_2 \tag{3-44}$$

式中：$(L_{Aeq})_{交}$——预测点接收到的昼间或夜间的交通噪声值(dB)；

$(L_{Aeq})_L$、$(L_{Aeq})_M$、$(L_{Aeq})_S$——分别为大、中、小型车辆昼间或夜间，预测点接收到的交通噪声值(dB)；

$\Delta L_1$——公路曲线或有限长路段引起的交通噪声修正量(dB)；

$\Delta L_2$——公路与预测点之间的障碍物引起的交通噪声修正量(dB)。

### (三)复合地区交通噪声预测

公路互通立交及公路铁路立交周围接收到的交通噪声预测值应按下式计算：

$$(L_{Aeq})_{交、立} = 10 \cdot \lg[10^{0.1(L_{Aeq})_{交、公}}] + 10^{0.1(L_{Aeq})_{交、公2}} + \cdots + 10^{0.1(L_{Aeq})_{交、公i}} + 10^{0.1(L_{Aeq})_{交、铁i}}] \tag{3-45}$$

式中：$(L_{Aeq})_{交、立}$——立交周围接收到的交通噪声预测值(dB)；

$(L_{Aeq})_{交、公}$——预测点接收到的第1条公路交通噪声值(dB)；

$(L_{Aeq})_{交、公2}$——预测点接收到的第2条公路交通噪声值(dB)；

$(L_{Aeq})_{交、公i}$——预测点接收到的第 $i$ 条公路交通噪声值(dB)；

$(L_{Aeq})_{交、铁i}$——预测点接收到的铁路交通噪声值(dB)。

上述值按式(3-43)计算。

预测点昼间或夜间的环境噪声预测值按式(3-45)计算：

$$(L_{Aeq})_{预} = 10 \cdot \lg[10^{0.1(L_{Aeq})_{交}} + 10^{0.1(L_{Aeq})_{背}}] \tag{3-46}$$

式中：$(L_{Aeq})_{预}$——预测点昼间或夜间的环境噪声预测值(dB)；

$(L_{Aeq})_{背}$——预测点预测时的环境噪声背景值，采用该预测点现状环境噪声值(dB)。

### (四)交通噪声的修正

对前述交通噪声预测模型中各参数可按下列方法进行修正和确定。

1. 公式(3-42)中参数的确定方法

(1)各类型车的平均辐射声级 $L_{W,i}$，应按下式计算：

$$\left.\begin{aligned} &\text{大型车}\quad L_{W,L} = 77.2 + 0.18v_L \\ &\text{中型车}\quad L_{W,M} = 62.6 + 0.32v_M \\ &\text{小型车}\quad L_{W,S} = 59.3 + 0.23v_S \end{aligned}\right\}(\text{dB}) \tag{3-47}$$

式中：$i$——表示大(L)、中(M)、小(S)型车；

$v_i$——各型车平均行驶速度(km/h)。

(2)距离衰减量 $\Delta L_{距离}$ 的计算：

①计算 $i$ 行车昼间与夜间的车间距 $d_i$，按下式计算：

$$d_i = 1\,000 \cdot \frac{v_i}{N_i}\ (\text{m}) \tag{3-48}$$

式中：$N_i$——$i$ 型车昼间或夜间平均小时交通量(辆/h)。昼间或夜间的交通量比，可依据《可行性研究报告》确定或通过实际调查确定。测量时间一般为：昼间(06:00～22:00)和夜间(22:00～06:00)两部分。

②预测点至噪声等效行车线的距离($r_2$)计算如下：

$$r_2 = \sqrt{D_N D_F}\ (\text{m}) \tag{3-49}$$

式中：$D_N$——预测点至近车道的距离(m)；

$D_F$——预测点至远车道的距离(m)。

③$\Delta L_{距离}$的计算：

$$\left.\begin{aligned}&当 r_2 \leqslant d_i/2 时 \quad \Delta L_{距离,i} = K_1K_2 20\lg\frac{r_2}{7.5}(\mathrm{dB})\\&当 r_2 > d_i/2 时 \quad \Delta L_{距离,i} = 20K_1\left(K_2\lg\frac{0.5d_i}{7}+\lg\sqrt{\frac{r_2}{0.5d_i}}\right)(\mathrm{dB})\end{aligned}\right\} \tag{3-50}$$

式中：$K_1$——预测点至公路之间地面状况常数，见表3-10；

$K_2$——与车间距 $d_i$ 有关的常数，见表3-11。

**地 面 类 型 常 数** 表3-10

| 地面类型 | $K_1$值 |
|---|---|
| 硬 地 面 | $K_1=0.9$ |
| 一般土地面 | $K_1=1.0$ |
| 绿化草地地面 | $K_1=1.1$ |

注：硬地面是指经过铺筑路面，如，沥青混凝土，水泥混凝土，条石、块石及碎石地面等。

**与车间距有关的常数** 表3-11

| $d_i$(m) | 20 | 25 | 30 | 40 | 50 | 60 | 70 | 80 | 100 | 140 | 160 | 250 | 300 |
|---|---|---|---|---|---|---|---|---|---|---|---|---|---|
| $K_2$ | 0.17 | 0.5 | 0.617 | 0.716 | 0.78 | 0.806 | 0.833 | 0.840 | 0.855 | 0.88 | 0.855 | 0.89 | 0.908 |

(3)公路纵坡引起的交通噪声修正量 $\Delta L_{纵坡}$，按下式计算：

$$\left.\begin{aligned}&大型车 \quad L_{纵坡} = 98\times\beta(\mathrm{dB})\\&中型车 \quad L_{纵坡} = 73\times\beta(\mathrm{dB})\\&小型车 \quad L_{纵坡} = 50\times\beta(\mathrm{dB})\end{aligned}\right\} \tag{3-51}$$

式中：$\beta$——公路的纵坡坡度(%)。

(4)公路路面引起的交通噪声修正量 $\Delta L_{路面}$，取值如表3-12。

**路 面 修 正 量** 表3-12

| 路面类型 | $\Delta L_{路面}$(dB) |
|---|---|
| 沥青混凝土路面 | 0 |
| 水泥混凝土路面 | 1~2① |

注：①当小型车比例占60%以上时，取上限，否则，取下限。

*2. 公式(3-43)中参数确定方法*

(1)公路弯曲或有限长路段引起的交通噪声修正量 $\Delta L_1$，按下式计算：

$$\Delta L_1 = -10\lg\frac{\theta}{180}(\mathrm{dB}) \tag{3-52}$$

式中：$\theta$——预测点向公路两端视线的夹角(°)。

(2)公路与预测点之间障碍物引起的交通噪声修正量 $\Delta L_2$，按下式计算：

$$\Delta L_2 = \Delta L_{2树林} + \Delta L_{2建筑物} + \Delta L_{2声影区} \tag{3-53}$$

①$\Delta L_{2树林}$为树林障碍物引起的等效A声级衰减量。

预测点的视线被树林遮挡看不见公路，且树林高度为4.5m以上时：

当树林深度为30m，$\Delta L_{2树林}=5\mathrm{dB}$；

当树林深度为60m，$\Delta L_{2树林}=10\mathrm{dB}$；

最大修正量为 10dB。

②$\Delta L_{2建筑物}$为建筑障碍物引起的等效 A 声级衰减量，按如下方法取值：

当第一排建筑物占预测点与路中心线间面积的 40% ~60% 时，$\Delta L_{2建筑物}=3\text{dB}$；

当第一排建筑物占预测点与路中心线间面积的 70% ~90% 时，$\Delta L_{2建筑物}=5\text{dB}$；

每增加一排建筑物，$\Delta L_{2建筑物}$值增加 1.5dB，最多为 10dB。

③$\Delta L_{2声影区}$为预测点在高路堤或低路堑两侧声影区引起的等效 A 声级衰减量，计算方法如下：

首先判断预测点是在声照区或声影区（图 3-20、图 3-21）。

结合图 3-19，由$\triangle SER$可得：

$$\frac{D}{d}=\frac{H+(h_1-h_2)}{H} \tag{3-54}$$

式中：$H$——声源高度（m）；

$h_1$——预测点 $A$ 至路面的垂直距离（m）；

$D$——预测点 $A$ 至路中心线的垂直距离（m）；

$h_2$——预测探头高度，一般取 1.2m；

$d$——公路宽度的 1/2（m）。

又由图 3-20 及$\triangle SER$可得：

$$\frac{D}{d}=\frac{h_2+(h_1-H)}{h_2} \tag{3-55}$$

式中：$d$——预测点 $A$ 至路堑边坡顶点 $Q$ 的距离（m）。

其他符号意义同前。

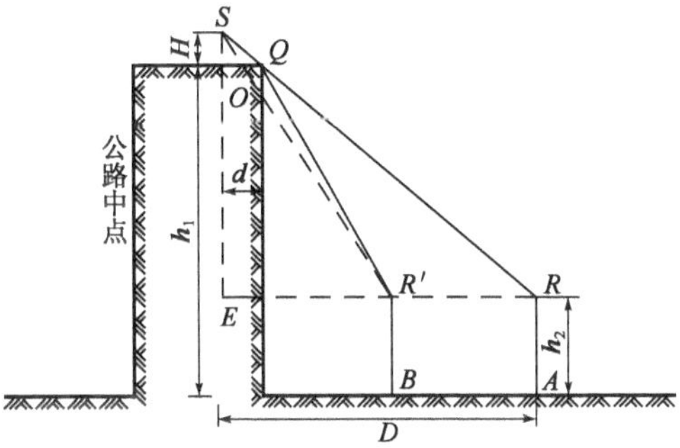


图 3-20　高路堤声照区及声影区示意图

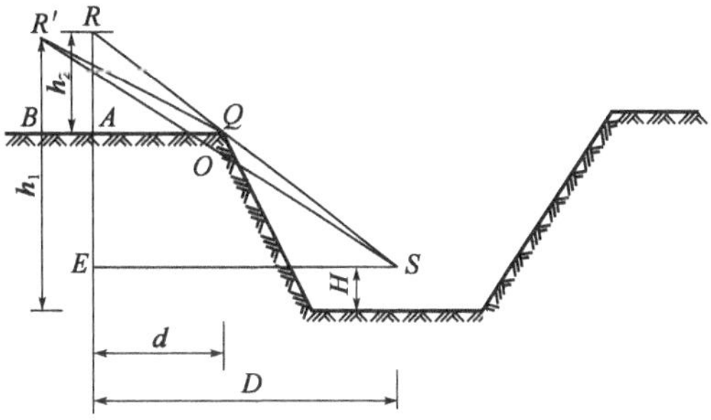


图 3-21　路堑声照区及声影区示意图

若 $D\leqslant\frac{H+(h_1-h_2)}{H}d$，预测点在 $A$ 点以内（如 $B$ 点），则预测点处于声影区；

若 $D>\frac{H+(h_1-h_2)}{H}d$，预测点在 $A$ 点以外，则预测点处于声照区；

若 $D>\frac{h_2+(h_1-H)}{h_2}d$，预测点在 $A$ 点以内（如 $B$ 点），则预测点处于声影区；

若 $(D-d)<D\leqslant\frac{h_2+(h_1-H)}{h_2}d$，预测点在 $A$ 点以外，则预测点处于声照区；

当预测点处于声照区，$\Delta L_{2声影区}=0$；

当预测点位于声影区，$\Delta L_{2声影区}$决定于声波路差 $\delta$。

$\delta$ 可由图 3-22 计算出，$\delta=A+B-C$。再由图 3-23 查出 $\Delta L_{2声影区}$。

3. 预测模式的适用范围

(1)预测点在距噪声等行车线 7.5m 处。

(2)车辆平均行驶速度在 20～100km/h 之间。

(3)预测精度为 ±2.5dB。

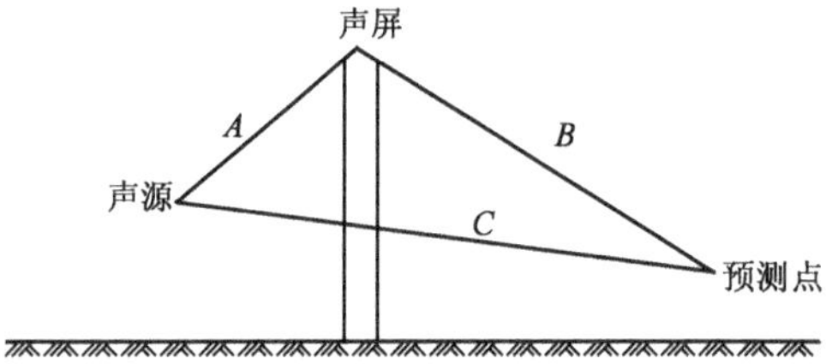


图 3-22 声程差计算示意图

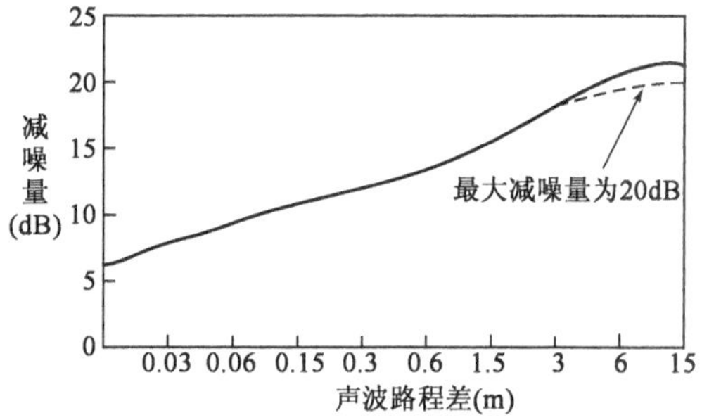


图 3-23 $\Delta L_{2声影区}$-$\delta$ 关系曲线

## (五)汽车平均行驶速度的计算与修正

车型分为小、中、大三种,其分类标准见表 3-13。

**车型分类标准表** 表 3-13

| 车　型 | 汽车总质量 |
|---|---|
| 小型车(s) | 3.5t 以下 |
| 中型车(m) | 3.5t ～12t |
| 大型车(L) | 12t 以上 |

注:大型车包括集装箱车、拖挂车、工程车等。实际汽车排放量不同时可按相近归类。

车型比应按可行性研究报告中给定的或通过实地调查确定。

1. 汽车行驶平均速度计算

(1)小型车平均速度计算公式:

$$Y_s = 237X^{-0.1602} \tag{3-56}$$

式中:$Y_s$——小型车的平均行驶速度(km/h);

$X$——预测年总交通量中的小型车小时交通量(veh/h)。

(2)中型车速度计算公式:

$$Y_m = 212X^{-0.1747} \tag{3-57}$$

式中:$Y_m$——中型车的平均行驶速度(km/h);

$X$——预测年总交通量中的中型车小时交通量(veh/h)。

(3)大型车平均行驶速度按中型车车速的 80% 计算。

2. 公式适用条件

(1)用于高等级公路双向四车道,设计车速小型车 120km/h。

(2)小型车计算公式 $Y_s = 237X^{-0.1602}$适用于小型车占总交通量的 50% 以上和小型车交通量 70～3 000 veh/h。

(3)中型车计算公式 $Y_m = 212X^{-0.1747}$适用于中型车交通量 25～2 000 veh/h。

(4)只是用于昼间平均行驶速度的计算。

3. 公式修正

(1)当设计车速小于 120km/h,公式计算平均车速按比例递减。

(2)当小型车交通量小于总交通量的50%时,每减少100车次,其平均车速以30%递减,不足100车次按100车次计。

(3)按式(3-55)、式(3-56)计算得出车速后,折减20%作为夜间平均车速。

## 二、轨道交通噪声预测方法

目前,我国铁路噪声预测要依据铁道部颁布的《铁路工程建设项目环境影响评价技术标准》(TB 10502—1993)中的预测方法,主要有4种。

(1)类比法:是选择一个在工程特点、噪声源、环境条件等方面相似的城市铁路作为新建铁路的类比对象,通过实测噪声级来预测新建铁路的噪声影响状况。类比对象选择的好坏是影响预测可靠性的关键。

(2)比例法:当类比对象的噪声源类型、分布、环境条件等因素与预测对象一样,仅列车通过密度、列车长度、单车装载量等方面不同时,可采用比例法。

(3)模式法:也称数学模式法,主要依据声学基础理论计算方法和一些经验公式预测噪声,可给出定量的结果,但是须要一定的计算条件和输入必要的参数、数据。

(4)模型法:以试验室试验为基础。

以下主要给出模式预测法和比例预测法的使用要求和计算方法。

### (一)模式预测法

1.模式预测法的特点和适用范围

模式预测法主要依据声学理论计算方法和经验公式预测噪声,采用此方法预测铁路噪声时,需要确定和输入必要的参数和数据,其中主要为铁路噪声预案的源强以及在声传播过程中各种因素引起的声衰减。与声源有关的主要因素有列车类型、运行速度、线路类型、轨道结构、垂向指向性等;与传播过程有关的主要因素有几何发散损失、大气吸收、地面声衰减、屏障声绕射衰减、建筑群衰减等。

模式预测法原则上适用所有项目,选用计算模式时,应特别注意模式的使用条件和参数的选取,如实际情况不能很好满足模式的应用条件时,要对主要模式进行修正并进行必要的验证。

根据计算方法的需要可采用不同的模式预测法。如列车运行噪声声源的简化,为方便计算可以处理为运动的有限长线声源;对于复杂的声源分布和预测要求较高时,宜处理为固定的无限长的系列点声源。两种不同的方法所采用的模式也不同。本书仅限于给出基于前者简化建立的计算模式。由于后者的计算量很大,必须有专业噪声预测软件的支持。(对于改扩建项目中声传播过程复杂的重要预测点位,为提高预测结果的可靠性,不宜采用模式法,建议采用比例法。)

模式预测法的计算模式不是固定不变的,同其他技术一样,随着预测技术的发展而不断地改进和完善。因此鼓励开展科学研究,总结实践经验,吸收国内外先进技术,不断补充和完善铁路噪声预测模式。

2.模式预测法的基本计算式

铁路噪声预测等效声级$L_{\mathrm{Aeq,p}}$的基本预测计算式如下式所示。

$$L_{\mathrm{Aeq,p}} = 10\lg\left\{\frac{1}{T}\left[\sum_i n_i t_{\mathrm{eq},i} 10^{0.1(L_{p0,\mathrm{t},i}-C_{\mathrm{t},i})} + \sum_i t_{\mathrm{f},i} 10^{0.1(L_{p0,\mathrm{f},i}-C_{\mathrm{f},i})}\right]\right\} \tag{3-58}$$

式中：$T$——规定的评价时间(s)；

$n_i$——$T$时间内通过的第$i$类列车列数；

$t_{eq,i}$——第$i$类列车通过的等效时间(s)；

$L_{p0,t,i}$——第$i$类列车最大垂向指向性方向上的噪声辐射源强(列车不通过时的最大声级，可为$A$计权声压级或频带声压级)(dB)；

$C_{t,i}$——第$i$类列车的噪声修正项(可为$A$计权声压级修正项或频带声压级修正项)(dB)；

$t_{f,i}$——固定声源的作用时间(s)；

$L_{p0,f,i}$——固定声源的噪声辐射源强(可为$A$计权声压级或频带声压级)(dB)；

$C_{f,i}$——固定声源的噪声修正项(可为$A$计权声压级修正项或频带声压级修正项)(dB)；

源强取值时应注意对应的参考点位置与声源指向性的关系，如源强值不是对大垂向指向性方向上的源强值，应按声源指向性关系进行换算。

若采用按频谱计算的方法，则应按上式分别计算频带等效声级$L_{eqf,j}$后，再按式(3-59)计算等效$A$计算声压级$L_{Aeq,p}$。

$$L_{Aeq,p} = 10\lg\sum_j 10^{0.1L_{eqf,j}} \tag{3-59}$$

式中：$L_{eqf,j}$——频带等效声级，单位为dB。

其余相关参数的确定参照《铁路工程建设项目环境影响评价技术标准》(TB 10502—1993)。

### (二)比例预测法

1. 比例预测法的特点和适用范围

比例预测法是适合铁路改扩建项目噪声特点的一种噪声预测方法。该方法以评价对象现场实测的噪声数据为基础，根据工程前后声源的变化和不相干声源声能叠加的声学理论，进行铁路噪声的预测。比例预测法的性质属于一种特殊的类比法。通常的类比法，虽然也依据实测数据，但测量环境不一定与评价对象相同，存在一定程度的可比性差异。比例预测法的测量环境不变，仅需要确定实测对象和预测对象之间噪声辐射能量的比例关系。因此，比例预测法比一般类比法预测结果更加可靠，预测时尽量优先采用。

比例预测法与模式预测法比较，避开了模式预测法中声传播过程的复杂计算，如大气吸收、地面效应、建筑物屏蔽效应、声反射等。而这些环节在实际工程中非常复杂，往往缺乏相关的可靠的声学参数和计算方法，对预测结果的准确性影响较大。因此，比例预测法与模式预测法相比较，方法简单、可操作性强、预测结果可靠。

虽然比例预测法有这些优点，但受较严格使用条件限制，仅适用一定的工程项目。通常比例预测法可应用于既有线改、扩建项目中以控制列车运行噪声为主的线路区段，其工程后的线路位置应基本维持原有状况不变，铁路两侧建筑物分布状况不变。对于新建项目和铁路编组场、机务段、折返段、车辆段等既有站、场、段、所的改扩建项目，不适合采用比例法。

2. 计算方法

比例法预测等效声级的计算方法见式(3-60)、式(3-61)

$$L_{Aeq,p} = 10\lg\sum_i 10^{0.1L_{AE,p,i}} - 10\lg TR \tag{3-60}$$

其中：

$$L_{AE,p,i} = 10\lg\left[\frac{n_{p,i}}{n_{n,i}}\sum_j 10^{0.1L_{AE,n,j}}\right] + k_{v,i}\lg\frac{v_{p,i}}{v_{n,i}} + C_t + C_{s,i} \tag{3-61}$$

式中：$L_{Aeq,p}$——预测的等效声级(dB)；

$L_{AE,p,i}$——第 $i$ 类列车预测的总暴露声级(dB)；

$T$——评价时间(s)；

$L_{AE,n,j}$——第 $j$ 列列车通过时的暴露声级(dB)；

$n_{n,i}$，$n_{p,i}$——第 $i$ 类列车工程前、后，$T$ 时间内通过的总节数；

$k_{v,i}$——第 $i$ 类列车速度变化引起声级的修正系数；

$v_{n,i}$，$v_{p,i}$——第 $i$ 类列车工程前、后的运行速度；

$C_t$——线路结构变化引起的声级修正量(dB)；

$C_{s,i}$——第 $i$ 类列车源强变化引起的声级修正量(dB)。

测量过程中，当受声点除受铁路噪声影响之外，还受其他噪声影响时，应进行背景噪声的修正。此时背景噪声是指铁路噪声不作用时的其他噪声。例如，当列车运行位置较远，其辐射到受声点的噪声可忽略不计时的噪声，可视为该点的背景噪声。背景噪声小于铁路噪声测量值 10 dB 以上时，不做修正；小于 3 ~ 10 dB 时，应按式(3-62)进行修正；小于 3 dB 以下时的测量数据无效，应重新测量。

$$L_{AE,c} = 10\lg(10^{0.1L_{AE,m}} - 10^{0.1L_{AE,b}}) \tag{3-62}$$

式中：$L_{AE,c}$——每列列车修正后的不含背景噪声的暴露声级(即 $L_{AE,n,j}$)(dB)；

$L_{AE,m}$——每列列车现场实测的含背景噪声的暴露声级(dB)；

$L_{AE,b}$——每列列车背景噪声的暴露声级(dB)。

背景噪声需对应测量每一通过列车的暴露声级 $L_{AE,b}$。测量时间与相应受声点处所测的每一通过列车暴露声级 $L_{AE,m}$ 的测量时间长度相等。

3. 预测步骤

预测计算可按以下步骤进行。

第 1 步：首先确认是否适合采用比例法预测。

第 2 步：确定噪声监测断面，布设测点。

第 3 步：在每一测量断面实施同步噪声监测。测量每一通过列车的含背景噪声的暴露声级 $L_{AE,m}$、背景噪声 $L_{AE,b}$、持续时间，并测量和记录列车通过速度、节数、列车类型及有关的线路情况。

第 4 步：进行背景噪声修正计算，确定每一列车的 $L_{AE,c}$(即 $L_{AE,n,j}$)。

第 5 步：确定工程前、后各类列车的运行速度。工程前的速度可按第 3 步中实测速度，以每类列车的速度平均值作为该类型列车的计算速度，即 $v_{n,i}$。可参考相关标准、资料，或根据类比试验，确定每类列车速度变化引起声级的修正系数 $k_{v,i}$。

第 6 步：根据工程前、后的线路结构，可参考相关标准、资料，确定线路结构变化引起的声级修正量 $C_t$。

第 7 步：根据工程前、后各种类型列车的情况，可参考相关标准、资料，或根据类比试验，确定每类列车源强变化引起的声级修正量 $C_{s,i}$。

第 8 步：根据第 3 步现场记录的列车通过节数，确定工程前第 $i$ 类列车 $T$ 时间内通过的总节数 $n_{n,i}$。根据工程设计资料，确定工程后第 $i$ 类列车 $T$ 时间内通过的总节数 $n_{p,i}$。

第 9 步：计算每类列车在 $T$ 时间内预测的总暴露声级 $L_{Ae,p,i}$。

第 10 步：计算每一受声点处的等效声级 $L_{Aeq,p}$ 作为该点的预测结果。

## 三、机场噪声预测方法

### (一)飞机噪声预测模式

根据《机场周围飞机噪声环境标准》(GB 9660—1988),采用计权有效连续感觉噪声级 LWECPN 作为飞机噪声评价量,机场飞机噪声的预测模型如下:

$$L_{WECPN}=\overline{L}_{EPN}+10\lg(N_1+3N_2+10N_3)-39.4 \tag{3-63}$$

式中:$N_1$——昼间 7:00 ~ 19:00 的飞行架次;

$N_2$——傍晚 19:00 ~ 22:00 的飞行架次;

$N_3$——夜间 22:00 ~ 7:00 的飞行架次;

$\overline{L}_{EPN}$——多次飞行事件的平均有效感觉噪声级,可由下式计算而得。

$$L_{EPN}=10\lg\left[\frac{1}{(N_1+N_2+N_3)}\right]\sum_i\sum_j\left[10^{L_{EPNij}/10}\right] \tag{3-64}$$

式中:$L_{EPNij}$——$j$ 航道第 $i$ 架次飞行对某预测点引起的有效感觉噪声级。

对新建机场,可直接使用模式计算出各网格点在预测年份的 LWECPN:计权等效连续感觉噪声级 WECPN(Weighted Equivalent Continuous Perceived Noise Level),根据该年份的飞机类型、班次)。从而画出等声级线图,计算影响范围、程度和人口数量。

对改扩建机场,须进行现状评价。首先直接使用模式计算出各网格点的 WECPN(根据现行的飞机类型和班次),作出等声级线图,在 70dB 等值线范围内,选出 8 ~ 10 个现状监测点(按跑道两侧、两端,以及远近、关心点、便于蹲点监测等原则),在这些监测点对现有每一种机型的起、降状态分别进行三次以上监测(计算出其有效感觉噪声级 EPNL)。同时也按数学模型计算这些监测点同一机型的起降 EPNL,与监测值对比后,调整计算模型。以调整后的预测模型按当前飞机类型、班次计算所有网格点的 WECPN,作为当前飞机噪声的影响分布;以调整后的模型计算任一年份各网格点的 WECPN(根据该年份的飞机类型、班次),作为该年份的预测值。

### (二)WECPN 的预测计算

机场飞机噪声在某一预测点的 WECPN 根据下列步骤进行计算。

步骤 1:计算斜距

以飞机起飞或降落点为原点、跑道中心线为 $x$ 轴(并以出港方向为 $X$ 的正方向)、垂直地面为 $z$ 轴、垂直于跑道中心线为 $y$ 轴建立坐标系。设预测点的坐标为($X,Y,Z$),飞机起飞、爬升、降落时与地面所成角度为 $\theta$,则飞机与预测点之间的斜距为:

$$R=\sqrt{y^2+(x\tan\theta\cos\theta)^2} \tag{3-65}$$

如果可以查得离起飞或降落点不同位置飞机距地面的高度 $H$,斜距为:

$$R=\sqrt{y^2+(H\cos\theta)^2} \tag{3-66}$$

对 $x<0$ 的点,斜距为该点离起飞点或着落点的直线距离。

步骤 2:查出有效感觉噪声级 EPNL

根据飞机机型、起飞或降落、斜距可以查出飞机飞过预测点时在预测点产生的有效感觉噪声级 EPNL。查出一天当中所有飞行事件的 EPNL。

国际民航组织 ICAO 整理了“有关飞机噪声的国际标准及建议方式”,作为 ICAO 第 16 号附件供各国实施。表 3-14 为不同质量亚声速喷气式飞机的允许噪声标准。据实测结果,B747-200、DC-10、L-1011 等大型民航机噪声均低于此标准。

**不同质量飞机的允许噪声标准** 表 3-14

| 总 质 量 | 起飞与着陆测量点噪声 | 侧向测量点噪声 |
|---|---|---|
| 272t | 108EPNdB | 108 EPNdB |
| 34t | 102 EPNdB | 93 EPNdB |

注：总质量在 34 ~ 272t 之间的噪声可用线性内插求得。规定，侧向测量点是在航线下，平行于跑道轴线，距跑道轴线 650m 的线上噪声最强处，起飞测量点在跑道轴线沿飞行方向延长线上距滑行开始点前 6 500m 处，着陆测量点在跑道轴线延长线上跑道着陆点后 2 000m 处。

步骤 3：有效感觉噪声级 EPNL 修正

厂家提供的数据，与机型、飞行状况（起飞或降落）、斜距有关，还与飞机实际飞行时的推力、速度、空气温湿度有关，同时由于飞机噪声具一定的方向性，预测点的方位也有影响。因此如果飞行时的推力、速度、空气温湿度与提供数据时的条件不同，就要求进行推力修正、速度修正、温湿度修正，如果预测点位于跑道侧向，还要进行侧向衰减修正。

由于飞机飞行时并不能完全按规定的航迹飞行，因此必要时还要考虑水平发散。

（1）推力修正

一般情况下，飞机的噪声级和推力成线性关系，若能得知飞机在推力为 $F_1$、$F_2$ 时在某点的噪声级为 $L_1$、$L_2$，则当飞机推力为 $F$ 时在同一点的噪声级应为：

$$L = L_1 + (L_2 - L_1) \cdot \frac{(F - F_1)}{(F_2 - F_1)} \tag{3-67}$$

（2）速度修正

厂家提供的 EPNL 是以参考速度 $V_\tau$（一般为 160 节，约合 295km/h）为基础的，如果实际速度为 $V$，则应用下式进行修正：

$$\Delta L = 10 \cdot \lg(V_\tau / V) \tag{3-68}$$

（3）空气温湿度修正

厂家提供的数据一般以 15℃ 和 70% 相对湿度为基础，若实际条件差别很大，可按下式进行修正：

$$\Delta L = L(t, rh) - L(15, 70) \tag{3-69}$$

（4）侧向衰减修正

当飞机位于地面上时

$$\begin{cases} \Delta L = 15.09(1 - e^{-0.00274L}) & 0 < L < 914\text{m} \\ \Delta L = 13.86 & L \geqslant 914\text{m} \end{cases} \tag{3-70}$$

当飞机位于空中时

$$\begin{cases} \text{如果 } L > 914\text{m} & \Delta L = 3.96 - 0.66\beta + 9.9e^{-0.13\beta} \\ \text{如果 } L \leqslant 914\text{m} & \Delta L = \left[\dfrac{15.09(1 - e^{-0.00274L})}{13.86}\right](3.96 - 0.66\beta + 9.9e^{-0.13\beta}) \end{cases} \tag{3-71}$$

式中：$\beta = \arccos(L/R)$；

$R$——预测点到飞行航线的垂直距离（m）；

$L$——预测点到飞行航线地面投影的垂直距离（m）。

步骤 4：水平发散的计算：

飞机飞行时，不能完全按照航迹飞行，会沿着航迹两侧产生一定的偏差。如按高斯分布来统计飞机的空间分布，沿着航迹两侧不同发散距离的飞行概率见表 3-15。

飞机发散飞行的概率 表3-15

| 空　间 | 概　率 | 空　间 | 概　率 |
|---|---|---|---|
| $y_m - 2.0S(y)$ | 0.065 | $y_m + 1.0S(y)$ | 0.24 |
| $y_m - 1.0S(y)$ | 0.24 | $y_m + 2.0S(y)$ | 0.065 |
| $y_m$ | 0.39 | | |

式中：$y_m$——航迹的 $Y$ 坐标(航迹应与 $X$ 轴平行)；

$S(y)$——发散距离的标准偏差，是 $X$ 的函数，可按下式计算：

①航线转弯角度小于45°时，

$$S(y) = 0.055x - 0.15(\text{km}) \quad 5\text{km} < x < 30\text{km} \tag{3-72}$$

$$S(y) = 1.5(\text{km}) \quad x > 30\text{km} \tag{3-73}$$

②航线转弯角度大于45°时，

$$S(y) = 0.128x - 0.42(\text{km}) \quad 5\text{km} < x < 15\text{km} \tag{3-74}$$

$$S(y) = 1.5(\text{km}) \quad x > 15\text{km} \tag{3-75}$$

式中：$x$——从起飞点或着落点(即坐标原点)算起的距离。当 $x=0$ 时，$S(y)=0$。在 $0\text{km} < x < 5\text{km}$路段，$S(y)$用线性内插决定。对于降落飞行，当 $x<6\text{km}$ 时，可忽略发散，即 $S(y)=0$。

步骤5：计算平均有效感觉噪声级 EPNL

$$\overline{\text{EPNL}} = 10\lg\left[\left(\frac{1}{N_1 + N_2 + N_3}\right)\left(\sum_{i=1}^{N} 10^{0.1\text{LEPN}_i}\right)\right] \tag{3-76}$$

式中：$N_1$、$N_2$、$N_3$——分别为白天(07:00 ~ 19:00)、晚上(19:00 ~ 22:00)和夜间(22:00 ~ 07:00)通过该点的飞行次数：

$$N = N_1 + N_2 + N_3 \tag{3-77}$$

步骤6：计算出 WECPN

计权等效连续感觉噪声级用下式计算：

$$\text{WECPN} = \overline{\text{EPNL}} + 10\lg(N_1 + 3N_2 + 10N_3) - 40 \tag{3-78}$$

## 第五节　交通噪声的控制与管理

噪声自声源至接收者的过程是：声源辐射—传播途径—接收者。因此，噪声控制的原则是首先降低声源噪声辐射，其次控制传播途径，最后接收者防护。

### 一、交通噪声源控制

抑制噪声源是降低噪声水平最直接的措施。交通噪声主要由交通工具动力系统噪声和轮胎(轮轨)噪声构成。其中交通工具动力系统噪声主要取决于各种动力驱动类型和结构，需要从车辆制造技术方面改进。而对于轮胎(轮轨)产生的噪声可从交通设备结构组成中分别采取相应的技术措施。对于交通设施的设计人员可以通过主动控制设计控制噪声源的污染。

#### (一)道路交通噪声控制

1. 低噪声汽车设计

针对我国车辆状况，要控制噪声源，首先是改善机动车辆的结构，进行低噪声构件设计。设计内容主要包括汽车动力和传动系统的设计，例如采用噪声更低的发动机、电动机、液化气发动机，或者对发动机进行隔声处理，同时减少汽车排气噪声和机械撞击、摩擦噪声。经过技术升级，日本生产的小轿车和12t以上的载货汽车加速行驶时的噪声级，从1971年至1986年已分别下降了6dB和9dB；对于城市公共汽车采用液化气动力系统改造和动力系统隔声改装被证明是有效的；轮胎设计主要包括轮胎花纹的选择和设计，研究表明子午线轮胎产生的噪声比其他类型的轮胎的要小。

2. 低噪声道路设计

在道路设计方面，道路纵断面设计应避免采用过陡的纵坡，由于汽车的加减速对汽车噪声产生比较大的影响；路面设计时可采用低噪音路面结构。具有降噪功能的沥青路面主要有：排水路面、阻尼路面、多孔弹性路面、粗纹理路面。目前国内外研究比较成熟，使用较多的低噪声沥青路面是多孔隙排水型路面。

多孔隙沥青混凝土表面层（PAWC）在一些国家又称开级配磨耗层（OGFC）。多孔隙沥青混凝土是一种压实后含有大约20%孔隙（即空隙率）的沥青混合料，从而在层内形成一个吸音性能很好的表面层结构，因此也称减噪声路面。

这种表面层结构，具有低噪声、高抗车辙性，能提高雨天路面抗滑性能和减小溅水和水漂现象，改善道路标志能见度，提高交通安全等特性。

所以，从20世纪70年代末以来在国外高等级公路上得到了较多的应用。例如比利时于1979年开始铺筑了2 700$m^2$，法国在收费的高速公路上10%的面层使用了多孔隙沥青混凝土，意大利在高速公路上也较多使用了PAWC表面结构，到20世纪90年代初在意大利已铺筑了$1.2\times10^6m^2$，以改善交通噪声，改善雨天路面抗滑性和消除溅水等危害。荷兰公共工程部决定在交通量35 000veh/d以上的道路和要求低噪声的道路上，尽可能使用PAWC。

近一些年来，使用多孔隙沥青混凝土表面层更多的考虑是减少交通噪声。使用了PAWC后，其降低噪声的程度可相当于将交通量减半。噪声降低的效果与沥青面层混合料的集料尺寸、层厚和空隙率等因素有关，其中层厚和空隙率是降低噪声最主要的因素。在面层厚度一定的条件下，面层结构的空隙率则是减低噪声的关键因素。

以下将第二十届国际道路会议上，国外许多国家研究涉及到的多孔隙沥青混凝土面层噪声降低效果统计汇列于表3-16。

**世界上一些国家使用PAWC降噪效果统计汇列表** 表3-16

| 修建国家 | 参照对比对象 | 降低噪声效果 |
|---|---|---|
| 奥地利 | 与水泥混凝土路面相比 | 6~7dB（试验拖车，100km/h） |
| 比利时（PAWC） | 与最大噪声的传统路面相比，噪声之差 | 噪声之差为15dB，此值为轮胎/路面噪声测量值。当PAWC潮湿时，其噪声增加1.5dB，而密实沥青混凝土增加4.0dB |
| 加拿大（魁北克州） | 与密实沥青混凝土相比 | 24h内重复几次观测减少噪声平均值；平均降低3~4dB；3年后低2~3dB；当重车数量增加12%时，PAWC路面噪声增加2.5dB |
| 法国 | 厚度40mm，空隙率23%的PAWC路面 | 初期降低噪声约3~7dB。噪声降低值在一定时间内明显减少，且与下述道路类型有关。街道：2年内；市区高速公路：3~5年；重交通干道：3~7年；郊外高速公路：5~8年 |
| 德国 | 与密实沥青混凝土相比，在车速大于60km/h时，平均噪声降低程度。结构层厚度为40~60mm | 对于0~11mmPAWC降低2dB；对于0~8mmPAWC降低3dB |

续上表

| 修建国家 | 参照对比对象 | 降低噪声效果 |
| --- | --- | --- |
| 挪威 | PAWC 面层沥青含量 5.3%，交通量 5 000 ~10 000 辆/d | 降低噪声 5dB |
| 西班牙 | 与密实沥青混凝土相比 | 降低噪声 4dB，在距路中心 1.5m 测定降低 8dB，在距路中心 22.5m 测定降低 12dB |
| 英国 | 0 ~20mm 层厚的 PAWC 与新铺嵌压碎石的热拌沥青混凝土相比 | 在干燥状态下降低噪声 4 ~5.5dB |
| | 与已磨耗的热拌沥青混凝土相比 | 降低噪声 11dB |

由于这种混合料易被粉尘污染，使孔隙堵塞，减噪效果会逐渐丧失。还有冬季的养护问题，以及面层空隙率大、密实度低及其使用寿命相对缩短等问题未能很好解决，1991 年后，国外有的国家使用多孔隙沥青混合料减噪路面的用量已在减少。

### （二）轨道交通噪声控制

城市轨道交通中噪声的主要来源是轮轨噪声、车辆设备产生的噪声和架空接触网与集电弓之间的摩擦声，活塞风和通风系统引起的噪声只存在于地铁中，由高架结构的振动而辐射的噪声只产生于高架结构中。

(1)轮轨噪声的控制。一方面，通过优化轨道结构，减少激振源达到减振降噪的目的；另一方面，还可以通过改变轨道结构的振动参数来控制振动，从而起到抑制噪声的作用。铺设无缝线路。减少钢轨接头数量，从而减少列车与钢轨接头的撞击声。采用重型钢轨，选用合适的道床形式，采用弹性支承块式轨道结构。

(2)车辆设备产生的噪声控制。进行车辆轻量化设计。减少自重，从而减小轮轨间的相互作用力，降低噪声。采用弹性车轮和充气橡胶轮胎。在车轮上加设橡胶件能有效吸收和衰减一部分由车轮产生的噪声，改善噪声的频谱特性。采用直线电机牵引。使动力系统不需要从旋转运动转换成直线运动，省去齿轮箱等一系列传动机构，从而减少噪声源。采用径向转向架。以消除列车在曲线上运行时产生蠕滑，从而消除列车通过曲线时的"尖啸声"。

(3)隧道和高架结构的振动而辐射的噪声的控制。地铁隧道上方建筑物的基础可设置弹性装置(如橡胶垫块等)，能有效地降低振动。对于那些防振要求很高的建筑物，如精密仪器实验室，轨道交通线路应尽可能绕避，或迁移建筑物。高架桥宜采用混凝土梁，尽量少用钢梁，桥梁支座采用橡胶支座，桥梁两侧设置隔音板。

(4)集电系统的噪声控制。尽量减少集电弓的数量，安装集电弓外罩，提高接触网的拉力。

## 二、交通噪声传播途径的控制

控制噪声传播途径，是目前降低道路交通噪声的主要方式。可通过设置声屏障或修建减噪声路面使交通噪声在传播过程中产生衰减。

### （一）建造声屏障

声屏障(也称隔音墙)可消除或减小噪声的影响。声屏障可分为防噪堤和屏障墙。

防噪堤一般用于路堑或有挖方的路段，公路的一些弃方不必运走，直接用作防噪堤，并在土堤上种植各种植被形成景观。但我国平原地区高速公路多采用高路堤，此种防噪形式使用不多。

声屏障的另一种形式是屏障墙，可分为反射式和吸声式。反射式屏障主要对噪声声波的传播进行漫反射，以降低区域内的噪声。吸声式声屏障主要采用吸声材料来降低噪声。

声屏障的建造降低了噪声，但也会产生一些副作用，如对驾驶员产生心理上的压抑感，使用光面材料的墙体易产生反光和眩目现象，又要经常清洗，且在一定程度破坏了公路景观。因此，声屏障应设置在距路肩边缘2m以外，屏障墙体不易高于5m，当声屏障长度大于1km时，应设紧急疏散口。

利用声屏障来降低交通噪声的研究，在国外开展得很广泛，这是因为它是控制交通噪声的有效手段。从20世纪60年代以来，对屏障的绕射理论做了大量研究。目前感兴趣的是厚障板的二次绕射效应的研究。在一些国家，如日本、美国、加拿大和西欧一些国家，已在高架铁路和高速公路两侧某些地段建立了各种声屏障，取得了较好的环境效益，国外在声屏障的设计方面，积累了丰富的经验。美国运输部公路管理局发表的两本资料，是这方面的较全面的总结(FHWA-RD-76-58：声屏障设计手册和执行软件包；76-8：公路声屏障选择设计和施工经验)。一般声屏障的降噪效果可以分为四档如下表3-17所示。

**声屏障降噪效果分档** 表3-17

| 噪声降低 | 可行性程度 | 声能降低(%) | 响度降低(%) |
|---|---|---|---|
| 5dB | 简单 | 68 | 30 |
| 10 dB | 能够达到 | 90 | 50 |
| 15 dB | 很困难 | 97 | 65 |
| 20 dB | 几乎不可能 | 99 | 75 |

从现有的屏障结构来看，有土坡、木质墙(厚木板和胶木板)，混凝土和砖砌墙、金属墙板、拉毛抹灰墙和链式连接的篱笆塑料、玻璃、有机玻璃、玻璃纤维等，如何选择，还要视具体隔声要求和地形条件等决定，有时还需加吸声处理。当然，费用也是考虑的一个因素。最近，美国还发展了一种声屏障设计的专家系统CHINA(即计算机化公路噪声分析系统)。利用这一系统，可以更好地优化设计声屏障，节省时间和人力，费用比人工设计节省10%～20%。图3-24所示为国外声屏障设置实例。

图3-24 国外声屏障设置实例

## (二)修筑路堑式路基

当拟建交通基础设施两侧的声环境敏感附近环境条件及水文地质条件许可的前提下,可修筑路堑式路基。路堑的深度可视路侧环境敏感点预测的环境噪声超标情况而定。路堑的长度可视敏感点沿路线走向所占的范围而定。据日本研究资料介绍,减噪效果以路堑形式最佳。美国修建高速公路,当通过声环境敏感地区时,亦常选择路堑方式,这样不但可以减少交通噪声的影响,还不会因设置声屏障而影响路侧景观。如图 3-25 所示,挖深 3 ~ 4m,路堑长度为 100 ~ 500m,当距路边的垂直距离为 50m 时,其降噪效果可达 20dB。

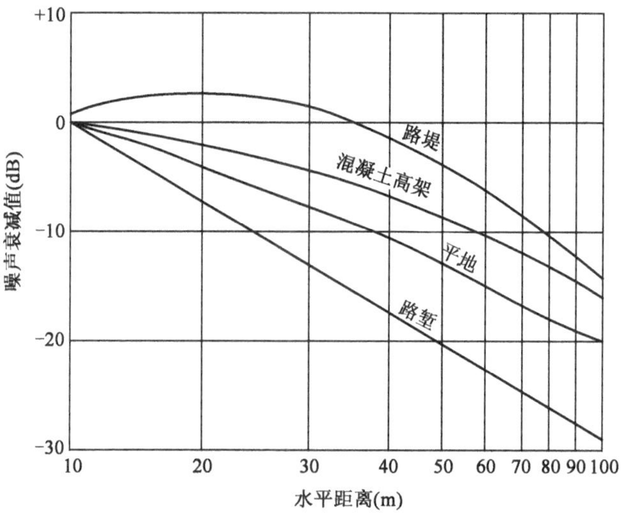


图 3-25　道路构造形式、距离与噪声衰减的关系

香港采用建筑设计及修建声屏障来减少陆上交通噪声,取得了令人满意的效果。现将香港修建的缓解交通噪声的隔音屏障汇总如表 3-18 所示。

**香港修建的缓解交通噪声的隔音屏障汇总表**　　表 3-18

| 隔声屏障结构 | 高度(m) | 长度(m) | 厚度(mm) | 噪声消减效果 | 噪声源 | 保护对象 |
|---|---|---|---|---|---|---|
| 混凝土 | 2 ~ 2.5 | 320 | 120 | 5 ~ 11 | 电车场噪声 | 对面居民楼的居民 |
| 混凝土 | 1.8 | 50 | 200 | 10 ~ 11 | 道路交通噪声 | 学院的户外剧场 |
| 悬臂式隔声板块 | 6.0 | 146 | 400 | 5 ~ 8 | 道路交通噪声 | 沿线居民 |
| 透明的板块 | 6.0 | 124 | 20 | 5 ~ 8 | 道路交通噪声 | 小学的学生 |
| 透明的板块 | 3.0 | - 935 | — | 2 ~ 7 | 道路交通噪声 | 九龙走廊居民 |
| 混凝土基底加透明的板块混合结构 | 3.0 | 420 | 8 | 5 ~ 11 | 道路交通噪声 | 康复院及学校的学生 |
| 透明的板块 | 4.0 | 185 | 15 | 6 ~ 7 | 道路交通噪声 | 神学院学生 |
| 透明的板块 | 1.5 ~ 4.0 | 991 | 20 | 6 ~ 7 | 道路交通噪声 | 居民及沿线学校学生 |
| 混凝土加玻璃砖 | 4.0 | - 91 | — | 3 ~ 14 | 道路交通噪声 | 中学学生 |
| 混凝土墙及悬臂式透明的板块 | 10.75 | 186 | 墙:500<br>板块:15 | 6 ~ 20 | 铁路列车及道路交通噪声 | 九龙职工宿舍居民 |
| 透明的板块 | 3.0 | - 100 | 20 | 5 ~ 8 | 道路交通噪声 | 桃园的居民 |
| 混凝土 | 3 ~ 4 | 220 | 120 | 5 ~ 9 | 道路交通噪声 | 竹园村居民 |

续上表

| 隔声屏障结构 | 高度(m) | 长度(m) | 厚度(mm) | 噪声消减效果 | 噪声源 | 保护对象 |
|---|---|---|---|---|---|---|
| 混凝土及透明的板块 | 3.0 | 1 110 | 15 | 6～8 | 道路交通噪声 | 沙田新村居民 |
| 透明的板块 | 1.9 | 75 | 20 | 5～8 | 轻便铁路噪声 | 书院的学生 |
| 防火强化玻璃纤维混凝土及透明的板块 | 5.5 | 119 | 侧面屏障:15;<br>顶部罩篷:18 | 5～15 | 道路交通噪声 | 彩虹屯居民 |
| 强化玻璃纤维混凝土 | 3 | 459 | 100 | 15～20 | 九龙铁路列车噪声 | 附近居民 |

### (三)其他措施

(1)合理设计公路线位。在公路的平面线形设计中,除了要满足技术规范的要求,还要进行交通噪声预测,尤其是公路网的规划,更要进行预测。

(2)栽植绿化林带。绿化林带具有一定的降噪功能,其对人的心理作用是良好的。乔灌木搭配密植,树木高大,枝叶茂密且有一定宽度的绿化林带也有3～10dB的降噪量。

(3)调整临噪声源一侧建筑物的使用功能。如房屋原来用于居住,可调整为用于储物。

另外,安装隔声窗,改进汽车性能,减少或限制载货汽车进入噪声控制区域,禁鸣喇叭等措施也能明显降低交通噪声。

## 三、城市规划和管理

合理的城市规划,对于未来的城市噪声控制具有十分重要的战略意义。为了控制噪声,城市规划时应考虑如下几个方面。

### (一)城市人口的控制

城市噪声源无不与人们的活动有关,国内外的研究表明,城市噪声随着人口密度的增长而增加。城市人口的过度集中使环境噪声日益严重,如交通噪声中以机动车和鸣号声为主,人口密度愈高,显然车辆也愈集中,街道上人流愈多,汽车鸣号声愈频繁。城市噪声与人口密度之间的关系,根据美国队14个城市的调研得出为:

$$L_{dn} = 10\lg\rho + 26 \tag{3-79}$$

式中:$L_{dn}$——昼夜等效声级dB(A);

$\rho$——人口密度(人/km$^2$)。

美国、日本等国家发表的资料中引用了该式,我国城市环境噪声与人口密度的关系基本上与此类似,只是式中常数项对不同的城市有所差异,人口密度加倍,$L_{dn}$提高3 dB(A)。因此严格控制城市人口很重要。为降低市中心区的人口密度,许多国家采取发展卫星城的措施,收到一定的成效。

### (二)划分功能区域

在规划中尽量避免疗养区、医院、宾馆和居民住宅区与工商业区、交通干道等吵闹区混合。比如国外有些大城市,将主要工厂都集中于机场附近,远离居民区。因为工厂噪声一般都比环境背景噪声高,因此飞机噪声对它的干扰就小。现有旧城市由于缺乏合理的规划和没有考虑城市噪声污染这一因素,因此大部分地区很难严格地划分功能区,致使住宅区环境噪声较高,难以控制。

在规划中应避免主要干道,如高速公路、高架道路等穿越市中心住宅区,交通干道与住宅(尤其是高层建筑)应有足够的距离,一般不小于30m,并在其间种植林带,使噪声在传播途中得到一定的衰减。

### (三)合理利用土地

根据不同使用目的和建筑物的噪声允许标准来选择建筑物的场所和位置,从而确定哪些地带适于建学校,哪些地带适于建医院、住宅或旅馆。为此,在设计前,应先进行噪声环境的预测,并了解今后的发展趋向是否符合该建筑物的环境噪声标准。对于兴建噪声较大的工矿企业,还应进行相应的预测评价,估计它们对周围环境的影响以及应该采取的减噪措施。我国城市区域环境噪声标准是土地使用规划的重要依据。

### (四)合理的建筑布局

要考虑采取环境噪声影响最小的建筑布局。如对一小区域的建筑物布局,除考虑声源位置的布局外,还应充分利用地形或已有建筑物的隔声障屏的效应,使噪声得以降低。这样的布局,使噪声污染形成之前就解决了矛盾,不但效果理想,而且又是最经济的一种方法。

在进行道路网规划时,应重视不同功能道路的区位选择,噪声污染严重的车辆宜辟专用车道,以便集中采取隔离措施。

对于噪声敏感地区和医院、学校等宜采取路堑式道路,以减少噪声(路堑噪声比平地低几分贝)。

### (五)改善运行状况

采用合理的交通管制和自动控制系统,使交通通畅。合理的控制交通流量,特别是限制载货车的流量,可有效降低交通噪声。在限制车流量的同时,还应限制车速,使之尽可能的减少加速、减速、鸣号、制动的噪声。改善路况,提高路面平整度,以减低振动和摩擦噪声。

## 四、降低噪声的有关新技术

国外一些汽车制造企业已将噪声控制的理念和技术纳入到新车型设计流程的关键环节,如概念设计、技术设计及改进设计等阶段,以期从设计源头上确保车辆的 NVH(Noise/Vibration/Harshness)品质。噪声控制技术用于新产品设计阶段,其主要技术环节亦按照内在的逻辑而构成相对规范化的技术流程,一般包括车辆声学品质目标设定、低噪声设计与优化、声学品质评价及设计验证等步骤。

### (一)新车型声学品质目标设定

当前,声学品质的目标设定已成为工程应用领域研究的新热点,具体又可分为如下 2 个层次。

(1)整车级别的声学品质目标设定

按照新的设计理念,整车级别的声学品质应当既能够满足一般意义上的声学舒适性要求,又能够充分体现车型档次并强化品牌特色。正如每个人都拥有自己特定的音质和音色一样,或委婉动听以体现其优雅,或浑厚深沉以体现其尊贵,或豪迈奔放以体现其充沛的动力等。具体处理时,往往可以从对照(竞争)车型的声学品质出发,“剔除”其中不满意的成分,然后再将其设定为新车型的声学品质目标。

在这方面,近年来迅速发展起来的小波分析技术为问题的解决提供了有效的途径。国外已有汽车公司将小波变换用于冲击噪声特性的修改,其处理过程类似于经典的短时傅立叶变换,但却更为有效。

(2)系统和元件级别的声振特性目标设定

显而易见,系统和元件的声振特性必须服从于整车声学品质的总体目标要求。这意味着,应当从整车声学品质出发,采用"自顶而下、层层分解"的方法来确定各个系统和元件应达到的声振特性目标要求——即"Casecade",而仿真分析和最优化技术则是支持处理 Casecade 过程的有效手段。

噪声控制技术包含主动控制、被动控制两个方面,如何将其统一于汽车新产品设计流程中,并与汽车结构的低噪声优化设计相组合,将成为进一步研究的方向,也预示着相关技术的发展趋势。

### (二)新车型的噪声仿真分析

现阶段,计算机仿真分析技术在汽车产品设计开发中的应用已相当普遍,当前在应用领域中出现了多种支持 NVH 仿真分析的 CAE 软件系统,如 SYSNOISE、AUTOSEA 等,基于不同核心技术的仿真软件系统,其处理问题的使用范围各有侧重。为完善仿真分析所必需的基础数据条件,国外汽车工程界投入了不懈努力,目前已有机构建立了车内噪声数据库系统,能够覆盖 15 种车型的典型行驶工况,从而有效地支持了仿真分析过程。

针对车辆 NVH 性能的 CAE 分析结果,已不仅局限于曲线、图表的形式,借助于虚拟现实环境,可向有关技术、管理人员及最终用户提供身临其境的听觉、触觉及视觉感受,从而能够在车型开发的早期阶段,先于样车的出现而切身体会 NVH 性能,并据此进行主观、客观评价和改进设计方案。这个在几年前提出的技术概念已成为现实,并在工程应用中不断完善,据报道,国外已有汽车公司研制出适合于工程应用的交互式 NVH 性能模型装置——NoViSim。

### (三)新车设计中的新材料及结构技术应用

迄今为止,阻尼、吸声材料及结构在汽车噪声控制领域获得了极为广泛的应用。例如,阻尼涂层、泡沫材料、约束层阻尼结构、内饰吸声表面以及最近出现的 ABA 隔热墙衬垫等,这些已成为改善车辆 NVH 性能的最主要的工程处理手段。

相对于传统的阻尼、吸声材料及结构普遍存在低频性能差、空间难以布局等弱点,非阻塞性粉体及颗粒阻尼结构(NOPD)是一项极具价值的新技术,其适用频带宽,可以不占用空间且成本低廉。目前,国外已有技术将压电陶瓷材料用于新型汽车消声器的研制开发,试图将压电材料制成传感器和激励器并集成于汽车相关结构当中,现阶段,在汽车噪声控制领域,压电材料的应用研究多数还处在探索、试验及改进的阶段。然而,鉴于压电材料的种种优势以及汽车噪声控制的迫切需求,在短期内走向工程应用是其必然的发展趋势。

## 复习思考题

1. 交通噪声度量的主客观指标有哪些?各自代表含义是什么?

2. 轨道交通噪声的噪声源有哪些?

3. 机场噪声的特点是什么？

4. 试论述机场噪声预测步骤。

5. 交通噪声控制方法有哪些？降低交通噪声的新技术有哪些？

6. 在某铁路旁测得：当货车经过时在2.5min内平均声压级为72dB，客车通过时在1.5min内平均声压级为68dB，无车通过时声压级为60dB，该测点处白天12h内共有65列火车经过，其中货车45列，客车20列，试计算该处白天的等效声级。

7. 某城市道路一侧的第一排建筑物距道路边缘20m，夜间测得建筑无线交通噪声为62 dB（1 000Hz），若在建筑物道路间种植20m宽的厚草地和灌木丛，建筑物前的噪声是多少？欲使满足达标要求，绿地需多宽？[其中衰减量$A=(0.18\lg f-0.31)r$]

# 第四章　交通与生态环境保护

## 第一节　生态学基础

### 一、生态系统与生态平衡

#### (一)生态系统

1. 生态系统的定义

生态系统(Ecosystem)是在一定空间范围内,各生物成分(包括人类在内)和非生物成分(环境中物理、化学因子),通过能量流动和物质循环而相互作用、相互依存所形成的一个生态学单位。“生态系统”一词是由英国生态学家坦斯利(A·G·Tansley)于1935年首先提出的。后来前苏联的植物学家苏卡乔夫(B·H·Сукачев)于1944年提出了“生物地理群落”(Biogeocenosis)的概念,指在一定地表范围内相似的自然现象(即大气、岩石、植物、动物、微生物、土壤、水文等条件)的总和。1965年在丹麦哥本哈根国际生态学大会上决定,生态系统和生物地理群落是同义语。这个决定已被各国广大生态学家所接受,但目前使用最广泛的还是生态系统这一术语,我国也是如此。生态系统在空间边界上是模糊的,其大小在很大程度上依据人们的研究对象、研究内容、研究目的或地理条件等因素而确定。从结构和功能完整性角度看,生态系统可以是一滴水、一个池塘、一片森林或一块草地,也可以大到整个生物圈(Biosphere)。

2. 生态系统的组成

生态系统是生物与环境的综合体。它是自然界一定空间的生物与环境之间相互作用、相互制约、不断演变,达到动态平衡的统一整体,是一个生物与环境相互进行物质和能量交换的相对稳定的功能系统。生态系统是具有一定结构和功能的单位。这个单位是由生物及其周围环境组成的。例如一片沼泽和湖泊、一条河流、一片草原(森林)、一个城镇、一个村庄都可以构成一个生态系统。

生态系统是由以下四部分组成的。

(1)生产者:主要指能进行光合作用制造有机物的绿色植物。此外,也包括单细胞的藻类,及一些能利用化学能把无机物转化为有机物的化学能自养菌等。生产者利用太阳能或化学能把无机物转化为有机物,把太阳能转化为化学能。不仅供自身生长发育的需要,而且它本身也是其他生物类群以及人类的食物和能源的供应者。

(2)消费者:指绿色植物以外的其他生物,主要指动物。又分为一级消费者,二级消费者……。草食动物直接以植物为食,是一级消费者;以草食动物为食的肉食动物称为二级消费者;以二级消费者为食的动物称为三级消费者。他们之间形成一个以食物联结起来的连锁关系,称为食物链。消费者虽然不是有机物的最初生产者,但在生态系统的物质与能量的转化过程中,也是一个极为重要的环节。

(3)分解者:指各种具有分解能力的微生物,包括各种细菌、真菌和一些微型动物,如鞭毛虫和土壤线虫等。分解者在生态系统中的作用是把动物、植物尸体分解成简单的无机物,重新供给生产者使用。

(4)无生命物质:指生态系统中的各种无生命的无机物、有机物和各种自然因素,包括水体、大气、矿物质等。

以上四个部分,构成一个有机的统一体,相互间沿着一定的循环途径,不断进行着物质循环和能量交换,在一定的条件下,保持着动态平衡,它是一个开放的动态系统。

3. 生态系统的类型

生态系统在自然界中是多种多样的,可大可小。按生态类型不同,可分为淡水生态系统、海洋生态系统、陆地生态系统等。又可分为自然生态系统如原始森林;半自然生态系统,如放牧草原、人工森林、养殖湖泊、农田等;人工生态系统,如城市、矿区、工厂等。它们都有各自的结构和一定形式的能量流动与物质循环关系。无数小的生态系统的能量流动和物质循环系统,组成整个自然界总的能量流动和物质循环系统。地球上最大的生态系统是生物圈。生物圈是由有生物存在的地球部分的生态系统组成的,其与人类的生存和发展密切相关。

### (二)生态平衡

1. 生态平衡的内涵

任何一个正常的生态系统中,能量流动和物质循环总是不断地进行着。但在一定的时期内,在生产者、消费者和分解者之间保持着一定的和相对的平衡状态,也就是说系统的能量流动和物质循环较长期地保持稳定,这种平衡状态就称为生态平衡。生态平衡包括结构上的平衡、功能上的平衡以及能量和物质的输入、输出数量上的平衡等。

生态平衡是指在一定时间内和相对稳定的条件下,通过能量流动、物质循环和信息传递使生态系统各部分的结构和功能处于相互适应与协调的动态平衡状态。处于平衡状态的生态系统,各组分通过制约、转化、补偿、反馈等处于最优化的协调状态;表现出高的生产力,能量和物质的输入和输出平衡,物质的储存量相对稳定,信息流畅通;在外来干扰下通过自我调节可以恢复到原初状态,保持自身的稳定性。生态平衡是指生态系统内两个方面的稳定:一方面是生物种类(即生物、植物、微生物)的组成和数量比例相对稳定;另一方面是非生物环境(包括空气、阳光、水、土壤等)保持相对稳定。

由于生态系统中的能量流动和物质循环不停地进行,生态系统的各个组分及其所处的环境不断地变化,而且任何自然因素和人类活动都会对生态系统的平衡产生影响,所以,生态平衡是相对的、暂时的动态平衡。生态系统具有控制论机制,能够与外界干扰相抗衡,至少是在一定程度上。生态系统对外界胁迫的抗衡能力是在进化过程中形成的。但是,生态系统的自我调节能力只能在一定范围内和一定条件下起作用,如果干扰过大、胁迫过强,超出了生态系统本身的调节能力,生态平衡就会被破坏,这个临界限度,称为"生态阈值"。生态阈值决定于环境的质量、生物的数量和生态系统的成熟程度。生态系统越成熟,其种类组成越多,营养结构越复杂,稳定性越大,对外界扰动的抵抗能力也越强,生态阈值也就越高。相反,在人工建造的生态系统中,组分单纯,结构简单,自我调节能力较差,对于剧烈干扰敏感,生态平衡脆弱,容易遭到破坏,生态阈值也就较低。

2. 影响生态平衡的基本因素

影响生态平衡的基本因素是生物的潜力和环境的阻力。生物潜力是指生物繁殖同类的能力,如繁殖数量、动物迁移或植物种子播散得到"居住地"的能力和机会、对新环境的适应性、抵御外敌侵害的保护机制、在逆境中生存的能力等。任何生物繁殖同类的能力都是很大的。例如：一对青蛙在一个繁殖季节就有繁殖几万对幼蛙的能力。昆虫和细菌的繁殖能力更大，有人计算过，一对苍蝇从4月到8月的5个月中，如果它们的子孙后代都能存活下来，其数量将达到$1.9111\times10^{20}$个，平铺开来可以覆盖地球表面厚厚一层。但是，从古至今，任何生物都没有达到这种"爆炸"程度。原因就在于存在着环境的阻力。缺少食物或营养物、缺乏适宜的生存和繁殖地、不利的气候条件、高一级消费者的捕食、疾病、寄生生物或其他竞争性生物的存在，最终都将任何生物限制在一定范围或数量之内，并最终达到某种平衡。

在自然界，虽然生物之间的竞争是普遍存在的，但任何一种生物都不可能把竞争者完全排除到系统之外去，最终总是趋于某种平衡。因为在任何区域中，小生境都有很大差异，如阳坡和阴坡、河边与丘陵、土壤的酸碱度、隐蔽物的多样性等。都会为某些生物提供适宜的生境，使其得以生存发展下去。但是，人类的干预，因其突然性和强度过大，则完全可以把某种生物排除出去，从而迅速打破生态系统的平衡状态。

3. 生态平衡破坏的原因

生态系统之所以能够保持相对的平衡状态，主要是由于其内部具有自动调节的能力。当系统的某一部分出现了机能的异常就可能被其他部分的调节所抵消。系统的组成成分越多，低能量流动和物质循环的途径就越复杂，其调节能力也就越高。但是，一个生态系统的调节能力再强也是有一定限度的，超出这一限度，生态平衡就会遭到破坏。生态平衡的破坏有自然因素也有人为因素。

(1) 自然原因

主要是指自然界发生的异常变化或自然界本来就存在的对人类和生物的有害因素。如火山爆发、山崩海啸、水旱灾害、地震、台风、流行病等自然灾害，都会使生态平衡遭到破坏。例如秘鲁海面，每隔6～7年就发生一次海洋变异现象，结果使一种来自冷洋流的鱼大量死亡。鱼类的死亡又使吃鱼类的海鸟失去食物而无法生存。此外，海鸟的大量死亡使鸟粪锐减，又引起以鸟粪为肥料的当地农田因缺肥而减产。

(2) 人为因素

主要指人类对自然资源的不合理利用、工农业发展带来的环境污染等问题。①物种改变引起平衡的破坏。人类有意或无意地使生态系统中某一种生物消失或往其中引进另一种生物，都可能对整个生态系统造成影响。例如，澳大利亚原来没有兔子，1859年一个名叫托马斯·奥斯京的大财主从英国带回24只兔子，放养在自己的庄园里供打猎用。引进后，由于没有天敌予以适当限制，致使兔子大量繁殖，在短短的时间内，繁殖的数量惊人，遍布数千万亩田野，在草原上每年以113km的速度向外蔓延。该地区原来长满的青草和灌木，全被吃光，再不能放牧，田野一片光秃，土壤无植物保护而被雨水侵蚀，给农作物造成的损失，每年多达1亿美元，生态系统受到严重破坏。澳大利亚政府曾鼓励大量捕杀，但不见效果，最后不得不引进一种兔子的传染病，使兔群大量死亡，总算一度将兔子的生态危机控制住了。但好景不长，由于一些兔子产生了抗体，在"浩劫"中幸存下来，又开始了更大规模的繁殖。据1993年2月报载，澳大利亚的兔子已多达4亿多只。另外，滥猎滥捕鸟兽，收割式砍伐森林，都会因某物种的数量减少或灭绝而使生态平衡破坏。②环境因素改变引起平衡的破坏。工农业的迅速发展，有意或无意地使大量污染物质进入环境，从而改变了生态系统的环境因素，影响整个生态系统，甚至破坏生态平衡。如由于空气污染、热污染、除草剂和杀虫剂的使用、化肥的流失、土壤侵蚀或未处理的污水进入环境而引起富营养化等原因，会改变生产者、消费者和分解者的种类与数量并破坏生态平衡。③信息系统的破坏。许多生物在生存的过程中,都能释放出某种信息用以驱赶天敌、排斥异种或取得直接或间接的联系以繁殖后代。例如某些动物在生殖时期,雌性个体会排出一种性信息素,靠这种信息素引诱雄性个体来繁殖后代。但是,如果人们排放到环境中的某些污染物质与某一种动物排放的性信息素反应,使其丧失引诱雄性个体作用时,就会破坏这种生物的繁殖,改变生物种群的组成结构,使生态平衡受到影响。生态平衡的破坏往往是由于人类的无知和贪婪,不了解或不顾生态系统的复杂机理而盲目采取行动所致。

## 二、生态学与生态工程

### (一)生态学的概念

"生态"一词来源于希腊"Oikos"一词,意思是"家"或"住所"。德国生物学家海克尔(E·Haeckel)于1869首次提出生态学这一名词,并于1886年创立了这门学科。随着对环境问题认识的加深,学术界越来越重视生态学。学术界普遍认为:①生态学已成为解决所有与生命有关现象问题的一般方法;②生态学是联系自然科学与社会科学的桥梁,而且不同于自然科学,生态学既是认识论又是方法论,它不但研究理论,也研究如何利用理论实现现实目标;③现代科学发展的趋势之一是各个学科的生态化,即各学科与生态学的结合,如社会生态学、城市生态学和景观生态学等;④人类在地球上的生存依赖于生态学的进步。尽管生态学是19世纪末才进入系统研究时期的,然而就生态观来说,其思想源远流长。

生态学是研究生物或者生物群体及其环境的关系,或者是生活着的生物及其环境之间相互联系的科学。生态学本质上是研究生命系统的生存问题。现代生态学发展的热点主要是研究人类的适应生存问题。

生态学界把生态学发展分为三个阶段,每个阶段都发展了一些有代表性的科学概念。20世纪60年代以前为第一阶段,诸如演替、食物网、生态位、生态理论等科学概念都产生于这个阶段;60年代至80年代为第二个阶段,产生了功能和过程等生态学概念。近10多年来为第三阶段,也是生态学获得飞跃发展的时期,创造出许多新概念、新理论,引入许多新方法,标志着生态学正面临一场革命性变化。

### (二)生态学的规律

我国生态学家马世骏提出了生态学的五大规律,即:相互制约和相互依存的互生规律,相互补偿和相互协调的共生规律,物质循环转化的再生规律,相互适应和选择的协同进化规律,物质输入与输出的平衡规律,这些也是维系生态平衡的基础。

1.相互依存与相互制约的互生规律

相互依存与相互制约规律,反映了生物间的协调关系,是构成生物群落的基础。生物间的这种协调关系,主要分以下两类。

(1)普遍的依存与制约

普遍的依存与制约亦称"物物相关"规律。有相同生理、生态特性的生物,占据与之相适宜的小生境,构成生物群落或生态系统。系统中不仅同种生物相互依存、相互制约,异种生物(系统内各部分)间也存在相互依存与制约的关系;不同群落或系统之间,也同样存在依存与制约关系,亦可以说彼此影响。这种影响有些是直接的,有些是间接的。有些是立即表现出来的,有些需滞后一段时间才显现出来。因此,在自然开发、工程建设中必须了解自然界诸事物之间的相互关系,统筹兼顾,做出全面安排。

(2)通过“食物”而相互联系与制约的协调关系

亦称“相生相克”规律。具体形式就是食物链与食物网。即每一种生物在食物链或食物网中,都占据一定的位量,并具有特定的作用。各生物种之间相互依赖、彼此制约、协同进化。被食者为捕食者提供生存条件,同时又为捕食者控制;反过来,捕食者又受制于被食者,彼此相生相克,使整个体系(或群落)成为协调的整体。亦即体系中各种生物个体都建立在一定数量的基础上,它们的大小和数量都存在一定的比例关系。生物体间的这种相生相克作用,使生物保持数量上的相对稳定。当人们向一个生物群落(或生态系统)引进其他群落的生物种时,往往会由于该群落缺乏能控制它的物种(天敌)存在,使该种种群暴发起来,从而造成灾害。

2. 物质循环转化与再生规律

生态系统中,植物、动物、微生物和非生物成分,借助能量的不停流动,一方面不断地从自然界摄取物质并合成新的物质,另一方面又随时分解为简单的物质,即所谓“再生”,这些简单的物质重新被植物所吸收,由此形成不停顿的物质循环。因此要严格防止有毒物质进入生态系统。以免有毒物质经过多次循环后富集到危及人类的程度。

3. 物质输入输出的动态平衡规律

物质输入输出的平衡规律,又称协调稳定规律。当一个自然生态系统不受人类活动干扰时,生物与环境之间的输入与输出,是相互对立的关系,对生物体进行输入时,环境必然进行输出,反之亦然。

生物体一方面从周围环境摄取物质,另一方面又向环境排放物质,以补偿环境的损失。也就是说,对于一个稳定的生态系统,无论对生物、对环境,还是对整个生态系统,物质的输入与输出总是相平衡的。如果生物体的输入不足或过剩时,将打破了原来的输入输出平衡,势必毁掉原来的生态系统。

4. 相互适应与补偿的协同进化规律

生物与环境之间,存在着作用与反作用的过程。或者说,生物给环境以影响,反过来环境也会影响生物。例如最初生长在岩石表面的地衣,由于没有多少土坡可供着“根”,当然所得的水和营养元素就十分少。但是,地衣生长过程中的分泌物和尸体的分解,不但把等量的水和营养元素归还给环境,而且还生成能促进岩石风化变成土壤的物质。这样,环境保存水分的能力增强了,可提供的营养元素也加多了,从而为高一级的植物苔藓创造了生长的条件。生物与环境就是如此反复地相互适应的补偿,获得协同进化的结果。

5. 环境资源的有效极限规律

任何生态系统中作为生物赖以生存的各种环境资源,在质量、数量、空间、时间等方面,都有其一定的限度,不能无限制地供给,因而其生物生产力通常都有一个大致的上限。也正因为如此,每一个生态系统对任何外来干扰都有一定的忍耐极限。当外来干扰超过此极限时,生态系统就会被损伤、破坏,以致瓦解。

### (三)生态工程

生态工程是应用生态系统中物种共生与物质循环再生原理、结构与功能协调原则,结合系统工程的最优化方法,设计的分层多级利用物质的生产工艺系统。生态工程的目标就是在促进自然界良性循环的前提下,充分发挥资源的生产潜力,防止环境污染,达到经济效益与生态效益同步发展。生态工程学就是利用生态控制论原理,促进资源综合利用,环境综合整治,以及人的综合发展的科学。

生态工程是一门正在形成中的学科。20 世纪 70 年代初期,替代农业与环境工程两个研究领域已孕育着生态工程;1986 年在美国举行的第 4 届国际生态学大会已专门列出生态工程的专题。替代农业强调充分发挥农业生态系统中的生物学过程,利用生物种群间的相生相克关系,调动共生互利关系和自我调节能力,达到尽量避免大量使用化肥、农药、生长调节剂和家畜饲料添加剂等来维持农业生产的目的,其使用的原理与方法正是生态工程学科的基础。

国际上生态工程的发展的另一重要领域是环境保护和污染物处理与利用。1989 年美国纽约出版的《生态工程》专著中,12 项研究与应用案例中 9 项与环境保护和污染物处理有关,如美国北卡罗来纳州于 1968 ~ 1971 年期间就研究与应用了河口区池塘的污水处理生态工程;佛罗里达州试验了种植柏树使之成林的湿地,来处理湿地污水中的营养盐问题。无论国内外,生态工程研究与应用将深入到更广泛的领域,涉及的类型与模式将更加多样化,涉及的层次也是由微观、中观至宏观不等,例如由具体的生产经营模式,到村、乡等单元,乃至跨区、跨省等大型生态工程。生态工程的研究,将会向多学科相互渗透和进一步综合的方向发展。生态工程设计的标准化、规范化及因地制宜的类型和区域化方面有待探索与研究。

## 第二节　交通运输项目生态环境影响分析

交通运输项目指铁路、公路、管道、水运、航空以及其他交通运输业等。交通基础设施占用土地,往往影响两侧生态环境的结构。与此同时,改变生态环境的过程也带来改善和建设良好生态环境的机会与条件。如果在实现交通建设的同时,也确定相应的生态建设目标并予以实施,变单一的交通建设工程为复合的交通生态建设工程,则完全可以收到提高交通工程质量、美化和保护生态环境的双重效果。

### 一、交通运输项目的生态学效应

对于交通运输项目的生态学效应的分析,可以从交通运输项目的兴建带给生态环境的方面影响的认识来入手。交通运输项目的生态环境影响有直接影响和间接影响、可逆影响和不可逆影响之分,亦有建设期(施工期)和运营期影响的区别。大部分直接影响发生在施工期,而运营期的间接影响往往是长久的和深刻的。

1. 土地和耕地占用

道路多修在人口和经济密度都较高的地区以满足那里的迫切需求;选线多在平坦且排水较好的优质农用土地上,以减少投资。筑路占用土地,似乎无可厚非,不成为问题。但是在我国,由于人口密度过高,人均耕地过少,早已是“四海无闲田”了,因而筑路占地会使少数农民无地可耕,失去生计。从宏观上讲,筑路占地会加速减少本已不多的耕地,加剧对剩余耕地的压力,这是我国可持续发展过程中一道难解的题。此外,道路尤其是公路的开通所具有的城镇化效应,常使道路两边的大片优质农田非农化,其对我国人民的食物保障不能说不是一个重要问题。

筑路对土地的影响分为:路基和场站占压土地,取土石方挖毁土地,施工临时占用土地(辅道、作业场、施工队伍入住区)等。我国的道路为防洪和便于人畜穿越而多采用高路基,因而取土量大,成为筑路中土地破坏的一个主要方面。从保护土地特别是保护优质农田出发,道路的选线应尽量避开农田或少占农田。在取土方面,应选择山坡土丘作填筑路基的土石方来源,集中取土。在平原地区,应尽可能利用工业和城市固体废弃物代替农田取土;集中取土场事后应恢复生态或重新利用。在山区,土石方工程应科学设计,做到挖填平衡;在重大工程的施工地段，如特大隧道开挖等，还应集中弃土、弃方防护（防止水土流失）并考虑将弃方与造地相结合。所有临时占用的土地，所有可恢复的土地，事后都应恢复生态或恢复耕作，恢复利用。

2. 生态敏感地区的影响

交通运输线路长，会穿越各种生态系统，其中不可避免地会涉及一些特殊的、敏感的生态目标或穿越此类特殊地区。例如：湿地、荒地、自然保护区（地）、天然森林、森林公园和水源区等。对于此类生态敏感目标，关键要加强识别，根据道路的生态效应分析其可能的影响，并按照生态敏感目标的具体特点研究应采取的保护措施。例如：一条公路必须穿越一片河口湿地，那么用桥梁跨越的生态影响就比填筑路基小得多，因为桥梁能基本保持河口湿地的水文状态，而路基则会使河口封闭和湿地水文状态发生巨变。

3. 建设期生态影响

道路建设期的生态影响大而且广，如果不能做到有效管理，施工期会成为一场不小的生态劫难。例如：施工车辆穿越村庄、城镇，噪声扰民，尾气熏人，扬尘入室；穿越田间，扬尘四溢，果木庄禾蒙尘，花不受粉，穗不结实，农业减产；施工车辆碾压草原，会造成草死沙扬，或车道构成排洪沟，就此形成沟壑；为开通施工辅道和作业场地，要清除植被，良莠不分，斩尽杀绝，水土流失接踵而来，风沙危害不招自来；筑路民工，偷闲行猎，会影响公路沿线鸟兽的生存；筑路改变地表排水，或使低田水渍，或使聚水冲淤；掘垫打洞、拥土塞壑，影响地下水脉，会使泉流涸断，影响人畜饮水；深谷高山架桥打洞、劈山开道，会引发塌方滑坡；挖山弃土弃石，顺坡滚滑，埋压植被，青山坡变成砾石堆；弃土随水流失，会淤塞下游河床、水库、湖泊，严重者甚至形成泥石流；铺设路面，有沥青烟气污染；河道架桥或填筑路基，施工场地废水溢流，也会污染河水，有时会使下游水厂受到影响；施工队伍管理不善，会造成垃圾遍地，污水横流，甚至发生传染病，给当地居民带来危害；施工阻塞交通，会使当地经济活动和社会生活受到影响，甚至会增加事故危害……诸如此类，不一而足。因此，施工期是一个需要特别加强管理的时期，许多可以避免的问题都可通过加强管理得到解决。

4. 间接影响

交通运输项目的间接影响，如诱发的城镇化，诱发的居民迁移，造成狩猎和盗伐林木的机会等，影响深远。分析此类影响，可以为公路的设计提供新的思路，如选线应选远离自然保护区（地），规定两边红线区以留有发展余地以适应未来的需求等；也可为沿线城镇规划提供科学参考。

## 二、生态环境影响调查

### （一）调查内容

生态环境现状调查是实施生态环境影响评价的基础性工作。生态环境调查的主要内容一般应包括对自然环境状况和社会经济状况的调查。

1. 自然环境状况调查

自然环境状况调查包括基本特征调查和有关资料的收集。

（1）自然环境基本特征调查：包括评价区内气象气候因素，水资源，土壤资源，动、植物资源，珍稀濒危动、植物的分布和生理生态习性，历史演化情况及发展趋势，评价区的人类活动历史对生态环境的干扰方式和强度，自然灾害及其对生境的干扰破坏情况，生态环境演变的基本特征等。

（2）图件收集和编制：调查中要注意已有图件的收集，根据工作级别不同，对图件的要求也不同，但主要收集下述图件和编制图件的资料图片。

①地形图：评价区及其界外区的地形图一般为1∶10 000～1∶50 000。在该地形图上应标有地表状况，尤其是绿地（含水体）的分布状况，拟建工程厂区、城镇分布，主要厂矿及大型构建物分布等，并划分评价区及界外区范围。

②基础条件：包括土地利用现状图、植被图、土壤侵蚀图等。

③卫片：当已有图件不能满足评价要求时，一级项目的评价可应用卫片解译编图以及地面勘察、勘测、采样分析等予以补充。卫片要放印到与地形图匹配的比例，并进行图形图像处理，突出评价内容，如植被、水文、动物种群等。

根据评价因子的需要编制正规生态基础图件，包括动植物资源分布图、自然灾害程度和分布图、生境质量现状图等。

2. 社会经济状况调查

社会经济状况调查的目的是了解社会经济发展与环境的相互作用。

社会经济状况调查的主要内容如下。

（1）社会结构情况调查：主要包括人口密度、人均资源量、人口年龄构成、人口发展状况，以及生活水平的历史和现状，科技和文化水平的历史和现状，评价区域生产的主要方式等。

（2）经济结构与经济增长方式调查：主要包括产业构成的历史、现状及发展，自然资源的利用方式和强度。

（3）移民问题的调查：主要包括迁移规模、迁移方式、预计的产业情况，居住区情况调查以及潜在的生态问题和敏感因素的分析。

（4）自然资源量的调查：包括农业资源、气候资源、海洋资源、植被资源、矿产资源、土地资源等的储藏情况和开发利用情况。

### （二）调查方法

1. 基础资料收集

收集整理评价范围及邻近地区的现有生物多样性资料，在综合分析现有资料的基础上，确定实地考察的重点区域及考察路线。

2. 野外实地考察

（1）GPS 地面类型取样

GPS 样点是卫星遥感影像判读各种景观类型的基础，根据室内判读的植被与土地利用类型初图，现场核实判读的正误率，并对每个 GPS 取样点作如下记录：

①海拔表读出测点的海拔值和经纬度。

②记录样点植被类型，以群系为单位，同时记录坡向、坡度、土壤类型等。

③记录样点优势植物以及观察动物的活动情况。

④拍摄典型植被外貌与结构特征。

（2）群落调查

在实地调查的基础上，确定典型的群落地段，采用法瑞学派样地记录法进行群落调查，乔木群落样方面积为10m×10m，灌木样方为4m×4m，草本样方为1m×1m，记录样地的所有种类，并按 Braun-Blanquet 多优度—群聚度记分，利用 GPS 确定样地位置。

（3）动植物种类调查

动植物种类调查采取路线调查与重点调查相结合的方法，在重点施工区域（隧道、互通等）以及植被状况良好的区域实行重点调查；对资源植物和珍稀濒危植物调查采取野外调查和访问调查相结合的方法进行。

陆生动物调查采用样线法、访问和资料查询的方法。

水生生物调查对浮游藻类与浮游动物进行样本采集分类鉴定,对鱼类采用常规捕捞、走访集贸市场、询问当地村民和查阅相关资料等方法。

(4)生物生产力的测定与估算

重点测定评价范围内分布面积广的植被类型生产量,其余类型参考国内外有关生物生产量资料,并根据当地的实际情况作适当调查,估算出评价范围域区的植被类型生物生产力。

3. 生态制图

采用GPS、RS和GIS相结合的空间信息技术,进行地面类型的数字化判读,完成数字化的植被图和土地利用类型图,进行景观质量和生态质量的定性和定量评价。

#### (三)调查布点原则

植被调查取样的目的是要通过样方的研究准确地推测评价区植被的总体,所选取的样方应具有代表性,能通过尽可能少的抽样获得较为准确的有关总体的特征,调查结果中的植被应包括了绝大部分主要植被类型。

(1)尽量在拟建交通设施穿越和接近交通设施的地方设置样点,并考虑全线布点的均匀性。

(2)所选取的样点植被为评价区分布比较普遍的类型。

(3)样点的设置避免对同一种植被进行重复设点,特别重要的植被根据林内植物变化较大的情况进行增加设点。

(4)尽量避免非取样误差,避免选择交通设施易到之处。

### 三、生态环境的影响因素

人类活动对生态环境的影响可分为物理性作用、化学性作用和生物性作用三类。

#### (一)物理性作用

物理性作用是指因土地用途改变、清除植被、收获生物资源、引入外来物种、分割生境、改变河流水系、以人工生态系统代替自然生态系统,使组成生态系统的成分、结构形态或支持生态系统的外部条件发生变化,从而导致系统的结构和功能发生变化。表4-1所示为建设项目对生态系统生物组成成分的直接物理影响。表4-2所示为建设项目使生态系统支持条件变化导致的生态环境影响。

**建设项目对生态系统生物组成成分的直接物理影响** 表4-1

| 影响因素 | 生物组成成分影响 | 环境功能影响 |
|---|---|---|
| 收获生物资源 | 系统简化,物质循环受阻,系统稳定性降低 | 生物生产力降低,生物多样性降低,功能减弱 |
| 清除植被 | 原系统结构破坏 | 多种功能损失 |
| 清除动物 | 系统简化,生态平衡打破 | 生物多样性降低,诱发灾害 |
| 人工生态代替自然生态 | 系统变化,遗传均化,稳定性降低 | 生物多样性减少,环境功能可能减弱 |
| 引进外来物种 | 系统变化,遗传均化或物种替代 | 生物多样性减少 |
| 土地占用 | 系统分隔或破坏 | 多种功能损失 |
| 栖息地破坏 | 生态系统变换或毁灭 | 生物多样性降低,多种功能变化或损失 |
| 河流截流 | 水生生态破坏或影响 | 水生生物减少或灭绝 |

建设项目使生态系统支持条件变化导致的生态环境影响　　表4-2

| 支持条件变化 | 原　因 | 生态系统影响 | 环境功能影响 |
| --- | --- | --- | --- |
| 水分供给减少 | 截流、调水、抽取地下水 | 类型变化,植被恶化 | 多种功能减弱 |
| 水文变化 | 清除森林和破坏植被、水利工程 | 结构恶化或改变,水生态破坏 | 水土流失和自然灾害加剧 |
| 土地占用 | 多种开发建设活动 | 结构变化或肢解 | 多种功能损失 |
| 耕地占用 | 多种开发建设活动 | 农业生态系统变化 | 多种功能损失,农业损失 |
| 土壤退化 | 侵蚀作用和收获生态物质 | 系统结构恶化 | 生物量减少,多种功能削弱 |
| 土壤流失 | 扰动土壤和破坏植被 | 系统结构恶化或毁灭 | 多种功能削弱,淤塞 |
| 土地沙化 | 植被损坏和减少供水等 | 系统结构恶化或毁灭 | 多种功能损失,灾害加剧 |
| 土壤盐渍化 | 灌溉不当,排水不良 | 系统结构恶化或改变 | 部分功能减弱,生物多样性降低 |
| 地面变形 | 工程动土、塌陷 | 结构恶化、稳定性降低 | 水土流失和灾害加剧 |
| 水气候变化 | 植被减少,城市化等 | 结构恶化 | 功能减弱 |

### (二)化学性作用

化学性作用是指环境污染的生态效应。如大气中的铅、氟、硫氧化物、氮氧化物对植物或作物的影响;水中的重金属、有机耗氧物质对水生生物的影响等。这些影响有的是直接毒杀作用,有的是间接改变生物生存条件(如土壤板结、水质恶化)所致;有的是急性作用,如一次酸雨可导致大面积水稻失收,有的是缓慢的累积性影响,如微量的有机氟在食物链中的逐渐富集过程。

### (三)生物性作用

生物性作用是指人为引入外来物种或严重破坏生态平衡导致的生态影响。这种作用在开发建设项目中发生的概率不高。

### (四)交通运输项目的生态环境影响因素

下面给出主要的两类交通运输项目的生态环境影响因素方面的表格,供参考。

(1)公路建设项目环境要素识别和评价因子筛选,宜用环境影响矩阵筛选方法,见表4-3。

公路运输对环境、生态短期和长期的可能影响　　表4-3

| 影响类型 | 来　源 | 短期明显的环境生态影响 | 可能的长期和短期累积影响 |
| --- | --- | --- | --- |
| 1. 温室效应、消耗臭氧的气体和其他物质的排放 | 1. 以石油、燃料为动力的车辆排放,包括 $CO_2$, $CH_4$, $N_2O$,烟雾剂和其他的混合物;<br>2. 燃料提取、精炼和销售过程;<br>3. 泄漏物退化,不适当的服务和车辆空调系统;<br>4. 沥青、混凝土路面的生产 | 影响几乎不是立即和明显的 | 1. 全球气温上升,紫外线增多;<br>2. 降水量和区域气候模式变化;<br>3. 陆生、水生生物改变;<br>4. 严厉的天气事件影响范围变化;<br>5. 新的疾病出现 |
| 2. 空气污染物排放,包括 $NO_x$, CO,微粒物质和碳氧化合物 | 1. 车辆排放和燃料蒸汽;<br>2. 燃料提取、生产和销售,车辆和基础设施生产;<br>3. 路面,设施建设和维修活动,货物的装卸;<br>4. 有害材料的释放,货物、燃料有关的燃烧,处理场的轮胎燃烧 | 1. 产生薄雾,天气能见度下降;<br>2. 严重的人类疾病和污染事件;<br>3. 庄稼和城市树木的损害;<br>4. 酸雨和表面腐蚀 | 1. 人类可能有慢性的健康影响;<br>2. 由于重复的臭氧和酸雨作用,森林健康受损和敏感的树种减少或消失;<br>3. 营养(氮)富足,海洋生态系统组成和食物链发生变化;<br>4. 由于酸性增加,淡水生态组成发生变化 |

续上表

| 影响类型 | 来源 | 短期明显的环境生态影响 | 可能的长期和短期累积影响 |
| --- | --- | --- | --- |
| 3. 流入土壤和地表水的物质 | 1. 在公路设施建设和建筑材料开采期间，暴露的碎片和沉积物的侵蚀；<br>2. 路面和路边雨水冲走物，包括维修材料（除冰剂、杀虫剂）、石油、冷却剂和其他的表面沉积物 | 1. 附近接受河流的沉积；<br>2 路边土壤和附近排水渠和接受水系的污染；<br>3. 路边植物损害 | 1. 在较大的分水岭上的接受水系和地表水的污染；<br>2. 在较大的分水岭和排水盆地里，敏感的水生生物种类下降 |
| 4. 流入到土壤和水里的慢性和严重污染物 | 1. 来自罐装小汽车、货车和储藏场的大量石油和化学物质的泄漏；<br>2. 来自地下燃油储藏罐（如加油站）、车站、设备维修位置（如路用盐储存地）、车辆、不适当处理的废物（如轮胎和车辆处理场浸出）等慢性泄漏 | 1. 暴露的土壤和水的污染；<br>2. 暴露的植物和动物的严重伤害；<br>3. 严重的人类疾病 | 1. 影响区内，生态种类永久地或长期地丧失和食物的破坏；<br>2. 在这些暴露的地方，人类可能有慢性的健康影响 |
| 5. 公路基础设施对地貌永久的改变 | 公路网的建设和其上运行的车辆，居住地的占用，横越地形的物理障碍，新的地貌（如排水沟、滞留槽）和其他自然特征的改变和消失（斜坡切割、流道转向、河流横越、湿地损失） | 1. 新的设施位置附近，野生生物迁徙和死亡；<br>2. 新的设施位置的水文明显地改变（如排洪体系） | 1. 生态流和地貌永久的改变（如洪水体系，营养和种子流）；<br>2. 由于居住地的切割和移动障碍（觅食、繁殖），使生态种类减少和丧失，食肉动物和人类的猎杀途径的改善，导致濒危种类减少 |
| 6. 噪声 | 公路和车站的交通 | 人类不可接受 | 由于噪声对动物觅食及繁殖行为的影响，公路走廊附近，对噪声敏感的种类下降 |
| 7. 外来物种引进 | 1. 车辆和货物；<br>2. 公路网络、走廊和基础设施创造的连接（如公路排水系统）；<br>3. 路边种植 | 1. 在此区域内害虫增殖；<br>2. 有时候要付出很大的代价（庄稼减产，重要的鱼类等动物种类减少） | 随着外来物种的增殖、竞争，生态组成和食物网发生变化以及替代本国的植物和动物 |

（2）铁路工程对生态环境的影响（表4-4），是通过自然界各种地形、地貌，且水文、地质、气候条件各不相同的大规模带状工程，对沿线自然资源的破坏和自然生态环境的影响范围在线路两侧300m左右。一般来说，线路越长，通过地区生态系统越复杂，植被覆盖率越高，其影响和破坏的程度就越大，反之越小。

**新建铁路工程对生态环境的影响和破坏概况** 表4-4

| 影响和破坏的途径 | 影响和破坏的项目及内容 | 引起生态环境破坏的概况 |
| --- | --- | --- |
| 线路路基、站、段、所、住宅占用地 | 水浇地、旱地、菜地、果园、荒地、苗圃、林地等各类土地 | 由于线路占地，使沿线耕地减少，植被覆盖率降低，由此而造成对生态环境不同程度的影响和破坏 |
| 填筑路堤取土和开挖路堑取土 | 取用有植被的土壤作为路基填料，路堑弃土堆放占用各类土地 | 导致植被覆盖率低，破坏土壤结构和肥力，造成农业减产等影响生态平衡的恶果 |

续上表

| 影响和破坏的途径 | 影响和破坏的项目及内容 | 引起生态环境破坏的概况 |
| --- | --- | --- |
| 线路穿越或绕经大小不同的生态系统 | 森林、草原、湖泊、池塘、水库、沼泽、湿地、沙地荒漠 | 线路经由地区引起各类不同生态平衡的破坏,如森林蓄积量减少,植被覆盖率降低,水生生物减产,草原载蓄量减少,土地沙化等恶果 |
| 铁路工程在处理不良工程地质地段时 | 水土流失、滑坡、塌方、泥石流、崩塌、地面沉陷、岩溶等 | 地表植被和土壤结构遭到破坏,影响山体的稳定性,造成大量泥沙,土体淹没覆盖地表植被、耕地,堵塞河道、水利设施等,严重破坏生态平衡 |
| 铁路工程通过特殊地段 | 软土、盐渍土、黄土、膨胀土、冻土 | 由于工程处理造成线路两侧土壤结构的破坏,如填筑路堤换填原状土,稳定路基进行保温护道等工程措施,影响部分植被的自然生长状态 |
| 特殊工程 | 隧道开挖涌水或疏干顶部的地下水;桥渡位置改变河流形态;长大路堤路堑破坏、干扰地面水、地下水的水流方向 | 改变地下水自然埋藏和运动的条件,破坏正常的开采规律,引起地下水水位下降,改变地面水流动规律和洪水排泄通道,影响部分植被的自然生长状态 |
| 野生动植物 | 各类野生动物和具备经济价值的作物 | 由于线路穿越通道,破坏野生动植物自然栖息和繁衍,破坏自然生态平衡 |

## 四、生态环境影响对象及效应分析

### (一)影响对象分析的内容

生态环境影响对象分析的内容主要包括:主要受影响的生态系统和生态因子;主要受影响的途径和方式,即直接影响或间接影响,或者通过相关性分析明确的潜在影响。影响对象的敏感性是影响对象分析中的重要内容。

这类敏感性高的保护对象经常遇到的是:①需要特别保护的对象,如水源地、风景名胜区、文物古迹、珍稀濒危动植物及其生境;②法定的保护目标如自然保护区、森林公园等;③具有较高保护价值的目标,如特产地、生物多样性高的生态系统;④特别脆弱的生态系统,一旦破坏就可能导致不可逆性质的变化,如沙漠化地区、石漠化地带、水土流失特别严重的地带、高山峡谷生态系统等;⑤稀有或特别的自然资源或稀缺性资源。

生态系统受到某种作用力后,所发生的变化(即效应)按作用的方式、强度、范围大小、时间长短等不同会有很大的差异。生态环境影响效应,即惯常所指的"影响分析",或者叫做"影响预测",是整个评价工作的核心。其分析内容包括生态影响分析、资源影响分析、区域生态环境问题影响分析和第三环境目标影响分析等,但重点和主要工作是进行生态影响分析。

### (二)影响效应分析的一般要求

生态系统受到某种作用力后,所发生的变化(即效应)按作用的方式、强度、范围大小、时间长短等不同会有很大的差异。在作影响效应分析时,应做如下的判别。

(1)影响效应的性质。即影响是正向还是负向,导致的变化是不可逆的还是可逆的。在生态影响中,凡不可逆变化尽量避免,分析时应给予更多的关注,在确定影响可否接受时应给予更大的权重。

(2)影响效应的程度。即根据影响作用的方式、范围、强度、持续时间来判别生态系统受影响的范围、强度、持续时间,受到影响的生态因子多少以及生态环境功能的损失程度。在判别生态受影响的程度时,受到影响的空间范围越大、强度越高、时间越长,受影响因子越多或影响到主导性生态因子,则影响就越大。

(3)影响效应的特点分析。生态组成因子不同、生态影响因子不同,会使影响效应的表达多种多样。有些生态系统或生态因子受到影响后,其变化是渐进的、累积性的和从量变到质变的,只有达到某种临界状态或直到系统崩溃时,才能发现影响的结果。生态效应的累积性、渐变性和从量变到质变的特点,是生态影响效应分析中应予以特别重视的问题。

(4)影响效应的相关性分析。从生态因子相关性分析可知生态效应的相关性,这也是生态分析中直接和间接、显在与潜在影响的问题。从生态环境功能的保护来看,对生态系统的直接影响往往比间接影响要小得多。这是生态环境影响的一大特点,也是生态影响分析中应予以充分注意的地方。

(5)影响发生的可能性分析。

(6)影响评价指标选择。

### (三)生态系统对影响的反应

除了直接地和完全地改变生态系统的类型,如森林被砍伐开垦为农田或林地被建成高尔夫球场等,自然生态系统对外界的一般压力反应很少以直接的、易见易懂或简单的形式表现出来,而多是时间滞后的或使系统变得不稳定,或系统的生态环境服务功能下降等。作用与反作用之间的关系是非线性的。在认识和评价生态系统对影响的反应时,应注意:

(1)生态系统潜在的损害往往源于缓慢的、长期的、累积的效应。

(2)多种作用叠加到某一生态系统上时,其造成的作用与单个作用是不同的。

(3)人类活动对生态系统的影响在时间和空间上是重叠的。

(4)生态系统对作用因子的随力似乎存在某种"阈值",即何种不可逾越的"临界状态"或"临界值",作用力超过此限,生态系统就会发生巨变、退化,原有的生态环境功能也因之丧失。

### (四)栖息地影响

栖息地退化是对哺乳动物和鸟类的最主要威胁。建设项目对栖息地的影响主要是:

(1)侵占栖息地,使栖息地及其养育的生物一同消失。

(2)栖息地破碎化。栖息地破碎化是指原本完整连片的栖息地被道路、管道、城市或者农田分割成许多小块,进而再使小块变得更小,直到消失的有害过程。栖息地破碎化对有些物种可能有利,如适宜生存于某些生境边缘上的物种,但对许多其他生物有害。

### (五)野生生物对影响的反应

人类活动对野生生物的影响有直接作用,干扰、栖息地占领、栖息地破坏、阻隔、污染作用等。野生生物对这些影响的反应从直接死亡到遗传变异,各不相同。各种不同的生物对相同的影响反应也很不相同。因此,野生生物对影响的反应体现特例性而非普遍规律这一特点。

## 第三节　生态环境影响预测

生态环境影响预测是在生态环境现状调查、工程调查与分析、生态现状评价的基础上,有选择有重点地对某些评价因子的变化和生态环境功能变化进行预测。由于拟建项目类型、对环境作用方式、评价级别和目的要求的不同,在许多环境影响报告书中对于生态影响评价采用的方法、内容和侧重点也不尽相同。有的用定性描述评价,有的用定量或半定量评价方法。有的侧重对生态系统中生物因子的评价,有的侧重对生态系统中物理因子的评价;有的着重评价拟建项目的生态系统效应,有的着重评价生态系统污染水平变化。这里很难用一个统一的模式予以概括。

### 一、生态环境影响预测内容

一般而言,交通运输项目对区域生态环境(主要包括对土地、植被、水文和珍稀濒危植物物种等生态因子)影响的预测内容包括两个方面:一是不利的生态影响,如土壤侵蚀、水土流失、栖息地面积或数量减少、动植物数量减少或灭绝;二是有利的生态影响,如自然保护区的保持、增加有益物种、增加生境的多样性等。

#### (一)生态环境影响预测的范围

(1)预测范围的大小、形状等取决于评价工作的等级、工程和环境的特性。一般情况,预测范围等于或略小于现状调查的范围。

(2)在预测范围内应布设适当的预测点,通过预测这些点所受的环境影响,由点及面反映该范围所受的环境影响。预测点的数量与布置,因工程和环境的特点、当地的环保要求及评价工作的等级而不同。

#### (二)生态环境影响预测的内容

对交通运输项目环境影响的预测,是指对能代表评价项目的各种环境质量参数变化的预测。环境质量参数包括两类:一类是常规参数,一类是特征参数。前者反映该项目的一般质量状况,后者反映该项目与建设项目有联系的环境质量状况。各项目应预测的环境质量参数的类别和数目,与评价工作等级、工程和环境的特性及当地的环保要求有关。

#### (三)生态环境影响预测的基本步骤

交通运输项目生态环境影响预测是在生态环境现状调查、生态系统分析和影响分析的基础上,有选择有重点地对某些受影响生态系统作深入研究,对某些主要生态因子的变化和生态环境功能变化作定量或半定量预测计算,以便把握因交通运输项目的建设活动而导致的生态系统结构变化和环境功能变化的程度以及相关的环境后果,由此进一步明确开发建设者应负的环境责任以及指出为保护生态环境和维持区域生态环境功能不被削弱而应采取的措施及要求。生态环境影响预测的基本程序是:

(1)进行影响因素的分析。

(2)选定影响预测的主要对象和主要预测因子。

(3)根据预测的影响对象和因子选择预测方法、模式、参数,并进行计算。

(4)研究确定评价标准和进行主要生态系统和主要环境功能的预测评价。

(5)进行社会、经济和生态环境相关影响的综合评价与分析。

生态环境影响预测的内容基本上从保护环境功能出发,结合具体情况进行。例如,我国许多开发建设项目发生在农业区,农业区的主要环境功能是生产生物资源,同时具有区域生态环境保护所要求的其他相关功能。开发建设项目对农业生态系统的影响主要有占地、恶化土壤性质和生态条件,改变系统结构以及污染影响等。预测应围绕农业生态系统功能和区域生态环境功能的保护进行,尚需注意支持条件和影响生态系统的主要环境问题。

## 二、生态环境影响预测方法

生态环境影响预测方法依据要预测的问题和对象不同而有不同的选择,不同的学者针对同一预测对象和问题也可能选择不同的预测技术方法。例如,土壤侵蚀问题的预测,可有类比分析法、模式计算法如美国的通用水土流失方程等。对自然资源的影响预测,则可采用自然资源管理和研究一般采用的方法或法规确定的方法。对生态的影响预测,可采用如下方法。

### (一)列表清单或描述法

即根据已有知识,经验,结合预测对象(具体的建设项目和特定的生态系统),进行定性分析与描述。这种描述有时结合地形图、植被图、土地利用图、水系图和其他示意图等进行,可使描述的问题更直观、可信。

### (二)数学模式方法

客观世界中的许多事物,人们对其已有相当了解,但对其变化机制的某些方面还未了解清楚。人们对这类事物的预测,常用半经验、半理论的灰箱模式。建立灰箱模型时,首先根据系统各变量之间的物理的、化学的、生物学的过程,建立起各种守恒或变化关系,而在某些了解还不清楚的方面没法参数化,即用黑箱处理方法,根据输入、输出数据的统计关系确定参数数值。

### (三)物理模拟预测方法

人们除了应用数学分析工具进行理论研究外,还可应用物理、化学、生物等方法直接模拟环境影响问题,这类方法通称为物理模拟方法,属实验物理学研究范畴。

这类方法的最大特点是采用实物模型(非抽象模型)来进行预测。方法的关键在于原型与模型的相似。相似通常要考虑:几何相似、运动相似、热力相似、动力相似。

### (四)对比法与类比法

1. 对比法

这是最简单的主观预测方法。此法通过对工程兴建前后,对某些环境因子影响机制及变化过程进行对比分析,例如预测水库对库区小气候的影响,目前还无客观、定量的预测模式,但可通过小气候形成的成因分析与库区小气候现状进行对比,研究其变化的可能性及其趋势,并确定其变化的程度,也可作出建库后的小气候预测。距库区不同距离处受到建库影响的大小,也可用对比法作出预测。

2. 类比法

类比分析是生态影响预测主要方法之一。在建设项目的生态环境影响预测中,类比分析能比较准确地预测生态系统的变化和发展趋势。由于生态影响结果出现的滞后性,类比分析有时是主要的可信的预测方法。

类比分析是一种定性和半定量的方法。类比分析中,重要的是选择类比对象和研究类比条件。这其实是要对类比对象作深入研究,即研究类比对象在某种作用力之下所发生的变化过程和最终结果。在进行类比分析时,一是分析拟评价对象与类比对象的生态系统的相似性,尽量选择相似者(在同一地理自然区内,具有相似的植被、相似地理条件等)。二是分析拟建项目的作用与类比对象的作用的相似性,一般同类建设项目具有大致相同的作用,如同为高速公路或高速公路与一级公路,同为水电工程,同为矿山开发等。三是分析影响作用的相似性,如作用方式、作用持续时间长短、作用强度等。总之,对类比对象的研究与认识深度,能在很大程度上决定类比分析预测的准确性。

### (五)专业判断法

在需要进行环境影响预测时,常常会遇到这样一些问题:缺乏足够的数据、资料,无法进行客观地统计分析;某些环境因子难以用数学模型定量化(如含有社会、文化、政治等因素的环境因子);某些因果关系太复杂,找不到适当的预测模型;或由于时间、经济等条件限制,不能应用客观的预测方法,此时只能用主观预测方法。

最简单的咨询法是召开专家会议,通过组织专家讨论,对一些疑难问题进行咨询,在此基础上作出预测。专家在思考问题时会综合应用其专业理论知识和实践经验,进行类比、对比分析以及归纳、演绎、推理,给出该专业领域内的预测结果。

较有代表性的专家咨询法是特尔斐法(DelPhi),美国兰德公司于1964年首先用于技术预测(也可用于识别、综合、决策)。此法是一种系统分析方法,使专家意见通过价值判断不断向有益方向延伸,为决策科学化提供了途径,给决策者以多方案(相对有不同的专家意见)选择的机会和条件。具体形式通过围绕某一主题让专家们以匿名方式充分发表其意见,并对每一轮意见进行汇总、整理、统计,作为反馈材料再发给每个专家,供他们作进一步的分析判断、提出新的论证。经多次反复,论证不断深入,意见日趋一致,可靠性越来越大。由于建立在反复的专家咨询基础之上,最后的结论往往具有权威性。此法的关键在于专家的选择(包括人数与素质),一个专家集团应该充分反映一个完整的知识集合;其次,评价主题与涉及事件要集中、明确。紧紧围绕价值关系开展讨论、论证,并注意不要影响专家意见的充分发表,组织者在反馈材料中不应加入自己的意见;最后,专家咨询结果的处理和表达方式也十分重要,要统计专家意见的集中程度和协调程度,以及专家的积极性系数和权威程度。

### (六)景观生态学法

景观生态学方法是目前普遍应用于生态系统现状评价和影响预测的方法。这种方法的普遍应用得益于信息采集手段的先进性和有效性。

### (七)栖息地评估程序

美国鱼类和野生生物协会提出的栖息地评价程序,是以评价区栖息地条件、最佳(理想)栖息地条件来评价野生动物对栖息地的利用和栖息地的相对价值。这种方法假设某些栖息地的变量(如植被组成)是可测度的,并且与维持某种野生生物的栖息地密切相关,并通过数量化而得到栖息地单位作为评价基础。栖息地评价程序包括:

(1)选择关键指示物种,研究指示物种的栖息地需求。

(2)确定研究限制条件。

(3)确定栖息地植物群落的类型和估计栖息地适合度的相关景观。

(4)湿地观察和收集栖息地变量数据(植物群落),并建立栖息地适合度指数模型。

(5)评估物种的栖息地指数(从最不适到最适),确定栖息地单位。

(6)根据栖息地单位描述栖息地条件,对未来的栖息地条件进行估计,评价不同条件下的结果(预测)。

**(八)累积影响评价法**

建设项目环境影响评价主要集中于研究由单一活动所带来的后果。随着评价内容和时间尺度的扩大,由多种活动造成的累积影响开始显现,并受到重视。

1.累积影响的一般概念

累积影响主要包括以下几个方面:

(1)由相似或不相似的活动所产生的累积后果。

(2)项目的影响在时间和空间上的累积。

(3)来自于简单相加和协同作用的累积影响。

(4)一些活动对环境和生态系统行为造成的重大改变(短期内发生或滞后发生)。

(5)一些活动对未来活动的促进或减缓,或者导致环境和生态各组成部分之间强烈的相互作用。

累积效应定义为一种活动与另一种活动相互作用、叠加后导致的环境变化对某种共同的资源所产生的效应。因此,累积效应包括了项目之间的相互作用和累加变化。一路累积效应可能是一系列单个项目效应与现存项目间相互作用效应之和。

2.累积影响评价的几种情况

(1)多个建设项目的累积影响评价。即把众多拟议中的开发项目结合起来,考虑它们对环境的综合影响。通常又分为区域累积影响评价和项目累积影响评价。

区域累积影响评价是研究在一个特定地理区域内所有的可能进行的开发建设活动所带来的累积影响;项目评价是指在一整套开发计划中对其相似或相关的项目进行累积影响评价。

(2)适宜性研究。通过适宜性研究来确定开发项目选址的适宜地区。它是通过研究一个大区域的特点,来确认哪些地方对不同类型开发项目是适宜的或是敏感的。所以这种累积影响评价可以看作是评估自然系统抵御开发项目压力的能力。

(3)承载能力研究。其目的在于认识环境和社会经济因子的内在限制,而这些限制的阈值通常制约着开发建设项目和区域的发展。其分析研究的核心在于研究承载能力。

3.累积影响评价步骤

累积影响评价通常由5个步骤组成,即:

(1)确定各项开发建设活动之间的关系。

(2)进行单项开发建设活动的影响评价。

(3)计算相互作用系数和未修正累积效应。

(4)修正各开发建设活动间重复计算的效应。

(5)叠加现存建设项目的影响。

# 第四节　生态环境保护理论与技术

## 一、生态环境保护基本原理

为有效地保护生态环境,需要遵循一些基本原理:首先是生态系统结构与功能的相对应原理,从保护结构的完整性达到保持生态系统环境功能的目的;其次是将经济社会与环境看作是一个相互联系、互相影响的复合系统,寻求相互间的协调,并寻求随着人类社会进步,不断改善生态环境以建立新的协调关系的途径;第三是将保护生态环境的核心——生物多样性放在首要的和优先的位置上;第四是将普遍性与特殊性相结合,特别关注特殊性问题,如我国国情,东西南北各不相同,各地都有不同的保护目标和保护对象,因而在注意普遍性问题时,对特殊性问题给予特别的关注;第五是关注重大生态环境问题,将解决重大生态环境问题与恢复和提高生态环境功能紧密结合,以适应经济、社会发展和人类精神文明发展不断增长的需要。

**(一)保护生态系统结构的整体性和运行的连续性**

从人类的功利主义和思维定势出发,保护生态环境的首要目的是保护那些能为人类自身生存和发展服务的生态功能。但是,生态系统的功能是以系统完整的结构和良好的运行为基础的,功能寓于结构之中,体现于运行过程中;功能是系统结构特点和质量的外在体现,高效的功能取决于稳定的结构和连续不断的运行过程。因此,生态环境保护也是从功能保护着眼,从系统结构保护入手。例如,森林生态系统具有保持水土的环境功能。这种功能是由有层次的林冠结构和枝干阻截雨水,林下地被植物和枯枝败叶层吸收水分,根系作用疏松土壤增加土壤持水性,以及林木的枝干和枯落物减弱雨滴的动能,从而防止其直接打击土壤表面造成土壤侵蚀等综合作用的结果。这种功能是以植物与土壤共存并形成森林生态系统为基础的。这个结构如受破坏或结构残缺不全,如树木零落、枝叶稀疏、地被植物或枯枝败叶被清除,都会使系统水土保持功能下降。所以要保护系统结构的完整性。生态系统结构的完整性包括以下几个方面。

1. 地域连续性

分布地域的连续性是生态系统存在和长久维持的重要条件。现代研究表明,岛屿生态系统是不稳定或脆弱的。由于岛屿受到阻隔作用,与外界缺乏物质和遗传信息的交流,因而对干扰的抗性低,受影响后恢复能力差。近代已灭绝的哺乳动物和鸟类,大约75%是生活在岛屿上的物种。

由于人类开发利用土地的规模越来越大,将野生生物的生境切割成一块块越来越小的处于人类包围中的"小岛",使之成为易受干扰和破坏的岛状生境,破坏了生态系统的完整性,也加速了物种灭绝的进程。在世界上已建立的保护区内,物种仍在不断减少。其原因也是由于自然保护区大多是一些岛屿状生境,无法维持生物多样性的长期存在。

岛屿生物地理学是为描述上述作用发展的理论,岛屿生物地理学认为:

(1)一个岛上的物种数 $S$ 是该岛面积 $A$ 和该岛与其他岛屿相隔距离 $D$ 的函数,即 $S=f(A,D)$,$A$ 越大或者 $D$ 越小,则 $S$ 越大。

(2)每种生物都需要一个求得生存和发育的最小面积,其最小面积的尺度因物种而异;每种生物也有一个能够越过"海洋"而到达邻岛的最小距离,其距离也因物种而不同。例如,英国现有鸟类生存的最小面积是 $100km^2$。

(3)某一受隔绝的岛屿状生境中,生物尤其是动物的生存与繁殖或种群的延续,都有一个临界的种群密度和种群规模,当个体数降到此临界值以下,该物种就会灭绝。依靠单一食物来源的动物、处于营养级高层的动物、只在有限的或专门筑巢区栖息繁殖的动物、迁徙性动物,都是易灭绝性动物。作为一般规律,野生动物种群至少需保持500个个体,才能通过自然选择进行某种程度的进化,否则,终究会因缺乏进化适应性而灭绝。

2. 物种多样性

物种的多样性是构成生态系统多样性的基础，也是使生态系统趋于稳定的重要因素。物种与生态系统整体性的关系，可用欧利希（Ehrlichs）的"铆钉"去除理论作出形象的说明。当从飞机机翼上选择适当的位置拔掉一个或几个铆钉时，造成的影响可能是微不足道的。当铆钉被一个接一个地拔去时，危险就逐渐逼近；每一个铆钉的拔除都增加了下一个铆钉断裂的危险，当铆钉被拔到一定程度时，飞机必然突然解体。

在生态系统中，每一个物种的灭绝就犹如飞机损失了一个铆钉，虽然一个物种的损失可能微不足道，但却增加了其余物种灭绝的危险；当物种损失到一定程度时，生态系统就会彻底被破坏。在我国热带雨林中曾观察到，砍掉了最高的望天树，其余的树木就将受到严重的影响，因为有很多树木是靠望天树的荫庇才能够生存的。

自然形成的物种多样性是生物与其环境长期作用和适应的结果。环境条件越是严酷，如干旱、高寒、多风和荒漠地带，物种的多样性越低，生态系统也就越脆弱，越不稳定。在这种条件下，破坏了一两种物种，就可能使生态系统全部瓦解。如在我国西北，胡杨树、红柳等沙漠植物被砍伐后，很快招致土地沙漠化，生态系统完全被毁灭。

3. 生物组成的协调性

植物之间、动物之间以及植物和动物之间长期形成的组成协调性，是生态系统结构整体性和维持系统稳定性的重要条件，破坏了这种协调关系，就可能使生态平衡受到严重破坏。野兔被带到澳大利亚造成的野兔成灾、北美科罗拉多草原消灭狼导致的鹿群增殖过多使草原遭致破坏，都是这方面的突出例子。

动物之间的捕食与被捕食关系对于维持生态系统的协调和平衡具有重要意义。许多猛禽、蛇类和部分兽类如黄鼠狼和狐狸等，都是老鼠的天敌。一只猫头鹰一个夏季可捕鼠 1 000 多只；一条中等大小的成年蛇，每年约捕鼠 150 只；一只黄鼠狼一年可捕鼠 200 ~ 300 只。现在，由于这些鼠类天敌被捕杀，或者被农药毒杀，或因栖息地破坏而大量减少，很快老鼠迅速增加，成为巨大的生态危害。据估计，我国约有老鼠 30 亿 ~ 35 亿只，受老鼠危害，一年损失粮食近百亿公斤，损失牧草超过 $1 \times 10^{11}$ kg。

在植物和动物之间，须特别注意保护单一食性动物的食料来源。在这方面，大熊猫和箭竹的关系最能说明问题。实际上，在任何生态系统中，当植物受到影响时，都会不同程度地影响到相关动物的生存。

4. 环境条件匹配性

生态系统结构的完整性也包括无生命的环境因子在内。土壤、水和植被三者是构成生态系统的支柱，他们之间的匹配性对生态系统的盛衰具有决定性意义。环境的匹配性当首推水分。水分供应充足、均匀或应时，水质好，都会对生态系统有良好的影响。土壤的影响很复杂，氮、磷、钾肥分的适当配比、土壤的结构、性质和有机质的含量，都有重要影响。

其次，影响生态系统环境功能甚至影响系统自身稳定性的另一个关键是生态过程，主要是物质的循环和能量的流动两个主要过程。这个运行过程必须持续进行，削弱这一过程或切断运行中的某一环节，都会使生态系统恶化甚至完全崩溃。

保持生态系统物质循环的根本措施是任一种元素（物质）从某个环节被移出系统之外，都必须以一定的方式予以补充。例如，在农田生态的物质循环中当作物收获带走养分时，就需施肥予以补充。同理，当某地植被因开发建设活动遭到破坏或清除时，就需人工补建绿色植被予以补偿，从而维持物质的循环作用。

能量流动是指来自太阳的光能经植物光合作用变为有机物(化学能)被储存起来,然后沿植物、动物和微生物的方向被传递。构成能量流动的核心是绿色植物,因此,能量流动的持续性也是以绿色植物的保护为核心的。

### (二)保持生态系统的再生产能力

生态系统都有一定的再生和恢复功能。一般来说,组成生态系统的层次越多,结构越复杂,系统越趋于稳定,受到外力干扰后,恢复其功能的自我调节能力也越强。相反,越是简单的系统越是显得脆弱,受外力作用后,其恢复能力也越弱。

生态系统的再生与恢复功能受两种作用左右,一是生物的生殖潜力,二是环境的制约能力。生物的生殖潜力一般较大,而且越是处于生物链底层的生物其生殖潜力越大,越是处于食物链顶端的生物其生殖潜力越小。如昆虫和老鼠,其生殖潜力非常之大,尽管人们千方百计地除虫和灭鼠,但虫害和鼠害却一天重似一天。相反,鸟类的生殖潜力则较小,受到的制约因素也较多。环境的制约力包括无机环境的制约力和生物天敌的制约力,前者如水分缺乏、种子萌发条件的不足以及栖居地的狭小等,后者如天敌种类的多少、种类数量的大小等。

为保持生态系统的再生与恢复能力,一般应遵循如下基本原理:

(1)保持一定的生境范围或寻找条件类似的替代生境,使生态环境得以就地恢复或异地重建。

(2)保持生态系统恢复或重建所必需的环境条件。

(3)保护尽可能多的物种和生境类型,使重建或恢复后的生态系统趋于稳定。

(4)保护生物群落和生态系统的关键物种,即保护能决定生态系统结构和动态的生物物种或群落。

(5)保护居于食物链顶端的生物及其生境。

(6)对于退化中的生态系统,应保证主要生态条件的改善。

(7)以可持续的方式开发利用生物资源。

许多生态系统的变化或破坏,是由于人类高强度和过度开发利用其中的某些生物资源造成的;而生态系统结构的恶化,使生物资源的生产能力降低,从而又加剧对其他生态系统的压力,并最终影响到人类经济社会的可持续发展。所以,从保障人类社会可持续发展出发,对于可再生资源的利用,应注意,将人类开发和获取生物资源的规模和强度限制在资源再生产的速率之下,不使资源过度消耗而导致其枯竭。例如,森林限量砍伐、不超过森林生长量(采补平衡);鱼类限量捕捞或限制网目、规定捕鱼期和禁渔期,保障鱼类的再生产;鼓励生物资源利用对象和利用方式的多样化,减轻对某种资源的开发压力;改善生物资源生存与养育的环境条件,即改善生态环境,提高生物资源的生产力。

### (三)以保护生物多样性为核心

尽管生物多样性有遗传多样性、物种多样性和生态系统多样性三个层次,但人们关注的焦点是易于观察和采取行动的动植物的物种多样性保护问题,尤其是物种的濒危和灭绝问题。

导致动植物物种灭绝的原因主要是人为作用,如砍伐森林,开垦荒地,围垦湿地;过度收获某些生物资源,酷渔滥捕,乱捕滥猎等。野生生物贸易和商业性利用常导致某些生物资源的过度开发和迅速灭绝。象牙、犀角、麝香贸易导致大象、犀牛和麝的濒危与灭绝是这方面的典型例证。国内屡禁不绝的野味餐馆也是造成一些动物稀少和濒危的重要原因。建立自然保护区是人类保护生物多样性的主要措施,但保护的效能却不尽如人意。

一般而言，为有效进行生物多样性保护，应遵循如下基本原则。

1.避免物种濒危和灭绝

这是针对物种大规模的灭绝而采取的一种应急措施，主要采取建立自然保护区、捕获人工养殖、繁殖重新引种、试管受精技术以及建立种子、胚胎和基因库等方法保存物种和基因。

2.保护生态系统的完整性

这包括保护生态系统类型、结构、组成的完整性和保护生态过程。由于生态因子间紧密的相关性特点，保护生物多样性必须是全面的即保护所有的物种并使之相互平衡；保护所有组成生态系统的非生物因子，不削弱其对生态系统的支持能力；保护所有的生态过程，使其按照固有的内在规律运行。

3.防止生境损失和干扰

对大多数野生动物来说，最大的威胁来自其生境被占用、分割、缩小、破坏和退化。生境改变一般是将高生物多样性的自然生态系统变为低生物多样性的半自然生态系统，如森林转化为草原或农田，自然的水域或滩涂转化为人上鱼塘或虾池等。另一种过程将是特大面积连片的生态系统被分割成一个个"孤岛"，形成脆弱的岛屿生境。现在一些残存生物多样性高的生态系统，如湿地、荒地、原始森林、珊瑚礁等和一些拥有特殊物种的生态系统，已成为生物多样性保护的敏感目标。这类生境的损失，对生物多样性影响十分巨大，有些甚至是毁灭性的。

4.保持生态系统的自然性

对自然保护区的研究发现，自然保护区中的物种和遗传因子一直不断地受到侵蚀。其原因，除保护区的面积较小、无法避免"岛屿"生境的作用外，人为干预过多是一个重要原因。由于公园管理要人为地引进物种（如植树）、控制生物、实施管理（如修路、开渠、筑坝）等，都会使自然保护区失去其自然性，从而导致生物多样性的侵蚀。生物多样性保护不单单是保护动植物物种，而且也需要保护物种间的关系以及演化过程和生态过程。因此，尽可能保持生态系统的自然性，减少任何人为的干预、"改善"、"建设"，是生物多样性保护的法则之一。

5.可持续地开发利用生态资源

生态资源对人类社会经济的发展有着重要意义，而许多生物资源和生态系统却经常处于人为作用之下。因此，人类开发利用这类资源的方式和强度，对生物多样性有着至关重要的影响。例如，综合和有限度地利用森林的多种非木材产品而不是砍伐木树，实际效益高而持久；农业品种多样性比单作有着更高的生态意义。控制外来物种，保持自然的水文状况，实行可持续利用的管理等，都是保护生物多样性所必不可少的。现在，重要的是要避免商业性的过度采伐、猎捕和更替等影响。

6.恢复被破坏的生态系统和生境

对于已破坏的生态系统，要模仿自然群落来重建整个生物群落。这在生物多样性保护中虽然作用有限，但恢复的生态系统可被人类重新利用，并可减缓对残余的原生生境的压力。在陆地上，生态系统恢复的主要手段是恢复植被，尤其是恢复森林植被。在陆地生态系统中，森林植被因有比其他生态系统大得多的环境功能，其中包括保护生物多样性的功能，因而是重建生态系统的重点和基础。

**（四）保护特殊重要的生境**

在地球上，有一些生态系统孕育的生物物种特别丰富。这类生态系统的损失会导致较多的生物灭绝或受威胁；还有一些生境，栖息着需要特别保护的珍稀濒危物种。这些生物都是必须重点保护的对象。

1. 热带森林

单位面积的热带森林所赋存的植物和动物种最多。例如:亚马逊热带雨林中,1$km^2$ 雨林就有胸径10cm以上的树种87~300种之多。我国的热带森林较少,主要分布在海南岛和云南西双版纳地区。同世界热带森林一样,我国热带森林也是物种最丰富的地区。目前,这些地区受到游牧农业、采薪伐木和商业性采伐的威胁,旅游等开发建设项目和农业开垦也是重要的影响因素。

2. 原始森林

我国残存的原始森林已经很少,因而显得格外珍贵。目前,残存的原始森林大多在峡谷深处、峻岭之颠。这些森林不仅是重要的物种保护库,而且是科学研究的基地。原始森林面临的最大威胁是商业性砍伐和人类活动干扰,而水陆道路的沟通使许多原先人迹难至的地方通车通航,常是导致这些森林消失的主要因素。

3. 湿地生态系统

湿地是开放水体与陆地之间过渡的生态系统,具有特殊的生态结构和功能。按照"国际重要湿地特别是水禽栖息地公约"的定义,湿地是指沼泽地、沼原、泥炭地或水域,无论是天然的或人工的、永远的或暂时的,其水体是静止的或流动的,是淡水、半咸水或咸水。还包括落潮时深不超过6m的海域。这个定义过于广泛而不宜把握。美国1956年发布的《39号通告》,将湿地定义为被间歇的或永久的浅水层所覆盖的低地。并进而将湿地分为四大类:内陆淡水湿地、内陆咸水湿地、海岸淡水湿地、海岸咸水湿地。

湿地是许多种喜水植物的生长地,也是很多水鸟、水禽栖息地,并且是许多鱼虾贝类的产卵地和索饵地。湿地是生产力很高的自然生态系统,每平方米平均生产动物蛋白9g。湿地有多种生态环境功能,如储蓄水资源、改善地区小气候、消纳废物、净化水质等。

红树林湿地是目前研究较多且受到高度重视的湿地生境。红树林的生态功能包括防风防潮、保护海岸免受侵蚀;提供木材和化工原料;为许多鱼虾贝类提供繁殖、育肥基地。湿地受到人类活动的压力主要包括疏干和围垦变为农田,转化为城镇或工业用地,截流水源使湿地变干,养殖业发展特别是将湿地变为人工鱼池或虾池,伐木破坏湿地生态系统,筑路或其他用途挤占湿地等。

4. 荒野地

荒野地是指基本以自然力作用为主尚未被人类活动显著改变的土地,即没有永久性居住区或道路,未强行垦耕或连续放牧的土地。荒野地是人类尚未完全占领的野生生物生境,是现在地球上野生生物得以生存的"生态岛"和主要避难所。荒野地的生态学价值是其他土地不可替代的。

荒野地受到的压力是:人口增加和经济开发活动的不断蚕食;石油、天然气和其他矿业开发活动的破坏;公路铁路穿越的分割作用;狩猎和采集采伐活动的干扰;缺乏正确认识导致的盲目开发与破坏等。

5. 珊瑚礁和红树林

珊瑚礁和红树林是海洋中生物多样性最高的地方,又是保护海岸防止侵蚀的重要屏障。珊瑚礁因其具有较高的直接使用价值而使受到破坏的可能性增大。据报道,海南省文昌县椰林湾,曾是个景色秀丽,物产富饶的地方。湾内有近万亩珊瑚礁。近10年人们将珊瑚礁采来烧制低价的石灰和水泥,挖掉珊瑚礁超过$6\times10^4$t。其结果是10年内海岸侵蚀后退达320m,

目前仍以每年20m的速度侵蚀岸带，迫使村民后退迁徙。房倒屋塌，沿岸3 000多棵椰树和30多万株其他树木被海水吞没，椰林湾从此失去昔日风采。

## 二、生态保障设计及技术

### （一）生态设计及方法

设计是贯彻设计思想、融会技术方法、通过一定的手段将人类的某种目的或需要转换为一个具体的物理形式或工具的过程。生态设计是强调结合自然、适应自然、与自然合作的设计理念和设计思想，生态设计明确地表明它要解决的问题是环境问题，生态设计为设计者提供了一个自然与人类文明相联结的平台，使人类重新设计生存居住环境（包括景观、建筑、工业生产等）。从更广泛的角度来说，任何以环境影响最小为目的的设计都可以称为生态设计。随着人们对自然环境认识的加深，生态设计已融入到各个设计领域，成为预防和减少环境危害的重要手段。生态设计是重视自然的设计，由于设计对象及考虑因素的不同，目前广泛应用的设计方法有为环境而设计（DFE）和生命周期评价法（LCA）。

1. 为环境而设计（Design For Environment，DFE）

DFE是北美洲的术语，是指在产品设计开发时系统地融入环境因素，即通过对产品整个生命周期过程中的潜在环境影响进行系统的分析和评价，从而采取相应的措施达到减少某一产品的潜在环境影响的目的。DFE的目标是在不影响产品性能和寿命的前提下，尽可能体现环境目标，将产品开发和环境管理这两个在传统上相互分离的过程紧密联系起来。DFE所考虑的不仅是传统的产品加工制造过程，DFE在设计阶段就开始考虑环境问题，因此在产品的整个生产过程和使用阶段以及废弃后的最终处理都可以有效地减少对环境的影响。应用DFE方法进行产品开发设计具体可分为以下几个步骤：

（1）指定产品设计目标。这一阶段主要是确定产品开发的目的、制约条件等问题，在这一阶段还要确定一些环境目标。

（2）概念设计。对制定的产品设计目标进行详细的计划，确定产品各阶段的设计策略，并进行深入地分析、核定，对技术经济可行性进行评估，确定具体的技术方案。

（3）产品设计。这是产品设计的具体实施阶段，DFE在这一阶段应该强调是设计者的设计工作能够实现环境目标。

（4）产品工艺设计。这是产品工艺设计过程，DFE在这一阶段强调如何减少或避免产品生产加工过程中的环境影响。

2. 生命周期评价（Life Cycle Assessment，LCA）

LCA是产业生态学的基本方法，是生态设计的辅助方法和评价工具。它的历史可追溯到1969年可口可乐公司对其饮料包装的分析。生命周期评价是指“通过对物质、能量利用以及由此造成的环境影响进行识别和量化达到对产品、生产工艺以及活动的环境压力进行评价的客观过程”。其目的在于评估物质和能量利用以及对环境的压力，同时寻求改善环境的机会。这种评价贯穿了产品和工艺活动的整个生命过程。

LCA的原则是要从产业活动的全生命周期过程（包括原材料开采与提炼、产品制造、运销、使用、维修、报废到最终处置等），所有介质（大气、水、土壤等）和所有生态影响方面（资源破坏、人体健康、生态健康等）来对产业活动的生态影响强度进行全方位的评价，目前已形成了基本的概念体系和技术框架。主要的步骤如下：

(1)定义目标与确定范围。确定研究的目的与原因,以及研究结果可能应用领域。

(2)清单分析。对某一种产品、工艺和活动在整个生命周期过程中的能量与原材料需要量以及对环境的影响进行以数据为基础的客观量化过程。

(3)影响评价。对清单阶段所识别的环境影响压力进行定量与定性或定型的表征评价。

(4)改善分析。系统评价在产品、工艺或活动的整个生命周期内能源消耗、原材料使用以及环境影响的需求与机会。

生态设计是实现与环境协调发展的重要手段,其基本思想是在设计过程中考虑到材料和产品整个生命周期对环境的负面作用,将其控制在最小范围之内或最终消除。

目前,交通设施建设过程中对生态环境保护的要求越来越高,所以要求设计者的设计理念要及时从传统的经济思维模式转变过来,树立全局观念和可持续发展的思想,均衡协调处理设计中遇到的各种矛盾,同时,也要求在施工过程中严格控制各环节在施工时对周边生态环境的影响。

### (二)工程设计的生态环境保护

#### 1. 总体保护设计

工程在设计过程中应遵循以功能为主线,以安全为核心,以人为本,合理采用技术标准,灵活运用技术指标,协调处理环保、经济、美观的关系,贯彻项目建设"可持续发展"的理念,并采取主要技术标准的综合优化方法。主要技术标准的综合优化是一种协调设计和优化方法,是借助数学上的综合优化方法,在分析各主要技术标准对公路技术、经济、运营影响的基础上,以主要技术标准为设计变量,以安全性为约束条件,以经济、环保等为目标函数,建立数学模型,求解各主要技术标准的最优组合值。在设计过程中,允许进行灵活设计。灵活性设计并不是试图创建一个新的标准,而是在灵活运用现有法律及规范的基础上,在不降低安全性的前提下,通过灵活设计寻求达到更符合公路沿线可持续发展的目标。另一方面,灵活的特殊性还在于允许有超标的情况。值得注意的是,在灵活性设计中要防止两种倾向:认为标准越高越好越安全;随意突破标准,特别是强制性指标。

在总体设计中,选线也是至关重要的步骤。环保选线的基本流程就是寻找环境代价较小的解决方案,并对方案进行比较的过程。例如,考虑到公路设计的可操作性,环保选线的基本步骤可分5步执行,具体如下:确定和划分研究区域;根据专题地图,确定、描述和评价公路与环境的关系及影响模式;按对环境的影响权重对专题地图进行叠加,以寻找对环境影响相对较小的路线走廊;在对环境影响最小的走廊带里设计可行的路线方案;对各路线方案的优缺点进行评估。在设计的过程中,还必须考虑一些其他的重要设计目标,如安全性、经济性和美观等也必须作为方案选择的评估指标。值得注意的是,在某些情况下,与环境最协调的方案,不一定是满足公路使用功能最好的方案,因此需要设计人员根据实际情况进行取舍和调整。

#### 2. 生态保障设计技术

(1)合理设计方案选取

为解决好环境保护问题,应采取以防为主,以治为辅,防治结合,综合治理的方针。从防治的角度考虑,采用短隧道替代深挖路堑,本身就是一项环保举措并只需小的投入便可获得良好的环保效果。高路堤是山区高速公路设计中经常碰到的问题,虽然在路线平面设计时充分考虑了纵断面设计要素,但由于山区地形复杂,纵向高差起伏较大,必不可少要出现高填方路堤。

高填方路堤还有可能阻断野生动物的迁徙通道,隔离和压缩野生动物的生存空间,破坏了生态平衡。因此,在需要高填方路段提出纵向桥的方案,它能减少对自然环境的干扰与破坏,与自然环境相协调。

桥梁基础工程建设对生态环境的影响主要表现在以下几个方面:对野生动物的栖息地产生影响;可能造成严重的水土流失、水污染;对物种的流动形成阻断影响;产生噪声污染,对野生动物的栖息产生不利影响;桥墩设置不合理会使河床过水断面受到压缩而形成桥前局部壅水,水流速度减缓,泥沙下沉,同时桥下水流速度加快,造成局部冲刷。因此,处理桥梁基础工程建设与生态保护之间的关系十分重要,应遵循"避免、削减和补偿"的三项基本原则:基础工程的设计尽量避免对当地的生态环境造成不利影响;基础工程不可避免对生态环境造成影响时,遵循"削减和补偿"等措施;加快施工进度,使噪声污染减小到最低;严格控制泥浆的排泄和混凝土的灌注,防止产生水污染;加高墩身或加设动物通道,使动物种群易于流动,防止产生"岛屿效应";处理好桥梁综合设计,使桥梁与周围景观做到协调一致。

(2)边坡防护设计

边坡、水文、地质病害的类型主要有如下几种:滑坡、崩塌、泥石流、错落、流坍、冲刷、剥落等。前六种规模大、数量多,对公路运输威胁较大。其中滑坡、崩塌、泥石流被称为是山区公路的三大主要地质病害。

边坡防护治理是一个牵涉到高速公路建设全局的问题,需要建设单位进行综合决策,纳入工程建设整体考虑之中。线路选定之后,首先从设计上对沿线边坡的分布和治理应有宏观考虑,以期在方案、工期和经费上有所准备;在施工中,应根据开挖揭示的具体地质条件,适时调整处治方案,包括措施的优化和处理时机的选择;在施工后期,应对边坡的风险和治理效果进行评价,以便采取合适的补充措施。

边坡防护综合设计一般应遵循以下原则:

①边坡防护应按照设计、施工与养护相结合的原则,深入调查研究,根据当地气候环境、工程地质和材料等情况,因地制宜,就地取材,选用适当的工程类型或采取综合措施,以保证路基的稳固。

②边坡防护措施是根据沿线不同土质岩性、水文地质条件、坡度、高度和当地材料、气候等因地制宜选择,应密切结合路面排水作综合考虑。

③护坡方法应优先考虑采用植物防护,当土质不宜植物生长及难以保证边坡稳定时,要考虑经济性、施工及效果,采用圬工防护或相应的辅助设施。

④对于不宜采用植物或混凝土网格中空植草的破碎岩路堑边坡,应综合考虑地形关系、基岩风化破碎程度、地震、暴雨、漏水、施工难易及经济性等因素,慎重选择喷浆(混凝土)、护面墙、落石防治等方案。

总之,综合防护应遵循"实用、经济、美观"的指导思想,明确"为行车服务"的目的,在适宜植物生长的土质边坡、服务区、立交区,根据土壤、气候特点栽种花草树木,既可防风护坡,恢复因修路而破坏的生态平衡,又可美化环境、吸收尾气、诱导视线,还可防止暴雨对路基边坡的击溅冲刷,保证行车安全。

### (三)工程施工设计的生态环境保护

1. 施工组织设计

网络计划技术在计划管理中起着举足轻重的作用,也对环境资源的保护起到重要的作用。

通过资源的合理调配,在时间和空间上优化资源的利用,以期达到施工影响最小。在准备阶段要确定网络计划目标、调查研究、工作方案设计;在绘制网络图阶段先要进行项目分解、逻辑关系分析,然后进行网络图绘制、时间参数计算、可行网络计划编制、网络计划优化、网络计划实施和网络计划的总结分析等。

施工便道在施工期间受到车辆机械的反复碾压,可能致使便道土壤结构被破坏,并在施工期结束之后形成条带状的裸露地表景观。施工便道尽量优先利用现有道路。在必须新开辟道路的情况下,要对施工便道进行合理规划,尽量避开生态环境敏感地区,尽量避免对生态的破坏。施工便道在配置过程中的主要防治措施有:尽量利用现有道路,以减少植被破坏为首要原则;若无现成道路可利用,则应严格规划施工便道的路线走向,严格控制施工道路修筑边界。施工结束后,必须及时恢复临时占用土地原有的土地利用功能;合理规划的便道在给施工带来便利的同时,也能够极大地方便沿线百姓的生产和生活,对于此类便道,施工结束后可考虑保留;在便道施工中,要严格执行宁填勿挖的原则。对于便道位置的地表植被不能随意铲挖。在必须铲挖的地段,对挖方的草皮切块,集中堆码,覆盖薄膜,定期浇水,专人养护。在施工完毕后对需要恢复的施工便道及时进行清理,平整便道两侧地面,并用原有草皮覆盖回植,恢复地面环境。为减小工程施工对沿线生态和景观的影响,对于工程现场的这些临建工程,施工完毕后应及时清理和恢复现场,对工程建设和人为活动造成的影响进行环境恢复,达到与周边自然环境的协调,尽量减小景观的视觉污染的目的。

2. *废方处理*

在施工过程中废方的产生对生态造成极大的危害,为减少这些危害建议对弃渣进行进一步的利用,并且对弃渣场的选址也有一定的要求。

(1)弃渣利用

针对工程弃渣,经过实践总结有下列的方法可以采用:

弃渣填沟作服务区、停车区,弃渣绿化造景,弃渣填沟作农地,弃渣填沟作住宅用地,弃渣销售,弃渣加固河堤。

(2)弃渣场选址的原则是,公路弃渣场应尽量少占土地,少破坏植被和减少水土流失,保护和改善生态环境。同时,还应尽量减少弃渣场挡渣墙、排水沟等防止水土流失工程措施的数量。

## 三、野生动物保护设计

公路建设对沿线野生动物的影响主要表现在生存环境和生态行为方面,而对野生动物生态行为的影响主要是因其对野生动物生活环境的破坏和污染引起的,其对野生动物生活环境的破坏主要表现在公路选线设计与施工建设和运营管理。公路建设是一项跨地区、跨流域的工程,避免不了对野生动物领域的分割,使野生动物生活所需要的大面积领域分割成小区域,破坏了野生动物的自然栖息、生长和繁殖、活动场所,威胁着仅存的少量野生珍稀动物,使其无法获得足够的食物与信息。同时由于公路的运营、车流量的增加、人类活动的延伸等原因,都对野生动物的觅食、生殖领域、捕食与迁徙等生态行为构成不同程度的影响。此外,公路本身及施工中临时设施、临时房屋和取弃土场占用一定的土地;开挖路堑、取土填筑路堤、开凿隧道对地表的扰动,破坏了自然生态环境,对野生动物生态也有一定的破坏作用。

另一方面,如果不能很好的加大自然环境的保护力度,设立相应野生动物保护设施,也会对高速公路本身的交通运输功能的实现造成严重的影响,运动中的野生动物途经高速公路时不仅阻碍交通的通畅,同时野生动物一旦受到惊吓,也会干扰行路驾驶员造成不可预测的后果。

### (一)野生动物通道设立的基本方法

在设计实践中,应对沿线野生动物的生存环境、生态行为等方面做全面细致的科学分析,致力于将动物保护的思想贯穿于整个公路建设当中,将野生动物通道的设立融于整个公路设计体系,在充分了解动物习性的基础上采取适当的方式对待野生动物,以满足野生动物种群间的交流、迁徙、觅食、生息繁衍和躲避天敌及自然灾害的要求,将高速公路建成人与动物和谐共生的环境,从而有效实现交通运输和动物保护的双重功能。

按照野生动物规避人类干扰的行为特点和一般生态习性,具有下述环境特点的地段可能需要建立动物通道:①经调查已知的动物通道或动物经常出没地带;②连续的山体和无人、少人山区;③连续的森林、草原;④水源的周边;⑤河岸带;⑥复杂地形地貌区等。

### (二)野生动物通道设立的基本形式

综合以上分析,根据野生动物的生活习性和生存环境,结合公路设计的结构,野生动物通道的布设形式可以具体考虑采用以下几种类型。

1. 下穿通道

①桥梁下方形式。这是山区、河流路段最好的通道形式,工程本身有修建的需求,同时兼顾了动物通道。

②路基下设涵洞。动物从涵洞通过,主要考虑公路对青蛙、昆虫等栖息地的影响,使一些爬行类和昆虫类动物大规模、季节性的顺利迁移得到保证。

③专为水陆两栖动物设置的河流上的桥涵通道。通道留有一定的陆路和水路通道位置,便于动物从河中、河滩、岸边通过。

2. 上跨通道

①上架桥或明洞。在路线上方两侧小山包之间,修建专为动物通过的小桥或在两侧山坡之间架设拱形结构形成明洞,使被公路分隔的生存环境得以连接。

②类似索桥构造的设施。搭建以铁索、缆绳为材料的公路两侧树木间的连接物,以利于猴子等攀爬动物通过。

3. 隧道方式

为防止对地面野生动物栖息地的影响,公路以隧道方式从地下穿过,使野生动物生存环境不致被公路阻隔。

4. 辅助设施

①警示标志。在野生动物经常出没的森林路段,设置动物标志牌,提醒驾驶员注意动物出没避免撞伤动物。

②信息诱导。可在通道设置处放置一些食物、食盐、动物粪便,或在通道处种植树木与动物生活区相连,以引诱或引导动物的迁移行动;同时可利用人类用无线电传导信息的原理,设置动物信息系统中转站,让动物也能够接受有关信息。

对于通过或占用重要栖息地的公路应该进行栖息地改移和营造的补偿设计。针对目标物种生活史及栖息地环境的地形、日照条件、植物种类、水资源条件等进行设计,改移后的栖息地要与原栖地类似,面积应大于原面积两倍,并且应考虑生活圈与行动圈的距离,及其与其他栖息地的连通性，避免形成生态孤岛。栖息地改移应避免与动物繁殖季节或幼年期进行，避免干扰种群的繁衍与数量。

## 四、生态恢复技术

### （一）生态恢复的三个层次

在对退化生态系统进行生态恢复时，不同的层次上对生态恢复的理解各有不同，以下将从物种、种群、景观层次进行讨论。

1. 物种层次

伴随着生态学中基础科学的发展，强调过程和功能的边缘学科得到发展。现在的恢复模式侧重于恢复物种的形成和防止灭绝。因此，在恢复计划中不仅要考虑是因生存的遗传类型，还必须考虑随时间进化的远景问题和引进物种的遗传多样性的适应性问题。

2. 种群层次

威勒（Wheeler）（1995）对植物群落的恢复进行了仔细思考，归纳得出恢复的合适终结点：在给定的运行规则下，恢复必须使栖息地能处于自我维持的半自然状态。这对动物群落的恢复也同样适用。对于植物和动物群落而言，恢复的要求非常相似，恢复最终的产物必须是能自我维持的种群或群落。

3. 景观层次

目前关于生态恢复的绝大多数理论和方法研究都集中在个别区域，但对于一些利用过度、管理不当等原因造成的景观功能削弱、景观结构改变的大面积区域，需要在更广的尺度，及景观的尺度上解决问题。景观尺度的生态恢复学虽然已经日益受到重视，但目前还处于初始阶段。

人们对于景观和区域层次生态恢复的重要性的认识正在提高，并且景观层次项目的案例也开始增加。然而景观层次的生态恢复仍处于早期阶段，还需要时间来评估它们的有效性，时间和空间尺度问题也还需要新颖和完整的方法来解决。通常仅有几种方法能用来评估不同情况，那就是依靠计算机模型，而设计重复的景观级的试验通常是不可能的，恢复设计还需具有一定程度的适应性。

景观层次的恢复通常还要考虑多种问题，如具体的生物物理、社会和经济现状等，同时要平衡保护和生产。为了使生态恢复成功进行，恢复活动不仅需要有效的生态原理和信息，还需要经济可行并符合实际。

### （二）生态恢复的原则与机理

1. 退化生态系统恢复与重建的基本原则

退化生态系统的恢复与重建要求在遵循自然规律的基础上，通过人类的作用，根据技术上适当、经济上可行、社会能够接受的原则，使受害或退化生态系统重新获得健康并有益于人类生存与生活。

生态恢复与重建的原则一般包括自然法则、社会经济技术原则、美学原则三个方面（图4-1）。自然法则是生态恢复与重建的基本原则，也就是说，只有遵循自然规律的恢复重建才是真正意义上的恢复与重建，否则只能是背道而驰，事倍功半。社会经济技术条件是生态恢复重建的后盾和支柱，在一定尺度上制约着恢复重建的可行、水平与深度。美学原则是指退化生态系统的恢复重建应给人以美的享受。

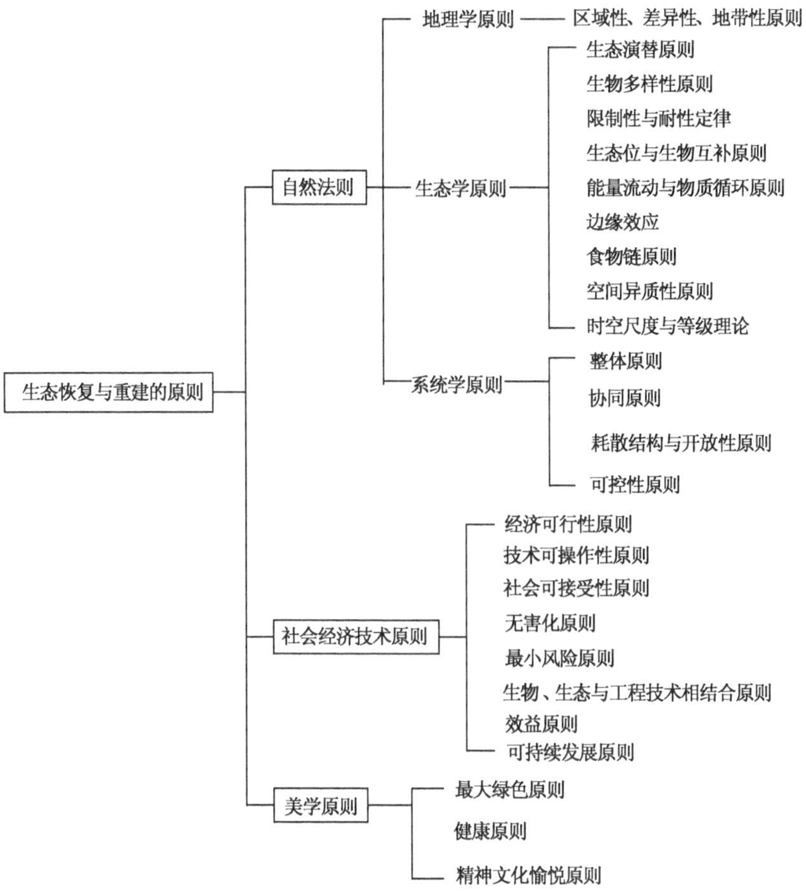


图 4-1　生态恢复的原则

2. 生态恢复的机理

以往恢复生态学中占主导的思想是通过排除干扰、加速生物组分的变化和启动演替过程使退化的生态系统恢复到某种理想的状态。在这一过程中，首先是建立生产者系统（主要指植被），由生产者固定能量，并通过能量驱动水分循环，水分带动营养物质循环。在生产者系统建立的同时或稍后再建立消费者、分解者系统和微生物。余作岳等通过近 40 年的生态恢复实验发现，在热带雨林恢复过程中植物多样性导致了动物和微生物的多样性，而多样性可能导致群落的稳定性。

霍布斯（Hobbs）和穆尼（Mooney）（1993 年）指出，退化生态系统恢复的可能发展方向包括：退化前状态、持续退化、保持原状、恢复到一定状态后退化、恢复到介于退化与人们可接受状态间的替代状态或恢复到理想状态（图 4-2）。然而，也有人指出退化生态系统并不总是沿着单一方向恢复，也可能是在几个方向间进行转换并达到复合稳定状态（metastable states）。诺顿 · 霍布斯特（Hobbst Norton）（1996 年）提出了一个临界阈值理论（图 4-2）。

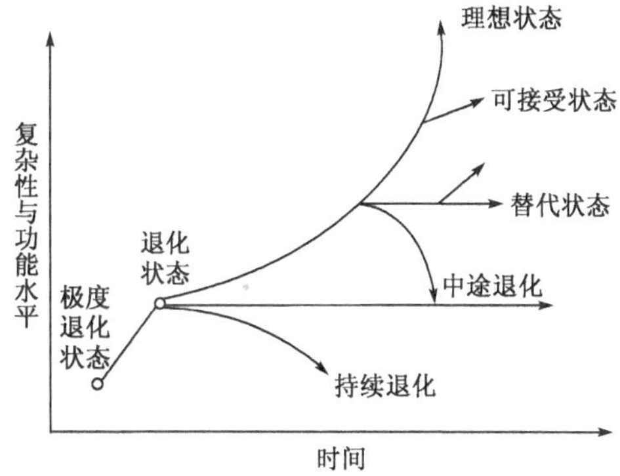


图 4-2　退化生态系统恢复的可能发展方向

该理论假设生态系统有4种可选择的稳定状态，状态1是未退化的，状态2和状态3是部分退化的，状态4是高度退化的。在不同胁迫或同种胁迫不同强度压力下，生态系统可从状态1退化到状态2或状态3；当去除胁迫时，生态系统又可从状态2或状态3恢复到状态1。但从状态2或状态3退化到状态4要越过一个临界阈值，反过来，要从状态4恢复到状态2或状态3时非常难，通常需要大量的投入。例如草地常常由于过度放牧而退化，若控制放牧则可很快恢复，但当草地已被野草入侵，且土壤成分已改变时，控制放牧已不能使草地恢复，而需要更多的恢复投入。同样，在亚热带区域，顶级植被常绿阔叶林在干扰下会逐渐退化为落叶阔叶林、针阔叶混交林、针叶林和灌草丛，这每一个阶段就是一个阈值，每越过一个，恢复投入就更大，尤其是从灌草丛开始恢复时投入就更大。

### （三）生态恢复技术措施

由于不同退化生态系统存在着地域差异性，加上外部干扰类型和强度的不同，导致生态系统所表现出的退化类型、阶段、过程及其相应机理也各不相同。因此，在不同类型退化生态系统的恢复过程中，其恢复目标、侧重点及其选用的配套关键技术往往会有所不同。尽管如此，对于一般退化生态系统而言，大致需要或涉及以下几类基本的恢复技术体系：

非生物环境因素（包括土壤、水体、大气）的恢复技术；

生物因素（包括物种、种群和群落）的恢复技术；

生态系统（包括结构功能）的总体规划、设计与组装技术。

不同类型（如森林、草地、农田、湿地、湖泊、河流、海洋）、不同程度的退化生态系统，其恢复方法亦不同。从生态系统的组成成分角度看，恢复主要包括非生物和生物系统的恢复。生态环境的恢复技术包括水体恢复技术（如控制污染、防止富营养化、换水、积水、排涝和灌溉技术）、土壤恢复技术（如耕作制度和方式的改变、施肥、土壤改良、表土稳定、控制水土侵蚀、换土及分解污染物等）、空气恢复技术（如烟尘吸附、生物和化学吸附等）。生物系统的恢复技术包括植被（物种的引入、品种改良、植物快速繁殖、植物的搭配、植物的种类、林分改造等）、消费者（捕食者的引进、病虫害的控制）和分解者（微生物的引种及控制）的重建技术和生态规划技术（RS、GIS、GPS）的应用。生态恢复技术体系如表4-5所示。

**生态恢复技术体系表** 表4-5

| 恢复类型 | 恢复对象 | 技术体系 | 技术类型 |
|---|---|---|---|
| 非生物环境因素 | 土壤 | 土壤肥力恢复技术 | 少耕、免耕技术；绿肥与有机肥施用技术；生物培肥技术（如EM技术）；化学改良技术；土壤结构熟化技术 |
| | | 水土流失控制与保持技术 | 坡面水土保持林、草技术；生物篱笆技术；土石工程技术（小水库、谷坊、鱼鳞坑等）；等高耕作技术；复合农林牧技术 |
| | | 土壤污染控制与恢复技术 | 土壤生物自净技术；施加抑制剂技术；增施有机肥技术；移土客土技术；深翻埋藏技术；废弃物的资源化利用技术 |
| | 大气 | 大气污染控制与恢复技术 | 新兴能源替代技术；生物吸附技术；烟尘控制技术 |
| | | 全球气候变暖控制技术 | 可再生能源技术；温室气候的固定转换技术（如利用细菌、藻类）；无公害产品开发与生产技术；土地优化利用与覆盖技术 |
| | 水体 | 水体污染控制技术 | 物理处理技术（如加过滤、沉淀剂）；化学处理技术；生物处理技术；氧化塘技术；水体富营养化控制技术 |
| | | 节水技术 | 地膜覆盖技术；集水技术；节水灌溉（渗灌、滴灌） |

续上表

| 恢复类型 | 恢复对象 | 技术体系 | 技术类型 |
|---|---|---|---|
| 生物因素 | 物种 | 物种选育与繁殖技术 | 基因工程技术；种子库技术；野生生物物种的驯化技术 |
| | | 物种引入与恢复技术 | 先锋种引入技术；土壤种子库引入技术；乡土种种苗库重建技术；天敌引入技术；林草植被再生技术 |
| | 种群 | 物种保护技术 | 就地保护技术；迁地保护技术；自然保护区分类管理技术 |
| | | 种群动态调控技术 | 种群规模、年龄结构、密度、性别比例等调控技术 |
| | | 种群行为控制技术 | 种群竞争、他感、捕食、寄生、共生、迁移等行为控制技术 |
| | 群落 | 群落结构优化配置与组建技术 | 林灌草搭配技术；群落组建技术；生态位优化配置技术；林分改造技术；择伐技术；透光抚育技术 |
| | | 群落演替控制与恢复技术 | 原生与次生快速演替技术；封山育林技术；水生与旱生演替技术；内生与外生演替技术 |
| 生态系统 | 结构功能 | 生态评价与规划技术 | 土地资源评价与规划；环境评价与规划技术；景观生态评价与规划技术；4S 辅助技术（RS、GIS、GPS、ES） |
| | | 生态系统组装与集成技术 | 生态工程设计技术；景观设计技术；生态系统构建与集成技术 |
| 景观 | 结构功能 | 生态系统间链接技术 | 生态保护网格；城市农村规划技术；流域治理技术 |

在生态恢复实践中，同一项目可能会应用上述多种技术。生态恢复中最重要的还是要综合考虑实际情况，充分利用各种技术，通过研究与实践，尽快地恢复生态系统的结构，进而恢复其功能，实现生态、经济、社会和美学效益的统一。

**（四）道路生态恢复技术**

对于道路建设过程中及完成后具体的生态恢复措施，一般要遵循植被自然演替规律，采用植物措施与工程措施相结合的方法，通过一系列方式使植物有机地融合到多种工程结构中，同时考虑生态效应与景观效应结合，将植物物种的自然生态习性与其对景观的绿化美化功能结合起来。目前，国内外已形成的有关道路生态恢复的技术有土地复垦技术、生物环境工程技术（或综合生物工程技术）和路域景观恢复工程技术等。

*1. 土地复垦技术*

土地复垦系指将修路中被破坏的土地因地制宜，采取综合整治措施，使其按预定的目标恢复到可利用的状态。在确定复垦目标时，一般也包括恢复生态环境的内容。有些土地复垦技术，例如，生态农业、生物（植物、微生物）、施用有机肥以及复垦土壤侵蚀控制等，在高速公路不同的临时用地类型上进行试验，取得了初步成果。土地复垦技术包括工程复垦和生态复垦。对遭到严重破坏的土地，一般先采用覆盖表土、平整压实等工程措施进行恢复改造。国外有人利用由木屑、聚丙烯纤维等原料与尼龙、稻草等编织的“侵蚀被”或用由聚丙烯带制成的三维栅格、金属编成的“石筐”等侵蚀控制构筑物来控制复垦土壤的侵蚀，将“侵蚀被”或侵蚀控制构筑物铺在表层或边坡，即可防止土壤侵蚀，植物也可以在其中生长。这项技术不仅先进，而且其产品已实现了产业化。对已严重丧失生产力的土地，利用豆科植物、微生物或有机肥等进行改良，可加速土壤熟化，恢复生产力。对已具备恢复植被的土地，可因地制宜确定复垦目标，宜林则林,宜草则草,或发展生态农业,建立多层次、多结构、多功能的符合农业系统,达到既恢复生态,又获得经济和社会效益的目的。

2. 生物环境工程技术(或综合生物工程技术)

所谓生物环境工程技术(或综合生物工程技术),是将生物措施与传统的工程措施有机地结合起来。其技术体系包括三部:一是环境基础工程。利用工程措施或土壤侵蚀控制技术等为植物恢复或生长创造环境条件;二是植被营建工程。根据当地条件,正确选择植物品种,这是整个技术体系中的关键,应选择多年生、根部发达、茎叶低矮、水源涵养能力强、抗旱和可粗放管理的植物品种,尽可能选取当地品种栽植或直接播种,以便达到快速恢复植被的目的;三是植被养护工程。对营造的植被实行相应的后续管理,确保植物的正常生长。国外发达国家对高速公路建设中受损的坡面,多采用以柔性护坡为主体的生物环境工程技术。中国公路建设中路基坡面的生态恢复与防护也长采用这一技术。先用工程措施如水泥网格、浆砌石网格或由空心砖建成的多孔挡护结构等防护技术稳定边坡,并为下一步种植植物创造条件;然后在坡面铺草皮、植树种草等,将传统的边坡工程措施与生物措施有机地结合起来,形成具有一定的力学、水文学、环境学和美学功能的防护结构,既加强了公路边坡的稳定性,又恢复和改善了公路沿线的生态环境和景观环境。

3. 路域景观恢复工程技术

路域景观恢复工程技术运用景观生态学原理,预测公路景观组成元素及受其影响的土地变化特点,结合公路建设与运营的特点,设计恢复性植被景观,如在路基边坡、中央分隔带等营建绿化带。这不仅可以恢复公路沿线的自然环境,净化空气,改善公路沿线的生态环境,而且可以绿化公路沿线的自然环境,净化空气,降低噪声,改善公路沿线的生态环境,而且可以绿化美化公路的景观环境。这一技术主要用来改善道路的交通环境和条件,使道路周围的环境与线形流畅优美的道路配合协调。合理的景观恢复工程设计还可以诱导视线和防眩。

## 复习思考题

1. 简述生态学和生态系统的概念、组成及类型。
2. 简述生态环境的影响因素。
3. 简述生态环境影响预测方法。
4. 简述生态环境保护的基本原理。
5. 简述生态恢复的原则与机理。

# 第五章　交通建设项目的水土保持

## 第一节　水土流失的含义及其分类

### 一、水土流失

水土流失是指在水力、风力、重力等外营力作用下，水土资源和土地生产力的破坏和损失，是我国土地资源破坏的重要原因之一。它包括土地表层侵蚀及水的损失。土地表层侵蚀是指在水力、风力、冻融、重力以及其他外营力作用下，土壤、土壤母质及其他地面组成物质，如岩屑、松软岩层被损坏、剥蚀、转运和沉积的全过程。水的损失在我国主要指坡地径流损失。

我国是水土流失较为严重的国家之一，由于复杂的自然因素和历史上长期滥用自然资源，造成了广大的山区、丘陵和高原严重的水土流失。在暴风雨集中的黄土高原地区和雨量充沛的南方丘陵地区最为严重。据1992年统计，全国每年流失的土壤达50亿t，其中最严重的是黄土高原区，每年流失土壤达16亿t。水土流失还对一些天然湖泊和水库的寿命带来严重威胁，泥沙淤积相当严重，据其中20个重点水库统计，20年来淤积77亿$m^3$，为总库容420亿$m^3$的18.6%。

水土流失并非中国的"专利"。直接观察估计，每年全球耕地因侵蚀而流失的表土超过形成的新土壤数量高达230亿t，其中印度47亿t，前苏联23亿t，美国15亿t，我国高达33亿t。如果世界耕地表土的平均厚度为18cm，按照上述速度流失，150年就会丧失殆尽，人类将面临无地种粮的困境。

由此可见，水土流失所造成的危害是十分严重的，必须予以高度的重视和采取有效的措施加以防治。因此防治水土流失不仅是保护土壤资源、合理开发利用水土资源本身的需要，而且是改变山丘地区面貌，治理江河，建立良好生态环境的一项重要内容。

交通建设项目水土流失是在区域自然地理因素，即水土流失类型区的支配和制约下，由于各种自然因素包括气候、地质、土壤、植被等的潜在影响，通过人为生产建设活动的诱发、引发、触发作用而产生的一种特殊的水土流失类型，它既具有水土流失的共性，也具有自身的特性。尤其交通建设是线形项目，对地面的扰动特点表现为多种多样的形式，因此施工过程中对水土资源和土地资源的破坏是多方面的，交通建设过程中要开挖山体、削坡、修隧道、架桥，高处要削低，低地要填高，因此对土地资源的破坏不仅仅是表层土壤，往往破坏至深层土壤，深者可达几十米，水土流失形式表现为岩石、土壤、固体废弃物的混合搬运。从这一点看，交通建设项目的水土流失和其他一般性的水土流失是有区别的，应根据其自身的特点加以防治。

### 二、土壤侵蚀

严格意义上说，土壤侵蚀与水土流失这两个概念的科学含义是有区别的，水土流失是我国对土壤侵蚀笼统的习惯叫法。

土壤侵蚀是指在外营力(水力、风力、冻融、重力)的作用下,地面物质(土壤、母质)发生磨损、结构破坏、分散、推移和沉积等的过程和结果。外力作用于地面物质的过程是在一定的地面状况下进行的,地面状况主要是指地貌特征和植被条件,他们都受人类活动的影响,人类活动既可加速侵蚀也可减缓侵蚀。

土壤侵蚀可使土壤中的有机物质和无机养分大量流失,导致土壤肥力下降,质量变差,土地生产力下降。另一方面,土壤侵蚀使大量耕地遭到蚕食,可利用土地面积减少。40 多年来,全国因水土流失平均每年损失耕地约 6.7 万 $hm^2$。长江上游部分山区水土流失导致土地"沙化",其后果相当严重。

由于人类不合理的经济活动加剧了土壤侵蚀,出现了"越垦越穷,越穷越垦"的恶性循环。水土流失严重地区,生态环境恶化,自然灾害增多,直接影响着区域社会经济的发展。目前,全国多数贫困地区位于水土流失和荒漠化严重地区。

## 三、水土流失分类

考虑人类活动的影响,可将土壤侵蚀分为自然侵蚀和加速侵蚀。自然侵蚀是在自然状态下,纯粹由自然因素引起的不断进行的土壤更新作用,即因侵蚀而消失的表土层同时由风化产生的新土层所补偿,消失和补偿基本维持平衡,因而土壤侵蚀的速度缓慢,一般危害不大,故又将这种侵蚀称为正常侵蚀;在人类活动作用下,特别是人类活动破坏了坡地上的植被,加速和扩大了自然因素作用所引起的地表土壤破坏和土体物质的移动、流失称加速侵蚀。加速侵蚀可使正常侵蚀条件下需千百年才能损失的表土,在极短时间内流失殆尽,其危害严重。在我国,现代侵蚀就是加速侵蚀。

根据不同的侵蚀外营力,可将土壤侵蚀分为水力侵蚀(水蚀)、风力侵蚀(风蚀)、重力侵蚀冻融侵蚀和人为侵蚀等类型。

按照侵蚀方式,水力侵蚀又可分为:①面蚀,包括溅蚀、片蚀等;②沟蚀,是最重要的侵蚀方式,可形成浅沟、切沟、冲沟等。

## 四、水土流失形式

水土流失是一种自然现象,有自己的发生、发展规律,它受地质、地貌、气象、水文、植被等各种复杂因素以及人类活动的影响,而这种影响将涉及国民经济建设的很多方面,应予以高度重视。

由于交通建设区地质、植被、地形、植物覆盖度以及土地利用等因素的不同,使建设所引起的水土流失表现出不同的外部形式、发展程度和不同的潜在危险性,概括起来主要包括以下几种。

1. 水力侵蚀

水力侵蚀的形式很多,不仅涉及到在水力作用下,坡地表面被刻划成的侵蚀形式,如细沟、浅沟等,而且涉及搬运过程中的一些形式,如山洪等。这些形式并不孤立存在,经常是互相穿插、交错或重叠在一起的。

(1)面蚀

面蚀是一种广泛存在的侵蚀类型,其形式有很多,如溅蚀、片蚀、细沟状面蚀等。

①溅蚀

雨滴溅击裸露的坡面,水分尚未被土粒吸收,这时土粒仍维持原来结构,发生干土溅散,随着降雨的继续，土壤吸收水分增强，土粒孔隙被水分填充，或表层土粒受雨滴打击、振荡致使表层结构破坏，阻止水分下渗，土壤达到流限以上，形成泥浆，这时则以泥浆状溅散，如果降雨尚未停止，则汇集成分散股流将泥浆冲走，并易在雨后形成土壤板结状态。溅蚀破坏土壤表层结构，堵塞土壤孔隙，阻止雨水下渗，为产生坡面径流和层状侵蚀创造了条件。

②片蚀

又称层状侵蚀，是降雨在坡面发生击溅，降雨强度超过渗透时出现的薄而分散的，还没有形成股流的层流，把土壤可溶性物质及比较细小的土粒以悬液的方式带走，使整个土层减薄、质地变粗、肥力降低的一种侵蚀形式。

③细沟状面蚀

在西北黄土高原区，每次较大暴雨后，在刚翻耕的夏季休闲地上会出现无数条纹状小沟，发生面积较广，是今后水土保持的重点之一。

(2)沟蚀

沟蚀是指由汇集在一起的地表径流冲刷破坏土壤及其母质，形成切入地表以下沟壑的土壤形式。面蚀产生的细沟，在集中的地表径流侵蚀下继续加深、加宽、加长，当沟壑发展到不能为工程所平复时，即变成沟蚀。

①浅沟

在土层深厚的坡面上，随着各种面蚀的发展，地面径流有规律的进一步集中，由小的股流合并为较大的股流，因而冲刷力增大，向下切入底土，就形成了横断面为宽浅槽形的浅沟。

我国南方花岗岩风化壳丘陵上，当地面物质为红土岩时，沟蚀是以匙形浅沟开始，这种沟是水流沿红土层龟裂纹流动时所形成的。

②切沟

浅沟进一步发展即成切沟，特别是在凹形坡面上，较小浅沟的径流集中到较大浅沟中，下切力量增大，沟身切入母质（黄土区）或风化基岩（红壤区），并且有明显的沟头，这就叫切沟侵蚀。

③冲沟

大型切沟进一步发展，水流更加集中，下切深度愈来愈大，沟壑向两侧扩展，横断面日趋定型化，呈U形，沟底纵断面与原坡面有明显的不同，上部较陡，下部已日益接近平衡断面，这种侵蚀沟称为冲沟，在黄土区，冲沟深度可达数十米至百米之间，宽度约为几十米，其治理措施是在沟底修筑堤坝、谷坊，在沟坡上造林种草。

### 2. 重力侵蚀

单纯重力作用引起的侵蚀现象是很少的。所谓重力侵蚀，其实是在其他营力，特别是在水力的共同作用下，以重力为其直接原因所引起的地面物质的移动方式，包括泻溜、崩塌和滑坡等。这种现象常见于山地、丘陵、河谷、沟谷坡地以及人工开挖、堆置废弃物形成的边坡上。

交通建设过程中，由于线路开挖和土方开采，改变了原有地形地貌，使原有地表土石结构平衡遭到破坏，形成了新的陡峭的山坡土体和高边坡弃渣堆积，这些都为崩塌、滑坡、泻溜等重力侵蚀创造了条件，在温度、暴雨、水分下渗、振动及人为活动的触动下，有可能产生坍塌、滑坡等重力侵蚀，产生新的水土流失。

### 3. 泥石流侵蚀

泥石流侵蚀是由于降水（暴雨、融雪、冰川等）形成的一种特殊洪流，也是水力和重力混合作用的结果，因此也称为混合或复合侵蚀。严格地说，它是“介于水流和滑坡之间的一系列过程，是包括有重力作用下的松散物质、水体和空气的块体运动。”

交通建设过程中剥离、搬运和堆置弃土弃渣为泥石流的产生提供了各种有利条件，特别是剥离地表和深层物质加速改变地面状况和地形条件（如植被、表土、坡度、坡面物质的松散性等），使尚处于准平衡状态的山坡向不稳定状态转变，使泥石流易于形成。交通建设过程中，产生的废渣堆置在斜坡或冲沟上，因其质地疏松、孔隙度大，在吸饱雨水后，易造成滑坡、泥石流等危害，危及下游的村庄、农田和道路等。

4. 风力侵蚀

风力侵蚀是在气流冲击作用（风力）下，土粒、沙粒脱离地表，被搬运和堆积的现象和过程。风蚀常在广大的土地面积上进行，不论是平原、高原、山地、丘陵都可以发生，只要风力大于地面土粒和沙粒的抵抗时，即发生风蚀。风蚀的强度受风力强弱、地表状况、粒径和密度大小等综合因素的影响。在我国北方干旱、半干旱风沙区的地方普遍存在严重的风蚀。在风蚀水蚀交错带，交通建设不仅加剧水蚀，而且加剧风蚀。

交通建设项目所经地区如若多风，在施工过程中及工程结束后的几年内，由于地表植被尚未完全恢复，使得局部地表裸露，在风力作用下产生剥蚀，使表土流失，产生风蚀。

## 第二节 影响水土流失的因素分析

### 一、水土流失规律

1. 全国土壤侵蚀类型区划

我国土壤侵蚀面积大，各地自然条件和人为活动不同，土壤侵蚀的特点不同，可将全国分为不同的土壤侵蚀类型区。通常分为 3 个一级区，即水力侵蚀为主的类型区、风力侵蚀为主的类型区和冻融侵蚀为主的类型区。该划分大致和中国综合自然区域中的三大自然区，东部季风区、西北干旱区和青藏高原区相对应。根据地质、地貌、土壤等形态将 3 个一级区又分别划分为 5 个、2 个、2 个二级区。区划的类型如下。

（1）水力侵蚀为主的类型区

该区大体位于我国大兴安岭－阴山－贺兰山－青藏高原东缘一线以东。可进一步划分为 5 个二级类型区。

①西北黄土高原区。是我国生态系统脆弱、水土流失最严重的地区。由黄土塬沟壑区与黄土丘陵沟壑区两大地貌类型区组成。后者主要由黄土梁、黄土峁与沟壑组成，面积最大，水土流失最强烈。

②东北黑土区（低山丘陵区和漫岗丘陵区）。主要在松花江流域，流域内除林区和三江平原外，其余地区都有不同程度的水土流失。

③北方土石山区。主要是指淮河流域以北黄河中下游、海河流域有水土流失现象的山地丘陵区。

④南方红壤丘陵区。主要在长江中游及汉水流域、洞庭湖水系、鄱阳湖水系、珠江中下游，包括江苏、浙江等沿海侵蚀区。

⑤西南土石山区。主要在长江中游及珠江上游。

（2）风力侵蚀为主的类型区

①三北戈壁沙漠及沙地风沙区。包括青海、新疆、甘肃、宁夏、内蒙古、陕西、黑龙江等省区

的沙漠戈壁和沙地。

②沿河环湖滨海平原风沙区。主要在山东河南黄泛平原、鄱阳湖滨湖沙地及福建、海南滨海区。

(3)冻融侵蚀为主的类型区

①北方冻融土壤侵蚀区。主要在东北大兴安岭山地及新疆的天山山地。

②青藏高原冰川侵蚀区。在青藏高原和高山雪线以上。

2. 土壤侵蚀的分带性

同一地区,不同的地貌部位,其土壤侵蚀方式往往不同。较平缓的高原面、山梁及缓坡多以水力侵蚀,面蚀、浅沟侵蚀较普遍,一般侵蚀较轻微。较陡的山坡不仅水力侵蚀活跃,而且重力侵蚀强烈。沟谷的扩张(侵蚀)包括溯源侵蚀(使沟谷延长)、侧蚀(使沟谷展宽)、下切(使沟谷变深),所以,沟谷是多种侵蚀作用的叠加区。

黄土地貌一般分为沟间地和沟谷地两大部分,又分别称正地貌和负地貌。沟间地包括谷缘线以上的黄土塬面、梁峁顶部,以面蚀、浅沟侵蚀为主。沟谷地指谷缘线以下的谷地部分,这里是沟蚀、重力侵蚀等的综合作用区域,土壤侵蚀最强烈。

3. 土壤侵蚀强度分级

土壤侵蚀强度是地壳表层土壤在自然营力和人类活动综合作用下,单位面积和单位时段内被剥蚀并发生位移的土壤侵蚀量,以土壤侵蚀模数表示,单位通常为吨/(平方公里·年)[$t/(km^2 \cdot a)$]。

(1)土壤侵蚀容许量标准

土壤容许流失量是指在长时期内能保持土壤的肥力和维持土地生产力基本稳定的最大土壤流失量。根据我国地域辽阔,自然条件千差万别,各地区的成土速度也不同的实际,该标准规定了我国主要侵蚀类型区的土壤容许流失量,见表5-1。

**各侵蚀类型区土壤容许流失量表**　　表5-1

| 侵蚀区类型 | 土壤容许流失量($t/km^2 \cdot a$) | 侵蚀区类型 | 土壤容许流失量($t/km^2 \cdot a$) |
|---|---|---|---|
| 西北黄土高原区 | 1 000 | 南方红壤丘陵区 | 500 |
| 东北黑土区 | 200 | 西南土石山区 | 500 |
| 北方土石山区 | 200 | | |

(2)土壤水力侵蚀的强度分级

土壤水力侵蚀强度分级,必须以年平均侵蚀模数为判断指标。各地区水力侵蚀的标准见表5-2。

**水力侵蚀强度分级表**　　表5-2

| 侵蚀强度 | 年平均侵蚀模数[$t/(km^2 \cdot a)$] | 平均流失厚度(mm/a) |
|---|---|---|
| 微度侵蚀 | <1 000 | <0.15,<0.37,<0.74 |
| 轻度侵蚀 | 1 000~2 500 | 0.15,0.37,0.74~1.9 |
| 中度侵蚀 | 2 500~5 000 | 1.9~3.7 |
| 强度侵蚀 | 5 000~8 000 | 3.7~5.9 |
| 极强度侵蚀 | 8 000~15 000 | 5.9~11.1 |
| 剧烈侵蚀 | >15 000 | >11.1 |

(3)风蚀强度分级

风力侵蚀的强度分级按植被覆盖度、年风蚀厚度、侵蚀模数三项指标划分,见表5-3。

风蚀强度分级表　　表5-3

| 强 度 分 级 | 植被覆盖率(%) | 年风蚀厚度(mm) | 侵蚀模数[t/(km² · a)] |
|---|---|---|---|
| 微度 | >70 | <2 | <200 |
| 轻度 | 70 ~ 50 | 2 ~ 10 | 200 ~ 2 500 |
| 中度 | 50 ~ 30 | 10 ~ 25 | 2 500 ~ 5 000 |
| 强度 | 30 ~ 10 | 25 ~ 50 | 5 000 ~ 8 000 |
| 极强度 | <10 | 50 ~ 100 | 8 000 ~ 15 000 |
| 剧烈 | <10 | >100 | >15 000 |

(4)泥石流侵蚀强度分级

泥石流侵蚀强度分级以单位面积年平均冲出量为判别指标,见表5-4。

泥石流侵蚀强度分级表　　表5-4

| 强度分级 | 每年每平方公里冲出量(万 $m^3$) | 强度分级 | 每年每平方公里冲出量(万 $m^3$) |
|---|---|---|---|
| 轻度 | <1 | 强度 | 2 ~ 5 |
| 中度 | 1 ~ 2 | 极强度 | >5 |

## 二、影响水土流失的因素

水土流失的各种形式是在不同的条件下,当外营力的破坏大于地表土体的抵抗力时造成的,其成因及发展规律是极其复杂的,影响因素也是多方面的,概括起来主要为自然因素及人为因素两个方面。自然因素包括气候、地形地貌、地质和土壤的自身条件等因素。人为因素则是人类活动对水土流失所能造成的影响。

交通建设项目离不开土石方作业,因施工取土、放坡和对不良地质路段的处理改变了沿线的地貌,对工程范围内的植被、土壤和地形等均有不同程度的影响。工程初期,工程范围内的植被会遭到破坏,从而使该地区的土壤失去保护,增大水土流失的可能性。施工过程中,特别是土石方工程必然出现大量挖方、填方,使裸露坡面的土壤结构发生较大改变,加之有机质含量小,抵抗侵蚀的能力大为减弱。所以,同一般的水土流失一样,影响交通建设项目水土流失的因素也包括自然因素和人为因素两大类。

1. 自然因素

(1)气候因素

所有的气候因素都对水土流失有相应的影响,其中降水的关系最为密切,其次是风、温度、光照等。

①降水

降水包括降雨和降雪,是影响水土流失的关键性因素,主要因为降水是地表径流和下渗水分的来源,是形成水土流失过程中水的破坏力的物质基础。降雨包括降雨的总量、强度、过程、形式、季节分配等,诸要素对水土流失的影响是有区别的。降雨量大小决定着地面接受数量的多少,通常在植被覆盖的地面,水土流失量随降雨量的增大而增大。能够引起土壤侵蚀的降雨,系位于某一临界点以上雨量所引起,这一临界点雨量称为侵蚀性降雨的标准。各国由于自然条件和地面状况不同,其标准也不一样,如美国侵蚀性降雨标准为12.7mm,日本为13mm,我国西北黄土高原区为10mm。自然地貌条件下,南方雨量虽然很大,但植被丰茂,水土流失并不严重;少雨的西北地区则以风蚀为主;半干旱半湿润区由于植被稀少,加之暴雨集中,水土流失最为严重。

但降雨量的多少并不是唯一决定土壤侵蚀量数值大小的因子,还必须考虑降雨的强度与其他有关的因素,一般认为,无论是南方还是北方水土流失量都随降雨强度的增大而增大,经综合分析,发现水土流失量与降雨强度,雨滴的大小分布,降雨的终止速度,降雨时的风速,坡向等都有着密切的关系,必须全面的加以考虑。

降雪对水土流失的影响,在北方和高山冬季积雪较多的地方,由融雪水形成的地表径流取决于积雪和融雪的过程和性质,在冬季较长的多雪地区,降雪后常不能全部融化而形成积雪,降雪受到风力的再分配和地形的影响,常在背风的斜坡和凹地堆积较厚,融雪时产生不同的融雪速度和不等量的地表径流,尤其是当表层已融解而底层仍在冻结的情况下,融雪不能下渗,形成大量地表径流,也常引起严重的水土流失。

②温度

温度的变化可以引起含有一定水分的土体基岩冻结和解冻,对重力侵蚀作用有着直接的影响,尤其是当土体和基岩中含有一定水分,温度反复在0℃附近变化时,其影响就更加明显。由于液态水分在冻结变为固态时,其体积将增大约9%。因此岩石裂隙中的水分在冻结过程中,可对其裂隙两侧的岩石体产生2 000 ~ 6 000MPa的压力,这将加速岩石裂隙的发展,使岩石破碎。春季回暖时,在冻融交替作用下,常形成泻溜、滑塌、崩塌等重力侵蚀。

③风

风是土壤风蚀和风沙流动的动力,风蚀的强弱决定于风速,风的脉动性、阵性及其持续时间、起风沙的次数、季节和空气湿度、温度等。

风速是空气的流动速度,受地面摩擦阻力的影响,距地面越近,风速越小,距地面越高,风速越大,气流也较稳定,地面上与人类活动关系密切的一层称之为地面空气层,也叫空气下垫面,这层空气受地面及人类活动的干扰较大,风蚀的脉动性及阵性比较明显。其次是风的持续时间,如果风的持续时间短,就不能造成大规模的风沙流。形成风沙流的风速标准可以通过实测取得,如陕北毛乌素沙地以5m/s(指气象台站规定高度的风速)为标准,除河风之外,还必须充分注意旱风,一般旱风的标准是:气温≥25℃,相对湿度≤40%,风速≥4m/s。

湿度越小,气温越高,将促进土体的蒸发和植物的生理蒸发,加剧表层土体干燥影响,并加强土壤侵蚀和风沙流的活动。

(2)地形地貌因素

影响水土流失的地形地貌因素主要有地貌类型、坡度、坡长、坡型、坡向等,它们之间相互制约、相互影响,综合影响着水土流失的发生和发展。

①地貌类型

地貌类型是地形形态、地面组成物质、现代侵蚀作用及成因年代的综合反映,它对水土流失产生一定的影响。从大地貌尺度分,有山地、高原、丘陵、盆地、平原;从中小地貌尺度分,有河床、河漫滩、低阶地、高阶地、浅丘、中丘、高丘、低山、中山等;从小地貌尺度分有沟(谷)底、沟(谷)坡、沟间地(梁峁顶、梁峁坡、塬边、塬面、分水岭地带)等。不同的地貌类型,水土流失的分布规律、侵蚀方式和强度不同。分布在高、中山植被覆盖度高的地区,水蚀较轻微,地层扰动可能引起重力侵蚀。

②坡度、坡长和坡形

坡度、坡长和坡形对斜坡面上的水土流失起着十分重要的作用。

地面坡度是决定径流冲刷能力的基本因素之一,在一定范围内,地面的坡度越大,径流速度越大，水流冲刷能力越强，水土流失就越严重。地面的坡度对雨滴的溅蚀也有一定影响。

当其他条件相同时，水力侵蚀的强度依坡面的长度来决定。坡面越长，径流速度越大，汇集的流量也就越大，因而其侵蚀力就越强。

坡形一般有凸形坡、凹形坡、直线形坡和台阶形坡。坡形对水力侵蚀的影响实际上就是坡度、坡长两个因素综合作用的结果。

直线形坡：坡度一致，下部集中径流较多，流速较大，所以土壤冲刷较上部强烈。

凸形坡：上部缓，下部陡而长，土壤侵蚀较直线形下部更强烈，常以浅沟、切沟等为主要侵蚀形式。

凹形坡：上部陡，下部缓，中部土壤侵蚀强烈，下部侵蚀减小。

台阶形坡：台阶部分侵蚀少，但台阶边缘容易发生沟蚀。

此外，坡形对风蚀也有一定的影响。在土壤裸露情况下，坡度愈小，地表愈光滑，则地面风速愈大，风蚀愈严重。迎风坡的坡度愈大，土壤吹蚀愈剧烈，背风坡上，因坡度大小不同，风速减缓程度亦不同，有时形成无风带，出现沙土堆积。

(3) 地质因素

地质因素中主要是岩性和构造运动对土壤侵蚀影响较大。岩性就是岩石的基本特性，它对风化过程、风化产物、土壤类型及其抗蚀能力有重要影响，与沟蚀的发生和发展以及崩塌、滑坡、泻溜、泥石流等侵蚀活动也有着密切的关系。所以一个地区的侵蚀状况常受到岩性制约。岩性主要包括岩石的抗侵蚀能力，岩石的风化性、岩石的透水性和蓄水能力。

①岩石的抗侵蚀能力

当外力一定时，水土流失的状况，很大程度上决定于岩石、土体的抵抗性能，主要是岩石的坚硬性。岩体松软的黄土和红土，沟道下切很深，沟坡扩张和沟头前进很快，全部急流区可被分割的支离破碎。黄土具有明显的垂直节理，沟道下切、扩张时，常以崩塌为主。红土由于质地比较黏重紧实，沟道的下切较黄土慢。沟壁扩张以泻溜、滑坡为主，不能形成陡坎、陡崖，沟坡亦较平缓。

②岩石的风化性

容易风化的岩石常常遭受强烈侵蚀。我国南方花岗岩风化壳一般厚 10～20cm，有的甚至厚达 40cm 以上，这种风化壳主要含石英砂、黏粒较少，结构松散，抗蚀能力很弱，沟蚀和崩岗普遍发育，引起水库和河道的严重淤积。紫色页岩、泥岩等岩石多分布于丘陵区，常被垦殖，风化较快，也易受侵蚀。

③岩石的透水性和蓄水能力

由于岩石具有一定的孔隙率、渗透系数和吸水率，因而表现出不同的透水和蓄水能力。透水性强的岩石（如卵石、砂等）在暴雨时能大大降低径流量，弱透水性岩石（如黏土、泥岩、页岩等）径流系数高，暴雨时易出现洪灾。若上覆强透水性岩层，下覆弱透水性岩层，在一定条件下，就会产生滑坡。

(4) 土壤

土壤是侵蚀作用的主要对象，因而土壤本身的透水性、抗蚀性、抗冲性等特性对土壤侵蚀就会产生很大的影响。

①土壤的透水性

地表径流是水力侵蚀的动力，而径流的多少决定于土壤的透水性，因此，土壤的透水性是影响土壤侵蚀的主要性状之一。土壤的透水性主要取决于土壤的质地、结构、孔隙、湿度、剖面构型等因素。一般质地较粗、结构性好、孔隙较大、湿度较小的土壤渗水比较容易，透水性好，径流量则减少。反之，土壤渗水慢、透水性不好，径流量则增大，对土壤的侵蚀作用也就增强。土壤的剖面构型中，如果上下各层的透水性能不一致，土壤的透水性常常由透水性较小的一层决定，透水性较小的一层距地面越近，这种作用越大，因而越容易引起比较强烈的水土流失。

②土壤的抗蚀性

抗蚀形是指土壤抵抗径流对它分散和悬浮的能力，其大小主要取决于土粒和水的亲和力。亲和力越大，土壤越易分散悬浮，团粒结构也越易受到破坏而解体，在这样的情况下，即使径流速度很小，机械破坏力不大，也会由于悬离作用而发生侵蚀。若土壤颗粒间的胶结力很强，结构体较大，或结构体相互不易分离，则土壤的抗蚀性也较强。

③土壤的抗冲性

土壤的抗冲性是土壤抵抗流水和风等侵蚀力的机械破坏作用的能力。土体在静水中的崩解情况可以作为土壤抗冲性的指标之一，因为当土体吸水和水分进入孔隙后，很快崩解散碎成细小土块时，就易被地表径流推动下移，产生流失现象。据西北黄土区一些土壤的研究表明，土壤膨胀系数越大，崩解越快，抗冲性越弱，如有根系缠绕，将土壤固结，可使抗冲性增强。土壤抗冲性随土壤中根量和土壤硬度的减小而减弱。

(5)植被

植被的破坏往往造成加速侵蚀、泛滥和淤塞。因此，植物被覆是自然因素中对防止水土流失起积极作用的因素，其主要功效有以下几个方面：

①拦截雨水

植物的地上部分，即茎叶枝干，能够拦截降水，使雨滴不直接打击地面，速度减小，因而能有效的削弱雨滴对土壤的破坏作用，植物覆盖度越大，拦截的效果越好，尤其以茂密的森林最为显著。

②调节地面径流

森林、草地中的枯枝落叶和草丛能使雨水缓慢的流落下来转变为地下水，减轻地表径流或不产生径流现象，同时枯枝落叶层起到了保护土壤的作用，并增加了地面的粗糙度，起到分散径流、减缓流速以及促进挂淤等作用。

③固结土体

植物根系对土壤有穿插、缠绕和固结作用，还能够固持网络土体，增强土体的抗冲性和抗剪性。

④改良土壤理化性状

植物覆盖下的大量枯枝落叶层经腐烂后可转化成腐殖质，有利于改善土壤结构，同时根系穿插能增大土壤根空，提高土壤渗透性和持水量，从而提高土壤的抗蚀抗冲能力。

⑤降低风速、防止风害

植物削弱地表风力，保护土壤，减轻风力侵蚀的危害。

交通建设项目离不开土石方作业，因路基施工的填、挖方作业会改变沿线的局部地貌，在一段时间内，对工程范围内的植被有很大的破坏，使其损坏了水土保持功能。合理地恢复植被覆盖度是减轻水土流失的重要手段。

2. 人为因素

自然因素是土壤侵蚀发生、发展的潜在条件，人类活动才是土壤侵蚀发生、发展以及得到防止的主导因素。人类活动对土壤侵蚀的影响具有两重性。一方面，人类不合理的利用土地资源,特别是掠夺式利用土地资源,超过了其承载能力,破坏了自然生态平衡,使侵蚀过程由自然侵蚀逐渐成为强烈的加速侵蚀。另一方面,人类合理利用和保护土地资源,使土壤侵蚀速度减慢,即通过人为努力防止土壤侵蚀。交通建设不可避免的会对植被、土壤和地形等产生不同程度的影响,加剧项目区水土流失的程度,为了科学、及时地将交通建设造成的水土流失减小到最低限度,工程的建设者和管理者应采取一定的防止和保护措施,通过人类的积极作用使项目区的水土资源得到良好的保护,使人类赖以生存的生态系统处于良性循环状态。

此外,区域社会经济的发展使其交通、能源、开发区、采矿、垦荒等生产建设活动不断增多,这势必对项目区水土流失状况产生一定的影响,使水土流失模数增大,同时,土地的不合理利用,导致土壤侵蚀、沙化、使土壤向坏的方向发展。所以,为了使人类活动和自然生态系统能够和谐统一的发展,人类有必要提高水土保持意识,加大水土流失防治力度,使项目区的社会、经济、和环境协调统一发展。

## 第三节　水土流失预测

### 一、水土流失预测的内容

水土流失预测内容包括:交通建设过程中扰动源地貌、土地、植被的面积及预测,损坏的水土保持面积和数量的预测,可能产生的弃渣总量和流失量的预测,造成的水土流失危害预测等。

1. 扰动源地貌、土地及植被面积

扰动源地貌、土地和植被的面积包括路基挖压占地(包括互通式立交匝道、收费站、养护公区、服务区占地,线外改路改涵等占地),取土场开挖扰动地表面积,弃土场占压土地面积以及临时工程占地等。

2. 被破坏的水土保持设施预测

水土保持设施是指具有水土保持功能的一切实物的总称,如水土保持林、自然植被、塘坝、小水库、水保梯田及固定观测设施等工程设施均具有水土保持功能。实际损坏水土保持设施预测是计算水土保持设施补偿费的基础。

3. 可能造成的水土流失预测

对于交通建设项目来说,水土流失的主要来源由两个方面:一是由于路基等主体工程、取土场开挖损坏,造成原地表植被水土保持功能降低甚至丧失,形成加速侵蚀区而增加的水土流失量;二是由于不合理的堆放、排放弃土弃渣而增加的水土流失量。

对于主体工程和取土场造成的水土流失预测,主要结合公路沿线自然状况,预测出在不采取任何水土保持措施情况下可能造成的水土流失量。

弃土弃渣造成的水土流失量预测主要是根据交通建设土石方量计算结果,分析弃土弃渣的来源以及数量,在此基础上根据弃土弃渣堆放的地形部位、汇流区径流的动力条件以及弃土弃渣的粒径组成等物理特征预测其造成的水土流失量。

4. 可能造成的水土流失危害预测

交通建设过程会破坏水土保持设施和地表植被,使自然状况下的土体稳定平衡和土壤结构遭到破坏,土体疏松、土壤可蚀性增加,导致水土流失的加剧。

由于交通建设工程量较大,引起的土壤侵蚀也较为严重,这不仅影响着道路自身的安全运行和路域环境、沿线城镇、村庄、农田及公共设施，而且会影响水土资源和生态环境。主要危害如下。

(1)对农田的影响

交通建设所产生的水土流失对农田的影响方式有两种：一种是在通过农田的路段，特别是在路堤、桥梁或交叉点，降雨侵蚀所产生的泥沙会直接流往工程区域外的农田，由于地势变缓，其中大部分泥沙沉积下来，形成“沙压农田”。另一种方式是泥沙中细小的部分会随水流往下游，以黄泥水的形式进入农田，对农田产生进一步的影响。

此外，线路工程的取土区和弃土堆位置不当时，对农田的影响也相当严重。

(2)对水库、河流的影响

工程产生的泥沙有一部分会被流水带入流域的最低处，即水库或河流。泥沙进入水库后立即沉入库底，这不但减少水库的库容，而且增加水库水的蚀度，影响水质。泥沙进入河流后则以悬移质和推移质两种形式运动，在流速小的地方，特别是在河口和港湾处进行沉积，因此泥沙对河流的影响同样包括淤积河床，增加河水含沙量，影响水质等。

此外，水土流失对土地资源的破坏和影响还包括对项目所在区的土地沙化、退化的影响。土地资源和水资源的破坏还直接影响到项目区周边的生态环境。

5. 对预测结果的综合分析

根据水土流失预测和分析，综合评判出交通建设项目造成的水土流失的情况及其危害的严重性。

## 二、水土流失预测模型

对于交通建设工程来说，水土流失有一些预测模型可供参考。需要注意的是，由于我国公路水土流失的基础数据比较少，尚没有提出整套的预测模式以及可供选用的各种参数及其取值的范围和依据，因此，在预测时应慎用。以下几种模型供使用参考。

### (一)数学模型

1. 分类分级法

$$W = \sum_{i=1}^{n} [F_i \times (M_{si} - M_{oi}) \times T_i] \tag{5-1}$$

式中：$W$——扰动地表新增水土流失量(t)；

$F_i$——扰动地表面积($km^2$)；

$M_{si}$——不同预测单元扰动后的土壤侵蚀模数[$t/(km^2 \cdot a)$]；

$M_{oi}$——不同预测单元原生土坡侵蚀模数[$t/(km^2 \cdot a)$]；

$T_i$——预测时段(年)。

这个公式中应注意的是 $M_{si}$ 和 $M_{oi}$ 的取值，$M_{si}$ 指的是预测单元的年土壤侵蚀模数，反映水土流失的动态变化及发展趋势，是一个动态变量指标，而 $M_{oi}$ 为原生土壤侵蚀模数，指的是预测单元的多年平均侵蚀模数，是一个相对恒定的常数，一般作为侵蚀区土坡侵蚀状况的背景值用于反映区域水土流失的严重程度。

2. 流失系数法

一般用于计算弃渣流失量的预测，计算公式：

$$W = \sum_{i=1}^{n} (S_i \times a \times T_i) \tag{5-2}$$

式中：$W$——弃堆土流失量（t）；

$S_i$——弃土量或临时堆土量（t）；

$T_i$——堆土时间（年）；

$i$——工程最终弃土和临时堆土；

$a$——流失系数（%），即在不采取任何防护措施下，弃渣体自然流失至自然稳定状态时可能产生的弃渣流失总量与弃渣体总量的比值。

一般地，流失系数 $a \leq 1$，在无实测或试验资料的情况下，可用类比法参考确定。

采用流失系数法计算水土流失量，比较科学、准确，各方案编制单位和各地水土保持试验研究单位通过观测试验，都可得出本地区的地貌破坏前后土壤侵蚀变化关系，然后经全国汇总、修订、完善，就可以形成中国的水土流失预测技术手册。

3. 适用于我国特定地区的模型

根据各地水土保持研究所、实验站的观测和研究成果，主要是降雨、地形、植被、地面组成物质、管理措施等因子与水土流失的定量关系和相应的数学模型，进行预测。

（1）长江流域及以南地区

参考美国通用土壤侵蚀方程（USLE），长江流域及以南地区的水土流失模数，按下式计算：

$$E = RKL_SCP \tag{5-3}$$

式中：$E$——水土流失侵蚀模数（$t/km^2 \cdot a$）；

$R$——降雨因子；

$K$——土壤可蚀性因子；

$L_S$——地形因子；

$C$——植被因子；

$P$——水土保持措施因子。

降雨因子 $R$ 可按魏斯曼经验式计算：

$$R = \sum_1^{12} 1.735A\left[1.51g(r_1^2/r) - 0.8188\right] \tag{5-4}$$

式中：$A$——一个特定地块上单位面积的年平均土壤流失量（$t/km^2$），该数值经调查取得；

$r_1$——年降雨量（mm）；

$r$——月降雨量（mm）；

$g$——有机质含量校正系数，见表 5-5。

**有机质含量校正系数** 表 5-5

| 土壤粉砂与细砂含量 $W$（%） | 1.5～2.0 | 2.0～2.5 | 2.5～3.0 | 3.0～3.5 |
|---|---|---|---|---|
| 有机质含量校正系数 $g$ | 0.9 | 0.8 | 0.7 | 0.6 |

土壤可蚀性因子 $K$ 与土壤粒度、有机质含量有关。可按下式计算：

$$K = g(0.0075W - 0.05) \tag{5-5}$$

式中：$W$——土壤粉砂与细砂含量（%）；

$g$——有机质含量校正系数（表 5-4）。

地形因子 $L_S$ 按下式计算：

$$L_S = (3.28\lambda)^{0.5} \times \left[0.0076 + 0.006S + 0.0076 \times (1.11S)^2\right] \tag{5-6}$$

式中：$\lambda$——坡长（m）；

$S$——坡度（%）。

植被因子 $C$ 按下式计算：

$$C = 18982.63C^{-2.3} \tag{5-7}$$

式中：$C$——植被覆盖率(%)。

当计算坡度大于 1∶1.25 边坡植被覆盖率时，植被因子应乘以校正系数 $h=0.75$。

对于交通建设项目来说，不同施工地面及水土保持措施下水土保持措施因子 $P$ 的取值如表 5-6。

**水土保持措施因子 *P* 的取值** 表 5-6

| 施工地面类型及措施类型 | $P$ 值 |
|---|---|
| 粗糙不规则的地面 | 1 |
| 平整成疏松的地面 | 0.9 |
| 平整并压实成光滑的地面 | 0.7 |
| 分层压实的路基路面 | 0.1 |
| 排水沟和截水沟 | 0.6 |
| 沉沙池或拦沙坝 | 0.4 |
| 挡土墙 | 0.5~0.8 |

交通建设影响范围内水土流失的侵蚀量，采用下式估算：

水土流失侵蚀量 = 土壤侵蚀模数 × 水土流失面积

(2)黄淮流域及以北地区

黄淮流域及以北地区的水土流失量可按下式计算：

$$E = 9.35\frac{i^{1.4}S^{0.93}H^{0.76}}{C^{0.09}} \tag{5-8}$$

式中：$E$——水土流失量($t/hm^2$)；

$C$——植被覆盖率(%)；

$S$——地面坡度(mm)；

$H$——径流深(mm)；

$i$——径流的平均降雨强度(mm/min)。

在计算土壤侵蚀模数时应注意：

①多年来，水土保持部门以通用土壤流失方程为基础，针对不同环境条件，研制出一些计算不同地区土壤侵蚀量(或土壤侵蚀模数)的经验公式，可供计算用。有关因子的确定，也须参考水保部门提供的方法和数据。

②当交通建设项目跨越不同自然区域时，土壤侵蚀量应分段计算，然后相加。

### (二)物理模型

这种方法主要是对实物模型进行室内试验，在此基础上进行预测。在国外，野外及室内人工降雨预测水土流失量是进行水土流失预测的主要手段。

美国水蚀预报模型——WEPP(Water Erosion Prediction Project)是新一代的用于土壤侵蚀预测预报的计算机模型，它可以预测土壤侵蚀以及农田、林地、牧场、山地、建筑工地和城区等不同区域的产沙和输沙状况。WEPP 模型是对细沟侵蚀和细沟间侵蚀及泥沙运动机理的物理描述，是一种基于侵蚀过程的模型。适合于研究环境系统变化对水文及侵蚀过程的影响，包括气候变化、水文过程及产沙之间的相互作用。WEPP 属于一种连续的物理模拟模型，根据每次降雨确定地表状况的最新系统参数，可以对一天时间内的降雨及侵蚀过程进行模拟。该模型不考虑风蚀和崩塌等重力侵蚀，其应用范围从 $1m^2$ 到大约 $1km^2$ 的末端小流域。

WEPP 模型中，土壤侵蚀过程包括侵蚀、搬运和沉积三大过程，暴雨所产生的径流及其挟带的侵蚀泥沙在从坡面向沟道汇集并最后从流域出口输入到较大一级的流域过程中，侵蚀、沉积、搬运连续发生。坡面侵蚀包括细沟(Rill)侵蚀和细沟间(Interrill)侵蚀。

WEPP 模型的基本理论为：①细沟间侵蚀以降雨侵蚀为主，而细沟侵蚀以径流侵蚀为主；②侵蚀量($E$)是搬运能力($T_c$)和输沙量($q_s$)的函数；即，$E=\sigma(T_c-q_s)$ 或 $E/D+q_s/T_c=1$。也就是说，当输沙量小于泥沙搬运能力时，侵蚀状态以侵蚀—搬运过程为主，相反，则以侵蚀—沉积过程为主。

WEPP 模型参数包括气候(降雨、温度、太阳辐射和风)、冬季因素(冻融、降雪量、融雪量)、灌溉、水文(入渗、填洼和径流)、水量平衡、土壤、作物生长、残渣管理与分解、耕作对入渗和土壤可蚀性的影响、侵蚀(片蚀、细沟侵蚀)、沉积、泥沙搬运、颗粒分选与富集等。

在我国大部分地区，沟蚀和重力侵蚀对侵蚀产沙有重要贡献，再加上我国水土保持措施的复杂性，使得 WEPP 模型的实际应用仍有一段相当长的过程。因此，需要根据我国土壤侵蚀特点，借鉴 WEPP 模型的研究思路，建立适用我国侵蚀环境的水蚀预报过程模型。

此外对水土流失量的计算还可采用实地测试法和类比预测法等。

# 第四节　水土保持及其基本理论

## 一、水土保持

水土保持是防治水土流失，保持、改良与合理利用山区、丘陵区和风沙区水土资源，维护和提高生产力，以利于充分发挥水土资源的经济效益和社会效益，建立良好生态环境的综合性科学技术。而交通建设项目水土保持则是在交通工程施工过程中主体工程、取弃土场、临时工程等范围内预防和治理水土流失的综合性技术。交通建设工程量大，且呈带状长距离分布，引起的水土流失也较为严重，这不仅影响公路自身的安全运行和周边环境、沿线城镇、村庄、农田及公共设施，而且会影响水土资源和生态环境。交通建设水土保持主要是在工程措施和生物措施等方面把水土保持和交通建设充分考虑进来，处理好局部治理和全线治理、单项治理措施和综合治理措施的关系，相互协调，使施工及运营过程中造成的水土流失减少到最低限度，从而保证工程建设的顺利进行，促进项目区的社会、经济和环境协调统一发展。

随着经济的快速发展，交通建设项目不断增多。由于工程沿线所经地形多种多样，施工期间不可避免的扰动大量岩土、改变局部地貌和破坏原有植被、损坏水土保持设施，造成项目区新的水土流失现象日益增多。特别是交通建设项目地处山区、丘陵区和风沙区，在工程施工过程中，其引起的水土流失现象更为严重。为了保证交通建设及建成后运行的安全，应科学及时地处置弃土，恢复植被，保护项目区水土资源及自然环境。《中华人民共和国水土保持法》和国家计委、国家环保局、水利部关于《开发建设项目水土保持方案管理办法》(水保[1994]513号文)以及水利部《开发建设项目水土保持方案编报审批管理规定》，都对交通建设水土保持作了明确的指示。

## 二、水土保持基本理论

我国水土流失的形式是多种多样的，但就其发生发展而言，主要表现在不同的具体条件下,水力、风力、重力或其他侵蚀力和地面组成物质的抗蚀力之间相互作用,相互影响和相互制约的运动过程中。因此,防止水土流失的基本原理,简单说来,就是削弱外营力的侵蚀能量和提高地面组成物质和地面状况的抗蚀能力。

交通建设水土保持的工作重点是针对施工过程中人为造成的水土流失进行预防和综合治理,提出水土流失防治的对策和措施,最大限度的控制施工区及其周围影响区域范围内的水土流失,使交通建设与生态环境建设协调统一发展,已取得最佳的生态效益,经济效益和社会效益,满足可持续发展的需求。

《中华人民共和国水土保持法》确定了以"预防为主"的水土流失治理方针。根据有关规定,结合交通建设特点,提出交通建设过程中水土保持的指导方针为:以预防为主,开发建设与防治并重,边开发边防治,以防治保开发,采取必要的工程及生物措施,因地制宜,因害设防,达到恢复水土保持设施,改善工程沿线水土保持能力,达到主体工程安全运行的目的。

交通建设水土保持必须按照经济规律和生态规律进行,以保护生态环境为基点来建立水土保持目标,促进经济的发展。交通建设水土保持应遵守水土保持法规、水土保持技术标准和环境保护总体要求的共同原则,同时还要根据主体工程设计及施工的特点,遵守以下基本原则:

(1)坚持"预防为主,防治结合"的水土保持方针。交通建设中要以预防为主,防患于未然,避免乱挖滥采,最大限度地控制弃土弃渣和对地表植被的破坏,在此基础上搞好管理,减少水土流失造成的危害。

(2)水土保持与交通建设相结合。水土保持是交通建设的一个组成部分,做好水土保持工作才能保证交通建设设施的稳定和安全,它和工程建设之间的关系是相互联系、相互渗透、相互促进的。因此,应对工程的设计进行全面的评价,在充分肯定工程防护、生物措施以及绿化美化等水土保持措施的同时,突出对取土场、弃土场的重点防治,补充完善加强具有潜在隐患水土流失区的防护措施,使方案的实施更为安全可靠。

(3)加强水土保持设施的布设。水土保持设施的布设本着"因地制宜,因害设防"、"重点治理与一般防护相结合"的原则,做到以生物为主,生物措施与工程措施相结合,在保证水土保持目标的前提下,尽量增加工程沿线绿化里程。

(4)交通项目水土保持管理与地方水土保持管理相结合。交通建设中造成的水土流失会直接危害当地的河道、行洪及生态环境,合理的防治水土流失会促进当地生产生活条件的改善。因此,交通建设要与地方水土保持管理部门互通信息,使交通建设水土保持与地方水土保持相协调。

## 三、水土流失防治方案设计

1. 水土流失防治方案的防治范围

合理划定交通建设项目的水土保持方案的防治范围,对保证交通建设的安全施工,建设项目的安全运营和保护沿线生态环境均有重要意义。方案的防治范围可划分为施工区、影响区和预防保护区。

(1)施工区

施工区是指交通项目主体工程及配套设施工程占地涉及的范围。包括工程基建开挖区、采石取土开挖区、工程扰动的地表及堆积弃土石渣的场地等。该区是引起人为水土流失及风蚀沙质荒漠化的主要物质源地。

(2)影响区

影响区是指交通项目施工直接和可能造成损坏或灾害的地区。包括地表松散物、沟坡及弃土石渣在暴雨径流、洪水、风力作用下可能危及的范围,可能导致崩塌、滑坡、泥石流等灾害的地段。

(3)预防保护区

预防保护区指工程影响区以外,可能对施工或道路营运构成严重威胁的主要分布区。如威胁工程的流动沙丘、危险河段等的所在地。

2. 水土流失防治方案的主要内容

(1)水土流失防治方案的目标

交通建设项目施工及运营过程中,通过布设水土保持工程和生物措施,使新增水土流失得到有效控制,项目区原有的水土流失得到有效治理,减少水土流失造成的危害,恢复和保护道路沿线水土保持设施,加大道路绿化里程,改善项目区现状生态环境。具体目标如下:

①通过采用有效的水土保持措施使边坡稳定,岩石、表土不裸露,为项目建设完成后安全运行服务,避免水土流失对工程本身的危害。

②取土场全部做防护处理,使开挖坡面不裸露,并覆土加以利用。

③人为新增水土流失得到基本控制。除工程占地、生活区占地外,土地复垦及恢复植被面积必须占破坏地表面积的90%以上。采用各类设施阻拦的弃土石渣量要占弃土石渣总量的80%以上。

④原有地面水土流失应得到有效治理。通过防治,使防治范围内的植被覆盖率达40%以上,治理程度达50%以上,原有水土流失量减少60%以上。

⑤做好道路绿化美化工程的养护,使生态环境明显改善。

⑥方案实施为沿线地区实现可持续发展创造有利条件。

(2)水土流失防治方案的重点及对策

应以防治人为新增水土流失及土地沙质荒漠化为防治方案的重点。总的防治对策为:控制影响交通建设与营运的洪水、风口动力源;固定施工区的物质源,实现新增水土流失和自然水土流失二者兼治。

①交通建设施工区为重点设防、重点监督区。工程基建开挖和采石取土场开挖,应尽量减少破坏植被。废弃土石渣不许向河道、水库、行洪滩地或农田倾倒,应选择适宜地方作为固定废渣场,并布设拦渣、护渣及导流设施。对崩塌、滑坡多发区的高陡边坡,要采取削坡开级、砌护、导流等措施进行边坡护理。施工中被破坏、扰动的地面,应逐步恢复植被或复垦。在道路沿线还应布设必要的绿化,起到美化和生物防护功能。

②直接影响区为重点治理区。在道路沿线,根据需要布设护路、护河(湖)、护田、护村(镇)等工程措施,还应造林种草,修建梯地、坝地。达到保护土地资源,减少水土流失,提高防洪、防沙能力,减少向大江大河输送泥沙。

预防保护区以控制原来地面水土流失及风蚀沙化为主,开展综合治理。

## 四、水土流失防治措施

自人类出现以来,就不断以自己的活动对自然界施加影响,打破自然界所保持的各种因素间的平衡,促使水土流失现象由自然侵蚀状态转化为加速侵蚀状态,特别是森林长期反复遭到乱砍滥伐,而没有得到相应的恢复,同时又采取了不合理的土地利用形式,因而造成了严重的水土流失。

交通建设项目造成的水土流失主要包括以下三个方面：

(1)破坏道路用地范围内的地表植被,产生新的裸露坡面,诱发新增水土流失量。

交通建设项目中,路基工程将对公路征地范围内的原地面进行填筑或挖方,由于施工造成了地表的植被破坏,使土壤表层裸露,原地表坡度、坡长改变,从而使它的抵抗能力降低,诱发新的水土流失。

(2)取土、弃土弃渣产生的水土流失

工程建设过程中产生的大量取土或弃土、弃渣,尤其是弃土、弃渣。由于受地形及运输条件的限制,可能被就近倾倒于沟谷、河坎岸坡上。这些松散的岩土,孔隙大、结构疏松,若不采用有效的防治措施,就会导致新的水土流失及生态环境的恶化,并可能影响道路的安全运营。

(3)临时占地及土石渣料的水土流失

在交通建设施工过程中,施工区内的临时施工便道以及土石渣料,缺少必要的水土保持措施,一遇暴雨或大风将不可避免地产生水土流失。

针对以上三个方面,采取分期、分区防治,工程建设前期以水土保持工程措施为主,因地制宜,辅以生物措施,防止水土流失,改善生态环境。交通建设项目水土流失可分为三个区域,分别为:主体工程防治区、取土场、弃土场。

1. 主体工程防治区

工程沿线征地范围划为主体工程防治区,该地区主要根据挖方、填方情况采取护坡工程、排水工程和植物绿化美化工程,保护路基路面稳定,排除路面水,保证路面行车安全,美化道路运行环境。

(1)路基、路面排水及路基防护

路基应设置完善的排水设施,已排除路基、路面范围内的地表水和地下水,保证路基和路面的稳定,防止路面积水影响行车安全。路基地表排水可采用边沟、截水沟、排水沟、跌水及急流槽、拦水带、蒸发池等设施。路基的地下排水可设置暗沟、渗沟、检查井等设施。路面排水设施由路肩排水和中央分隔带排水设施组成。

路基防护工程是保证路基稳定,防止水土流失,改善环境景观和保护生态平衡的重要设施。边坡防护工程可采用植物防护,建挡土墙,砌石护坡,抛石等防护措施。

(2)绿化工程

为了改善道路两侧景观、生态环境及防治水土流失,全线路堑边坡、路堤边坡、分车带、中央分隔带范围、土路肩、碎落台、反压车道、隔离栅、互通立交区、隧道进出口处、特殊位置、收费站、生活服务区以及挡土护坡,取、弃土场等都应进行绿化美化工程。

2. 取土场防治区

(1)护坡工程

根据取土场所处的地理位置及地形条件,采取植物防护与工程防护,防止水土流失。取土场在取土过程中破坏了原有的地表植被,改变了原来的自然坡度,形成了裸露坡面,容易产生水土流失,因此应对其进行治理改造、覆土造田、植树种草,实现水土流失防治由被动控制到治理开发的根本转变,确保工程建设及运营期不发生大的水土流失。为了稳定开挖形成的不稳定边坡,常用的护坡工程有削坡开级措施、植物防护措施以及工程护坡措施等。

当取土场高度大于4m,坡度比大于1∶1.5时,应采取削坡开级措施。削坡即削掉非稳定边坡的部分土体,以减缓坡度,从而保持坡体稳定;开级则是通过开挖边坡,修筑阶梯或平台,维持边坡稳定。

对于取土场形成的裸露边坡,在工程防护的基础上,尽可能创造条件恢复植被,这不仅能控制水土流失、维护坡面稳定、保护工程,而且对生态环境改善具有重要意义。对取土场坡脚易遭受水流冲刷的地方,应采取工程护坡。工程护坡措施主要有干砌片石护坡、浆砌片石护坡、混凝土块护坡等多种形式。

(2)排水工程

为防止取土场裸露坡面受到上游来水冲刷,在取土场坡顶以外应设挡水土埂,拦蓄来水。在取土场中间平台和坡脚设排水沟,排除坡面径流,中间平台排水沟内的水通过边坡急流槽排至坡脚排水沟,最后排入河道。为减少坡面集水冲刷土场,根据地形在距最终开采边界线以外设截流沟,将坡顶以上来水引至两侧自然沟道内或排水沟。

(3)取土场整治

为充分利用土地资源、恢复植被,在取土场结束后,应在土地整治后,进行覆土造地。取土场土地整治工程包括土地整平和整治后的利用。

3. 弃土场防治区

该区采取工程防护及植被防护等水土保持措施,防止弃渣下泄,稳定堆砌弃渣形成的边坡,防止水土流失对河道及农田的影响。弃土弃渣水土流失主要发生在坡面上,经常发生的水土流失形式有沟蚀、滑坡和坍塌。主要的防治措施如下:

(1)护坡工程

弃土场护坡工程有削坡开级措施、植物防护措施以及拦渣工程护坡措施等。

弃土场采用削坡开级防护措施,边坡采用植物防护,一方面固土保水,另一方面起到恢复地力的作用。在地形坡度较大的弃土场,应修筑拦土坎或拦渣坝,以防止弃土场底部水土流失。对弃土场形成的不稳定边坡可采用工程防护,一般采用干砌片石护坡或浆砌片石护坡。

(2)排水工程

为防止雨水直接冲刷弃土坡面,坡面设坡度向放坡导流。为汇集山涧水,弃土场设置排水沟、急流槽及消力池,将流水引入坡底排水沟中。弃土场横坡上设梯形边沟,将山坡水截入沟中。截流槽砌筑在弃土场坡面上,按原阶梯状用浆砌片石砌筑槽底部,并利用其阶梯状坡面消能。消力池部分接天然沟,池底坡度按实际情况设置。

(3)弃土场改造

在弃土场堆置达到设计高程后,为充分利用土地资源,恢复和改善土地生产力,应对其进行整治利用、覆土造地。

## 复习思考题

1. 我国水土流失产生的原因有哪些?

2. 水土流失的危害有哪些?

3. 我国水土流失的现状和趋势是什么?

4. 请列举一些防治水土流失的措施。

# 第六章　交通与水环境影响

## 第一节　水资源与水体污染

### 一、水体及水体污染

1. 水资源概况

水与水资源并不是同一概念，不是地球上的所有水都是水资源，水资源有特定的含义，它是指地球水中可供人类利用的那部分，即大陆上大气降水补给的各种地表、地下淡水体的存储量和动态水量。地表水包括河流、湖泊、冰川等，其动态水量为河流径流量，地表水资源是由地表水体的储存量和河流径流量组成。地下水的动态水量为降水深入和地表水深入补给量组成。从表 6-1 可以看出，水资源的可利用量不到 1%，仅是河流、湖泊等地表水和地下水的一部分。

**地球上水资源分布及分配表(%)($1km^3=10$ 亿 $m^3$)**　　表 6-1

| 水的类型 | 水量 ($km^3$) | 占总储量 (%) | 占淡水的储量 (%) |
|---|---|---|---|
| 海洋 | 1 320 000 000 | 97.3 | — |
| 淡水湖 | 125 000 | 0.009 | 0.35 |
| 盐湖和内海 | 104 000 | 0.008 | — |
| 河流 | 1 250 | 0.000 1 | 0.01 |
| 土壤水 | 67 000 | 0.005 | |
| 地下水 | 8 350 000 | 0.61 | 22.4 |
| 冰冠和冰川 | 29 200 000 | 2.14 | 77.2 |
| 大气水 | 13 000 | 0.001 | 0.04 |
| 合计 | 1 360 000 000 | 100 | 100 |

注：$1km^3=10$ 亿 $m^3$

当今世界面临的人口、资源、环境、生态等四大问题，水资源和他们有密切的联系，因此水资源已成为世界各国关心的一个重要问题。随着人口的增长，经济的发展，以及人类生活水平的提高，人类社会对水的需求日益增长，不少国家和地区已经发生了不同程度的水资源危机，水资源已成为不亚于能源和粮食的严重问题。据联合国发表的《对世界淡水资源的全面评估》报告，缺水问题将严重制约 21 世纪全球的经济和社会发展，并可能导致国家间的冲突。目前世界上有 1/5 的人口，即 12 亿人口面临中高度到高度缺水的压力。到 2025 年世界人口将增至 83 亿，除非更有效的使用淡水资源，控制河流和湖泊污染，以及更多的利用净化后的废水，否则全世界将有 1/3 的人口受到高度缺水的压力。我国的水资源是比较丰富的，约为 2.8

亿 $m^3$，居世界第六位，但由于人口众多，人均水量仅为世界人均水量的1/4。且水资源在时空上分布很不均匀，占全国土地面积63.7%的北方诸流域，其水资源仅占全国水资源的14.4%，而占全国土地仅为36.5%的南方流域，水资源却占总量的81%。因此正确认识我国水资源的特点，合理开发利用，防止水污染，保护水资源已成为刻不容缓的任务。

2. 水体及水体污染

水体一般指河流、湖泊、沼泽、水库、地下水、冰川、海洋等地表处水体的水本身及水体中的悬浮物、溶解物质、底泥，甚至还包括水生生物等。从自然角度看，水体指地表水覆盖地段的自然综合体。水体可以按“类型”区分，也可以按“区域”区分。按类型划分时，可将地表水分为海洋水体和陆地水体；按区域划分的水体，是指某一具体的被水覆盖的地段，如太湖和洞庭湖是两个不同区域的水体。水体区分的目的在于更好地研究和利用这些不同类型、不同区域的水体。

水，由于受到外界各种复杂因素的影响，通常是不纯净的，在水的流动和循环中会带入物理、化学和生物的成分，使得水的感官性状（如色度、味、浑浊度等）、物理化学性能（如温度、电导率、氧化还原电位、放射性等）、化学成分（有机物和无机物）以及水中的生物组成（种群、数量）均有差异。由于人类生产和生活活动，不可避免地有污染物排放，这些污染物质会通过不同的途径进入水体，进而改变水体的组成。当污染物进入水体后，其含量超过水体的自然净化能力（简称水体自净能力），使得水质变坏，水的用途受到影响，这种情况就称为水体污染。水体污染的研究中，将水与水体加以区别是十分重要的。水的结构、特性和水的循环运动等，无疑对人类生活及环境有重大作用和影响。但很多污染物质在水中的迁移转化是与整个水体密切联系在一起的，仅仅从水着眼往往会得出错误的结论，对污染预防和治理产生误导。

水污染是当前世界上突出的环境问题之一。随着人类生产、生活活动的不断扩大与增强，水体的污染程度有日益恶化的趋势。不少国家的河流、湖泊、海湾和地下水出现污染，甚至发展为严重污染。一般我们将水体的污染程度分为五级：

一级：水体水质良好，符合饮用水、渔业用水水质标准。

二级：水体受污染物轻度污染，符合地面水水质卫生标准，可作为渔业用水，经处理之后可作为饮用水。

三级：水体污染较严重，但可以作为农业灌溉用水。

四级：水体水质受到重污染，水体中的水几乎无使用价值。

五级：水体水质受到严重污染，水质已超过工业废水最高允许排放浓度标准。

造成水体污染的原因是水体（包括降水、地面水、地下水）受到人类或自然因素或因子（物质或能量）的影响（主要是人类污染物排入水体），使水体的感观性状、物理化学性能、化学成分、生物组成及基底质状况产生恶化。所以水污染是外来污染直接进入水体的数量达到破坏水体原有用途的程度的污染。水污染的发生和过程取决于污染物、污染源及承受水体三方面的特征及其相关作用和关系。水污染可以分为自然污染和人为污染两大类。

（1）自然污染

自然污染是指自然因素产生的污染，例如降水对各种矿石的溶解作用和对大气的淋洗作用以及地表径流携带各种污染物进入水体而形成的污染。一般说来，自然污染只发生在局部地区，因此危害也往往具有地区性。

（2）人为污染

人为污染是指人类在生产和生活中产生的“三废”对水源的污染，其中工业废水是造成水体污染的主要污染源。人类活动造成的水质污染首先从住宅区开始，并因人口的增长而急剧增加。化学物质从地方到地区，乃至全球，污染影响的范围也不断扩大。起初，有机废物的污染和灌溉系统的盐碱化是主要问题，现在人们关心的是悬浮固体物、重金属、放射性废弃物、硝酸盐和有机微量污染物以及湖泊和河流酸化与湖泊、沿海岸及海湾水体的富营养物问题。

## 二、水体污染指标

河水和受纳水体的物理、化学、生物等方面的特征是通过水污染指标来表示的，水污染指标又是控制和掌握污水处理设备的处理效果和运行状态的重要依据。

水污染指标的检测方法，国家已有明确的规定，检测时应按国家规定的方法或公认的通用方法进行。由于水污染指标数目繁多，在水污染控制工程的应用中，应根据具体情况选定。现就一些主要的水污染指标分别简述如下。

1. 悬浮物

水体中悬浮物的含量是水质污染程度的基本判断指标之一。悬浮物是指在水中呈悬浮状态的固体物质，它包括无机物和有机物，如不溶于水的淤泥、枯叶、微生物等。悬浮物直径一般小于2mm，含量用每升水样中含有多少毫克悬浮物来表示，记为mg/L。

悬浮物是造成水质浑浊的主要原因，其浓度越高表示水质受到的污染越严重。水体被悬浮物污染后会降低光的穿透率，减弱水的光合作用，并妨碍水体的自净作用。含有大量悬浮物的废水不得直接排入天然水体，以防止悬浮物形成河底淤泥。由于悬浮物中有一部分是有机物，大量的排入水体的悬浮物，在水中微生物的呼吸作用下，会使得溶解氧的含量大大减少，也容易使得水体变黑变臭。

水中悬浮物浓度的测定方法是，将待测的水样用0.45μm的滤膜进行过滤，把过滤下来的残渣在103~105℃的条件下烘干后称重，最后用烘干后得到的残渣的质量与水样体积相除，这就是该水样的悬浮物浓度。

2. 有机物污染

有机物的污染种类很多，用现有分析技术难以将它们准确地加以区分和定量。因此，为了简单起见，对水中的有机物的分析，目前采用综合指标的方法来表示。这些综合指标的基础就是考虑在微生物的作用下，如果水中存在溶解氧，微生物分解有机物就要消耗水中的溶解氧，那么就可以用水中的溶解氧减少的量来间接表示水体受有机物污染的状况。常用间接表示水中有机物污染的指标是生化需氧量（BOD）和化学需氧量（COD）。

（1）生化需氧量（BOD）

生化需氧量是指水中有机物在好氧微生物的作用下，分解成稳定状态的无机物时所需要的氧量，用mg/L来表示。其数值越大，表示有机物污染的程度越高。这是一种间接表示水被有机污染物污染程度的指标，首先是借助微生物来表示，但也不是直接用微生物，而是通过微生物代谢作用所消耗的溶解氧来表示。

由于水中有机物的生物氧化过程与水的温度和氧化时间有关，所以测定生化需氧量必须按规定的水温和时间进行。一般规定在20℃的条件下，连续培养五天之后，测定水中溶解氧的消耗量，所测得的生化需氧量用$BOD_5$表示。由于生化需氧量是以微生物降解有机物时消耗的氧量为基础，因此，当水中的有机物易于生物降解时，就可测得生化需氧量，但当水中的有机物为不易生物降解时（如目前为数不少的人工合成有机物），就测不出生化需氧量。当水中有机物主要是微生物不易降解的或对微生物有毒性的物质，这样就会出现虽然水中有机污染物浓度很高,但测得的生化需氧量却可能很低。此时,可能会对我们判断水的污染情况带来错觉。这也是生化需氧量作为水中有机污染物的指标在运用时存在的缺陷。因此在很多情况下,我们还要用下面的指标来表示有机污染物的浓度。

(2)化学需氧量(COD)

化学需氧量是指用化学氧化剂在酸性条件下,将水中有机污染物氧化为 $CO_2$、$H_2O$ 等所消耗的相当于氧的量,该指标的单位是 mg/L。与生化需氧量类似,化学需氧量数值越大,表示水中有机物含量越高,受到的污染程度也越高。化学需氧量测定中常用的氧化剂是重铬酸钾和高锰酸钾。目前测定中用得最多的氧化剂还是重铬酸钾,测得的化学需氧量用 $COD_{cr}$ 表示。由于化学氧化剂的氧化能力强,水中存在的有机物能够比较完全地被氧化,用化学需氧量表示水中的有机物就相对准确。

化学需氧量的监测分析时间短,只需数小时,而生化需氧量的测定则需五天,这是采用化学需氧量指标的主要优点。但是化学需氧量只能反映有机物的含量,无法像生化需氧量那样表示出微生物可降解的有机物的含量,因此用化学需氧量不能直接从卫生学的角度来说明水的污染情况。从数值上讲,化学需氧量要大于生化需氧量,两者之差基本上等于难于生物降解的有机物的量。

对于水质成分相对稳定的废水,生化需氧量与化学需氧量有一定的相关关系。从化学需氧量的数值可以大致了解生化需氧量的数值。通常我们也用生化需氧量与化学需氧量的比值($COD_5/COD_{cr}$)作为废水是否适合采用生物处理的衡量指标。这一比值越大,表明水中可以被微生物降解的有机物就越多,污水就越适合用生物处理的方法进行净化。一般认为,这一比值大于 0.3 时,污水就适合采用生物处理的方法进行处理。

除了上面这两个表示水中有机物的指标外,还有其他几个指标用于表示水中有机物。如,总有机碳、总需氧量等。总有机碳(TOC),这一指标表示水体中有机污染物总碳的含量,其测定结果以 C(碳)含量表示。总需氧量(TOD),它是将水中有机物在 900℃高温下燃烧,确定出燃烧消耗的氧量,测定结果用 O(氧)含量表示。

(3)溶解氧

溶解氧是指溶解于一升水中的分子氧的含量,用 mg/L 表示。它是衡量水体污染程度的重要指标,是水环境监测中必不可少的一项指标。在没有污染的水体中,溶解氧是处于饱和状态的。例如,一个大气压下,温度为 0℃ 的淡水中溶解氧的含量是 10mg/L,在 20℃ 时,为 6.1mg/L,海水中的溶解含量约为淡水溶解氧含量的 80%。

溶解氧是鱼类等水生生物和好氧微生物生存生长的基本条件,当溶解氧的含量低于 4.0mg/L时,鱼类等水生生物就难以生存。水被有机物所污染后,在有氧的条件下,好氧微生物能分解有机物,同时消耗水中的溶解氧,当水生植物的光合作用和大气向水体中补充氧的速度小于好氧微生物消耗氧的速度时,水体中的溶解氧的含量就会变得很少,水体逐渐发臭,变黑。因此,水体中溶解氧的含量越少,表明水体受污染的程度越高。

(4)pH 值

pH 值是反映水的酸碱度的一项指标。对 pH 值的监测和控制对维护污水处理设施的正常运行、防止污水处理及输送设备的腐蚀、保护水生生物的生长和水体自净功能都有着重要的作用。

水的 pH 值过高或过低,都表明水质受到污染。不仅不能饮用,而且也不适用于渔业和农田灌溉,测定水中的 pH 值一般用酸度计直接测定。工业废水中排放大量的酸性或碱性废水,雨水淋洗受污染空气中的二氧化硫而产生酸雨等，都会污染水体。酸、碱污染水体，使水体的pH值发生变化，这会破坏自然水体的缓冲能力，抑制微生物的生长。如长期遭受酸、碱的污染会使水质逐渐恶化，周围土壤酸化。

(5)氮、磷等植物性营养物质

氮、磷等物质主要来自于人、动物的排泄物，以及一些工厂排放的废水中（如，化肥厂、食品厂所排出的废水中均含有氮、磷），属植物性营养物质，是造成水体富营养化现象的主要因素之一。

天然水体中氮和磷的含量，尤其是磷的含量在一定程度上是水中浮游生物数量的控制因素。天然水体接纳了含有氮、磷等营养物质的废水后，水中营养物质增多，促使水生植物及藻类旺盛生长。水体中的藻类通常是以绿藻为主，蓝藻的大量出现就是富营养化的征兆。随着富营养化的发展，水体中的藻类变为以蓝藻为主。藻类繁殖迅速、生长周期短，藻类和其他浮游生物死亡之后，首先被好氧微生物分解，并不断消耗水中的溶解氧。随着溶解氧减少，厌氧微生物参与分解的比例逐渐增加，不断产生硫化氢等恶臭气体，使水质恶化，同时鱼类和其他水生生物大量死亡。藻类和其他浮游生物的残体在腐化的过程中，又把生物所需的氮、磷等营养物质释放入水体中，供新的一代藻类等生物利用。富营养化了的水体，即使水体没有外界营养物的来源，水体也很难自净而恢复到正常状态。由于藻类不断得到营养物质，就可以大量地繁殖下去，死亡的藻类残体沉入水底，水体就逐渐变浅，直到成为沼泽。

上述的过程就是富营养化过程，通过许多研究人员的研究，水体中氮、磷等物质浓度的升高是藻类大量繁殖的原因。由于水生植物大多具有从大气中摄取氮源的固有功能，因此水体中磷的含量是富营养化的关键因素。影响藻类生长的物理、化学和生物因素（如阳光、营养盐类、季节变化、水温、水的pH值以及生物本身的相互作用关系）是极其复杂的，所以很难预测藻类生长的趋势，定量地给出富营养化的指标难度较大。目前，一般采用的指标是：水体中氮的浓度超过0.2～0.3mg/L；磷的浓度超过0.01～0.02mg/L；$BOD_5$的浓度超过10mg/L；pH值7～9的淡水中细菌总数超过10万个/mL；表征藻类数量的叶绿素的含量大于10μg/L。

针对氮、磷的污染问题我国制定了严格的排放规定，如从1998年开始，城市污水处理厂磷的排放量不得超过1.0mg/L。此外对工业企业污水中磷的排放也做出了相应的规定。

(6)有毒物质

有毒物质是指当达到一定浓度后，对人体健康或水生生物的生长造成危害或毒害的物质。随着人类生产力水平的提高，生产过程中排出的废水中的组成成分日益复杂，其中有毒物质的种类和数量也不断增加。尤其工业生产中，新产品涌现的过程中，同时也伴随着新的污染物质的出现，特别是一些人工合成有毒污染物的出现。

有毒物质的特点主要是：难于在自然环境中降解，在环境中残留的时间长；具有生物的积累性，一旦进入生物体内难以排出体外，积累到一定的程度后，对生物体会产生毒性影响。这些有毒物质还有所谓的三致作用（即致癌作用、致畸作用、致突变作用），对人体的健康和环境构成潜在的威胁。虽然在排放污水的污染物中有毒物质所占的比重相对较小，但其对人体和环境的影响是很大的。

有毒物质常分为两大类，即无机有毒物质和有机有毒物质。无机有毒物质中常见的有：氰化物、砷化物及汞、铬、铅、锌、铜、钴等，其中汞、铬、镉、铅、氰化物、砷化物被国际上公认为“六大毒性物质”。面对有毒物质对环境影响大的问题，世界上许多国家都对有毒有害物质加强了控制，对产生有毒有害物质的企业要求排放的污水达到标准后才能排放。

(7)大肠菌群数

大肠菌群数是污水水质分析中常用的细菌学指标,用单位体积水中的大肠菌群个数表示,单位为个/L。

大肠菌群包括大肠杆菌等几种大量存在于人体肠道中的细菌,因此粪便中大量存在大肠菌群。在一般情况下,大肠菌群属于非致病菌。如在水样中检测出大肠菌群,表明水被粪便所污染。由于水致传染病菌和病毒的生长环境与大肠菌群基本相同,而对水致传染病菌和病毒的检测又比较困难,因此通常用大肠菌群作为间接的检测指标。如果水中的大肠菌群个数超过规定的指标,就认为这些水中可能含有导致传染的病菌和病毒,如人体直接接触这些水就可能会被传染上疾病。

## 三、水体污染的检测分析

1. 水体污染的检测项目

由于污染物质的特性和环境条件的差异,在不同的水体中,有害物质的种类和浓度千差万别,但在实际监测工作中,受人力、物力及其他条件的制约,不可能也没有必要不分污染物质的主次和危害程度的大小全部进行监测。

对水环境污染监测项目的选择,可参考表6-2,并按下列顺序选择:

(1)选择国家和地方水环境质量标准中所要求控制的污染物质;

(2)根据污染物的性质,选择危害大,影响范围广的污染物质;

(3)选择有可靠分析方法及相应监测手段的污染物质;

(4)对本地区有特殊需要和影响的污染物质。

**地表水体的污染监测项目** 表6-2

| 水体种类 | 必测项目 | 选测项目 |
|---|---|---|
| 河流水体 | 水温、pH值、悬浮物、总硬度、电导率、DO、$BOD_5$、COD、氨氮、亚硝酸、盐氮、硝酸盐氮、挥发性酚、氰化物、砷、汞、六价铬、铅、镉、石油类等 | 硫化物、氟化物、氯化物、有机氯农药、有机磷农药、总铬、铜、锌、大肠菌群、总α、总β、铀、镭 |
| 饮用水源 | 水温、pH值、浑浊度、总硬度、DO、$BOD_5$、COD、氨氮、硝酸盐氮、挥发性酚、氰化物、砷、汞、六价铬、铅、镉、氟化物、细菌总数、大肠菌群等 | 锰、铜、锌、阳离子洗涤剂、硒、石油类、有机氯农药、有机磷农药、硫酸根、碳酸根等 |
| 湖泊水库 | 水温、pH值、悬浮度、总硬度、透明土、总磷、总氮、DO、$BOD_5$、COD、挥发性酚、氰化物、砷、汞、六价铬、铅、镉等 | 钾、钠、藻类(优势种)、浮游藻、可溶性固体总量、铜、大肠菌群等 |
| 排污河(渠) | 根据纳污情况 | 根据纳污情况 |

工程上对水环境监测的主要项目有:COD、石油类、悬浮物、pH值、高锰酸钾指数、溶解氧等。

2. 水体污染的分析方法

水质污染的具体污染是确定各类水体中各种杂质的种类和数量,根据水环境污染物的特征及监测项目的内容,主要采用化学、物理、生物三个方面进行。

(1)物理和化学分析法

物理分析法是在水样中污染物质不发生化学变化的条件下,确定其污染物质的存在及含量,一般使用光学、电学、力学等方法进行。

化学分析法是使污染物质参与化学反应,如产生颜色、放出气体、发生沉淀等,根据它的反应和变化来确定污染物质的种类和含量。

在化学分析方面,近几年来发明的许多选择性较好的试剂和掩蔽剂等,能提高测定的特效性和灵敏度,减少分析操作的步骤,加快分析的速度。另外,随着科学技术的发展,新型的、高灵敏度的仪器不断涌现,有效地提高了分析方法得快捷性和灵敏度。电子工业和真空技术使许多物理方法逐渐渗透到分析化学中来。激光技术在可见光分光广度分析、原子吸收分光广度分析和液相色谱分析等方面得到广泛应用。傅立叶变换技术的引入,使得电化学、红外光谱与核磁共振分析技术的面貌焕然一新。各种方法的联合使用,如色谱—质谱联用等也解决不少新课题。电子技术的使用,扩大了分析方法的应用范围,提高了分析的准确度,同时也简化了分析步骤。计算机与分析仪器的联用,不仅可以自动快捷获得数据,而且还可以控制分析工作的程度和仪器的操作条件,使分析过程自动化,大大提高了分析工作的水平,降低测试人员的劳动强度。目前,化学分析法和辅以光谱及色谱仪器的物理分析在水质监测中得到广泛运用。

(2)生物监测分析法

水体生物学监测是研究各类水中污染物质对水生生物群落结构和功能的影响,所测定的是水中各种污染物质长期综合影响的结果。各类天然水体的水域,是由栖息生物和水体环境共同组成的复杂的动态平衡的生态平衡系统。污染物质进入各类水体后,水体环境的变化必然引起栖息生物种类和数量上的相应变化,通过一定的时间达到新的平衡。因此,不同污染状况的水体存在着不同种类和数量的化学和生物特征,我们便可以根据污染水体中存在化学和生物特种来确定污染物质的种类和浓度,并划出一些指示性生物作鉴定标志,这种方法一般称之为污水化学和生物体系法。

一般的水体污染监测方法,只能表明污染水体中采样瞬时的各单一污染物质的含量和危害,无法反映各种污染物质的综合影响和水体污染历史演变情况,而生物监测方法在这方面却有独特作用。它具有综合性、长期性、灵敏性三大特征。

水质监测常用的分析方法见表6-3。

**水质监测常用的分析方法** 表6-3

| 监测项目 | 检测方法 | 监测项目 | 检测方法 |
|---|---|---|---|
| pH值 | 玻璃电极法 | 生物需氧量 | 稀释与接种法 |
| 溶解氧 | 电化学探头法、碘量法 | 铜、锌、铅、铬 | 原子吸收分光光度法 |
| 悬浮物(SS) | 质量法 | 氨氮 | 纳氏试剂比色法 |
| 化学需氧量(COD) | 重铬酸盐法 | 侵蚀性二氧化碳 | 甲基橙指示剂滴定法 |
| 氯化物 | 硝酸银滴定法 | 酸度 | 酸度指示剂滴定法 |
| 氟化物 | 离子选择电极法 | 碱度 | 酸碱指示剂滴定法 |
| 石油类 | 红外光度法 | 钾、镍 | 火焰原子吸收分光光度法 |
| 甲醛 | 乙酰丙酮分光光度法 | 钠 | 火焰原子吸收分光光度法 |

# 第二节　交通运输项目水环境影响分析

影响水环境的因素包括由于交通活动所产生的污染源强度以及水体的自净作用等,其中水体的自净作用以及相关因素的作用,对水环境有较大的影响。

## 一、交通运输项目对水环境的影响

交通运输项目对环境影响主要体现在两个阶段,即交通基础设施的施工和运营阶段。交通建设项目的水环境影响程度主要取决于这两个阶段所产生的活动内容、规模及强度。

1. 交通基础设施施工的影响

任何一个交通建设项目活动所产生的污染强度与其施工作业工序、施工作业场地、施工作业量及时间有关。在施工作业环节除施工内容和工序不同,还涉及水域施工和陆域施工。施工期影响水环境的主要因素包括砂石料冲洗废水、混凝土养护废水、机械和车辆冲洗废水、施工人员生活污水。

生活污水包括粪便污水、清洗污水等,其主要污染因子为COD、$NH_3$-N、SS和TP,其中以粪便污水中的污染物数量最高。生活污水中的主要污染物及其含量一般为:COD 400mg/L、$NH_3$-N 30mg/L、SS 250mg/L、TP 4mg/L。

砂石料冲洗废水、混凝土养护废水、机械和车辆冲洗废水的主要污染因子是SS、$COD_{cr}$、$BOD_5$、石油污染等。

建设项目施工期间无论是施工废水还是供应地的生活污水,都是暂时的,随着工程的建成其污染源也将消失。通常项目施工期的污水对环境不会有大的影响,可采用简单的、经济的处理方法。如供应地的生活污水采用化粪池处理,施工废水设小型蒸发池收集,施工结束将这些池清理填埋。

交通基础设施的建设,特别是高速公路的建设会导致所在地区水温条件发生变化;地上、地下水流与数量也会发生变化,进而影响路边甚至较远地区的动植物,并会发生水污染和地下水的变化。根据交通基础设施建设的特点,对水环境的影响主要有以下两方面。

1)地表水的影响

在交通基础设施施工期,施工队伍的生活污水,施工机械的油料遗弃,施工物质如沥青、施工车辆与施工材料的冲洗废水都会对路面径流,附近河流,水源、农田等水质造成很大影响,桥梁施工时遗漏的化学品,油污、固体污物洒落水体将直接对河体产生污染。另外,公路工程会造成水流集中于某一点,在许多场合,还会使水流速度加快,从而改变地表水流的状态(图6-1)。在特定的区域条件下,这些变化会导致土壤侵蚀以及河流淤塞等后果。这些影响常常可能波及到那些远离公路的地区。铺设路面会降低土壤的可渗透性,从而增加地表径流。

2)对地下水的影响

交通基础设施的施工活动(如开挖、爆破作用、钻孔、挖沟和开挖沟)会影响施工区与地下水的质量和数量,改变地下水资源埋藏和运动的条件,破坏正常的自然规律,水文扰动导致水流与数量的变化,进而影响路边甚至距离较远地区的动植物。由于重金属含量较高的粉煤灰在筑路中的大量运用,也可能对地下水会有一定影响。公路排水和开挖会降低周围区域的地下水位,而路基和其他结构物则因限制水流而提高周围区域的地下水位(图6-2)。其结果会造成土壤侵蚀,土壤恶化,植被减少,影响饮用水和农业水流及鱼类和野生动物的生存。

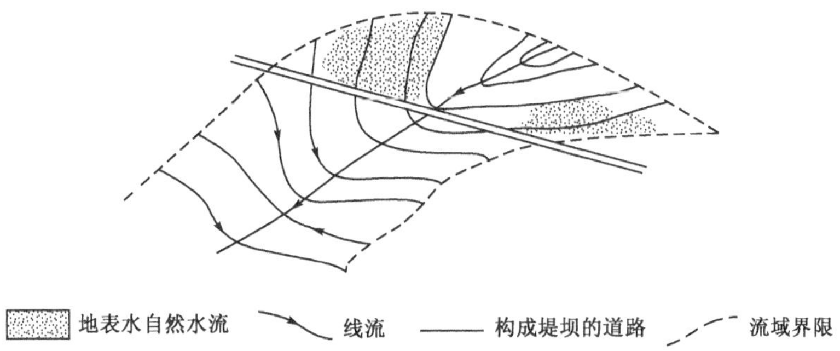


图 6-1　流域和干扰区的变化

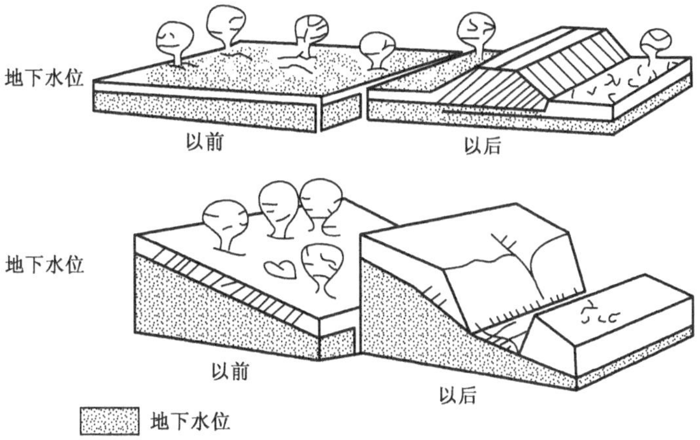


图 6-2　与道路建设相关的地下水位变化图

在地下水位对人们日常生活或农业应用十分重要的地区或对动植物的生存至关重要的干旱地区,应特别注意地下水位的变化。在预期水流会发生重大变化的地区,应仔细分析当地水系的动态特性,因为这种变化有时会造成广泛的连锁反应(图 6-3)。

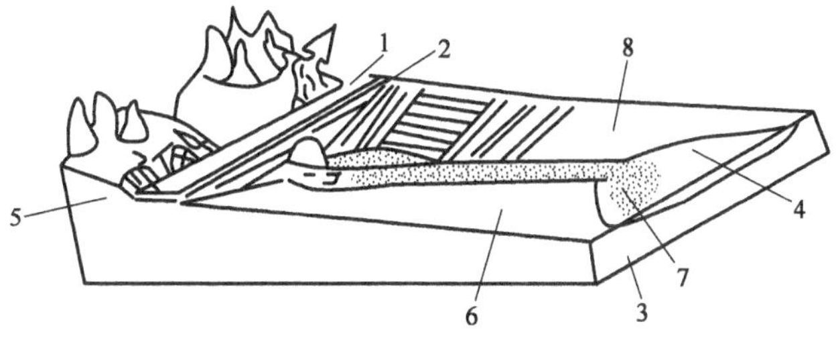


图 6-3　连锁反应影响示意图

1-开挖区域逆向冲刷;2-损坏高速公路结构基础;3-下游区域的地下水位降低;4-结构物下游的农田面积缩小;5-上游区域的植被因逆向冲刷而劣化;6-水的混浊程度增大;7-在水流缓慢的区域出现沉淀物堆积;8-因地下水位的降低而引起植被变化

2. 运营期水环境影响分析

交通基础设施运营期间的主要污水包括地面径流和站场、服务区的污水。站场、服务区的污水主要包括沿线服务区产生的生活污水、洗车水、加油及修车过程中产生的废水。

1)地面径流的影响

地面径流对水环境的污染,是指道路运营期,货物运输过程中在路面上的抛洒,汽车尾气中微粒在路面上的降落,汽车燃油在路面上的滴漏及轮胎与路面的磨损物等。当降水形成路面径流就携带这些有害物质排入水体或农田。可见,路面径流的污染是在雨水与路面接触后,亦即降雨产生径流将路面沉积的污染物冲刷而产生的。因此由于交通活动而形成的路面沉积物是公路路面径流最重要的污染源。近年来,公路路面径流作为一种具有较大污染潜力的污染源已经得到了许多国家的广泛关注。

(1)路面径流污染源

公路路面径流污染物的来源很多,包括机动车辆的运行、雨水本身的污染和大气降尘等。根据国外近年研究结果表明,路面沉积物中各种污染物的来源主要如下:

SS(固体悬浮物):SS是公路路面最主要的污染物,其他污染物如重金属及有毒化合物 $PAH_5$ 等多是粘附在其表面上。其主要来源有轮胎磨损颗粒、筑路材料磨损颗粒、运输物品的泄漏、制动连接装置产生的颗粒及其他与车辆运行有关的颗粒物、大气降尘及除冰剂等。

重金属:公路路面沉积物中含量最大的重金属是Pb,Pb主要来自与汽车尾气的排放,也有部分来自于燃料或润滑油的泄漏及除冰剂的撒播。

氯化物:主要来自于除冰盐。

油和脂:主要来源于燃料及及润滑油的泄漏。

毒性有机物:路面沉积物中汽油烃(PHC)和多环芳烃(PAH5)一部分来自汽油的不完全燃烧产物,但其最主要的来源是润滑油的泄漏,这些有毒性的有机物的溶解性很小,绝大部分粘附于固体颗粒上。

N(氮)和P(磷)营养物:主要来自于晴天或雨天时的大气降尘,对公路两边所种植物进行施肥等日常维护工作也是营养物的主要来源。

农药:空气中漂浮的农药颗粒在沉降和降雨淋洗的作用下会进入路面径流,目前公路路面径流中发现的农药成分有氯丹、甲氧基氯化物和重氮基氯化物。

这些物质一部分直接沉积在路面或公路附近,其他部分则飘散在空气中随降尘或降雨进入路面或土壤表面。公路路面可沉污染物的沉积并不是时间的线性函数,而是与交通频率、车辆运行习惯、路况和车况、路面清扫频率有关。

(2)公路路面径流对受纳水体的影响

公路路面径流是具有单一地表使用功能的地表径流。以前公路路面径流一直作为城市地表径流的一部分加以研究,但近年来,公路路面径流因其污染强度加大,对受纳水体的影响较严重而逐渐成为一门相对独立的研究领域。一般而言,路面径流对受纳水体的影响主要从物理化学影响、微生物影响和美学影响三个方面进行。路面径流对受纳水体在这些方面的影响,将改变受纳水体作为娱乐用水、饮用水源地或生态保护区的价值。

①物理化学影响

用受纳水体物理性质和化学性质的变化来表征地表径流对受纳水体的影响是目前评价地表径流对受纳水体影响的主要方法。以下分别从固体物质、营养物质、耗氧物质、有毒物质以及热污染五个方面进行探讨地表径流对受纳水体的影响。

a.固体物质的影响

地表径流对受纳水体最严重的影响在于其输入了大量的颗粒固体物质,而这些固体将对受纳水体产生多方面的影响。首先,水体中固体浓度过大,会改变植物、无脊椎动物、脊椎动物的结构和生长。第二，固体浓度过高会降低水的透明度，并导致受纳水体浊度的波动变化。第三，固体物质大量沉积于河底，会改变原有底栖生物的生活环境，并引发许多与河床底泥有关的问题。另外，由于固体物质的沉积使得附着于其上的有毒物质如重金属、有毒有机物等在底泥中累积，从而对水体造成长期的、潜在的影响。据报道我国某河流汛期的重金属浓度为非汛期时的 20 倍左右，究其原因，是由于河床底泥被河水冲起，底泥中的重金属重新回到水中所致。

b. 营养物的影响

水体富营养化也是地表径流对水体造成的一种较为严重的影响。地表径流中若携带大量的营养物质排入受纳水体，就会导致水体中营养物质的浓度增加从而刺激藻类和其他水生植物的大量繁殖，恶化水体感观性状，降低水体美学价值，破坏水体溶解氧平衡，使得溶解氧昼夜变化过大、生物种群多样性减少，并且降低供水水质、增加治水成本，甚至破坏水体作为供水水源的用途。

c. 耗氧物质的影响

地表径流对受纳水体的另一个重要影响是由于大量耗氧有机物的排入所造成的溶解氧的损耗。在地表径流排入受纳水体后，其中的 BOD 物质在微生物的作用下被还原成为简单的无机物，这期间需要消耗大量的溶解氧，氨的硝化作用也会消耗水中的溶解氧，从而造成受纳水体中溶解氧的降低。

d. 有毒物质的影响

地表径流中含有有毒物质，如重金属、毒性有机物等，其必将对受纳水体产生十分严重的影响。

e. 热污染的影响

研究表明，沥青路面、混凝土路面等均有高效的储热能力，当降雨形成径流流经路面时，路面将热能传递给径流、大大提高了径流的温度，从而在径流排入受纳水体造成热污染影响。水体温度的升高不但导致水体复氧的困难，而且改变了水生生物的生活环境，严重干扰了水生生物的正常生命活动，还大大提高了水体中重金属的溶解，使得重金属的毒性作用严重加剧。

②水生植物生长影响

路面径流携带的大量悬浮固体会使受纳水体固体浓度过大，一是会改变水生植物及动物的生长和繁殖；其次大量固体物质在河底，会改变原有底栖生物的生存环境，并引发诸多与河床底泥有关问题，常见的影响是沉积颗粒覆盖了鱼类重要的产卵场所，从而破坏了水生生物的生存和觅食环境；其次由于沉淀固体中含有有机碳化合物，这些化合物在河底生物降解时需要消耗水中的溶解氧，从而导致水中溶解氧的变化，降低水体水质，甚至破坏水体作为供水水源的用途。

③美学影响

地表径流中携带着一些不悦目的物质，包括一些漂浮物和油类物质等。尽管美学质量的下降不会影响人们的身体健康，但它严重影响了受纳水体的社会经济价值，包括作为娱乐用水的欣赏价值。因为美学也是水体设计用途的一个方面，所以，对它的影响也可作为一种水质标准来衡量。

2）站场、服务区的影响

站场、服务区的生活污水是影响附近区域的水质的重要因素之一，这里的站场是指机场、火车站、港口作业区、高速公路收费站等。这些场所均是由于人群集聚和办公或生活的要求产生的生活污水、洗车水、舱底水、船舶压舱水，每天要排放大量的生活污水和固体垃圾，生活污水中含有大量的碳水化合物和氮、磷、硫等营养元素的有机物，还包括洗涤剂和许多病源菌。生活污水在进入天然水体后，会造成水中溶解氧的大量消耗及促进水富营养化，同时还可能造成病源菌和病毒通过水的媒介而使疾病蔓延。另外，站场、服务区的洗车水、舱底水、船舶压舱水、加油机修车过程中产生的含油废水对区域附近水质也有一定影响。

## 二、水体的自净作用

所谓水体自净，是指对于受到污染的水体，在一定的时间内，通过自然的物理、化学和生物等作用，污染程度逐渐降低。因此可以这么说，在水体自净的限度内，水体本身就像一座天然的活水处理厂。但水体的自净能力是有限的、超过一定的范围之后，水体仍然会被污染。

水体的自净作用主要是由三种自净过程所组成的，即物理自净过程、化学自净过程和生物自净过程。

### 1. 水体的物理自净过程

水体的物理自净过程包括：污染物在水体中的混合稀释、沉淀及挥发等。水体的物理自净能力及其效果受到许多因素的影响，如污水中污染物的性质和浓度，污水在河流中所流经的距离，水体的水文、水温条件等。例如，当水体的流量比较大时，排入可溶性或胶体悬浮性有害污染物后，通过水体的稀释，水体的整体并未超过污染的程度，此时水体就未受到污染。当污水中的污染物是比重比水大的固体颗粒时，那么依靠这些固体颗粒本身的自重，可沉到水体底部，而使水体得到净化。

污水排入河流与水流逐渐混合，水的成分与逐渐均匀。若污染物以浓度 $C_1$ 和流量 $q$ 进入河流，河流的流量为 $Q$，河水中污染物的原有浓度为 $C_0$。由于河水对污染物的浓度有稀释作用，污水排入河流并完全混合后的平均浓度 $C_2$ 可由下式计算：

$$C_2 = \frac{QC_0 + qC_1}{Q + q} \tag{6-1}$$

上式是工程上常用的一种近似计算方法，为了精确计算某一断面的污染物浓度，需要考虑河流的流体动力学与污染物的关系。

### 2. 水体的化学自净过程

水体的化学自净过程包括氧化、还原、中和、化合、凝聚、吸附等过程。这些过程可使部分污染初始的形态发生变化，数量减少。例如，排入水体的废水污染物为二氧化铁时，可溶的二氧化铁可以转化为不溶解的三氧化铁。又如，铝的氧化物可以吸附悬浮性胶体物质，将这些不易沉淀的污染物由水中去除出去。化学自净过程的快慢取决于废水中的污染物性状和水体的情况，如水体的流动情况以及水温等。

### 3. 水体的生物自净过程

水体的生物自净过程就是在有溶解氧存在的条件下，通过水体中大量存在的微生物的作用，将排入水体的有机污染物氧化分解为简单的无害污染物（如水、二氧化碳和某些盐类等物质），使水体得以净化。各类水体都有一定的生物自净能力，自净过程与水体中氧的消耗及溶解状况、微生物种类和数量及水温、水文条件、污物性质及浓度有关。

1）水体中氧的消耗及溶解

污水进入水体后，污水中的有机物在微生物的作用下进行氧化分解，这时需要消耗一定数量的氧。由于需氧性降解而消耗水中的溶解氧，称为耗氧。空气中的氧气溶于水中，称为复氧。

(1)有机物质的耗氧速率

生化氧化过程可以分为两个阶段，第一阶段主要为含碳有机物的氧化，这个过程将随水温和油污的浓度不同而持续数日。第二阶段是含氮有机物的氧化，也称硝化过程，硝化过程持续的时间可长达40～50d。我们关心的是在微生物的参与下有机物的第一阶段氧化，污水经过氧化以后就不会再腐败。有机物的生化氧化速度与有机物的浓度成正比，而与用于氧化的氧数量无关。

能被生化氧化的有机物物质浓度，以氧化时所消耗的氧的数量来表示，即生化需氧量(BOD)，有机物的耗氧速率由下式表示：

$$-\frac{dL}{dt} = K_1 L$$

$$L_t = L_0 \exp(-K_1 t) \tag{6-2}$$

式中：$K_1$——有机物耗氧常数(1/d)；

$L_t$——时间为$t$时，单位体积废水中的生化需氧量($BOD_t$)(mg/L)；

$L_0$——时间为零时，也就是起始点(排放口处)的有机物浓度，第一阶段完全需氧量($BOD_U$)表示，mg/L。

对于不同的废水，常数$K_1$具有不同的数值，可由实验方法求得。$K_1$与温度有关，温度不变时被视为常数。若已知20℃时的$K_1$值，可用下式计算其他温度下的$K_{1(T)}$值：

$$K_{1(T)} = K_{1(20)}\theta^{T-20} \tag{6-3}$$

式中：$\theta$——温度系数。当$T$ = 4℃～20℃时，$\theta$=1.135；$T$=20℃～30℃时，$\theta$=1.056。

(2)水体的复氧速率

水体的自净必须从空气中不断得到氧气补充才能进行。复氧过程与水中的亏氧量(饱和溶解氧和实测溶解氧的差值)成正比。河流的复氧速率用下式表示：

$$\frac{dD}{dt} = -K_2 D \tag{6-4}$$

式中：$D$——亏氧量，$D = C_S - C$；

$C_S$——饱和溶解氧浓度(mg/L)；

$C$——河流中实际溶解氧浓度(mg/L)；

$K_2$——复氧常数(1/d)。

水体的复氧常数$K_2$可实测，也可按表6-4估计，其他温度的$K_2$值可由下式估算：

$$K_{2(T)} = K_{2(20)} \times 1.024^{T-20} \tag{6-5}$$

**复氧常数的$K_2$值**　　表6-4

| 水体类型 | 20℃时的$K_2$值 | 水体类型 | 20℃时的$K_2$值 |
|---|---|---|---|
| 水池塘和受阻回流的水 | 0.043～0.1 | 正常流速的大河 | 0.2～0.3 |
| 迟缓的河流和大湖 | 0.1～0.152 | 流动快的河流 | 0.3～0.5 |
| 低流速的大河 | 0.152～0.2 | 急流和瀑布 | >0.5 |

(3)氧垂曲线模式

当污水排入受纳河流后，污水中的有机物因生物作用而消耗河水中的溶解氧，同时大气中的氧不断溶入河水中。污水排放口下游河水中的溶解氧浓度($C$)随流行距离而不断变化。河水中溶解氧在复氧共同作用下的变化速率由下式表示：

$$\frac{dC}{dt} = -K_1L + K_2(C_S - C) \quad (6\text{-}6)$$

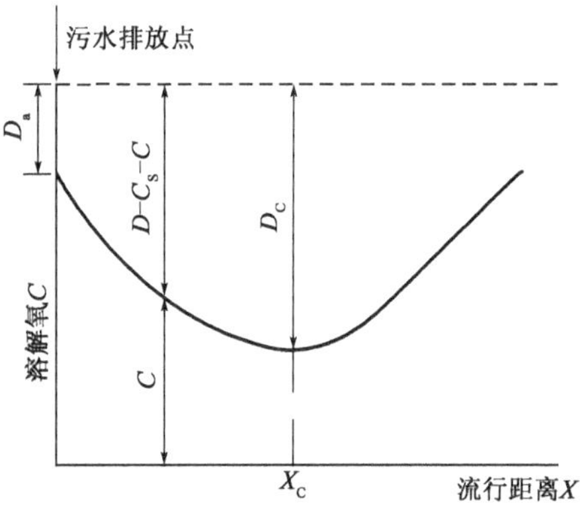

图6-4　氧垂曲线图

开始时由于有机物浓度 $BOD_u$ 较高,耗氧速率大于复氧速率,河水中的溶解氧不断减少。随着有机物被微生物不断降解,因而 $BOD_u$ 不断减小,耗氧速率也随之减少。在某一点耗氧速率等于复氧速率,这点称为临界点。从起点到临界点的流行距离称为临界距离,流行所需要的时间称为临界时间。河水流过临界点后,耗氧速率小于复氧速率,此后河水中的溶解氧会不断增加。假如没有新的污染,溶解氧会恢复到受污染前的状态。以纵坐标表示溶解氧,横坐标表示流行距离,所绘制的曲线称为复氧曲线(图6-4)。

经推导,污水排放点下游任意时间($t$)的亏氧量以氧垂方程表示为:

$$D = \frac{K_1L_0}{K_2 - K_1}[\exp(-K_1t) - \exp(-K_2t)] + D_a\exp(-K_2t) \quad (6\text{-}7)$$

式中:$D$——时间为 $t$ 时的亏氧量(mg/L);

$D_a$——在污水排放点处时间 $t=0$ 时的亏氧量(mg/L)。

临界时间 $t_C$ 由下式求得:

$$t_C = \frac{1}{K_2 - K_1}\ln\frac{K_2}{K_1}\left[1 - \frac{D_a(K_2 - K_1)}{K_1L_0}\right] \quad (6\text{-}8)$$

临界点处的亏氧量 $D_C$ 为:

$$D_C = \frac{K_1}{K_2}L_0\exp(-Kt_C) \quad (6\text{-}9)$$

以上公式只考虑了污水排入河流后,生物降解耗氧与空气复氧两种因素对河水中溶解氧的影响,没有考虑藻类光合作用的产氧及其呼吸耗氧、污泥沉淀和水流的离散作用等影响,该方法为工程上常用的一种粗略的计算方法。

2)水中的微生物

在水中微生物摄取污水中的有机物作养料的过程中,将有机物的一部分变成微生物本身的细胞,并提供合成细胞的维持生命的能量,一部分有机物变成废物排出。当水中溶解氧很充足时,一部分有机物就可以通过微生物的作用变成水和二氧化碳气体以及无机盐类排出。如果水中的氧气不足,将产生嫌气分解。嫌气性微生物不断分解污水的有机物,提供本身合成细胞维持生命的能量,排出含有臭味的气体。因此它受存在于水中的微生物的数量和种类的影响。如果水中存在对微生物有害的有毒物质,则微生物的活动也要受到阻碍,自净能力降低。

# 第三节　水污染防治途径及治理技术

## 一、水污染防治途径

控制水污染的基本途径就是降低污、废水的污染程度和提高受纳污水、废水水体的自净能力。由于受纳水体的自净能力是有限的,一般采用降低污水、废水的污染程度来控制水污染的发生。要控制和进一步消除水的污染，必须从控制废水的排放入手，将“防”、“治”、“管”三者结合起来。有效地防治水污染的主要途径如下：

(1)从生产工艺进行改革，减少和压缩排污量。优先采用技术先进、经济合理、无污染或少污染的新工艺、新技术，从根本上杜绝或降低水污染的发生。

(2)提高水的循环利用率，减低单位产品的排污量。这样不仅节约水资源，而且也降低了废水的污染。

(3)加强废水的处理，使排放的废水必须满足排放标准的要求。针对不同的水污染物，采用技术先进、经济合理的污水处理技术，减少污水对环境的不良影响。对于一些难处理的废水要加强研究其可行的治理技术，大力推广高效、低耗、经济的废水处理技术。

(4)加强管理，减少污染。一方面，从废水产生的工艺环节入手，严格控制操作条件，加强生产过程中的监督，同时降低生产原料的消耗，将有助于降低废水污染的程度。另一方面强化环境治理的管理，制定环保责任制度，防止生产过程中的跑、冒、滴、漏。推广清洁生产，清洁工艺，在生产过程中就有意识地减少污染物。

## 二、水污染治理技术

污水处理技术，就是采用各种方法将污水中所含的污染物质分离出来，或将其转换为无害和稳定的物质，从而使污水得以净化。

### 1. 污水处理方法的分类

污水处理的主要方法虽然种类繁多，但归纳起来，主要有物理法、化学法、物理化学法和生物法。

(1)物理法

物理法主要是利用物理作用分离或回收废水中的悬浮物质。物理法操作简单、经济。常采用的有沉淀法、离心分离法、过滤法及蒸发、结晶等。

①沉淀法

沉淀法是利用废水中悬浮物自身的重力与废水分离的一种方法。沉淀池是分离悬浮物的主要构筑物。当含有大量悬浮物的废水进入沉淀池后，经过一段时间的停留，废水中的悬浮物沉降到沉淀池的底部，澄清后的废水从沉淀池的上部出水口排出。沉淀工艺广泛用于处理有大量悬浮物的各类废水。

②离心分离法

物体作高速旋转时会产生离心力场。利用离心力分离废水中悬浮杂质的处理方法称为离心分离法。污水作高速旋转时，由于水中的悬浮物和水的质量不同，所受的离心力也各不相同，质量大的悬浮物颗粒被抛向外侧，质量小的水被推向内侧，将水和悬浮物从各自的排出口排出，从而使废水得到净化。

③过滤法

利用过滤介质截留废水中的悬浮物的处理方法称为过滤。根据所采用的介质的不同，过滤可分为筛滤和颗粒材料过滤两类。筛滤中最常采用的设备是格栅和筛网。

格栅是由一组平行的钢制栅条制成的框架，框架倾斜架设在废水处理构筑物前或泵站进水口的渠道中，主要用于拦截废水中的大块悬浮物，即可减轻后面的处理设备的处理工作量，又可以防止大块悬浮物对后面处理设备的损坏。使用时可根据需要设置多道格栅。格栅可分为人工清除格栅和机械清除格栅两类。格栅设计主要控制流速及其水头损失。一般流速取

0.8 ~ 1.0m/s，水头损失采用 0.05 ~ 0.15m（图 6-5）。

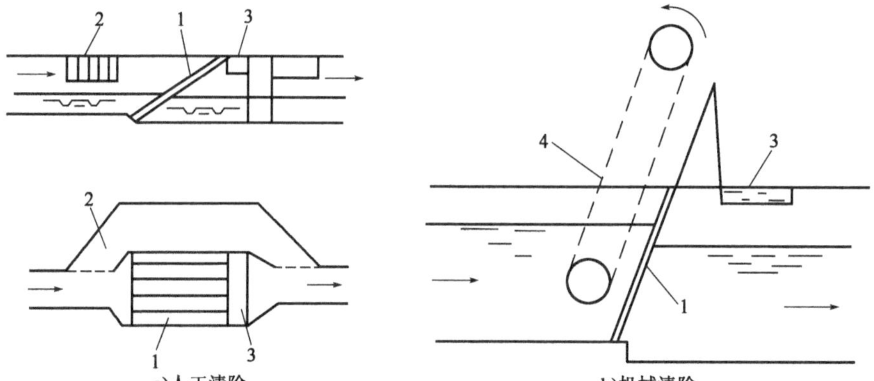


图 6-5　格栅构筑示意图

1-格栅；2-溢流道；3-平台；4-除渣机

网筛是用金属丝或纤维丝编织而成，与格栅相比主要是用来截留尺寸较小的悬浮物，尤其是适宜分离和回收废水中细碎的纤维类悬浮物。

颗粒材料过滤在废水处理中主要用于去除悬浮物和胶体杂质，特别是用于重力沉淀不能有效去除的微小颗粒和细菌。颗粒材料过滤对废水中的有机物也有一定的去除效果。当废水通过颗粒滤料层时，废水中的悬浮物和胶体杂质就会被截留在滤料表面和滤料内部的空隙中，废水流过滤料层后得到净化。颗粒材料过滤采用的设备是滤池。

④气浮法

气浮法是固—液或液—液分离的一种方法。它是通过某种方式产生大量的微气泡，使气泡与水中密度接近于水的固体或液体粘附，形成密度小于水的气浮体，在浮力的作用下，上浮到水面，进行固—液或液—液分离。气浮法的关键是在水中通入或产生大量的微细气泡。废水处理采用的气浮法，按气泡产生的方式不同，可分为充气气浮、溶气气浮和电解气浮三类。

（2）化学法

向污水中投加某种化学物质，利用化学反应来分离、回收污水中的某些污染物质，或使其转化为无害的物质。常用的方法有中和法、化学沉淀法、氧化还原法及电解法等。

（3）物理化学法

污水的物理化学处理主要是利用物理化学作用来处理或回收废水中溶解性状态的污染物。常采用的方法有混凝法、吸附法、离子交换法、电渗析法相反渗透法等。

（4）生物法

废水的生物处理就是利用微生物的新陈代谢作用处理废水的一种方法。

废水生物处理的主要目的是将废水中携带的有机污染物质通过微生物的代谢活动予以转化、稳定、使之无害。废水的生物处理实质就是将废水中含有的污染物质作为微生物生长的营养物质被微生物代谢、利用、转化，将原有的高分子有机物转化为简单有机物或无机物，使得废水得到净化。

①好氧生物处理法

微生物具有很强的吸附能力，当污水中的有机物与好氧微生物接触后，在短时间内吸附了污水中的有机物。那些分子量小或溶于水的有机物直接被微生物吸收；而一些分子量大且不溶于水的有机物，经微生物分泌的外酶作用，先分解为分子量小或溶解性的有机物，然后被微生物吸收。在内酶的作用下，微生物通过自身的生命活动——氧化、还原、合成等过程，将部分有机物氧化为简单的无机物，同时释放出微生物生长活的需要的能量。而另一部分有机物被分解后则转换为生物肌体，组成新的微生物。图 6-6 表示了这一生化反应过程。

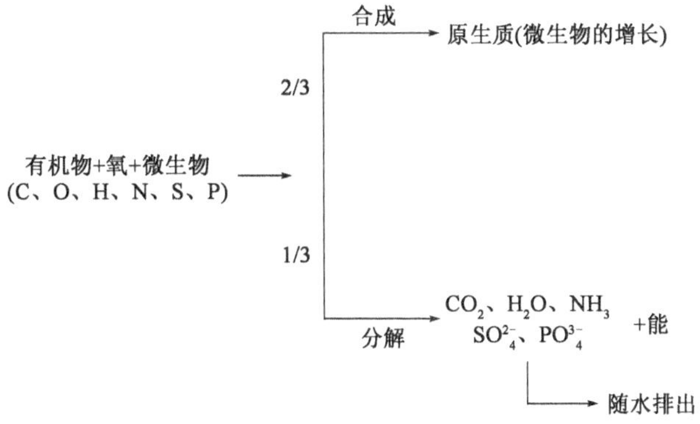


图 6-6　好氧微生物生化过程示意图

在污水的好氧生物处理中，通常采用活性污泥法和好氧生物膜法两种基本工艺。

②污水的厌氧生物处理法

废水的厌氧生物处理是在无氧的条件下，利用厌氧菌的作用来分解有机物的一种处理方法。由于这种方法与好氧生物处理相比存在着处理时间长、对低浓度有机废水处理效率低等缺点，所以以前发展缓慢。进入 20 世纪 70 年代以后，随着能源短缺问题的日益突出，促使污水处理向节能和资源化方向发展。而厌氧生物处理具有低能耗，污泥量少，并可以回收部分能源的特点，因此近年来得到很快发展。

高浓度有机物和污泥的消化通常采用厌氧处理。厌氧处理在无氧条件下，依靠厌氧、兼氧微生物对有机物进行分解。在分解初期，有机物在胞外酶作用下先进行水解，再经过产酸细菌的作用分解为各种有机酸、醇等，在这个过程中 pH 值下降，故称酸性发酵过程。在分解期，由于含氮化合物的分解产生氨的中和作用，使 pH 值逐渐上升，在一群统称为甲烷菌族微生物的作用下分解有机酸和醇，生成甲烷和二氧化碳等物质，这个过程称为碱性发酵过程。整个过程如图 6-7 所示。

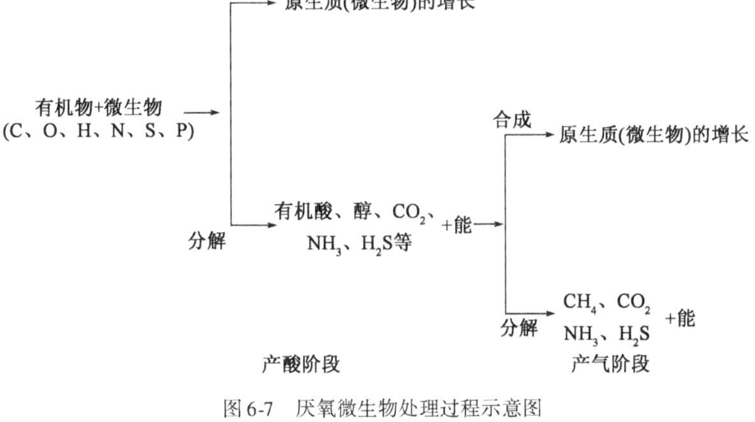


图 6-7　厌氧微生物处理过程示意图

实际的废水处理中，对于一些高浓度的有机废水，常采用厌氧—好氧生物处理的组合系统，充分发挥各自的长处。

2. 污水处理流程

污水中的污染物质是多种多样的，不能预期只用一种方法就能够把污水中所有的污染物质去除殆尽，一种污水往往需要通过几种方法组成的处理系统，才能达到处理要求的程度。

按污水的处理程度划分，污水处理分为三个级别，分别称为污水一级处理、污水二级处理和污水三级（深度）处理。污水一级处理就是使用物理处理方法，如格栅、沉淀池等去除水中不溶解的污染物。经一级处理后的污水，BOD 只能去除 30% 左右，仍不宜排放，还必须进行二级处理。二级处理主要应用生物处理法，通过微生物的代谢作用进行物质的转化，将污水中的复杂有机性污染物质（即 BOD）氧化降解为简单的物质，去除率（BOD）可达 90% 以上。三级处理主要是用生物法、离子交换法等去除水中的氮和磷，并用臭氧氧化、活性炭吸附等去除难降解有机物，用反渗透法去除盐类物质，用氯化法对水进行消毒。三级处理往往是以污水回收、再次复用为目的。

## 三、交通水环境污染防治处理技术

由于交通设施施工和运营期场站、服务区产生的污水类型主要以生活污水、含油污水和路面径流污水为主，且其施工、运营管理场所分布较散，具有线长面广的特点，对其污水处理技术的选择上要具有针对性，要考虑运行管理费用低，管理维护简单，低能动消耗。在此仅对这类污水类型采用的处理技术进行阐述。

1. 生活污水处理

（1）化粪池

化粪池是污水沉淀与污泥消化同在一个池子内完成的处理构筑物，其构造简单，见图 6-8。污水在池中缓慢流动，停留时间为 12 ~ 24h，污泥沉淀于池底进行厌氧分解。污泥的储存容积较大，停留时间为 3 ~ 12 个月。由于污泥消化过程完全在自然条件下进行，所以效率低，历时长，有机物分解不彻底，且上部流动的污水易受到下部发酵污泥的污染。通常化粪池作为初步处理，以减轻污水对环境的污染。

（2）双层沉淀池

双层沉淀池又称隐化池。它具有使污水沉淀，并将沉淀的污泥同时进行厌氧消化的功能（图 6-9）。污水从上部的沉淀槽中流过，沉淀物从槽底缝隙滑入下部污泥室进行消化。在沉淀槽底部缝隙处设阻流板，使污泥室中产生的沼气和随沼气上浮的污泥不能进入沉淀槽内，以

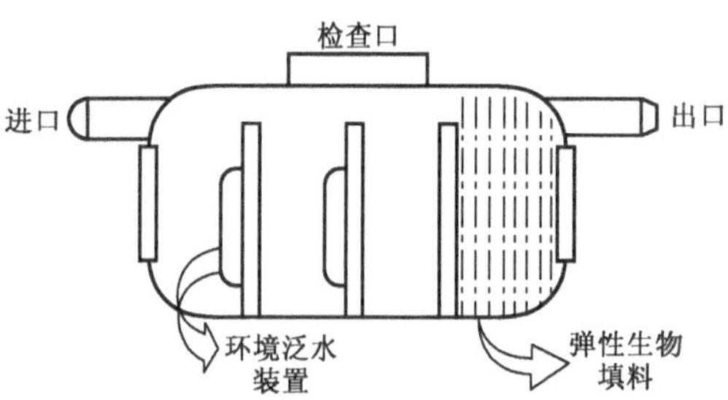


图 6-8　化粪池示意图

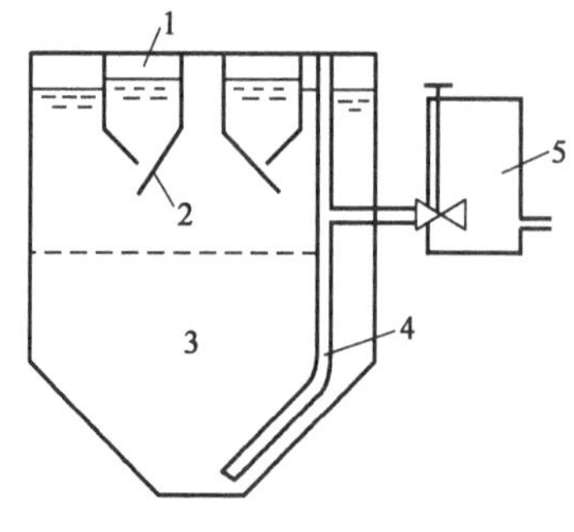


图 6-9　双层沉淀池示意图

1-沉淀槽；2-阻流板；3-消化室；4-排泥管；5-窨井

免影响沉淀槽的沉淀效果和污水受到污染。双层沉淀池的污泥消化仍在自然条件下进行，当污水冬季平均温度在 10 ~ 15℃时，污泥的消化时间约需 60 ~ 120d，因此消化室的容积较大。

双层沉淀池的沉淀槽设计与前述平流式沉淀池相同，排泥净水压头不小于 1.5m，沉淀槽的宽度不大于 2.0m，其斜底与水平底夹角不小于 50°，底部缝宽一般为 0.15m，阻流板宽度一般取 0.15 ~ 0.35m。沉淀槽底部到消化室污泥表面应有缓冲层，其高度一般为 0.5m。消化室的容积根据当地年平均气温，按表 6-5 确定。

**消化室容积确定** 表 6-5

| 年平均气温(℃) | 每人所需消化室容积(L) |
|---|---|
| 4 ~ 7 | 45 |
| 7 ~ 10 | 35 |
| >10 | 30 |

(3)生物塘

当交通服务设施附近有取土坑(或洼地)可以利用时，可将取土坑(或洼地)适当整修作为生物塘。生物塘是一种构造简单、管理容易、处理效果稳定可靠的污水处理方法。生物塘可以作为化粪池或双层沉淀池的后续处理，也可单独使用。

污水在塘内经较长时间的停留和储存，通过微生物(细菌、真菌、藻类、原生动物等)的代谢活动与分解作用，对污水中的有机污染物进行生物降解，最后达到稳定。因此，生物塘又称为生物稳定塘。生物塘可分为好氧塘、兼性塘、厌氧塘、曝气塘四种：

①好氧塘

好氧塘的深度较浅，有效水深一般小于 1m，通常采用 0.5m，阳光可以透入池底。塘内存在着藻—菌—原生动物生态系统(图 6-10)。在阳光照射的时间内，藻类光合作用而释放大量氧，塘表面由于风力的搅动而进行自然复氧，使塘内保持良好的"好氧"条件。好氧异养性微生物通过生化代谢活动，对有机污染物进行氧化分解，代谢产物 $CO_2$ 供作藻类光合作用所需的碳源。藻类利用 $CO_2$、$H_2O$、无机盐及光能合成细胞质，并释放出氧气。

②兼性塘

兼性塘的水深较好氧塘深，因而塘内的污水有较长的停留时间，对于污水流量和浓度的波动有较好的缓冲能力。兼性塘内存在着好氧层、兼性层和厌氧层三个区域(图 6-11)。好氧层在塘的上层，阳光能透入，藻类光合作用旺盛，溶解氧充足，好氧微生物在这个区域内生化代谢活动。兼性层在塘的中间，藻类光合作用减弱，溶解氧不足，白天处于好氧状态，因而夜间则处于厌氧状态，兼性微生物占优势。塘的底部厌氧微生物占主导，对沉淀池底泥进行酸性发酵和甲烷发酵。

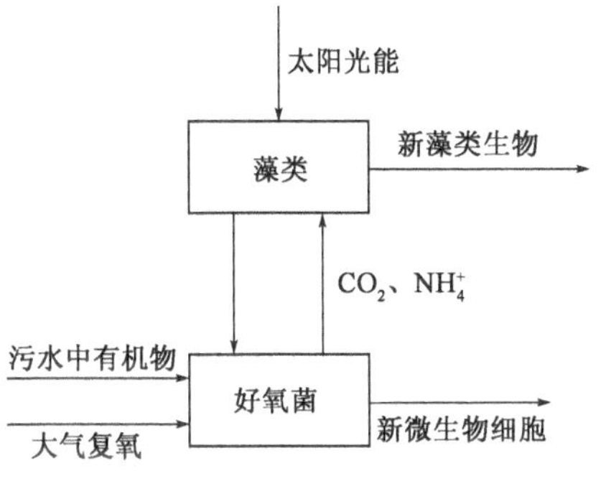


图 6-10 好氧塘内藻菌共生关系

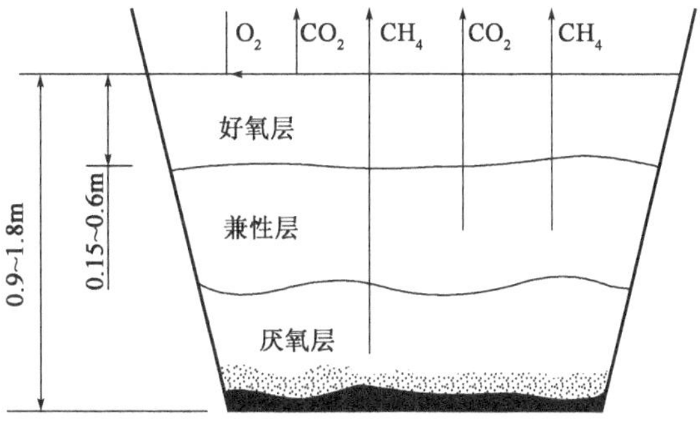


图 6-11 兼性塘底三个区域示意图

③厌氧塘

当塘内的有机负荷超过光合作用产生的氧量时,生物塘便处于厌氧状态。减小塘的表面积和加大塘的水深,都能降低光合作用的强度,塘内呈厌氧状态。有机物在厌氧状态作用下缓慢降解,最后转化为甲烷,并释放出 $H_2S$ 及其他致臭物。

④曝气塘

采用人工曝气(多采用曝气机)在水面进行曝气充氧,以维持良好的充氧状态。由于曝气具有搅拌和充氧双重功能,当曝气机的动力足以维持塘内全部固体处于悬浮状态,并向污水提供足够的溶解氧时,这种塘称为好氧曝气塘。当曝气机的动力仅能供应污水必要的溶解氧,并使部分固体处于悬浮状态,而另一部分固体沉积塘底并发生厌氧分解,这种塘称为兼性曝气塘。

2. 含油污的处理

大型洗车场和加油站的污水,常含有泥沙和油类物质。油类不溶于水,在水中的形态为浮油或乳化油。乳化油的油滴微细,且带负电荷,需破乳混凝后形成大的油滴才能除去。洗车场和加油站的含油污水以浮油为主,通常采用隔油池进行处理。当污水进入隔油池后,泥沙沉淀于池的底部,浮油漂浮于水面,利用设置在水面的集油管收集去除。隔油池的形式有平流式、波纹板式、斜板式等。

3. 地面径流中携带污物的处理

通过对路面径流主要污染物分析,需要处理的污染物为SS、石油类、COD、$BOD_5$ 等一些有机物及重金属,对于固体悬浮物SS,可采取物理沉淀的方法将其去除;有机物一般可以用生物及微生物降解的方法进行处理。考虑交通设施的运营特点,可采用工程措施达到控制污染的目的。

(1)植被

由于地面径流是一种面污染源,由于其自身的特点如污染来源广泛、种类多、排放呈随机性等使得控制管理措施不同于生活污水的控制。如果用统一收集、集中处理的方法对其控制,不仅代价昂贵,而且几乎难以办到。而植被控制对地面径流中污染物的去除是十分有效的,且适合各种不同的地理环境,在设计和实施过程中都具有很大的灵活性,而且其耗费也较省,在任何地方都可以使用。

植被控制是一种利用地表密植的植物对路面径流中的污染物进行截流的方法,它能够在径流输送的过程中将污染物从径流中分离出来,使到达受纳水体的径流水质获得明显的改善,从而达到改善径流水质、保护受纳水体的目的。地表的植被不但有助于减小径流的流速,提高沉淀效率,过滤悬浮固体,提高土壤的渗透性,而且能够减轻径流对土壤的侵蚀,常常是一种有效的径流污染控制的方法。

植被控制包括植草渠道和地表漫流两种。植草渠道即在径流输送的水渠中密植草皮以防止土壤侵蚀并提供悬浮固体的沉降效率。经国外专家研究,在较为平缓的坡度上($<5\%$)种植高于水面至少15cm的草,保持植草渠道内较小的流速($<46$cm/s)对于良好的去除效率十分重要。地表漫流是过滤带理论的应用,它是在坡度较小的带状地面密植草皮使水流发散成为面流,从而提高其渗透性能的一种方法。

研究表明,地表植被去除污染物的机理为:吸附、沉淀、过滤、共沉淀和生物吸收过程。重金属、氮、磷的去除主要与渗透损失、地表驻留有关。草的种类、密度、叶片的尺寸、形状、柔韧性、结构等会影响污染物的去除效率。

(2)沉淀池

植被控制是在流动过程中去除污染物,而采用沉淀池处理技术能进一步清除公路地表径流中所携带的淤泥、污染物以及垃圾,可大大提高污染物的去除效率。

沉淀池由进水渠、冲洗集砂槽、沉淀池、储水池、溢流堰、出水井及相应控制闸门等组成见图6-12,图6-13,沉淀池用于路面径流污染物沉淀,污染物沉于池底,储水池主要用来储存水对沉淀池底进行冲洗,沉淀的污染物经冲洗后进入冲洗集砂槽,由清理车抽吸后运走处置。溢流堰保证沉淀后的澄清水可沿池宽均匀地流入出水渠。堰前设浮渣槽和挡板以截留水面浮渣。

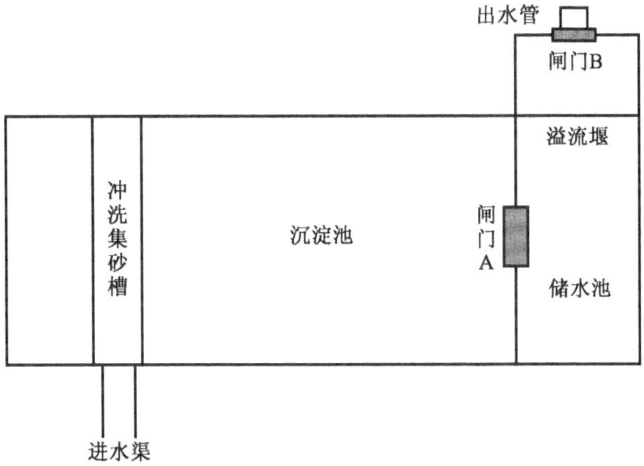


图6-12 沉淀池平面图

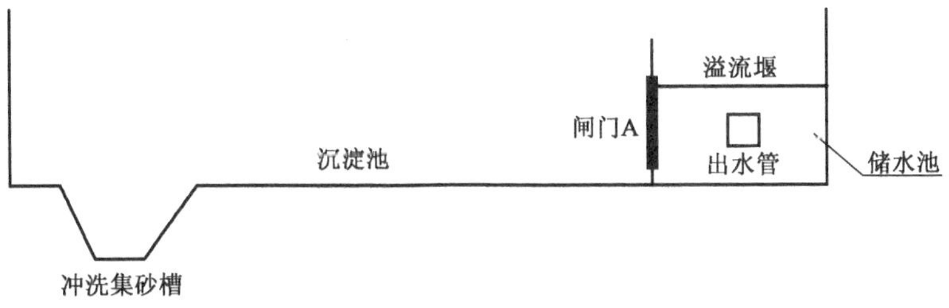


图6-13 沉淀池剖面图

沉淀池的大小要能容纳常年不同强度的降雨量下产生的路面径流量,为保证使路面径流污水不进入水源保护水域,一般要容纳最大暴雨条件下持续降雨30min的雨量。根据《给水排水设计手册》和《室外排水设计规范》,沉淀池容积和暴雨强度计算公式如下:

$$V = FqT \times \frac{60}{1\,000} \tag{6-10}$$

式中:$q$——暴雨强度[$L/(s \cdot hm^2)$];

$V$——沉淀池容积($m^3$);

$T$——收集路面径流的时间,取30min;

$F$——汇水面积($hm^2$)。

$$q = \frac{167A_1(1 + C\lg P)}{(t + b)^n} \tag{6-11}$$

式中:$q$——设计暴雨强度[$L/(s \cdot hm^2)$];

$t$——降雨历时(min);

$P$——设计重现期(a);

$A_1$、$C$、$n$、$b$ 参数,根据统计方法进行计算确定。

沉淀池其他参数如池子长高比、池内挡板的高度等采用经验法,根据《室外排水设计规范》(GB 50014—2006)进行确定。

(3)人工湿地处理技术

人工湿地污水处理技术是20世纪70年代提出的一项低投资、低能耗、低运行费用、高生态效益的处理污水的湿地系统,通过人工挖掘、增加水力负荷、栽植物形成的。近年来,人工湿地污水处理系统在世界各地逐渐受到重视并被运用。它利用生态系统中物种共生、物质循环再生原理,结构与功能协调原则,在促进废水中污染物良性循环的前提下,充分发挥资源的生产潜力,防止环境的再污染,获得污水处理与资源化的最佳效益,湿地污水处理系统是一种集环境效益、经济效益及社会效益为一体的污水处理方式,比较适合于处理水量不大、水质不是很差、管理水平不是很高的污水。

人工湿地具有独特而复杂的净化机理,它利用基质—微生物—植物这个复合生态系统的物理、化学和生物的三重协同作用,通过过滤、吸附、共沉淀、离子交换、植物吸收和微生物分解来实现对废水的高效净化,同时通过营养物质和水分的生物地球化学循环,促进绿色植物生长并使其增产,实现废水的资源化和无害化。人工湿地系统主要由5部分组成,其结构见图6-14。

①具备一定透水性能力的基质层;

②适应在经常处于水饱和厌氧状态的基质中生长的水生植物;

③有好氧和厌氧微生物(细菌、真菌、藻类和原生物等);

④有无脊椎动物和脊椎动物;

⑤有可在基质层中及基质表面流动的水流。

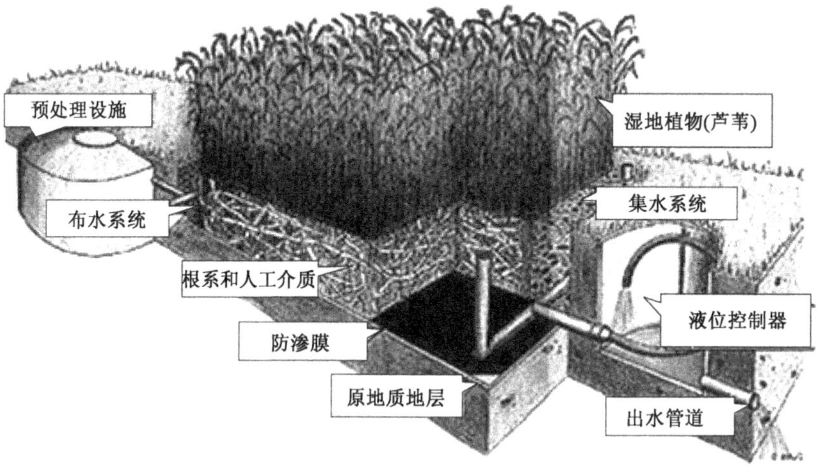


图6-14 人工湿地污水处理结构图

人工湿地处理系统的核心是土壤—植物—微生物系统,其净化机理主要是通过三者共同作用完成的。该系统具有生命的基本特征,人工基质为水生植物提供载体和营养物质,为微生物的生长提供稳定的依附表面,并通过物理和化学作用去除污染物;湿地中植物的主要作用是吸附、附集一些有毒有害物质以及吸收利用污水中的营养物质;微生物主要是利用代谢作用来降解污水中有机污染物,三者互相联系形成一个稳定的系统。人工湿地上种植着具有生命力强、生长周期长、污水处理效果好、美观的水生植物,当污水流过时,固体物质被基质及植物根系截留,有机质则被生物膜的吸附、同化及异化作用去除。因植物根系对氧的传递释放,湿地床层及附近呈现出好氧、缺氧和厌氧状态,这种状态有利于微生物对磷的过量积累作用及硝化、反硝化作用,从而达到除氮、磷的效果。通过湿地基质的更换和植物收割使污染物最终从系统中去除。污水中可溶性有机物通过植物根系生物膜的吸收、吸附及生物降解被去除;不溶性有机物则通过沉淀、过滤作用可以很快地被截留而被微生物分解。

人工湿地按照水体流动方式的差异,可以分为表面流湿地、水平潜流湿地和垂直流湿地三种,各类型在运行、管理等方面存在着一定的差异。表面流湿地不需要砂砾等物质作填料,具有造价低、操作简便、运行费用低等优点,但其水力负荷较低、占地面积大、去污能力有限受气候条件影响较大,夏天易滋生蚊蝇,目前已较少采用。水平潜流湿地的保湿性较好,床底设有防渗层,防止污染地下水,与表面流湿地相比,水平潜流人工湿地的污染负荷高和水利负荷大,对 BOD、COD、SS、重金属等的去除效果好,且很少有恶臭和滋生蚊蝇的现象发生,这种类型的人工湿地缺点是除磷脱氮的效果不如垂直潜流人工湿地。垂直潜流人工湿地的硝化能力高于水平潜流湿地,可用于处理含 $NH_4$-N 较高的污水,缺点是对有机物的去除能力不如水平潜流人工湿地,控制相对复杂,夏季有滋生蚊蝇现象。

## 复习思考题

1. 水体污染的主要指标有哪些,分别用什么方法检测?
2. 污水的处理方法有哪些?
3. 污水处理的一般流程是什么?
4. 高速公路项目对水环境有哪些影响,用什么方式可以降低这些影响?

# 第七章　环境费用分析

在经济分析方法中费用效益分析,既可以用来分析项目或政策,又可以用于评价人类活动对环境质量的影响。原则上,费用效益分析主要着重从费用和效益两个方面分别计算,再相互比较。作为环境经济分析的基本方法,费用效益分析与财务分析最大的区别在于分析的角度不同。财务分析是从厂商(厂商是指以赢利为目的生产商品与劳务的经济单位)的角度出发,分析项目的赢利能力、还贷能力和外汇平衡能力,通常不能反映项目对整个国民经济的影响。费用效益分析则是从社会的角度出发,分析项目、政策或人类活动对全社会福利贡献的大小。从全社会的角度来看,一切经济活动应该是以满足人类日益增长的物质和精神生活的需要为根本目标。因而费用效益分析是环境经济损益分析的首选方法。

## 第一节　费用效益分析的原理

### 一、费用效益分析的产生及发展

费用效益分析法最初是作为国外评价公共事业部门投资的一种方法而发展起来的。第二次世界大战后,发达资本主义国家经济的国有经济成分有一定增加。对于国有化的工业、文化、教育、医疗卫生、环境和水利等项目,由于企业利益与社会利益不相一致,传统的企业盈利分析只能解决私人企业主和投资者的利润分配问题,而不能判定这样的全部利润归整个社会所有的公共项目的好坏程度。为了对这一类项目进行评价,从 20 世纪 50 年代起,形成了一种被称之为费用效益分析(Cost-Benefit Analysis)的方法。这种方法在形式上和传统的盈利分析并无大的区别,只是在收益和支出的计算上要充分考虑企业利益和社会利益不相一致的种种情况,并仍以货币为单位进行计算,用类似的贴现手段得出相应的指标。

对费用分析法的探讨最早可以追溯到 1844 年法国人 J. Dupuit 提出的消费者剩余(consumer's surplus)的概念,至今仍是费用效益分析的理论基础之一。美国的水利项目是最早的公共项目之一,早在 1936 年,美国洪水控制条例曾规定:水利项目经济上可行是指"各种可能产生的效益要超过估价的费用"。但对于什么是"效益"并没有明确地规定计量的方法。20 世纪 50 年代开始,费用效益分析开始有较快的发展。1950 年,美国联邦河域委员会发表的"河域项目经济分析的建议"(通称蓝皮书)第一次把当时平行独立发展的两个学科,即实用项目和福利经济学联系起来。自此以后,费用效益分析方法有了较快的发展。1958 年,费用效益分析法首次应用于污染控制领域。1962 年应肯尼迪总统的要求,美国预算委员会发表了"联邦水资源发展的评价标准和准则",作为指导性的文件。英国这方面的研究较晚,主要成果在运输系统的分析方面,较有名的有伦敦第三机场的分析等。1967 年,英国政府给出了"国有化工业采用费用—效益分析的指示意见"。加拿大于 1965 年由财政委员会发表了"效益—费用分析的指导书"。前苏联和东欧国家对费用—效益分析的研究极为重视,前苏联更偏重于项目宏观效果的研究。

对于发展中国家应用费用—效益分析的重大突破被公认为是由 I. M. D. Little 和 J. A. Mirrless 为 OECD(经济合作发展组织)写的“工业项目分析手册”的第二卷“社会费用—效益分析”(以下简称 L-M 方法)。继这之后,采用 L-M 方法为基础的,有被世界银行所采纳的 L. Squire 和 H. Tak的“项目经济分析”;被英国所采用的英国海外发展署的“发展中国家项目评价指南”等。1974 年 L-M 方法的作者又发表了“发展中国家的项目评价和计划”,对原方法作了重大改进。与 L-M 法有同样影响的方法被称为 UNIDO 法。这个方法是因 1972 年 UNIDO(联合国工业发展组织)发表了 P. S. Dasgupta 等人写的“项目估计准则”而得名。这些方法的核心是解决发展中国家的价格“失真”问题,受数学规划中“影子价格”的启发,提出较实用的办法。我国自 20 世纪 50 年代起,在项目评价方面,主要沿用前苏联的做法,但在十一届三中全会以后项目经济分析得到真正发展。由于发展中国家经济中的国有化成分的比重大,国家对私人投资的干预也多于发达国家,费用效益分析法在发展中国家得以推广。

## 二、费用效益分析的原理

费用效益分析是以新古典经济理论为基础,这个理论强调个人的福利以及个人和社会福利的变化。其基本思想是:“个人所满足的程度和经济福利水平,可以用人们为消费商品和劳务而愿意支付的价格来度量。在很多情况下,个人消费的物品和劳务实际上并未支付费用,而个人所愿意支付的价格,原则上可以从行为观察、调查资料或其他方法计算,而且还设想用个人货币值的累加值来量度社会福利。”

费用效益分析是以帕雷托(Pareto)关于可能改进福利的概念为基础的。即一个人得到好处而不造成对其他人损失时的资源分配,在经济上是最有效的;或者说,获得者可以补偿损失者,即使实际的补偿没有支付。根据这个准则,社会净效益最大时,也就是总收益与总费用之差最大时,社会的资源利用经济最有效。

尽管费用效益分析是进行广泛的社会分析,但其理论基础是个人的福利及其福利的变化。当个人从物品和劳务中获得效益或满足,这种效益就叫做效用。

1. 总效用和边际效用

费用分析首先引用了边际效用的理论,这是一种用主观评价来解释价值的西方价值理论。该理论认为一种商品是否有价值取决于两点:第一是看它能否引起人们对其效用给予主观评价;第二是这种商品是否具有稀缺性。只有人们在主观心理上认为商品有效用,并具有稀缺性时,商品才会有价值。但决定商品价值的不是其最大效用,而是最后的,也就是最小的效用,即边际效用。

典型的个人总效用曲线即边际效用曲线见图 7-1 和图 7-2。

图 7-1 中纵坐标表示总效用,横坐标表示单位时间内消费商品 $X$ 数量的增长。总的效用是以逐步降低边际效用率情况下上升的,在 $X_s$ 点达到饱和,在这以后,总效用下降。因此,在一定的消费范围内,一个人消费的越多,则他的总效用水平越高。

图 7-2 中表示了商品 $X$ 的个人边际效用函数。边际效用是在单位时间内商品 $X$ 的消费增加一个小单位时,效用变化的速率,它可以用总效用曲线的斜率来表示。典型的情况是,边际效用开始是正的,并逐步减少,在 $X_s$ 点达到零,然后为负的。

效用本身不能用绝对项目来计量。关于个人总效用函数和边际性质的有关资料,必须从表现出的“偏爱”中获得,即从描述个人的不同经济情况中,由个人用货币价格表现对商品和劳务的偏爱或支付愿望，从而获得最可靠的资料，再导致个人需求曲线的概念。

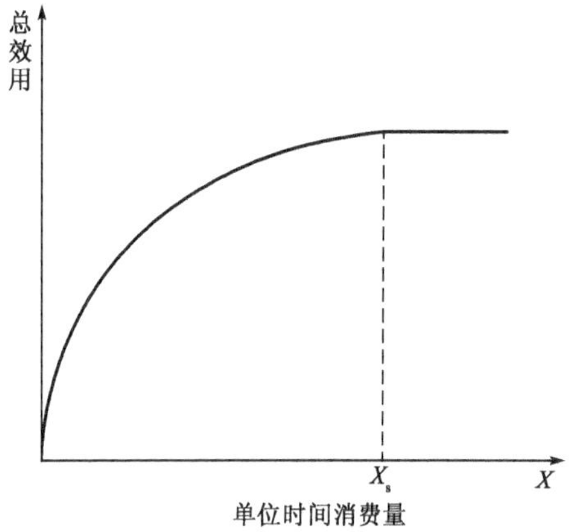


图 7-1　典型的个人总效用曲线

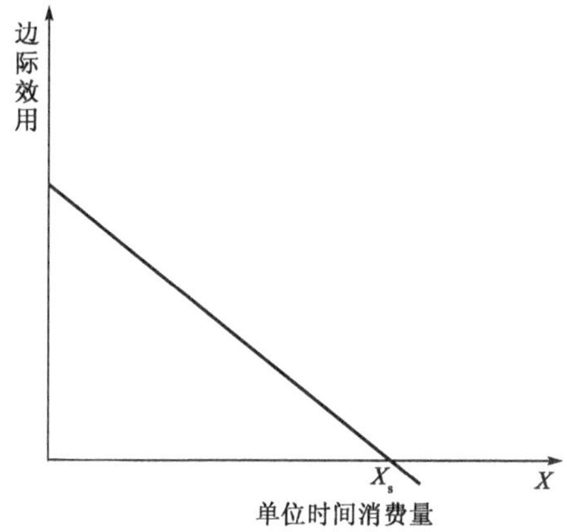


图 7-2　典型的个人边际效用曲线

2. 需求曲线和消费者剩余

根据个人对消费商品 $X$ 的支付意愿，可以确定他在这种消费水平上的边际效用。而测定消费数量的变化，也就可以得出个人基于边际效用函数上的支付愿望，从而得出某个人对商品 $X$ 的需求曲线，这是与边际效用曲线相一致的向右倾斜的曲线，如图 7-3 所示。

边际效用曲线是度量因增加商品 $X$ 的对消费者满足程度的变化，效用本身不可以度量。而需求曲线是由于商品价格的变化而引起购买的变化，商品量越多，消费者所愿支付的价格越低，商品量越少，消费者所愿支付的价格越高，需求量与价格呈反比例关系，价格的数量可以量度，因此，边际效用曲线是和需求曲线既有关系但又是不同的两条曲线。

根据消费者的支付愿望的需求价格和商品的市场价格的差额，叫做消费者剩余。在图 7-3 中，商品 $X$ 全部价值为 $ODAX_1$，实际支付为 $OP_1AX_1$，消费者剩余为阴影区面积 $DP_1A$。所以：

$$DP_1A = ODAX_1 - OP_1AX_1 \tag{7-1}$$

根据消费者剩余，可以测定高出实际支付以外的最大支付愿望。因此，经常将消费者剩余加到所消费商品的市场价格内，以正确的估算出总的经济效益。

3. 市场需求和社会效益

就像个人需求曲线可以从边际效用分析求出一样，把商品 $X$ 的个人需求曲线相加，得出社会的市场需求曲线。和图 7-3 类似，只是该需求曲线代表商品 $X$ 的市场需求曲线，而 $DP_1A$ 代表社会的消费者剩余。

如果把环境质量作为一种商品，由于对环境质量水平的需求超过了免费供应的需求，因而环境质量（如空气、水）也成了稀缺性商品，那么利用量度总效用的道理来量度环境质量的效益是同一类问题，这样就找到了对建设项目环境质量影响的定价方法。

假定空气的市场价格为零，这时需求就变得很大，消费过程会发生并达到边际效用为零。在这种情况下，需求曲线与横坐标上 $X_s$ 点相交，即价格为零时，需求量为 $X_s$。对社会的总效益是面积 $DX_sO$，该面积即为总的消费者剩余。虽然空气价格为零时产生的效益很大，但在一般的建设项目经济评价中常常被忽略。因此，研究环境质量影响分析的目的就是找出度量这些无价格效益以及测定这些商品消费者剩余的面积。

4. 确定污染物最优去除水平

产生社会效益一定要使用资源，相应地也就产生费用。图 7-4 中表示了商品的需求曲线和供应曲线。面积Ⅰ为消费者剩余，面积Ⅱ为生产者剩余，即按价格 $OP$ 时，生产者收到总现金为 $OP$ 乘以 $OX_0$，或矩形面积 $OPAX_0$。这明显地超过了总的生产成本，因此，面积Ⅱ（$PAF$）为生产者额外增加的收益，叫生产者剩余。当市场供应曲线和需求曲线相交于一点，市场出售价格是 $OP$，用市场供应曲线和需求曲线之间的面积计量净经济效益。这个面积是由于消费者剩余（面积Ⅰ）和生产者剩余（面积Ⅱ）之和构成，即净效益等于商品 $X$ 的总支付愿望与水平 $OX_0$ 时的总生产成本之间的差。这时的价格即为均衡价格，在这时生产和消费处于最优水平 $OX_0$。

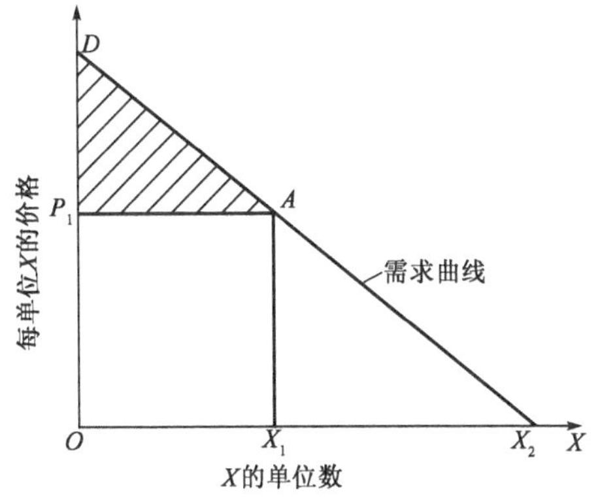


图 7-3　对商品的个人需求曲线

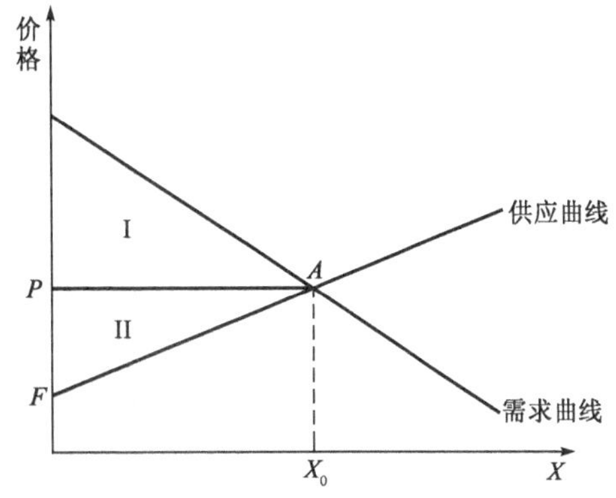


图 7-4　物品 $X$ 生产与消费的最优水平

我们将污染物的去除类比为一种商品生产，可以得到图 7-5。

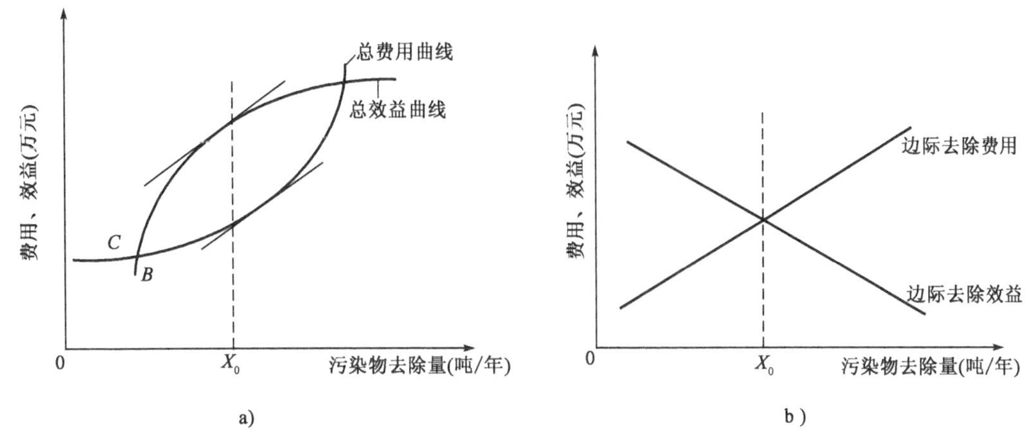


图 7-5　污染物去除最优水平

图 7-5a）表示对不同的污染物去除量，总费用和总效益曲线，都随污染物去除量的增加而不同程度的增加。图 7-5b）表示污染物边际去除费用和边际去除效益曲线，边际费用曲线呈上升趋势，边际效益曲线呈下降趋势。在某一污染物去除量 $X$ 时，其净效益为该点对应的总效益与总费用的差。当污染物防治净效益最大时，所对应的污染物去除量 $X_0$ 即为最优去除水平。这时，边际去除费用和边际去除效益曲线的交点至横坐标的垂线也在 $X_0$ 点处。因此，也可以说，边际费用与边际效益相等时，污染物去除水平最优，社会净效益最大。

可以看出所谓污染物去除最优水平，并不是去除量越大越好直至达到零排放，而是以社会净效益最大为准则，来决定对污染物的控制水平，做到技术上可行、经济上合理。

## 三、环境费用效益分析的评价标准

在环境决策中进行费用效益分析比较时，可以有许多种不同的评价标准，其中较常用的有净现值法、偿还期限法和效益费用比法等。选用时取决于环保项目的性质、评价的目的和决策的方针，以及受影响的有关组织与群众的意见等，视具体情况而定。现简要分述如下。

1. 净现值法

这就是在一定的时间范围内，按贴现率将环保费用和效益，折算为现值后，求其总和，再按总的净效益现值进行评比；也可以先求得每年的净效益，然后贴现为现值总和。如果计算的结果表明，总的净效益现值大于零，或总的费用现值不超过总的效益现值，则说明经济上合理有利。在多方案进行比较时，则可按总的净效益现值大小排序，以表示其优劣先后。

采用此法时，对贴现率的选定应特别重视，因为如上所述，当贴现率大于8%（每年）时，60年后的效益现值只剩下不到1%。如果有关项目的经济寿命大于60年，则后期的效益可以忽略不计，结果使总效益现值偏低，经济寿命越长，其偏离也越大。

2. 偿还期限法

此法是按某项环境工程所需要的环保投资或费用，必须多少年才能全部收回，作为分析评价的标准。一般地说，偿还期限可按下式进行计算：

$$偿还期限=\frac{生产以前的费用或投资}{生产以后的年净效益} \tag{7-2}$$

虽然生产期的年净效益在早期逐渐上升，在末期逐渐下降，但在正常生产中则是长期比较稳定，可以认为各年的净效益大致相同。此外，它还包括有折旧费，而且不需要用贴现率来折算成现值。虽然是属于静态的计算方法，从而精确度较差，但是估算较为简便，切实可行，在环境费用效益分析中还是很有用的一种评价标准。

3. 效益费用比法

此法在环境费用分析中也是比较常用的方法。它的评价标准是：效益必须大于费用，或至少必须相等，即其比值不得小于1，否则就不能进行该项目。此法的优缺点与偿还期限法相似，不过有一点需特别注意，即在计算比值时，必须仔细区分效益和费用，确保二者不相混淆。如果一项效益被错认为是费用，或者在二者之间重复计算，则结果的比值可能出现重大误差。

# 第二节　环境费用效益分析方法

## 一、市场价值法

市场价值法也即生产效率法。环境是经济发展的基础；环境资源与劳动、资本、土地等资源一样，都属于生产要素。环境质量的变化导致生产率和生产成本的变化，从而导致产出水平和利润的变化，而产品的价值利润是可以用市场价格来计量的。所谓市场价值法就是直接运用货币价格，对因环境质量变化导致的产出水平和利润的变动进行计量，得到环境质量变化的经济效益和经济损失。

如果环境质量变动影响到的商品是在市场机制的作用发挥得比较充分的条件下销售的，那么，就可以直接利用该商品的市场价格。但是，必须注意商品销售量变动对商品价格的影响。假如环境质量变动对该商品市场产出水平变化的影响很小，不至于引起该商品市场价格的变化，那么，就可以直接运用现有的市场价格进行测算；假如环境质量变动对该商品市场产出水平变化的影响比较大，足以引起该商品市场价格的变化，那么，就需要分析上述产出水平变化对商品市场价格的影响。比如说，某一苹果产区环境质量的恶化导致了整个市场苹果供给量的下降，在这种情况下，供不应求会导致当年苹果市场价格的上升，而苹果价格的上升又可能使一些高生产成本地区的苹果生产从无利可图转变为有利可图，从而刺激这些地区增加苹果生产，进而导致苹果的市场价格有一定程度的回落。

$$P = \Delta Q \times \frac{P_1 + P_2}{2} \tag{7-3}$$

式中：$P$——根据苹果产出变动所测算的环境价值变动额；

$\Delta Q$——环境污染地区苹果产出的变动量；

$P_1$——苹果产出变动前的市场价格；

$P_2$——苹果产出变动后的市场价格。

如果环境质量变动影响到的商品是在市场机制不够完善的条件下销售的（比如说，存在垄断或价格补贴，或者企业不自负盈亏，因而可以不顾市场供求状况和产品销售状况乱涨价，等等），那么，就需要随市场价格进行调整，甚至用影子价格来取代市场价格。

## 二、机会成本法

机会成本这个概念是由国外新古典经济学家提出的，他们认为以它作为影子价格的计算依据，更能反映出社会的合理价格。在环境费用效益分析中，社会的环境损失或代价都可以看作是机会成本。

任何一种自然资源的使用都存在许多相互排斥的备选方案，为了作出最有效的经济选择，必须找出社会经济效益最大的方案。从社会的观点来看，由于某种决策或选择，把有限的资源用于某种用途后，就不能再用于其他用途，从而放弃了用于其他用途的机会。我们把其他使用方案中获得的最大经济效益，称为该资源选择方案的机会成本。

譬如，资源 K 有 A、B、C 三种方案，它们所获得的经济效益分别为 500 元、600 元、700 元，我们选择 A 方案，就失去了 B、C 方案使用 K 资源的机会，也就是 K 资源失去了获得最大净效益 700 元的机会，净效益 700 元即为 K 资源选择 A 方案的机会成本。如果 K 资源的使用选择了 A 方案，显然是不明智的。在环境破坏带来的经济损失计算中，由于环境资源是有限的，被污染了就失去了它的使用机会，在资源短缺的情况下，我们可以用它的机会成本作为由此引起的经济损失。

应该特别指出的是，机会成本与自然资源的稀缺性有关，换句话说，并不是所有的自然资源而只是有限的自然资源才可能有非负的机会成本。因为随着自然资源量的增加，给国民经济带来效益的增长速度呈递减趋势，多余的即没有被利用的自然资源数量和质量上的变化，并不能给国家经济带来效益或损失。

## 三、恢复和防护费用法

在全国范围内，评价环境质量改善的效益，在很多情况下是很困难的。实际上，许多有关环境质量的决策是在缺少对效益进行货币的评价下进行的，对环境质量效益的最低估计可以从为了消除或减少有害环境影响的经验费用中获得，即一种资源破坏了，我们可以把恢复它或防护它不受污染所需要的费用作为该环境资源被破坏带来的最低经济损失。

例如,某铁合金厂的铬渣堆放场,存放铬渣 $25\times10^4$t,占地 50 多亩,渣中含可溶性铬 1% 左右,由于长期受雨雪淋溶,渗入地下,致使方圆 3 万亩内 1 800 眼井受到六价铬污染,井水不能饮用。为了防止地下水继续污染,建造了一座长 800m,平均深度 14m 的铬渣混凝土防护墙,工程投资 421 万元。该投资就是铬渣污染引起的经济损失的最低估计。

## 四、影子工程法

影子工程法是恢复费用技术的一种特殊形式。影子工程法是在环境破坏以后,人工建造一个工程来代替原来的环境功能。例如一个旅游海湾被污染了,则另建造一个海滨公园来替代它,就近的水源被污染了,需要另找到一个水源来代替,其污染损失至少是新工程的投资费用。

例如,日本曾经用新建水源的费用作为森林资源破坏后,森林涵蓄水分功能产生的经济效益。森林的蓄水能力经测定,约在 4 000 ~ 6 000$m^3$/公顷范围内。可以估算蓄同样的水量水库的投资。水库工程费用因地形条件而异,可按 0.15 ~ 0.30 元/$m^3$ 库容估算。日本林野厅调查结果为全国森林涵蓄水分 2 300 亿吨,要建造水库来达到均衡河川流量 2 300 亿吨的效果就要 16 000 亿日元,从而得到森林涵蓄水分功能的经济效益。

## 五、修正人力资本法

人力资本法也即工资损失法,用环境污染对人体健康和劳动能力的损害,来估计环境污染造成的经济损失的一种方法。环境质量变化对人类健康影响造成的损失主要有三方面:①过早的死亡、疾病或病休造成的收入损失;②医疗费开支的增加;③精神或心理上的代价。人力资本法是把人看作生产要素之一。可以将环境污染引起的经济损失分为直接经济损失和间接经济损失两部分。直接经济损失有:预防和医疗费用、死亡丧葬费;间接经济损失有:病人耽误工作造成的经济损失,非医务人员护理、陪住影响工作造成的经济损失。评价的步骤是:通过污染区和无污染区的流行病学调查和对比分析,确定环境污染因素在发病原因中占多大比重,调查患病和死亡人数,以及病人和陪住人员耽误的劳动总工日,来计算环境污染对人体健康影响的经济损失。

目前国外多是采用“米山”(Misham)公式计算。

$$E_1=\sum Y_t P_T^t (1+r)^{-(t-T)} \tag{7-4}$$

式中:$E_1$——人体健康损失额;

$Y_t$——预测个人在 $t$ 年的工资收入额;

$P_T^t$——某个人从 $T$ 年活到 $t$ 年的可能性;

$r$——$t$ 年到 $T$ 年的有效社会贴现率。

因环境污染引起的疾病患者的医药、医疗费用损失计算公式

$$E_2=\sum P_{x_1}^n P_{x_2}^n P_{x_3}^n Y_n (1+r)^{-(n-x)} \tag{7-5}$$

式中:$E_2$——病患医药、医疗费总额;

$P_{x_1}^n$——年龄从 $x_1$ 年活到 $n$ 年的几率;

$P_{x_2}^n$——年龄从 $x_2$ 年活到 $n$ 年,并有劳动能力的几率;

$P_{x_3}^n$——年龄从 $x_3$ 活到 $n$ 年有劳动能力并仍在工作岗位上的几率;

$Y_n$——$n$ 年时的工资收入。

由于我国国内各地掌握的资料和数据有限,故多采用米山公式的变形来计算健康的人均

国民收入损失，劳动力创利润损失以及医药、医疗费用损失，并引入换算系数 $K$。其基本公式为：

$$E = E_1 + E_2 = K_1Y_1P_1 + K_2Y_2P_2 \tag{7-6}$$

式中：$E$——人体健康损失额；

$Y_1$、$Y_2$——人均国民收入额（或创利润额）和人均医药、医疗费用；

$P_1$、$P_2$——丧失劳动力、患病人数（或参与计算人口数）；

$K_1$、$K_2$——换算系数（有两部分组成，一是标准死亡率，发病率；二是环境因素对人体健康的影响程度）。

人力资本法在道德上、理论上和实践中有不少缺点。然而，在日常安全、健康和环境质量决策中，社会已经不知不觉地给人的生命和疾病定了价值。如果决策者用这种估价方法提供人们生命价值的最低估价，并说明它的伦理观点，那么这个方法还能够站得住脚。

## 六、调查评价法

在缺乏价格数据时不能应用市场价值法。这时可以通过向专家或环境使用者进行调查以获得对环境资源价值或环境保护措施效益的估价。常用的方法有专家评估法，消费者支付志愿法等。

专家评估法即德尔斐法，是通过专家对环境资源或环境保护效益进行评价的一种方法。通常可以函询的方式进行。这种方法是邀集一些专家，各自分别对环境资源确定价格，并用图或表的形式将初值列出。然后，对其中偏离的数据请有关专家解释，反馈并重新评校得到新值。这样连续校正几次取得较统一的估值。此法特点在于专家们不是面对面地讨论，而是间接通信或书面交换意见，从而可以避免在决策过程中个人之间的相互影响。专家评估法的准确程度取决于专家们的水平，反映社会合理价格的能力和实现此种能力的技巧。

消费者支付意愿法，是通过对环境资源的使用者，或环境污染的受害者进行调查，以获得人们对环境的支付愿望。这种消费意愿调查评估法的具体评估方法又可以分成两类。

第一类方法直接询问调查对象的支付意愿或受偿意愿，其中包括：叫价博弈法也即投标博弈法。叫价博弈法通过模仿商品的拍卖过程，对被调查者的支付意愿或受偿意愿进行调查。调查者首先向被调查者说明环境质量变动的影响（例如垃圾露天堆放和建立封闭式垃圾站对周围环境质量的影响）以及解决环境问题的具体办法，然后询问被调查者，为了改善环境，是否愿意付出一定数额的货币（或者是否愿意在接受一定数额的补偿的前提下，接受环境质量的某种程度的恶化），如果被调查者的回答是肯定的，就再提高（在涉及补偿的情况下是降低）金额，直到被调查者作出否定的回答为止。然后调查者再降低金额，以便找出被调查者愿意支付的精确金额。调查者再将所有的被调查者愿意付出（或接受）的金额汇总。由于调查的是每一个人愿意付出（或愿意接受）的金额，在理论上，他们的回答应该反映他们对环境质量的个人评价即个人的支付意愿，因而与用同一个货币价格衡量所有人的方法相比，它能够更加准确地反映环境质量的货币价值。

权衡博弈法。权衡博弈法通过被调查者对两组方案的选择，来调查被调查者的支付意愿或受偿意愿。调查者首先也要向被调查者说明环境质量变动的影响以及解决环境问题的具体办法，然后提出两组方案。其中，第一组只包括一定的环境质量，第二组除了一定的环境质量之外，还需要被调查者支付一定金额的货币（或者给被调查者一定金额的补偿），调查者要求被调查者在环境质量与货币支出的不同组合中作出选择。如果被调查者选择了第一组那就降低要求被调查者支付的金额(或提高给被调查者的补偿金额),如果被调查者选择了第二组,那就提高要求被调查者支付的金额(或降低给被调查者的补偿金额),直到被调查者感到无论选择哪一组方案都一样时为止。此时,调查者将所有的被调查在第二组方案中愿意付出或愿意接受的金额汇总,就可以得出上述环境质量差异的货币价值。

第二类方法则询问调查对象对某些商品和劳务的需求量,从中推断出调查对象的支付意愿或受偿意愿,其中包括:无费用选择法。这种方法同样要求被调查者在若干组方案之间进行选择,但无论哪一组方案都不要求被调查者付款,而只要求被调查者选择有一定的环境质量和一定数量的其他商品或劳务(也可包括货币)组成的组合。这样,被调查者对环境质量差异的受偿意愿,就可以通过他们对其他商品或劳务的选择表现出来。比如说,被调查者选择了环境污染比较严重的地区的两室一厅,而不是环境质量比较高的地区的一室一厅,此时,两地环境质量差异的货币价值,就小于不同住房影子价格之间的差异。如果同时还存在的三种选择——同样是污染比较严重的地区,但被调查者只能得到一室一厅加上一套价值一万元的家具,而被调查者宁可不要家具也要住上环境质量比较高的地区,这样,调查者又可以进一步推断出,两地环境质量差异的货币价值大于一万元。可供选择的其他商品或劳务越多,环境质量变动的货币价值就越接近被调查者的受偿意愿。

优先评价法。这种方法首先告诉被调查者不同的环境质量(例如不同水质的自来水)的价格,然后给被调查者一个预算额(例如1 000 元),要求被调查者用这些钱(必须用尽)去购买包括环境质量在内的一组商品。这样,被调查者对环境质量变动的支付意愿,就可以通过他们购买的商品组合表现出来。

调查评价法的主要困难,在于它的假想性,因为这种方法对于环境费用效益的量度,不是依据物理量的测量或市场的价格。因此,调查评价法所评定的货币价值可能出现各种偏离。一是选择性偏离,原因是被调查者主观上不能反映其真实意愿。调查对象长期免费享受环境和生态资源而形成的"免费搭车"心理,会导致调查对象将这种享受看作是天赋权利而反对为此付款,从而是调查结果出现假想偏倚。二是资料性偏离,即访问或函询时所提供的原始资料不完整或有偏离。在有关被调查者的支付意愿或受偿意愿的方面,调查者和被调查所掌握的信息是非对称,被调查者比调查者更清楚自己的意愿。加上调查评价法所评价的是调查对象本人宣称的意愿,而非调查对象根据自己的意愿所采取的实际行动,因而调查结果存在着产生各种偏离的可能性。还有是手段上的偏离,这是由于提问的方式或内容建议等造成的差错。最后是假想性偏离。由此可见,如果不进行细致的准备,调查评价法是最可能出现重大偏差的一类方法。

综上所述,环境费用和效益的分析评价原则可以归纳为:环境决策中项目方案的社会效益、环境效益和生态效益,可以用等价的商品或劳务的货币价值来表示,而这些商品或劳务则是社会为了实施该项目而准备放弃的。同样,该项目方案对社会所引起的损失或其费用,也可用补偿损失或费用所需的等价商品或劳务来估量。同时,这些商品或劳务的市场价格都必须是合理价格。

## 第三节　环境污染及生态破坏经济损失估算

对交通基础设施建设造成的环境破坏,可以分为两个部分,一部分是环境污染,另一部分是生态破坏。环境污染主要表现为公路建设造成的沿线空气环境、水环境、声环境的质量下降。生态破坏主要表现为公路建设造成的占地毁林,沿线大面积的农田、经济作物、草地、森林被毁。

## 一、环境污染的经济损失计算方法和参数

1. 水污染引起的经济损失

(1)工业的经济损失

①水资源短缺

计算方法 a:机会成本法。

主要参数:水资源在当地的机会成本,即1t水创造工业净产值;水资源短缺数量。

计算方法 b:影子工程法(远处取水方案)

主要参数:新建水源单位投资费用(包括管道费),因规模、离供水地点的远近而异,根据城市建设统计年报数据折算(元/t);日供水能力。

②增加处理费用

计算方法:恢复费用法。

主要参数:自来水运转费增加(元/t);工业用水软化设施投资费用(万元/万t·年);工业用水软化设施运转费增加(元/硬度·t)。

(2)农业的经济损失

①污灌引起的农田污染

计算方法:市场价值法。

主要参数:每亩农田损失的效益(农田被污染使农作物含污染物量超过标准而丧失了正常的使用功能,则可认为损失了全部产值。农田污染降低了农作物产量,则仅计算减产部分的产值)。

②土壤盐渍化

计算方法:市场价值法。

主要参数:每亩农田减产损失的效益或成本增加(与没盐渍化前的比较增加化肥投入、劳动力等)。

(3)渔业的经济损失

计算方法:市场价值法。

主要参数:污染前后鱼产量的变化;污染造成急性死鱼的损失(注意与前项的重复)。

(4)人体健康的损失

计算方法:人力资本法。

主要参数:发病率的增加、劳动日·人的损失(包括护理人员的误工);人均国民收入、医疗费用、护理费用。

(5)恶臭、景观、美学的损失

计算方法:调查评价法(专家评估、投标博弈法等)

主要参数:对无价格环境的支付意愿。

2. 大气污染的经济损失计算方法和参数

(1)农业的经济损失

计算方法:市场价值法。

主要参数:污染暴露面积,$SO_2 > 0.06mg/m^3$,$F > 0.07\mu g/m^3$(石灰滤纸法)时认为农田被

污染；作物减产百分数（一般可参考以下数据：蔬菜：减产 15%。粮食：重度污染减产 15%；中度污染减产 10%；轻度污染减产 7%。果树：减产 15%；桑蚕业轻度：减产 5%）。

（2）畜牧业的经济损失

计算方法：市场价值法。

主要参数：牲畜发病率、污染面积、牲畜放养密度、病畜损失效益。

（3）建筑物材料腐蚀、损失的经济损失

计算方法：恢复费用法。

主要参数：维修周期缩短；年维修费用。

（4）人体健康的损失同上。

**【例 7-1】** 某地大气环境中 $SO_2$ 浓度超过对农作物影响的阈值 0.06mg/m$^3$，引起农作物减产，设此农作物亩产（$g$）为 300kg，污染程度属于轻度污染，使农作物减产百分数（$a$）为 5%，污染农田面积（$S$）为 2 000 亩，该农作物价格（$P$）为 0.28 元/kg，则用市场价值法来计算大气 $SO_2$ 超标引起农作物损失（$L$）为多少元？

**答**：$L = P \times S \times g \times \frac{\alpha}{1-\alpha} = 0.28 \times 2\,000 \times 300 \times \frac{0.05}{0.95} = 8\,842$ 元 。

3. 固体废弃物污染引起的经济损失

（1）占用农田对农业造成的经济损失

计算方法：机会成本法。

主要参数：每亩土地可堆放的固体废弃物量，因种类和堆的大小而异，通常取 1 万吨/亩。

每亩耕地的机会成本：菜地（产量 5 000kg/亩计）净产值系数取 0.6 时为 600 元/亩，一般农田（产量 300kg/亩计）净产值系数取 0.6 时为 60 元/亩。

（2）引起地下水污染造成的经济损失

计算方法（一）：影子工程法。

主要参数：地下水污染破坏了水源，新建水源替代原水源，新建水源费用。

计算方法（二）：防护费用法。

要参数：为防止地下水污染需建隔水层或防护墙所需费用。

（3）引起大气污染的经济损失

计算方法：同大气污染的经济损失。

4. 噪声引起的经济损失

计算方法：调查评价法。

主要参数：人们对改善噪声环境的支付愿望。

## 二、环境污染的经济损失的估算

公路交通建设产生的环境污染主要是对空气、水和声环境产生的影响。此处以对西宁至贵德一级公路拉鸡村—石洞村路段方案分析中噪声污染估算为例。

（1）估算范围

在公路沿线各 200m 的区域，对施工场地，以料场外缘 100m 为界。

（2）估算方法的选择

由于在当前我国市场经济尚未完善的前提下，噪声污染导致的房地产贬值、对居民健康的危害、居民医疗费用的增加和工作效率的降低、机动车辆实用价值下降等损失难以用直接的市场价格衡量，故拟采用意愿型调查评估法(CVM)。

CVM的具体操作是通过采访，要求调查对象对环境的变化标出价值。一项CVM要解决5个技术问题：采访的方式，调查问卷的设计、数据统计分析、偏差分析和结果修正。

为了使调查结果与实际更加吻合，选择与拟建公路条件相似的已建公路的两侧进行，并采用抽样的调查方式，以保证调查数量与代表性的良好拟合关系。

(1)采访的方式

采访可采用邮寄、电话和面谈的方式进行。由于公路沿线两侧居民的生活水平，教育程度的不同，采用邮寄的采访的方式，可能会产生问卷的合格率、回收率的大幅度变化。电话采访既费钱，效果又不佳。所以不妨选用面谈的采访方式。

(2)调查问卷的设计

问卷调查表的设计十分重要。首先，对问题进行描述，保证被调查对象对有关问题清楚地了解；其次，要引导被调查对象对环境变化评估即求导其WTP。此外，调查还应包括有关调查对象个人及家庭的社会、经济方面的一组问题，以供结果分析。一般应包含以下几项：

①公路产生的噪声，对你家有无影响(有，无)，影响的程度如何(不愉快，工作学习效率降低，头痛恶心等疾病增多，其他等)。

②为避免受公路噪声的影响，你们是否有迁离公路沿线的愿望(无，有，强烈)。若能给你们换一套条件相同，但不受公路噪声影响的住处，你们愿意每月适当多付费吗？(愿意，不愿意)。

③在现有影响程度下，你们每日最多愿多付费(10，15，20，30，40，50或____元)。

④你的家庭年收入为________元，家庭人口数________人。

在问卷填写时，一定要说明这是无记名方式，并且数据的真实性将影响到他们自身的利益。

(3)数据统计分析

①通过对上述问卷数据的整理，填写如下表格7-1

避免公路噪声支付愿望与家庭人均收入表　　表7-1

| 序　　号 | 家庭人均收入 | 影响反应态度(有/无) | 支付愿望 |
|---|---|---|---|
| 1 | | | |
| 2 | | | |
| 3 | | | |

单位：元/月

②数据的回归分析

为了避免公路噪声支付愿望与家庭人均收入的关系，得出回归方程：

$$Y = a + bX \tag{7-7}$$

式中：$Y$——住户为避免公路噪声的支付愿望(元/月户)；

$X$——住户家庭人均经济收入(元/月)。

并用F分布检验，证明其相关性的合理。

③通过经济预测，得出公路评估年限内该区域第$n$年的家庭收入变化情况，由此推出住户第$n$年为避免公路噪声的支付愿望$Y_n$。

根据该地区经济发展，推算其家庭收入年增长率为15%。

$$Y_n = a + b_1 X_n \tag{7-8}$$

④计算避免公路噪声的累计支付愿望 $C_{声愿望}$

$$C_{声愿望} = \sum_{i=1}^{n} 12 \times Y_n \times N \times \eta \tag{7-9}$$

(4)偏差分析

由于意愿价值行为倾向与真正行为之间仍然存在差别,这必然导致意愿调查结果的偏差,这些偏差类型主要有以下几类:

①激励的不真实反应,会产生策略偏差、奉承偏差。

②受隐含线索的影响,会产生信息偏差、起点或范围偏差。

③答卷人对调查表的误解产生的偏差主要有误解偏差、尺度误解偏差。

④样本取样范围和代表性的偏差,指导采样范围太宽或太窄。抽样人员的组成结构对于总体人口样本缺乏代表性,取样缺乏随意性。这是一个十分关键和敏感的误差。

(5)结果修正

**【例 7-2】** 通过对 570 户,共 2 768 人调查得到的资料,得到回归方程 $Y=2.327+0.124X$(同意支付费用的用户百分率为 62%),$Y$——住户为避免公路噪声的支付愿望(元/月户),$X$——人均经济收入,计算年取 140 元/月人,家庭收入年增长率为 15%,并采用 10% 的社会折现率。计算住户第 $n$ 年为避免公路噪声的支付愿望 $Y_n$。

**答**:①住户为避免公路噪声,第 $n$ 年的支付愿望 $Y_n$。

$$\begin{aligned} Y_n &= a + b_1 X_n \\ &= 2.327 + 0.124 \times 140 \times (1+0.15)^n \\ &= 2.327 + 17.36 \times 1.15^n \end{aligned}$$

②避免公路噪声的累计支付愿望 $C_{声愿望}$

$$C_{声愿望} = \sum_{i=1}^{n} 12 \times Y_n \times N \times \eta$$

式中:$N$——影响区域内居民户数;

$\eta$——同意支付费用的户百分率。

③过孝民等人的研究得出,CVM 调查的 WTP 值往往要大于实际支付值,行为倾向比实际的支付要高出 25% ~33%,选取中间的数值,即 30%。所以:

$$C_{声} = (1-0.3) \times C_{声愿望} \tag{7-10}$$

同时考虑,按 20 年的时间,采用 10% 的社会折现率进行现值折现。

$$C_{声} = (1-0.3) \times (12 \times 570 \times 0.62) \times \sum_{i=0}^{n=19} \frac{(2.327 + 17.36 \times 1.15^n)}{(1+10\%)^n} = 168.91(万元)$$

## 三、生态破坏引起的经济损失计算方法与参数

1. 森林资源破坏引起的经济损失

(1)涵蓄水分功能的损失

计算方法:影子工程法

主要参数:森林涵水能力(据报道,云南省测定为 6 000$m^3/hm^2$,河北省实测为 4 078$m^3/hm^2$;2000 年环境预测中吉林省通过调查取 4 000$m^3/hm^2$,贵州省取 4 500$m^3/hm^2$);损失的涵养水分能力用建水库来替代。水库工程费用,因地形条件而异,按照调查取值(元/$m^3$ 库容)。

(2)固土功能降低的损失

计算方法:影子工程法。

主要参数:森林固土能力(云南省实例 5 782.5t/hm$^2$,贵州省取 3 000t/hm$^2$);用拦蓄泥沙工程替代森林固土功能,拦沙坝工程造价按照调查取值(元/t)。

(3)森林生产能力减少

计算方法:市场价值法。

主要参数:每亩森林木材价值:根据调查取值(元/亩)。

2. 草原资源破坏引起的经济损失

畜产品生产能力下降

计算方法:市场价值法。

主要参数:一般一头羊需 15 亩草原,草原退化后一头羊需 45 亩草原,一头羊价值按 200 元计,则正常草原每亩产值 13.3 元,退化的草原每亩草原产值 4.4 元,则每亩退化草原损失 8.9 元。若草原沙化,则完全丧失发展牲畜业,每亩损失 13.3 元。

3. 水资源破坏引起的经济损失

(1)水资源短缺引起工业减产停产的损失

计算方法:机会成本法。

主要参数:水资源在当地的机会成本,即一吨水产生工业净产值;水资源短缺数量。

(2)地下水位下降增加的开采成本

计算方法:市场价值法。

主要参数:地下水成本增加,可以考虑地下水位每下降一米开采每吨水的成本增加;地下水开采量。

(3)水面减少引起农业、渔业生产能力降低的损失

计算方法:市场价值法。

主要参数:水面生产率,因地而异,据贵州省统计为 2 000 ~ 3 000 元/亩(若因围湖造田,应考虑减去农田的收益)。

(4)河流枯竭引起航运的经济损失

计算方法:影子工程法。

主要参数:改用陆路运输造成的成本增加。对此成本增加计算主要考虑两部分内容,一是根据调查统计分析汽车运输的吨公里成本和水运轮驳船运输吨公里成本,考虑修正后的获得影子成本的差值。二是河流可以承担经济建设和人民生活需要的水运输能力,若其功能丧失就需考虑建设一条同等运输能力的公路投资。

4. 土地资源破坏引起的经济损失

(1)水土流失

计算方法:替代市场价值法。

主要参数:水土流失泥沙量;每吨流失土壤量中含肥料量,因地而异,据分析贵州省土壤中含有机质 0.02t,氮 0.002t,磷 0.001t,钾 0.004t。各种肥料的价格:(2011 年价格)尿素(含氮 46%)2 200 ~ 2 250 元/t,钙镁磷肥(含 $P_2O_5$12 ~ 18%)350 ~ 410 元/t,钙镁磷钾肥 410 ~ 450 元/t。

(2)耕地破坏损失

计算方法:市场价值法。

主要参数:耕地破坏造成弃耕的亩数;每亩耕地的效益。

(3)水电站发电能力的减少

计算方法:影子工程法。

主要参数:每年报废电站装机容量;建设单位装机容量的投资中小型约为 1 500 元/kW。

(4)水库库容减少的经济损失

计算方法:影子工程法。

主要参数:水库库容减少的数量;每立方米库容的工程投资,因地而异。

(5)航运河道泥沙淤积损失

计算方法:恢复费用法。

主要参数:泥沙淤积量;每吨泥沙清除费用。

## 四、生态污染的经济损失的估算

仍以西宁至贵德一级公路拉鸡村—石洞村路段方案分析为例,计算生态污染的经济损失。

该分析中仅对生态环境的直接使用价值和大部分间接使用价值的损失进行估算。为此,确定以下影响因子和估算内容。

直接损失 $C_{直}$:土地资源价值损失

间接损失 $C_{间}$:涵养水源价值损失 $C_{涵}$

保护土壤价值损失 $C_{土壤}$

固定 $CO_2$ 价值损失 $C_{固CO_2}$

净化大气价值损失 $C_{净化}$

所以有:

$$C_{生态} = C_{直} + C_{间} \tag{7-11}$$

1. 土地资源价值损失

公路建设对生态环境的直接损失,主要就是指公路建设对土地的占用而导致的生态环境的价值损失。这种土地占用可分为长期占用和短期占用。无论何种的土地占用,其表现形式主要为毁林占地。评估这种环境价值损失,我们一般采用机会成本法,即因项目占用而损失的净土地"最好可替化用途"的净效益。

由于土地的生长作物不同,计算时分两种情况,一种为有累积效应的生长物 $C_{直1}$,另一种为每年可复种的土地农作物 $C_{直2}$。

即:

$$C_{直} = C_{直1} + C_{间2} \tag{7-12}$$

(1)对有累积效应的生长物

对有累积效应的生长物,我们可以计算出它在评估年的当年直接损失,然后考虑该生长物的年净效益增长率。在此基础上采用现值法进行折算。折算中,对社会折现率的取值按国家规定为 10%,折算年限为其评估年限,即 20 年。计算公式如下:

$$C_{直1} = T \times L_1 \times (1 + r) \frac{1 - (1 + r)^n (1 + R)^{-n}}{R - r} \tag{7-13}$$

式中:$T$——某种土地生长物的现有蓄积量;

$r$——某种土地生长物的年净效益增长率;

$n$——环境价值评估年限,一般为 20 年;

$L_1$——某种土地生长物的影子价格；

$R$——社会折现率，一般取 10%。

(2)每年可复种的土地农作物

对每年可复种的土地农作物，本文的处理方法与有累积效应的生长物相同，计算公式如下：

$$C_{直2} = Y \times L_2 \times A \times B \times (1+r) \frac{1-(1+r)^n(1+R)^{-n}}{R-r} \tag{7-14}$$

式中：$Y$——复种农作物的单位产量；

$L_2$——复种农作物的单位影子价格；

$A$——复种农作物种植面积；

$B$——一年农作物的复种次数。

2. 涵养水源价值损失

选择以水库的建设成本作为植被涵养水源价值的替代物(即影子工程法)。在计算出它在评估年的当年损失后，按 20 年的时间，采用 10% 的社会折现率进行现值折现。所以，对公路建设造成的生态环境涵养水源的价值损失为：

$$C_{涵} = R_{总} \times D \times \frac{1-(1+R)^{-n}}{R} \tag{7-15}$$

$$R_{总} = R \times \mathrm{A} \tag{7-16}$$

$$R = Q \times \alpha \tag{7-17}$$

式中：$R_{总}$——年径流总量；

$D$——单位蓄水量的库容成本，取 0.67 元/$m^3$；

$R$——单位年径流量；

$A$——植被破坏面积；

$Q$——年平均降水量；

$\alpha$——径流系数。

3. 保护土壤价值损失

可用无植被条件下土壤侵蚀和土壤肥力丧失的经济损失量来替代，其中对植被保护土壤，减少土壤侵蚀的价值使用机会成本法，对植被持留养分的价值，采用影子价格法来进行估算。

$$C_{土壤} = C_{土地} + C_{土养分} \tag{7-18}$$

(1)土壤侵蚀的价值损失 $C_{土蚀}$

$$C_{土蚀} = \sum_{i=1}^{m} q \times \frac{A}{h} \times L_3 \times (1+r) \times \frac{1-(1+r)^n(1+R)^{-n}}{R-r} \tag{7-19}$$

式中：$q$——原自然状态和公路建设扰动后的侵蚀差异比；

$A$——土地植被面积；

$h$——土壤表土平均厚度，一般取 0.6m；

$L_3$——单位面积土地生产平均收益；

$m$——植被种类数。

(2)土壤中N、P、K养分流失的价值损失$C_{土养分}$

$$C_{土养分}=\sum_{i=1}^{n}A_i(Q_1\times L_1+Q_2\times L_2)\times\frac{1-(1+R)^{-n}}{R} \tag{7-20}$$

式中:$A_i$——征用土地植被破坏面积;

$Q_1$——单位面积土层中N、P、K含量;

$Q_2$——单位面积中土层中有机AC的含量;

$L_1$——无机化肥替代影子价格;

$L_2$——有机化肥替代价格。

当发生水土流失时,自然土的表层被冲走,同时,冲走的土层中还含有大量的有机和无机化肥,所以,$C_{土壤}=C_{土蚀}+C_{土养分}$。

4. 固定$CO_2$的价值损失

根据光合作用反应方程式:

$CO_2$(264g)+$H_2O$(108g)→$C_6H_{12}O_6$(108g)+$O_2$(193g)→多糖(162g)可知,植物生产162g干物质,可吸收固定264g$CO_2$,即植物每生产1g干物质,需要1.63g$CO_2$。

$$C_{固CO_2}=1.63\times250\times\frac{C_{分子数}}{CO_{2分子数}}\times T_2(1+r)\times\frac{1-(1+r)^n(1+r)^{-n}}{R-r} \tag{7-21}$$

式中:$T_2$——植被计算年的生长量。

5. 净化大气价值损失

净化大气价值损失$C_{净化}$

$$C_{净化}=\sum_{i=1}^{n}A_i\times Q_2\times L_5\times\frac{1-(1+R)^{-n}}{R} \tag{7-22}$$

式中:$A_i$——植被面积;

$Q_2$——单位面积植被对CO、$NO_x$的吸收量;

$L_5$——削减单位质量CO、$NO_x$的成本。

**【例7-3】** 在拉鸡村—石洞村路段,有累积效应的生长物主要为经济林。根据当地林业部门的调查数据,经济林平均每亩现有立木9.5$m^3$,且按其年增长率为3%计,木材的影子价格为1 292.91元/$m^3$。国家规定,在计算项目的经济费用时,一般取10%的社会折现率。

(1)计算有累积效应的生长物的损失;

(2)该项目分析中,对每年可复种的土地农作物,可按其最高土地收入计算,同时对于旱地、荒地,也应估算其土地机会成本。采用该路段附近的德阳公路在设计时使用的机会成本数据,如表7-2所示。计算每年可复种的土地农作物的损失。

**每亩土地机会成本表** 表7-2

| 类　型 | 土地机会成本(元/亩) |
|---|---|
| 菜地 | 5 052.87 |
| 旱地 | 738.52 |
| 荒地 | 443.11 |

(3)选择以水库的建设成本作为植被涵养水源价值的替代物(即影子工程法)。在计算出它在评估年的当年损失后,按20年的时间,采用10%的社会折现率进行现值折现。计算公路建设造成的生态环境涵养水源的价值损失。(根据农业部门观测的数据,该地区的径流系数

较小,平均值为 0.48。年平均降水量取其范围的中间值,即 400mm/年。公路建设占地为 734.3 亩,约 489 528$m^2$。)

(4)计算保护土壤价值损失数值。(在计算土层侵蚀时,$q$ 采用 15mm/a,土壤表土平均厚度取 0.6m;其无机化肥为 2 400 元/t,有机化肥为 2 000 元/t。根据林业部门的统计数据,该路段 0 ~ 60cm 土层中的无机、有机肥料含料分别为 472.69kg/万 $m^2$ 及 241.56kg/万 $m^2$。)

(5)计算固定 $CO_2$ 的价值损失。(在西宁地区,每亩经济林蓄积量平均为 10.2t/万 $m^2$,每亩农作物生长量为 2.04 t/万 $m^2$,每亩旱地生长量为 1.02 t/万 $m^2$,对该方案而言,折算后的经济林蓄积量为 12.38t,农作物的生长量为 5.55t,旱地的生长量为 27.49t,按每年 3% 的增长速度计算。)

(6)计算净化大气价值损失值。(削减一吨的 CO、$NO_x$ 的成本为 1 600 元,而对应于西宁地区平均植被对 CO、$NO_x$ 的吸收量为 152.13kg/万 $m^2$。计算该方案的净化大气价值损失值为)

**答:**①有累积效应的生长物

$$C_{直1} = 16.7 \times 9.5 \times 1\,292.91 \times (1 + 3\%) \times \frac{1 - (1 + 0.03)^{20}(1 + 0.1)^{-20}}{0.1 - 0.03}$$

$$= 220.8 \text{ 万元}$$

②每年可复种的土地农作物

$$C_{直2} = (5\,052.87 \times 40.8 + 404.2 \times 738.52 + 272.6 \times 443.11) \times (1 + 0.03) \times \frac{1 - (1 + 0.03)^{20}(1 + 0.1)^{-20}}{0.1 - 0.03}$$

$$= 673.2(\text{万元})$$

$$C_{直} = C_{直1} + C_{直2} = 220.8 + 673.2 = 773.28(\text{万元})$$

③涵养水源价值损失

$$C_{涵} = \frac{400 \times 0.48}{1\,000} \times 489\,528 \times 0.67 \times \frac{1 - (1 + 0.1)^{-20}}{0.1}$$

$$= 53.6(\text{万元})$$

④保护土壤价值损失

$$C_{土蚀} = \frac{15 \times 734.3}{10\,000} \times 666.66/0.6 \times 796 \times (1 + 0.03) \times \frac{1 - (1 + 0.03)^{20}(1 + 0.1)^{-20}}{0.1 - 0.03}$$

$$= 1\,105.2(\text{万元})$$

$$C_{土养分} = \frac{734.3 \times 666.66}{10\,000} \times (472.69 \times 2.4 + 241.56 \times 2.0) \times \frac{1 - (1 + 0.1)^{-20}}{0.1}$$

$$= 114.7(\text{万元})$$

$$C_{土壤} = C_{土蚀} + C_{土养分} = 1\,105.2 + 114.7 = 1\,219.9(\text{万元})$$

该方案的保护土壤价值损失值为 1 219.9 万元。

⑤固定 $CO_2$ 的价值损失

$$C_{固CO_2} = 1.63 \times 250 \times \frac{12}{12 + 32} \times (12.38 + 5.55 + 27.49) \times (1 + 0.03) \times \frac{1 - (1 + 0.03)^{20}(1 + 0.1)^{-20}}{0.1 - 0.03}$$

$$= 5.4(\text{万元})$$

⑥净化大气价值损失

$$C_{净化} = \frac{152.13 \times 1\,600}{1\,000} \times \frac{734.3 \times 666.66}{10\,000} \times \frac{1-(1+0.1)^{20}}{0.1} = 10.1(万元)$$

该方案的生态环境价值损失为 2 062.3 万元。

## 复习思考题

1. 试简述费用效益分析的原理?
2. 环境费用效益分析的方法有哪些? 在实际应用中如何进行选择?
3. 交通建设带来的环境污染及生态经济损失有哪些? 如何进行其损失的估算?

# 第八章　交通运输项目环境影响评价

## 第一节　概　　述

### 一、基本概念及分类

1. 环境影响评价的目的与意义

按照ISO14001标准的定义，环境影响是“全部或部分组织的活动、产品或服务给环境造成的任何有益或有害的变化”。广义地理解，环境影响是人类活动给环境造成任何有益或有害的变化，但是人们更关心的是负面的影响，即有害的变化。环境影响评价的目的，是在开发活动或决策之前，全面地评估人类活动给环境造成的显著变化，并提出减免措施，从而起到“防患于未然”的作用。环境影响评价应做到以下几方面：

(1)基本上适应所有可能给环境造成显著影响的项目，并且应当识别和评估这些影响。

(2)对各种替代方案、管理技术及减免措施进行比较。

(3)编写出清楚的环境影响的报告书，使专家和非专家都可以了解影响的特征及重要性。

(4)应有广泛的公众参与和严格的行政审查。

(5)能够为决策提供信息。

2. 环境影响评价的意义

环境影响评价是管理工作的重要组成部分，它具有不可代替的预知功能、导向作用和调控作用。对开发项目而言，它可以保证建设项目的选址和布局的合理性，它同时也可以提出各种减免措施和评价各种减免措施的技术经济可行性，从而为污染治理工程提供依据。对于规划环境影响评价可以在更高层次上保证区域开发和规划建设对环境的负面影响降低到最少或人们可以接受的程度。

3. 环境影响评价及分类

(1)环境影响评价

环境影响评价是指对拟议中的人类的重要决策和开发建设活动，可能对环境产生的物理性、化学性或生物性的作用及其造成的环境变化和对人类健康和福利的可能影响，进行系统的分析和评估，并提出减少这些影响的对策措施。

环境影响评价可明确规划制定者、开发建设者的环境责任及规定应采取的行动，可为规划制定建设项目的工程设计提出环保要求和建议，可为环境管理者提供对建设项目实施有效管理的科学依据。

《中华人民共和国环境影响评价法》第二条指出，本法所称的环境影响评价是指对规划和建设项目实施后可能造成的环境影响进行分析、预测和评估，提出预防或者减轻不良环境影响的对策和措施进行跟踪监测的方法与制度。

(2)环境影响评价的分类

①按照评价对象,环境影响评价可以分为:

a. 规划环境影响评价;

b. 建设项目环境影响评价。

②按照环境要素,环境影响评价可以分为:

a. 大气环境影响评价;

b. 地表水环境影响评价;

c. 声环境影响评价;

d. 生态环境影响评价;

e. 固体废物环境影响评价。

③按照时间顺序,环境影响评价一般分为:

a. 环境质量现状评价;

b. 环境影响预测评价;

c. 环境影响后评价。

## 二、环境影响评价的有关法律法规规定

对于规划环境影响评价,《中华人民共和国环境影响评价法》规定:国务院有关部门、设区的市级以上地方人民政府及有关部门,对其组织编制的土地利用的有关规划,区域、流域、海域的建设、开发利用规划,应当在规划编制过程中组织进行环境影响评价,编写该规划有关环境影响的篇章或者说明;对其组织编制的工业、农业、畜牧业、林业、能源、水利、交通、城市建设、旅游、自然资源开发的有关专项规划,应当在该专项规划草案上报审批前,组织进行环境影响评价,并向审批该专项规划的机关提出环境影响报告书。

对于编制环境影响报告书的规划和编制环境影响篇章或说明的规划的具体范围,原国家环境保护总局于2004年7月3日以《关于印发<编制环境影响报告书的规划的具体范围(试行)>》和《编制环境影响评价篇章或说明的规划的具体范围(试行)》(环发[2004]98号)文件予以规定。《规划规划影响评价条例》中对规划评价的内容、具体形式及公众参与进行了规范。

对于建设项目环境影响评价,《中华人民共和国环境影响评价法》规定:国家根据建设项目对环境的影响程度,对建设项目的环境影响评价分类管理。建设项目可能造成重大环境影响的,应当编制环境影响报告书,对产生的环境影响进行全面评价;建设项目可能造成轻度环境影响的,应当编制环境影响报告表,对产生的环境影响进行分析或者专项评价;对于环境影响很小、不需要进行环境影响评价的,应当填报环境影响登记表。

《中华人民共和国环境保护法》、《建设项目环境保护管理条例》所规定环境保护和其他环境保护同时设计,同时施工,同时投产使用。建设项目竣工后,建设单位应当向审批该建设项目环境影响报告书、环境影响报告表或者环境影响登记表的环境保护行政主管部门,申请该建设项目需要配套建设的环境保护设施竣工验收。环境保护设施经验收合格,该建设项目方可投入生产或者使用。“三同时”制度和环境保护设施竣工验收是对环境影响评价中提出的预防和减轻不良环境影响对策和措施的具体落实和检查,是环境影响评价的延续。从广义上讲,也属环境影响评价范畴。

## 三、环境标准

1. 标准与环境标准

(1)标准

国际标准化组织给标准所下的定义,即"标准是经公认的权威机关批准的一项特定标准化工作的成果,它可采用下述表现形式:

①一项文件,规定一整套必须满足的条件,一个基本单位或物理常数;

②可用作实体比较的物体。"

国家标准总局对标准的定义是:"对经济、技术、科学及其管理中需要协调统一的事物和概念所做的统一技术规定。这种规定是为获得最佳秩序和社会效益,根据科学、技术和实践经验的综合成果,经有关方面协商同意,由主管机关批准,以特定形式发布,作为共同遵守的准则。"

(2)环境标准

环境标准是有关保护环境,控制环境污染与破坏的各种标准的总称。它是为了保护人群健康、社会物质财富和促进生态良性循环,对环境结构和状态,在综合考虑自然环境特征,科学技术水平和经济条件的基础上,由国家按照法定程序制定和批准的技术规范。

2. 环境标准的作用

环境标准在保护环境,控制环境污染与破坏中所起的作用是:

(1)制订环境规划和环境计划的主要依据

保护人民群众的身体健康,促进生态良性循环和保护社会财物不受损坏,都需要使环境质量维持在一定的水平上,这种水平是由环境质量标准规定的。制订环境规划和计划需要有一个明确的目标,环境目标就是依据环境质量标准提出的。

像制订经济规划和计划需要生产指标一样,制订保护环境质量的计划也需要一系列的环境指标,环境质量标准和按行业制订的与生产工艺,产品产量相联系的污染物排放标准正是这种类型的指标。

有了环境质量标准和排放标准,国家和地方就可以依据它们来制订控制污染和破坏以及改善环境的规划、计划,也有利于将环境保护工作纳入各种社会,经济发展规划中。

(2)环境评价的准则

无论是进行环境质量现状评价和编制环境质量报告书,还是进行环境影响评价和编制环境影响报告书,都需要依据环境标准做出定量化的比较和评价,正确判断环境质量状况和环境影响大小;为进行环境污染综合整治以及采取切实可行的减少、消除环境影响的措施提供科学的依据。

(3)环境管理的技术基础

环境管理包括环境立法、环境政策、环境规划、环境评价和环境监测等。如制定的大气、水质、噪声、固体废弃物等方面的法令和条例中,就包含了环境标准的要求。环境标准用具体数据体现了环境质量和污染物排放应控制的界限和尺度。超越这些界限,污染了环境即违背法规。环境管理是执法过程,也是实施环境标准的过程。如果没有各种环境标准,环境法规将难以具体执行。

(4)提高环境质量的重要手段

颁布和实施环境标准可以促进企业进行技术改造和技术革新,提高资源和能源的利用率,努力达到环境标准的要求。

显然，环境标准的作用不仅表现在环境效益上，还表现在经济效益和社会效益上。

3. 环境标准体系的分类与分级

各种环境质量标准之间是相互联系、依存和补充的。环境标准体系是按照各个环境标准的性质功能和内在联系进行分级，分类所构成的一个有机整体。环境标准种类繁多，依分类原则而异。根据《中华人民共和国标准化法》和《中华人民共和国标准化实施条例》的有关规定，国务院环境保护主管部门组织草拟、审批环境保护的国家标准。对没有环境保护国家标准而又需要在全国某个行业范围内统一的环保技术要求，由国务院环境保护主管部门制定环境保护行业标准。行业标准在相应的国家标准实施后，自行废止。国家标准和行业标准分为强制性标准和推荐性标准。

《中华人民共和国环境保护标准管理办法》中规定，"环保标准包括环境质量标准、污染物排放标准、环保基础标准和环保方法标准。环境质量标准和污染物排放标准分国家标准和地方标准两级，环保基础标准和环保方法标准只有国家标准。"

中国目前的环境保护工作中执行四类和两级的环境标准。四类是环境质量标准、污染物排放标准、方法标准和环境保护行业标准，两级是国家标准与地方标准，同时还有一些行业标准。

(1)环境质量标准

环境质量标准是指为了保障人群健康和社会物质财富，维护生态平衡而对环境中有害物质和因素所作的限制性规定，它往往是对污染物质的最高允许含量的要求。环境质量标准是以国家的环境保护的法规为政策依据，以保护环境和改善环境质量为目标制订的。环境质量标准是国家经济、技术等多种因素的综合反映。是一定时期内评价环境质量的尺度和进行环境规划、评价和管理的依据。环境质量标准依环境要素分为水环境质量标准、大气影响标准等。

(2)污染物排放标准

为了实现环境质量要求，需对污染源产生排入环境的污染物质或有害因素所作的限制性规定。污染物排放标准是以环境质量标准为基础，为实现环境质量标准目标，以污染防治的技术，经济可行性为依据而制订的。污染物排放标准是对污染排放行为进行直接监督管理，实现环境质量标准水平的基本途径手段。

根据污染物所影响的环境要素，污染物排放标准可划分为大气污染物排放标准、水污染物排放标准、固体废弃物、噪声控制标准等。在实际工作中，常用到污染物排放标准、浓度控制标准和总量控制标准等。

(3)环保基础标准

环境基础标准是对环境标准中具有指导意义的有关词汇、术语、原则、导则、量纲单位所做的统一技术规定。在环境标准体系中，基础标准是制定其他各类环保标准的基础。

(4)环保方法标准

环保方法标准是指对环境保护领域内以采样、分析、测定、试验、统计等方法为对象所制订的统一技术规定。目前环保方法标准中，制定的主要是分析方法和测定方法标准。统一的环保方法标准，对于规范环境监测、统计等数据的准确性、可靠性和一致性具有重要的作用。

4. 环境质量标准与环境基准

环境基准是指环境中污染物或有害因素对特定对象(一般为人和生物)不产生有害影响的最大剂量或水平，一般可用剂量—效应关系表示。

环境基准是依据科学实验的结果制定的，并没有考虑到社会、经济等条件的影响。环境标准则是环境管理部门根据环境基准，考虑到社会、政治、经济和技术条件等许多方面的因素制定的切实可行的技术规定。它是环境保护政策的决策结果，是环保法规的执法依据。

## 第二节　环境质量综合评价及方法

环境质量评价是对环境品质给予定量或定性的描述，是对某一个区域内的环境状况较全面的了解，其内容包括区域内的全部环境要素，它可以在一个更广的角度，对区域规划和重点污染治理方面提出科学根据。

### 一、环境质量的综合评价

1. 综合评价

人类的生活环境是由多项环境要素（如空气、水、土壤、声音、社会经济、文化等）相互作用、相互影响和相互制约形成的综合环境体系。其环境质量不仅与各环境要素质量有关，还与要素之间的互相作用有关。因此，仅仅对单个环境要素的质量进行评价，不能客观全面地描述一个区域的环境质量。这就需要我们按照一定的目的，在一个区域内各个单项环境要素评价的基础上，对环境质量进行总体的定性或定量的评定，即是环境质量综合评价。

2. 要素筛选

环境质量综合评价强调把各环境要素作为环境系统整体的一部分来研究。研究它们之间的关系，以及各种过程的时空变化规律，指出要在区域自然特点和社会经济特点的背景上来研究区域环境质量评价。因此，在进行环境质量综合评价时，应根据评价的目的、目标及区域环境状况等，合理地选择环境要素，以不漏掉主要评价要素为原则，使评价结果能客观地反映评价区域的环境特征以及演变规律。下面介绍几种常规评价目标的环境要素的选择。

以控制环境污染为主要目标。应抓住与人体健康、生存条件等有关的环境要素，并力求突出其中的主要问题。一般将空气、水、土壤和生物等作为评价要素。

以改变城市人民生活环境质量为主要目标。应抓住与人们生活、生产及文化娱乐等活动有关的要素，如各种社会设施、道路交通、居住条件、园林绿地、医疗及文化娱乐等。

以保护生态环境、生态资源为主要目标。应抓住与地区生态环境特征和演变规律有关的要素，如水、地貌、植被、土壤侵蚀、土地利用、野生动物等。

以保护、利用和开发风景旅游区为主要目标。应抓住景观环境质量要素，如自然景观、人为景观、建筑艺术、园林艺术等。

通常一项综合评价中，兼有上述两种或两种以上的评价目标，应同时包含有关的环境要素，以满足评价目的与要求。

### 二、环境质量综合评价方法

在环境质量综合评价中，评价方法是核心问题。所谓评价方法，就是关于环境质量资料的鉴别、收集和整理的结构机制。环境质量评价常用的方法，是将环境污染物的监测值（或预测值）与评价标准容许值相比较，由是否超出标准值及超出量的大小作出评论。由于环境调查和监测取得的是大量物理、化学、生物和（或）社会经济方面变量（参数）的定量数据和定性的资料，它们虽然反映了某点在某时间的环境质量现状，但是如此之多的离散信息会给了解环境质量的综合状况并做出确切的判断带来很大难度。将大量的调查和监测数据以及资料经过处理，分析和归纳成为几个环境指数或指标，用来表征环境质量状况就比较容易被人理解和应用。为了更加直观定量地对环境质量进行评价，世界各国对噪声、水质、空气、土壤、景观以及社会经济等地环境质量规定了评价方法。下面就我国环境质量评价中常用的评价方法及其指标作简要介绍。

1. 指数法

污染物在环境中监测值与标准值的比，称为该污染物的环境质量指数，见式(8-1)：

$$P_i = \frac{C_i}{C_{i0}} \tag{8-1}$$

式中：$P_i$——为 $i$ 污染物的环境质量指数；

$C_i$——为 $i$ 污染物的检测值；

$C_{i0}$——为 $i$ 污染物的环境质量标准值。

环境质量指数的物理意义是 $i$ 污染物超过环境质量标准的倍数。

(1)单要素环境质量指数有以下两种表示方法。

①指数和法：用各种污染物的环境质量指数之和表示该种环境要素的环境质量指数，见式(8-2)：

$$P_n = \sum_{i=1}^{n} P_i \tag{8-2}$$

其物理意义是该环节要素中污染物浓度超过环境质量标准倍数的总和，反应环境污染的程度的总量。

②指数的算术平均值：用各污染物的环境质量指数的算术平均值来表示该种环境要素的环境质量指数，见式(8-3)：

$$P_b = \frac{1}{n}\sum_{i=1}^{n} P_i \tag{8-3}$$

$P_b$ 反映的是该环境要素中污染物浓度超过环境质量标准倍数的平均 $c$ 值。

从反映环境质量水平看，$P_n$ 比 $P_b$ 的意义更明确些。但在不同地区，或不同时期研究环境质量时，往往对环境中的污染物选择不同，而造成 $P_n$ 的含义和数值差别很大。因此 $P_b$ 就更有利于不同地区、不同时期环境质量的评价。

(2)区域环境质量综合评价

区域环境质量是多要素组成的，其中主要有大气环境、地表水环境、地下水环境、土壤环境及噪声等物理环境。描述这些环境要素的综合质量是很有必要的，也是比较困难的。在国内主要有以下两种表示方法。

①加权和法。根据评价区个环境要素的不同功能，或对环境质量的不同要求，赋予各要素不同的权重后叠加，见式(8-4)：

$$P_z = \sum_{j=1}^{m} W_j P_{nj} \tag{8-4}$$

式中：$P_z$——区域环境综合评价指数；

$W_j$——某种环境要素的权重值；

$P_{nj}$——某种环境要素的质量指数。

当采用均权时，也简化为式(8-5)：

$$P_z = \sum_{j=1}^{n} P_{nj} \tag{8-5}$$

②兼顾极值。为了突出起重要作用的环境要素的影响,可按照内梅罗公式计算方法计算综合环境质量指数,见式(8-6):

$$P_x = \sqrt{\frac{(\max P_{nj}) + \sum_{j=1}^{n} P_{nj}}{2}} \tag{8-6}$$

或式(8-7):

$$P_x = \sqrt{\frac{(\max P_{bj}) + \sum_{j=1}^{n} P_{bj}}{2}} \tag{8-7}$$

2. 灰色系统分析法

由于我们通过各种监测手段获得的生态环境信息只是全部信息中的一部分,因此有的学者提出用灰色系统理论进行环境质量评价。灰色系统理论是我国学者邓聚龙于 1982 年在模糊数学的基础上提出的,它的中心内容就是充分利用已知信息将灰色系统淡化、白化,其中聚类分析就是将聚类对象在不同聚类指标下,按灰类进行归纳,最终达到评价结果。灰色系统理论是用于区域环境承载力的定量化方法。该方法在按一定的原则选定指标体系以后,用灰色系统分析法分析指标间的灰色关联度,然后通过对灰色关联度进行排序,发现各指标对区域环境容载力的影响程度。此理论认为,按人们的认识程度可以把它分为三类:①白色系统,即相对于一定的认识层次,所有信息都已确知的系统;②黑色系统,即相对于一定的认识层次,关于系统的所有信息都是未知的,除了可以知道该系统外在的输入—输出关系;③灰色系统,即相对于一定的认识层次,系统内部信息的部分已知,部分未知,信息不完全。

灰色度评价可分为:灰色数列评价、年灾变评价、拓扑评价、残差辨识评价和系统综合评价,其中最常用的是灰色数列评价。灰色数列评价的步骤为:①以某一点为参考点,取邻域系中的部分领域建立 GM(1,1)模型(一元一阶微分方程灰色模型);②确定时间响应函数;③用时间响应函数计算未来某一时刻的值。

这些方法不仅具有模糊数学法的优点,即注意到模糊性,而且也充分利用了白化信息。但与其他方法一样,它也有不足之处。以灰色关联度评价法评价水环境为例:它受到关联系数两极差的影响,评价价值趋于均化,分辨率较低,不易区分两级别间的差异;对划归同一水质级别的不同水体样本污染程度的高低难以精确的区分。

3. 层次分析法

层次分析法简称 AHP,又称为多层次权重分析法。是一种定性与定量分析相结合的评价方法,它能通过系统规划和评价将复杂现象和决策思维过程系统化、模型化、数量化。

层次分析法于 20 世纪 70 年代由美国著名运筹学家、匹兹堡大学教授马斯 · L · 萨迪提出,有些学者相继应用此方法对大气、水及劳动卫生环境进行评价。其基本思想是:将评价系统的有关替代方案的各种要素分解成若干层次,并以同一层次的各种要素按照上一层要素为准则,进行两两判断比较并计算出各要素的权重,根据综合权重按最大权重原则确定最优方案。其评价结果真实,能客观地反映多因素的共同作用。

层次分析法是一种有效的多目标评价规划方法,也是一种最优化技术。它把所有评价规划的问题表示为有序的递阶层次结构，通过人的判断对各规划方案的优劣进行排序，并据此求得最佳方案。运用层次分析法作系统规划，大致经过以下六个步骤。

(1)明确问题

利用 AHP 方法，首先要对所研究的问题有明确的认识，弄清问题的范围、所包含的因素以及因素之间的关系。生态环境规划评价中进行人口、经济、环境综合评价的目的是为了比较规划期内环境各系统的结构与功能的变化情况。

(2)建立递阶层次结构

根据对问题的初步分析，将所含的因素分系统、分层次地构筑成一个树枝状层次结构。层次分析一般分为以下三种层次(图 8-1)。

目标层：又可分为总目标层和分目标层(或标准层)。在生态环境规划评价中，为了满足城市人口、经济、环境协调发展需求，分别选择描述性、评估性指标作为总目标层，分目标层是由可持续性指标(动态指标)、协调性指标(静态性指标和动态性指标)和集聚性评价指标(静态性指标)组成的。

准则层：准则层是由可直接度量的因素构成。如人口增长速度指标、人口结构指标、人口质量指标、经济增长指标、经济结构指标、经济效益指标、环境质量指标、生态指标和基础设施发展水平指标等。

方案层：对每一个指标的变化与发展，都有不同的发展方案，这些方案组成了方案层。

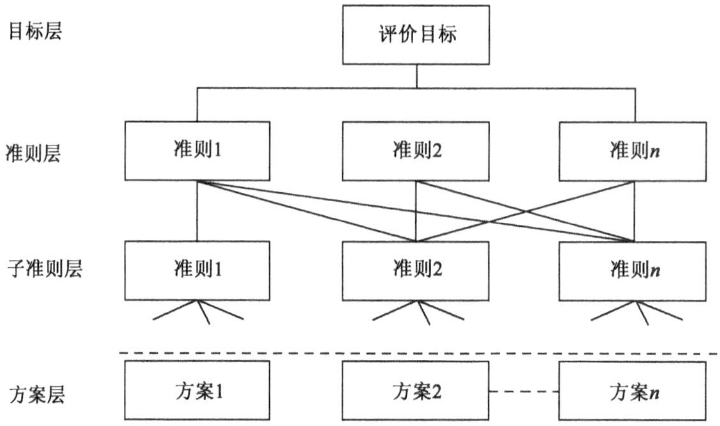


图 8-1　递阶层次结构

(3)构成比较判断矩阵

层次分析方法的信息基础是数据资料和人们依据资料和一定的比较原则所得的判断。在每一层次，可按上一层次的对应准则要求，对该层次元素进行逐对比较，依照规定的标度量化后写成矩阵形式，即构造判断矩阵。构造判断矩阵是层次分析方法的关键步骤。判断矩阵构造好坏的方法有两种：一种是专家讨论来确定；另一种是专家调查来确定。

设要比较 $n$ 个因素 $X=\{x_1,x_2,\cdots\cdots,x_n\}$ 对目标 $Z$ 的影响，确定它们在 $Z$ 中所占的比重，每次取两个因素 $x_i$ 和 $x_j$，以 $a_{ij}$ 表示 $x_i$ 和 $x_j$ 对 $Z$ 的影响之比，得到两两比较判断矩阵，见式(8-8)：

$$A=(a_{ij})_{n\times n} \tag{8-8}$$

其中，$a_{ij}>0,a_{ji}=1/a_{ij}(i\neq j)$

$$a_{ij}=1 \qquad (i,j=1,2,\cdots,n) \tag{8-9}$$

使式(8-9)成立的矩阵称为正负反矩阵。

确定 $a_{ij}$采用 1 ~9 及其倒数作为标度的标度方法(表 8-1)。如果介于上述相邻判断中间，$a_{ij}$取值分别为 2,4,6,8。

**比较尺度的取值方法** 表 8-1

| $x_i/x_j$ | 相　等 | 稍微重要 | 明显重要 | 强烈重要 | 极端重要 |
|---|---|---|---|---|---|
| $a_{ij}$ | 1 | 3 | 5 | 7 | 9 |

(4)层次单排序及其一致性检验

①层次单排序。先解出判断矩阵 $A$ 的最大特征值 $\lambda_{max}$,再利用:

$$AW = \lambda_{max} W \tag{8-10}$$

解出 $\lambda_{max}$所对应的特征向量 $W$,$W$ 经过标准化后,即为同一层次中相应元素对于上一层次中某因素相对重要性的排序权值。

②一致性检验。首先计算 A 的一致性指标 CI,定义:

$$CI = \frac{(\lambda_{max} - n)}{(n - 1)} \tag{8-11}$$

式中,$n$ 为 $A$ 的阶数。当 CI =0,即 $\lambda_{max} = n$ 时,$A$ 具有完全一致性。CI 越大,$A$ 的一致性越差。将 CI 与平均随机一致性指标 RI 进行比较,令 CR = CI/RI,称 CR 为随机性一致性比率。当 CR <0.10 时,$A$ 具有满意的一致性,否则要对 $A$ 重新调整,直到具有满意的一致性。这里计算出的 $\lambda_{max}$所对应的特征向量 $W$,经过标准化后,才可以作为层次单排序的权值。

表 8-2 给出了对于 1 ~9 阶判断矩阵的 RI 值。

**判断矩阵的 RI 值** 表 8-2

| 阶数 $n$ | 1 | 2 | 3 | 4 | 5 | 6 | 7 | 8 | 9 |
|---|---|---|---|---|---|---|---|---|---|
| RI | 0 | 0 | 0.58 | 0.90 | 1.12 | 1.24 | 1.32 | 1.41 | 1.45 |

(5)层次总排序及其一致性检验

利用同一层次中所有层次单排序结果,计算针对上一层次而言本层次所有元素重要性的权值,这就是层次总排序。设上一层次所有元素 $A_1,A_2,\cdots,A_m$ 的总排序已完成,其权值分别为 $a_1,a_2,\cdots,a_m$ 与 $a_j$ 对应的本层次元素 $B_1,B_2,\cdots,B_n$ 为单排序的结果为 $b_{1j},b_{2j},\cdots,b_{nj}$(当 $B_k$ 与 $A_j$ 无关时,$b_{kj}=0$),B 层总排序权值由表 8-3 给出。

**B 层总排序权值** 表 8-3

| 层　次 | $A_1$ | $A_2$ | … | $A_m$ | 层次总排序权值 |
|---|---|---|---|---|---|
| | $a_1$ | $a_2$ | … | $a_m$ | |
| $B_1$ | $b_{11}$ | $b_{12}$ | … | $b_{1m}$ | $\sum_{j=1}^{m} a_j b_{1j}$ |
| $B_2$ | $b_{21}$ | $b_{22}$ | … | $b_{2m}$ | $\sum_{j=1}^{m} a_j b_{2j}$ |
| … | … | … | … | … | … |
| $B_n$ | $b_{n1}$ | $b_{n2}$ | … | $b_{nm}$ | $\sum_{j=1}^{m} a_j b_{nj}$ |

$$\sum_{i=1}^{n}\sum_{j=1}^{n} a_j b_{ij} = 1 \tag{8-12}$$

总排序权值仍为标准化向量。

层次总排序一致性指标为：

$$CI = \sum_{j=1}^{m} a_j CI_j \tag{8-13}$$

式中，$CI_j$ 为与 $a_j$ 对应的 B 层次中判断的矩阵的一致性指标。

层次总排序随机一致性指标为：

$$RI = \sum_{j=1}^{m} a_j RI_j \tag{8-14}$$

式中，$RI_j$ 为与 $a_j$ 对应的 B 层次中判断矩阵的随机一致性指标。

层次总排序随即一致性比率为：

$$CR = \frac{CI}{RI} \tag{8-15}$$

当 CR≤0.10 时，认为总排序的计算结果有满意一致性。

4. 神经网络法

20 世纪 80 年代后期，随着国际神经网络协会的成立，人工神经网络理论的应用范围不断扩大，有人提出用它来评价生态环境质量。人工神经网络理论是由 McCulloo 和 Prtts 首次提出的简单人工神经元模型(M-P 模型)发展起来的，其理论也由现行理论发展到了非线性理论(B-P 模型)。人工神经网络其实也是采用物理可实现的器件或采用现有的计算机来模拟生物体中神经网络的某些结构和功能(如人脑的学习、联想、记忆)，能像人一样进行模式识别，具有自适应、自组织和自学习的能力，因此具有灵活性和很强的适应性，对环境评价结果更客观，具有推广意义。

人工神经网络(Artificial Neural Network，ANN)是建立以权重描述变量与目标之间特殊的线性关系的网络，或者说 ANN 是一种描述变量与目标之间特殊的非线性回归分析。一个人工神经网络的基本结构单元为神经元(Neurons)，神经元是一些相互连接可计算的元素，神经元按层次结构的形式进行组织，每层上的神经元以加权方式与其他层上的神经元连接，以构成神经网络。这种网络的特点是输入层(Input Layer)与隐层(Hidden Layer)，隐层与输出层(Output Layer)的每个节点的作用是相互的，这与常规的模式识别技术有本质的不同。人工神经网络的学习过程包括了正向传播和反向传播。正向传播时，输入信息从输入层经隐层加权处理传向输出层，经过转换函数运算后得到的输出值与目标值(期望值)进行比较，若有误差，则误差反向传播，即反馈到原连接通路，通过逐层修改各层神经元的权系数，减少误差，如此循环，直到输出满足允许误差时为止。

多层 BP 算法(即反向传播算法)是常用的 ANN 算法之一，令某一训练输入矢量为 $X$，网络实际输出为 $Y$，则对于样本 $P$，$X_p = (X_{p1}, X_{p2}, \cdots, X_{pi}, \cdots, X_{pn})^T_C$，$Y_p = (Y_{p1}, Y_{p2}, \cdots, Y_{pi}, \cdots, Y_{pn})^T$，对应期望输出为 $t_p$，当隐层取 $L$ 个神经元进，$Z_p = (Z_{p1}, Z_{p2}, \cdots, Z_{pi}, \cdots, Z_{pl-1})^T$。输入层与隐层之间的权为 $W_{ij}$，隐层与输出层之间的权为 $V_{jk}$，采用将各层阈值纳入连接权的办法，这样各层神经元正向传递的输出信息为：

$$Y_k = f(\sum_{j=0}^{n} V_{jk} Z_{pj}); Z_f = f(\sum_{j=0}^{n} W_{ij} x_{pi}) \tag{8-16}$$

其中转换函数 f(net)线性形式定义为：采用 Sigmoid 函数，其非线性形式定义为：

$$f(net) = \frac{1}{1 + e^{-net}} \tag{8-17}$$

net 是各层输出加权求和的值。在学习阶段，输出误差函数定义为：

$$E_p = \frac{1}{2}\sum_{k=0}^{n}(t_{pk}y_{pk})^2 \tag{8-18}$$

据 BP 算法中的 Delta 规则,输出层反向传递的 Delta 误差信息为:

$$\delta_{pk} = (t_{pk} - y_{pk})f(net_{pk})[1 - f(net_{pk})] \tag{8-19}$$

对于隐层神经元,反向传递的 Delta 误差信息为:

$$\delta_{pj} = \sum_{k=0}^{m-1}\delta_{pk}V_{kj}Z_{pj}(1 - Z_{pj}) \tag{8-20}$$

输出层产生的 Delta 误差项通过迭代方式调节各层神经元之间的连接权重,在网络中反向传播,直到输出误差收敛到所要求的精度。本文以训练集循环次数表示,连接权重调节结果,对于输出层:

$$V_{kj}(n+1) = V_{kj}(n) + \eta\delta_{pk} \times y_{pk} + \beta[V_{kj}(n) - V_{kj}(n-1)] \tag{8-21}$$

对于隐层为:

$$W_{ji}(n+1) = W_{ji}(n) + \eta\delta_{pj} \times Z_{pj} + \beta[W_{ji}(n) - V_{ji}(n-1)] \tag{8-22}$$

式中:$\eta$——学习步长,$\beta$ 为动量项,它们决定过去权重的改变如何影响当前权重的改变。

$n+1$,$n$——分别表示当前迭代及前一次迭代。在网络学习开始时,各层神经元之间的连接权重设置为($-1 \sim 1$)之间的随机数。

5. 模糊识别法

设交通污染源的 $m$ 个样本 $n$ 个评价指标的特征值矩阵为 $X = (x_{ij})_{n\times m}$,其污染级别分 $c$ 个等级进行评价(设级别数越大表示污染程度越严重),$n$ 个指标 $c$ 个级别的标准特征值矩阵为:$Y = (y_{ij})_{n\times c}$。

交通运输污染评价是分析其污染程度的过程,而污染属于模糊概念,可用模糊集合论中的隶属度来描述。由于级别越大时表示噪声污染越严重,则第 $j$ 项噪声污染指标的特征值对噪声污染 1 级的相对隶属度可按线性内插法确定

$$\begin{cases} 0 & x_{ij} < y_{jl} \\ \dfrac{x_{ij} - y_{jl}}{y_{jc} - y_{jl}} & y_{jl} < x_{ij} < y_{jc} \\ 1 & x_{ij} > y_{jc} \end{cases} \tag{8-23}$$

由式(8-23)可以对矩阵 $X$ 规格化为指标隶属度模糊矩阵:$R = (r_{\mathrm{ij}})_{\mathrm{m\times n}}$同理可将矩阵 $Y$ 规格化为标准值隶属度模糊矩阵:

$$S = (s_{ij})_{\mathrm{m\times n}}$$

设各评价指标的权向量为:

$$W = (\omega_1, \omega_2, \cdots, \omega_n) \quad (\sum\omega_i = 1)$$

样本 $j$ 的 $n$ 个指标特征用向量表示为:

$$r_j = (r_{1j}, r_{2j}, \cdots, r_{nj})^{\mathrm{T}}$$

级别 $h$ 的 $n$ 个指标标准值用向量表示为:

$$S_h = (S_{1h}, s_{2h}, \cdots, S_{nh})^{\mathrm{T}}$$

则根据模糊集合论中权距离的概念,样本 $j$ 与级别 $h$ 之间的差异可以用广义权距离表示为:

$$d_{hj} = \{\sum_{i=1}^{n}[\omega_i(r_{ij} - s_{ih})]^q\}^{1/q} \tag{8-24}$$

式中:$q$——距离参数;$q=1$ 为海明距离,$q=2$——欧氏距离。

为了完善地描述样本 $j$ 与级别 $h$ 之间的差异，还应该考虑样本 $j$ 对级别 $h$ 的相对隶属度，这样才能更加准确地实现对样本的模糊评价。设样本集对模糊概念的各个级别的相对隶属度矩阵为 $U=(u_{ij})_{m\times n}$，因为样本集中每一个样本的级别区间范围不同，一般从 $m$ 个样本 $c$ 个级别的整体考虑，矩阵 $U$ 应满足归一化约束条件：

$$R=(1,2,\cdots,c)\cdot U=(r_1,r_2,\cdots,r_m) \tag{8-25}$$

考虑利用样本集队模糊概念各个级别相对隶属度矩阵 U，引入“加权广义权距离”概念。定义：

$$D_{hj}=u_{hj}d_{hj}=u_{hj}\{\sum_{i=1}^{n}[\omega_i(r_{ij}-s_{ih})]^q\}^{1/q} \tag{8-26}$$

为样本 $j$ 与级别 $h$ 之间的加权广义权距离。$D_{hj}$的定义不仅考虑了指标权重，而且计入以样本 $j$ 归属于级别 $h$ 的相对隶属度 $u_{hj}$。

为了求解样本 $j$ 对模糊概念的级别 $h$ 的最优相对隶属度，运用最小二乘法建立目标函数：

$$\min F(u_{hj})=\sum_{h=a_j}^{b_j}D_{hj}^2 \tag{8-27}$$

式中，$a_j$、$b_j$ 分别为样本 $j$ 的各项指标与标准集矩阵 $S$ 相比较以后所得到的最低和最高等级。

根据目标函数约束条件构造拉格朗日函数，将等式约束变为求约束条件极值问题。设 $\lambda$ 为拉格朗日乘数，则相应的拉格朗日函数为：

$$L(u_{hj},\lambda)=\sum_{h=a_j}^{b_j}u_{hj}^2d_{hj}-\lambda(\sum_{h=a_j}^{b_j}u_{hj}^2d_{hj}-1) \tag{8-28}$$

对式(8-28)求导，可得：

$$u_{hj}=\frac{1}{\sum_{k=a_j}^{b_j}\left\{\frac{\sum_{i=1}^{m}[\omega_i(r_{ij}-s_{ih})]^q}{\sum_{i=1}^{m}[\omega_i(r_{ij}-s_{ik})]^q}\right\}^{2/q}} \tag{8-29}$$

式(8-29)对应于 $d_{hj}>0$ 的情形，而根据相对隶属度理论，当 $d_{hj}=0$ 时，$u_{hj}=1$，样本归属于最高级别 $h$；当 $d_{hj}<0$ 时，$u_{hj}=0$，样本归属于 1 级。

则求出样本集对模糊概念的各个级别的最优相对隶属矩阵为 $U=(u_{hj})_{c\times m}$。$u_{hj}$为样本 $j$ 的 $i$ 项评价指标对模糊概念的级别 $h$ 的最优相对隶属度。

由于最大隶属原则的不适应性，采用相对级别特征值识别法求解样本的属性（级别）。

在样本集相对于模糊级别的最大相对隶属度矩阵 $U$ 已知的情况下，个样本的级别特征值为：

$$R=(1,2,\cdots,c)\cdot U=(r_1,r_2,\cdots,r_m) \tag{8-30}$$

式中，$1\leqslant r_j\leqslant c$，且 $r_j$ 越接近于 1 区域其污染越轻。

根据样本的级别特征值得到评价结果。这个结果不但给出了各个样本的级别，同时对各个样本按照同一标准进行了比较。

6. 模糊-物元综合评价法

(1) 建立因子集

对某一因素进行评价，若该因素的指标（影响因素）为 $m$ 个，分别记为 $u_1,u_2,\cdots,u_m$，则这 $m$ 个指标便构成一个评价因素的有限集合：

$$U = \{u_1, u_2, \cdots, u_m\}$$

(2)建立评价等级集

评价集是评价者对评价因子可能做出的各种等级所组成的集合,设某污染物有 $n$ 个等级,分别记为 $V_1, V_2, \cdots, V_n$,即该污染物评价等级集为:

$$V = \{V_1, V_2, \cdots, V_n\}$$

(3)建立模糊—物元关联函数

关联函数表示物元的量值取值为实轴上一点时,物元符合要求的范围程度。根据点与区间的距与区间的模建立关联函数:

$$K_{ij} = \begin{cases} \rho(x_i, x_{ij}) / [\rho(x_i, x_{pi}) - \rho(x_i, x_{ij})] & x_i \notin x_{ij} \\ -\rho(x_i, x_{ij}) / |x_{ij}| & x_i \in x_{ij} \end{cases} \tag{8-31}$$

式中: $\rho$——点与区间的距离;

$\rho(x_i, x_{ij})$——点 $x_i$ 与有界区间$(a_{jn}, b_{jn})$的距离;

$\rho(x_i, x_{ip})$——点 $x_i$ 与有界区间$(a_{pn}, b_{pn})$的距离;

$x_{ij}$——$(a_{ij}, b_{ij})$的模,其计算公式分别如下:

$$\rho(x_i, x_{ij}) = |x_i - (a_{ij} + b_{ij})/2| - (b_{ij} - a_{ij})/2$$

$$\rho(x_i, x_{pi}) = |x_i - (a_{pi} + b_{pi})/2| - (b_{pi} - a_{pi})/2$$

$$|x_{ij}| = |b_{ij} - a_{ij}| \tag{8-32}$$

$K_{ij}$表示第 $k$ 个区域第 $i$ 种污染物的第 $j$ 个级别的关联度函数,其数值为关联度,它表示的含义为物元的量值取值为实轴上一点时,物元符合要求的范围程度,数值大小不同的含义具体如下:$K_{ij} \geqslant 1$,表示对象符合标准对象要求的程度,数值越大开发潜力越大;$0 \leqslant K_{ij} < 1$,表示对象符合标准对象要求的程度,数值越大,越接近标准上限;$-1 < K_{ij} < 0$,表示对象不符合标准对象要求,但具备转化为标准对象的条件,且值越大,越容易转化;$K_{ij} \leqslant -1$,表示对象不符合标准对象要求,且不具备转化为标准对象的条件。

(4)建立物元—模糊关联矩阵 $R$

从一个因子出发进行评价,以确定评价对象对评价集元素关联程度 $K_{ij}$,它表示第 $j$ 个污染物的第 $i$ 个等级的关联度。$R$ 表示对第 $i$ 个因子评价的结果,称为单因子物元关联—模糊评价集。

$$R = \{K_{ij}\} = \begin{bmatrix} k_{11} & k_{12} & \cdots & k_{1n} \\ k_{21} & k_{22} & \cdots & k_{2n} \\ \vdots & \vdots & \vdots & \vdots \\ k_{m1} & k_{m2} & \cdots & k_{mn} \end{bmatrix} \tag{8-33}$$

(5)建立模糊—物元关联权重集

权值主要应反映环境指标间危害性的差异,权重确定应该体现环境标准值的差异性,危害越大则越重要,权值越大,所以物元—模糊模型综合评价模型的权重也应是个动态模糊权重,以体现出环境指标浓度值大则权值便大的模糊综合动态思想。超标加权法是根据环境质量标准而定,并随着污染物的实测浓度动态变化的,能很好地体现物元—模糊综合评价的模糊动态思想,同时,由于大气污染物的毒性与其浓度之间并非线性相关,因此采取超标加权法确定物元—模糊权重集。

$$a_i = \frac{x_i}{s_i} \tag{8-34}$$

$$s_i = \frac{1}{n}\sum_{i=1}^{n} s_{ij} \tag{8-35}$$

$$Q_i = \frac{\dfrac{c_i}{s_i}}{\sum_{i=1}^{n}\dfrac{c_i}{s_i}} \tag{8-36}$$

式中：$a_i$、$x_i$、$s_i$——第 $i$ 种污染物的权重、浓度实测值和多级浓度标准值的平均值；

$s_{ij}$——第 $i$ 种污染物第 $j$ 级的标准值；

$n$——分级标准等级数；

$Q_i$——归一化的无量纲量，根据其大小不仅可确定评价区域的主要污染源，而且可以得出各污染源的贡献顺序。

$$A = \{a_1, a_2, a_3, \cdots, a_n\}$$

（6）建立综合评价集，确定等级

综合评价集 B 是 N 上的物元关联—模糊子集，表示为：

$$B = A \cdot R = \{a_1, a_2, a_3, a_4\} \cdot \begin{bmatrix} k_{11} & k_{12} & k_{13} & k_{14} \\ k_{21} & k_{22} & k_{23} & k_{24} \\ k_{31} & k_{32} & k_{33} & k_{34} \end{bmatrix}$$

$$= \{b_1, b_2, b_3, b_4\} \tag{8-37}$$

$b_j$ 是由 $A$ 与 $R$ 的第 $j$ 列运算得到，它表示被评事物从整体上看对等级模糊子集的关联度，若关联度值在区间（0，1）范围之内，则其所属级别即为最终评价等级。

# 第三节　规划项目环境影响评价

## 一、规划环境影响评价的目的与原则

规划环境影响评价是在规划编制阶段，对规划实施可能造成的环境影响进行分析、预测和评价，并提出预防或者减轻不良环境影响的对策和措施的过程。

1. 评价目的

实施可持续发展战略，在规划编制和决策过程中，充分考虑所拟议的规划可能涉及的环境问题，预防规划实施后可能造成的不良环境影响，协调经济增长、社会进步与环境保护的关系。

2. 评价原则

（1）科学、客观、公正原则：规划环境影响评价必须科学、客观、公正，综合考虑规划实施后对各种环境要素及其所构成的生态系统可能造成的影响，为决策提供科学依据。

（2）早期介入原则：规划环境影响评价应尽可能在规划编制的初期介入，并将对环境的考虑充分融入到规划中。

（3）整体性原则：一项规划的环境影响评价应当把与该规划相关的政策、规划、计划以及相应的项目联系起来，做整体性考虑。

（4）公众参与原则：在规划环境影响评价过程中鼓励和支持公众参与，充分考虑社会各方面利益和主张。

（5）一致性原则：规划环境影响评价的工作深度应当与规划的层次、详尽程度相一致。

(6)可操作性原则:应当尽可能选择简单、实用、经过实践检验可行的评价方法,评价结论应具有可操作性。

## 二、规划环境影响评价的工作程序

规划环境影响评价的工作程序见图 8-2。

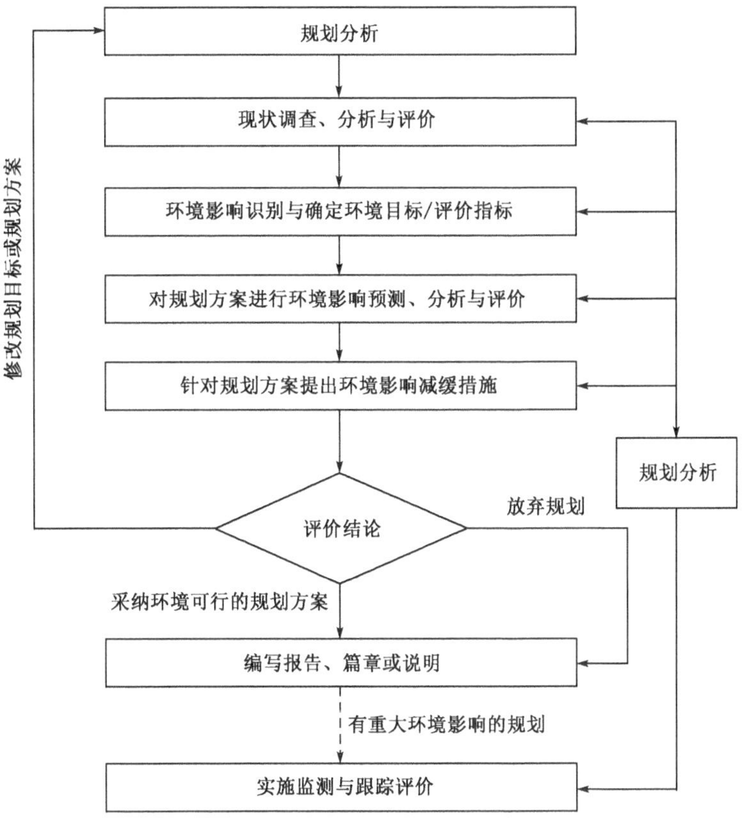


图 8-2　规划环境影响评价的工作程序

## 三、规划环境影响评价的内容与方法

1. 规划环境影响评价的基本内容

(1)规划分析,包括分析拟议的规划目标、指标、规划方案与相关的其他发展规划、环境保护规划的关系。

(2)环境现状与分析,包括调查、分析环境现状和历史演变,识别敏感的环境问题以及制约拟议规划的主要因素。

(3)环境影响识别与确定环境目标和评价指标,包括识别规划目标、指标、方案(包括替代方案)的主要环境问题和环境影响,按照有关的环境保护政策、法规和标准拟定或确认环境目标,选择量化和非量化的评价指标。

①规划的环境影响识别与确定评价指标

识别环境可行的规划方案实施后可能导致的主要环境影响及其性质,编制规划的环境影响识别表,并结合环境目标,选择评价指标。规划的环境影响识别与确定评价指标的基本程序

(图 8-3)。

②拟定或确认环境目标

针对规划可能涉及的环境主题、敏感环境要素以及主要制约因素,按照有关的环境保护政策、法规和标准拟定或确认规划环境影响评价的环境目标,包括规划涉及的区域或行业的环境保护目标,以及规划设定的环境目标。

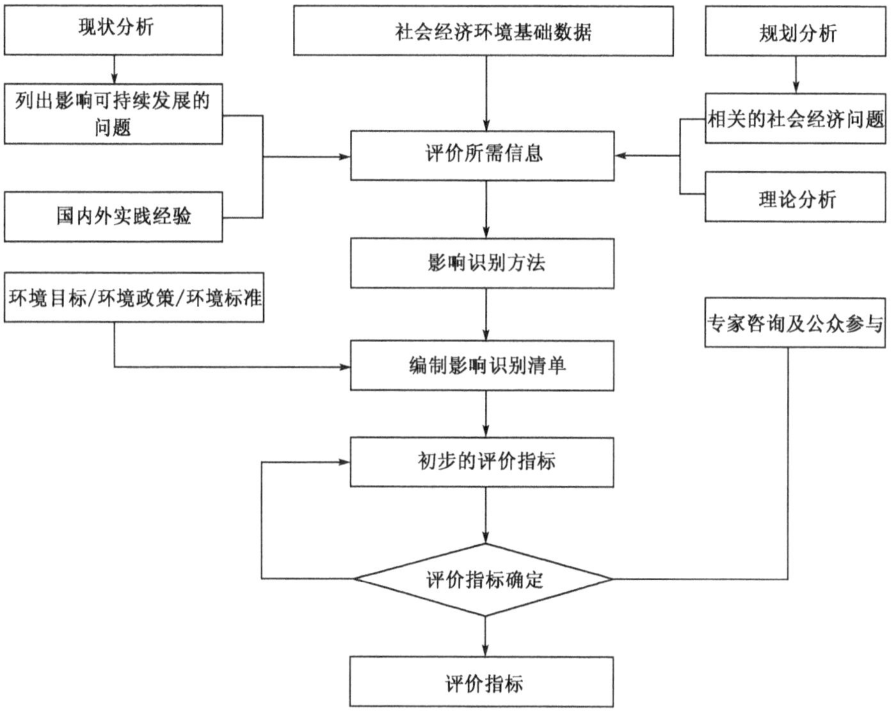


图 8-3　规划的环境影响识别与确定评价指标

一般来说,土地利用规划的环境保护目标与评价指标如表 8-4 所示。

土地利用规划环境目标与评价指标表述　　表 8-4

| 主　　题 | 环 境 目 标 | 评 价 指 标 |
|---|---|---|
| 土地资源的规划与管理 | 确保对土地资源的有效规划与管理;<br>平衡对有限可利用土地的竞争性需求;<br>维护重要的城镇中心 | 社会经济发展占用的土地面积占区域总面积的比例(%);<br>生态建设用地占区域总面积的比例(%);<br>人均生态建设用地面积($m^2$/人);<br>土地利用结构(%) |
| 土地覆盖和景观 | 保护具有环境价值的自然景观及动植物栖息地 | 自然保护区及其他具有特殊科学与环境价值的受保护区面积占区域面积的比例(%);<br>特色风景线长度(km);<br>水域面积占区域面积的比例(%) |
| 土壤 | 保护土壤,维持高质量食品和其他产品的有效供应 | 由于侵蚀造成的农业用地中土壤的年损失量(t/a);<br>土壤表土中的重金属及其他有毒物质的含量(mg/kg) |
| 空气 | 控制空气污染;<br>限制可能导致全球气候变化的温室气体的排放 | 单位工业用地面积工业废气年排放量[$m^3$/($km^2$ · a)];<br>烟尘控制区覆盖率(%);<br>单位土地面积大气污染物 $SO_2$、$NO_2$ 年排放量[t/($km^2$ · a)];<br>单位土地面积的 $CO_2$ 及臭氧层损耗物质年排放量[t/($km^2$ · a)] |

续上表

| 主　　题 | 环 境 目 标 | 评 价 指 标 |
| --- | --- | --- |
| 水环境 | 维护与改善地表水和地下水水质及水生环境，确保可获得充足的符合环境标准的水资源 | 单位工业用地面积工业废水年排放量[t/($km^2$·a)]；<br>集中式饮用水源地水质达标率(%)；<br>水功能区水质达标率(%)；<br>单位土地面积 $COD_{Cr}$，$BOD_5$，石油类，挥发酚，$NH_3-N$(氨氮)年排放量[t或kg/($km^2$·a)] |

(4)环境影响分析与评价，包括预测和评价不同规划方案(包括替代方案)对环境保护目标、环境质量和可持续性的影响。

进行规划环境的影响分析时，应对所有规划方案的主要环境影响进行预测。预测的内容主要有：环境影响预测，包括其直接的、间接的环境影响，特别是规划的累积影响；规划方案影响下的可持续发展能力预测。

环境影响预测方法一般有类比分析法、系统动力学、投入产出分析、环境数学模型、情景分析法等。

在进行规划的环境影响预测后，应对其主要环境影响进行分析与评价，分析评价的主要内容包括：规划对环境保护目标的影响；规划对环境质量的影响；规划的合理性分析，包括社会、经济、环境变化趋势与生态承载力的相容性分析。

评价方法一般有加权比较法、费用效益分析法、层次分析法、可持续发展能力评估、对比评价法、环境承载力分析等。

累积影响分析则应当从时间、空间两个方面进行。常用的方法有专家咨询法、核查表法、矩阵法、网络法、系统流图法、环境数学模型法、承载力分析、叠图法/GIS、情景分析法等。

(5)针对各规划方案(包括替代方案)，拟定环境保护对策和措施，确定环境可行的推荐规划方案。

根据环境影响预测与评价的结果，对符合规划目标和环境目标要求的规划方案进行排序，并概述各方案的主要环境影响，以及环境保护对策和措施。对环境可行的规划方案进行综合评述，提出供有关部门决策的环境可行推荐规划方案，以及替代方案。

在拟定环境保护对策与措施时，应遵循“预防为主”的原则和下列优先顺序：

①预防措施，用以消除拟议规划的环境缺陷；

②最小化措施。限制和约束行为的规模、强度或范围使环境影响最小化；

③减量化措施。通过行政措施、经济手段、技术方法等降低不良环境影响；

④修复补救措施。对已经受到影响的环境进行修复或补救；

⑤重建措施。对于无法恢复的环境，通过重建的方式替代原有的环境。

(6)开展公众参与。

公众参与的主要内容包括：①环境背景调查。通过公众参与掌握重要的、为公众关心的环境问题；②环境资源价值估算；③减缓措施；④跟踪评价及监督。

参与评价工作的公众包括有关单位、专家和公众(除专家以外的公民)。参与者的确定要综合考虑以下因素：①影响范围广且多为直接影响的规划，应采用广泛的公众参与；技术复杂的规划要求有高层次管理者、专家的参与；②充分考虑时间因素和人力、物力和财力等条件，通过一定途径和方式，遵循一定的程序开展规划环境影响评价的公众参与。

规划环境影响评价公众参与的方式主要有：①论证会、听证会；②问卷调查；③大众传媒；

④发布公告或设置意见箱。

公众参与应覆盖规划环境影响评价的全过程。

(7)拟定监测、跟踪评价计划。

对于可能产生重大环境影响的规划,在编制规划环境影响评价文件时,应拟定环境监测和跟踪评价计划和实施方案。

(8)关于拟议规划的结论性意见与建议

通过上述各项工作,应对拟议规划方案得出下列评价结论中的一种:①建议采纳环境可行的推荐方案;②修改规划目标或规划方案;③放弃规划。如果认为已有的规划方案在环境上均不可行,则应当考虑修改规划目标或规划方案,并重新进行规划环境影响评价。

修改规划方案应遵循如下原则:

①目标约束性原则:新的规划方案不应偏离规划基本目标,或者偏重于规划目标的某些方面而忽视了其他方面。

②充分性原则:应从不同角度设计新的规划方案,为决策提供更为广泛的选择空间。

③现实性原则:新的规划方案应在技术、资源等方面可行。

④广泛参与的原则:应在广泛公众参与的基础上形成新的规划方案。

⑤放弃规划:通过规划环境影响评价,如果认为所提出的规划方案在环境上均不可行,则应当放弃规划。

2. 规划环境影响的方法

规划环境影响的方法一般有核查表法、矩阵法、网络法、GIS支持下的叠加图法、系统流图法、层次分析法、情景分析法等,详见表8-5。

**规划的环境影响适用的评价方法** 表8-5

| 评价环节 | 方法名称 | 评价环节 | 方法名称 |
|---|---|---|---|
| 规划方案的初步筛选 | 核查表法 | 规划环境影响的预测与评价 | 投入产出分析 |
| | 矩阵法 | | 环境数学模型 |
| | 对比、类比、相容分析法 | | 情景分析法 |
| | 专家咨询法 | | 加权比较法 |
| | | | 费用效益分析法 |
| 环境背景调查分析 | 收集资料法、现场调查和监测法 | | 层次分析法 |
| | 地理信息系统(GIS) | | 可持续发展能力评估 |
| 规划环境影响的识别 | 核查表法 | | 对比评价法 |
| | 矩阵法 | | 环境承载力分析 |
| | 网络法 | 累积环境影响评价 | 专家咨询法 |
| | 系统流图法 | | 核查表法 |
| | 层次分析法 | | 矩阵法 |
| | 情景分析法 | | 网络法 |
| 公众参与 | 会议讨论 | | 系统流图法 |
| | 调查表 | | 环境数学模型法 |
| | 公众咨询 | | 承载力分析 |
| | 新闻传媒 | | 叠图法+GIS |
| | | | 情景分析法 |

## 第四节　交通建设项目环境影响评价

环境影响评价是建立在环境监测技术,污染物扩散规律,环境质量对人体健康影响,自然界自净能力等学科研究分析基础上发展起来的一门学科。

自1969年美国提出环境影响评价的概念至今,环境影响评价已经从自然环境发展到社会环境,不仅考虑了环境污染的防治,还注重了生态环境的保护以及被破坏的生态的重建;开展了风险评价,已开始关注对环境影响进行后评价;而且,环境影响评价从最初单纯的工程项目发展到区域开发和战略规划方面的环境影响评价,而且环境影响评价技术方法和程序也在发展中不断完善。

### 一、环境影响评价的特点

近年来环境影响评价的对象、范围、程序及方法等方面出现如下新特点:

(1)评价对象的重点由对单个建设项目环境影响评价转化为对大型综合项目的累积影响评价,由对工程的影响评价扩展到对政府政策的影响评价、由单纯的环境污染评价扩大到整体的生态影响评价。

(2)评价的范围由只考虑对自然要素的影响发展到包括社会和经济影响在内的全面环境影响,出现了环境风险评价、公众健康危险评价、景观影响评价、社会影响评价等。

(3)评价程序向规范化方向发展,形成了包括环境筛选、确定范围、预测评价和监督等四个步骤的完整工作程序。

(4)环境影响评价与环境规划相结合,并纳入环境规划之中,使环境评价境管理成为一个整体。

(5)环境影响评价引入各种适用的高新技术,包括电子计算机模拟技术、影像技术、地理信息系统(GIS)技术、环境风险模拟实验等。

### 二、建设项目环境影响评价的工作程序

#### (一)环境项目环境影响评价的管理程序

(1)环境影响分类筛选

凡新建或改扩建工程,根据国家环境保护总局"分类管理名录"确定应编制环境影响报告书、环境影响报告表或填报环境影响登记表。

①编写环境影响报告书的项目是指对环境可能造成重大的不利影响,这些影响可能是敏感的、不可逆的、综合的或以往尚未有过的。这类项目需要做全面的环境影响评价。

②编写环境影响报告表的项目是指可能对环境产生有限的不利影响,这些影响是较小的或者减缓影响的补救措施是很容易找到的。通过规定控制或补救措施是可以减少对环境的影响。这类项目可直接编写环境影响报告表,对其中个别环境要素或污染因子需要进一步分析的,可附单项环境影响评价专题报告。

③对环境不产生不利影响或影响极小的建设项目不需要开展环境影响评价,只填报环境保护管理登记表。

④根据分类原则确定评价类别,如需要进行环境影响评价,有相应评价资格证书的单位来

承担。

建设项目环境影响评价分类管理,体现了管理的科学性,既保证批准建设的新项目不对环境产生重大不利影响,又加快了项目前期工作进度,简化了手续,促进经济建设。

(2)评价大纲的审查

编制环境影响报告书的建设项目,应编制评价大纲,评价大纲是环境影响报告书的总体设计,应在开展评价工作之前编制。评价大纲由建设单位向负责审批的环境保护部门申报,并抄送行业主管部门。环境保护部门根据情况确定审评方式,提出审查意见。

评价单位在实施中必须把审查意见列为大纲内容。

(3)环境影响评价的质量管理。

环境影响评价项目一经确定,承担单位要根据批准的评价大纲开展工作,同时要编制其监测分析、参数测定、野外实验、室内模拟、模式验证、数据处理、仪器刻度校验等在内的质保大纲。承担单位的质量保证部门要对质保大纲进行审查,对其具体内容与执行情况进行检查,把好各环节和环境影响报告书质量关。为获得满意的环境影响报告书,按照环境影响评价管理程序和工作程序而进行有组织、有计划的活动是确保环境评价质量的重要措施。质量保证工作应贯穿于环境影响评价的全过程,在环境影响评价工作中,请有经验的专家咨询,多与其交换意见,是做好环境影响评价工作的重要条件。最后请专家审评报告是质量把关的重要环节。

(4)环境影响评价报告书的审批。

审批程序:一律由建设单位负责提出,报主管部门预审,主管部门提出预审批意见后转报负责审批的环境保护部门审批。

另外,建设项目的性质、规模、建设等发生较大改变时,按照规定的审批程序重新报批。

对于环境问题有争议的建设项目其环境影响报告书(表)可提交上一级环境保护部门审批。

各级主管部门和环保部门在审批环境报告书时应贯彻下述原则:

①审查该项目是否符合国家产业政策。

②审查该项目是否符合城市环境功能区划和城市总体发展规划做到合理布局。

③审查该项目的技术与装备政策是否符合清洁生产。

④审查该项目是否做到污染物达标排放。

⑤审查该项目是否满足国家和地方规定的污染物总量控制指标。

⑥审查该项目建成后是否能维持地区环境质量,符合功能区要求。

环境影响报告书的审查以技术审核为基础,审查方法是专家评审会还是其他形式可由负责审批的环境保护行政主管部门根据具体情况而定。

我国基本建设程序与环境管理程序的工作关系如图 8-4 所示。

### (二)环境影响评价的工作程序

建设项目环境影响评价工作程序见图 8-5,交通环境影响评价技术路线图见图 8-6。

## 三、建设项目环境影响评价的基本内容

### (一)环境影响要素识别与评价因子筛选

1. 环境影响要素的识别

交通建设项目一般为大型建设项目,对自然环境、生态环境和社会环境(社会经济、社会

生活)有较大影响。每个交通项目因其工程性质(城市道路,高速道路,一、二级公路,铁路)和所在地区(如平原,山区)地不同,以及工程进行的不同时期,对环境影响的种类和程度有差别。因此,对某个交通项目进行环境影响评价时,在项目工程分析和所在地区环境分析的基础上,应对项目可能产生的潜在环境问题,即环境影响因子进行分析识别,以便进行环境影响评价因子筛选。

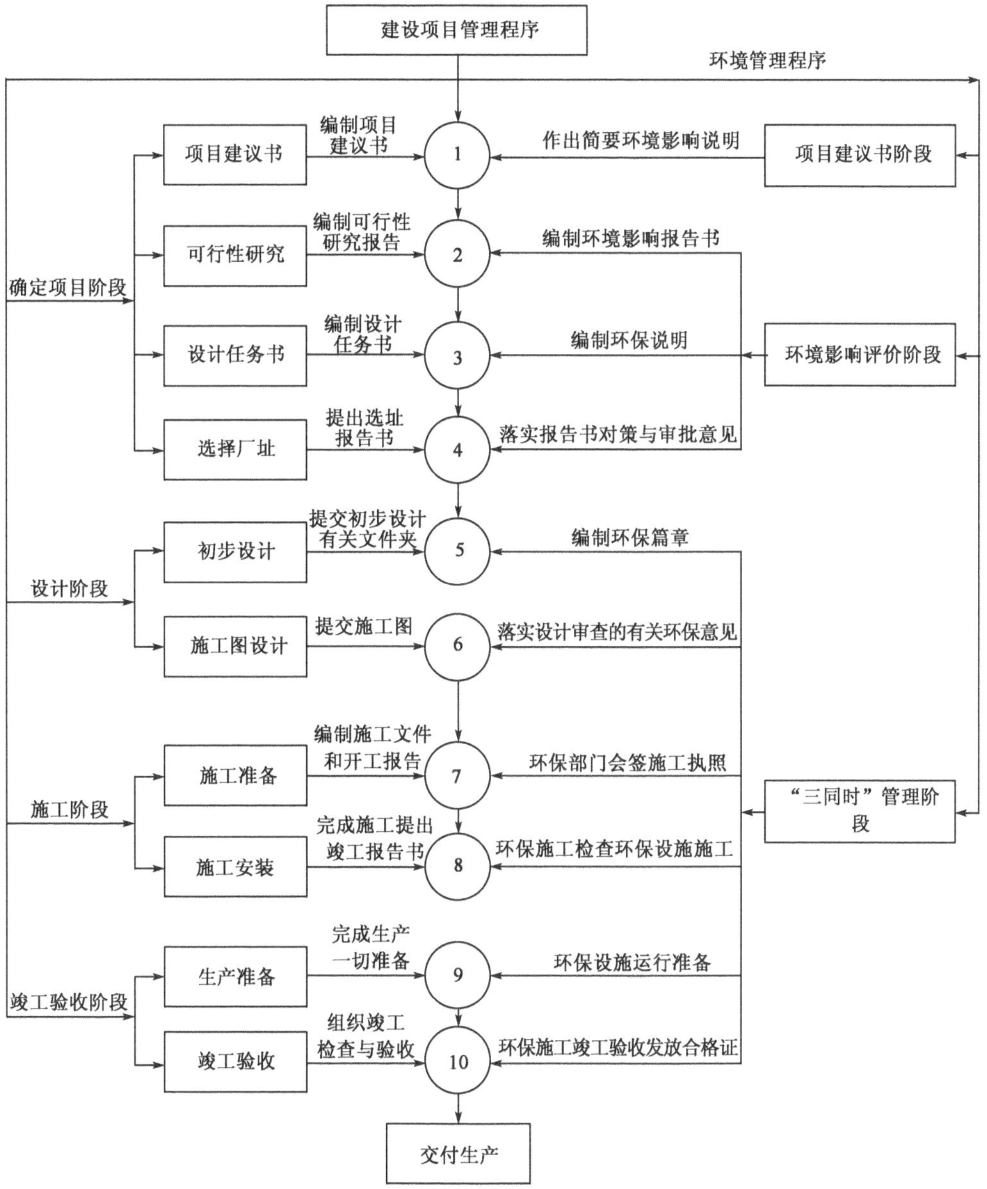


图 8-4　我国基本建设程序与环境管理程序的工作关系图

环境影响因子识别的方法很多,如列表清单法和项目类别矩阵法等。在"公路建设项目环境影响评价规范"中列出了常用的公路项目环境影响因子识别矩阵,表中列出了项目施工期、营运期的主要工程活动及主要环境影响因子。对于某个道路项目,针对具体情况,表中用符号标出了各阶段可能产生的环境问题及其影响大小。经环境影响因子识别后,需进行环境影响评价因子的筛选。

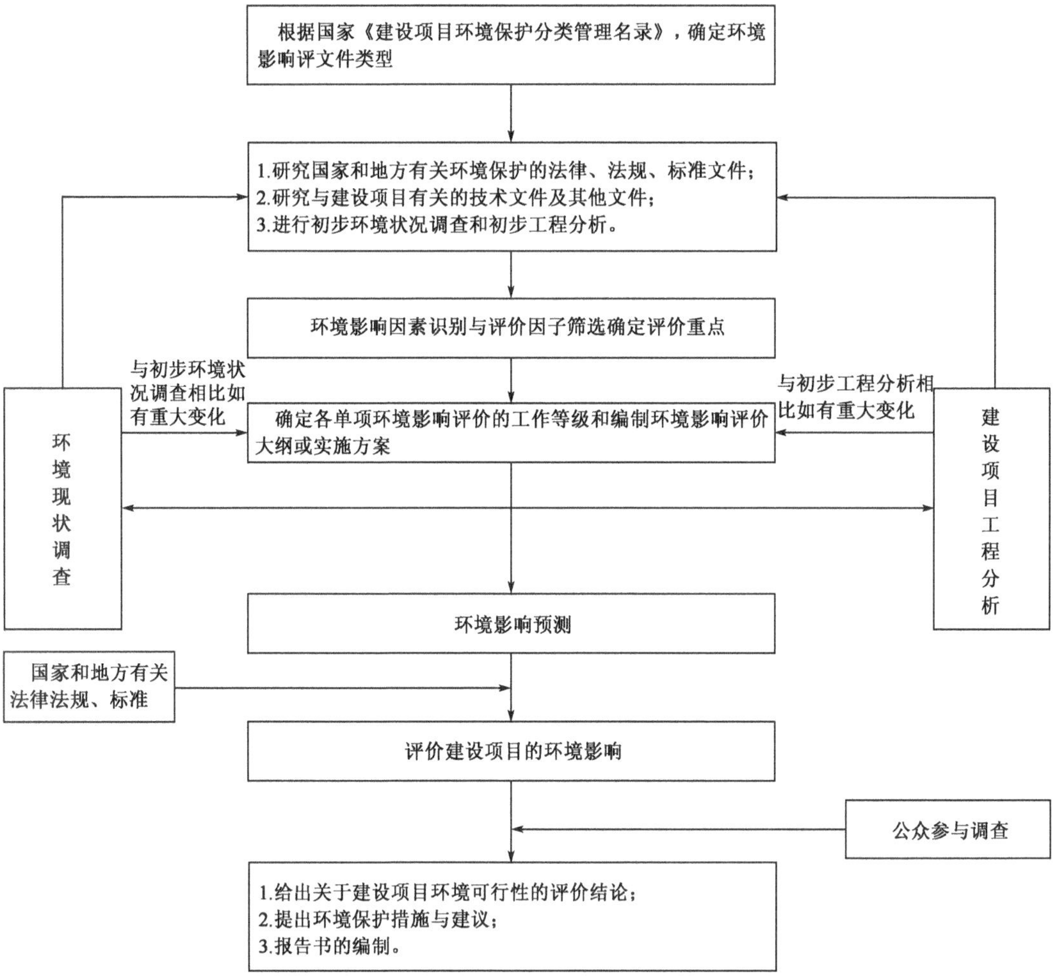


图 8-5　建设项目环境影响评价工作程序

2. 确定评价重点和保护目标

依据筛选的评价因子,确定评价内容和评价重点,根据区域规划的环境功能,建设项目实施可能造成的影响范围与程度,确定主要的环境保护目标。明确应设置的单项影响评价内容。单项环境影响评价一般分为:社会环境、生态环境、环境空气质量、环境噪声等。

### (二)环境影响评价工作等级的确定

环境影响评价工作的等级是指需要编制环境影响评价和各专题的工作深度的划分。各单项环境影响评价划分为三个工作等级。一级评价最详细,二级次之,三级较简略。各单项影响评价工作等级划分的详细规定,可参阅相应的环境影响评价技术导则。工作等级的划分依据如下:

(1)建设项目的工程特点(工程性质、工程规模、能源及资源的使用量及类型、源项等)。

(2)项目的所在地区的环境特征(自然环境特点、环境敏感程度、环境质量现状及社会经济状况等)。

(3)建设项目的建设规模。

(4)国家或地方政府所颁布的有关法规(包括环境质量标准和污染物排放标准)。

对于某一具体建设项目,在划分各评价项目的工作等级时,根据建设项目对环境的影响、所在地区的环境特征或当地对环境的特殊要求情况可作适当调整。

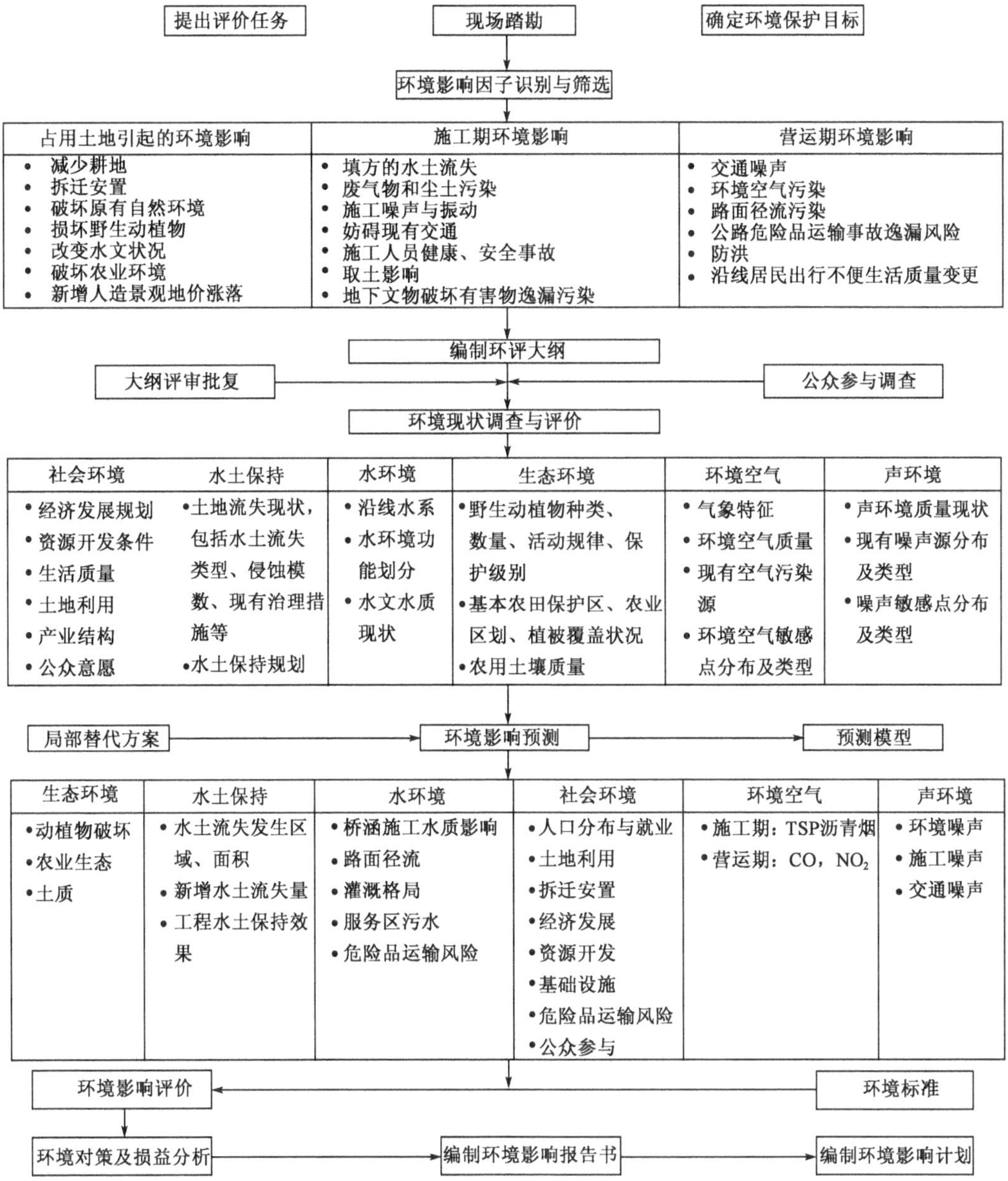


图 8-6 交通环境影响评价技术路线图

## (三)环境影响评价大纲的编写

环境影响评价大纲是环境影响评价报告书的总体设计和行动指南。评价大纲应在开展评价工作之前编制,它是具体指导环境影响评价的技术文件,也是检查报告书内容和质量的主要判据。该文件应在充分研读有关文件、进行初步的工程分析现状调查后形成。

评价大纲一般包括以下内容:

(1)总则(包括评价任务的由来、编制依据、控制污染和保护环境的目标、采用的评价标准、评价项目及其工作等级和重点等)。

(2)建设项目概况及初步工程分析;

(3)拟建项目地区环境简况。

(4)建设项目工程分析的内容与方法,环境影响因素识别与评价因子筛选。

(5)环境现状调查(根据已确定的各评价项目工作等级、环境特点和影响预测的需要,尽量详细地说明调查参数、调查范围及调查的方法、时期、地点、次数等)。明确环境保护目标、评价等级、评价范围、评价标准、评价时段。

(6)确定环境影响预测与评价建设项目的环境影响技术方案、方法(包括预测方法、内容、范围、时段及有关参数的估值方法,对于环境影响综合评价,应说明拟采用的评价方法)。明确环境影响评价的主要内容及评价重点。

(7)环境影响评价的专题设置及实施方案。

(8)评价工作成果清单,拟提出的结论和建议的内容。

(9)评价工作组织、计划安排。

(10)经费概算。

**(四)区域环境质量现状调查和评价**

环境现状调查是各评价项目(或专题)共有的工作,虽然各专题所要求的调查内容不同,但其调查目的都是为了掌握环境质量现状或背景,为环境影响预测、评价和累积效应分析以及投产运行进行环境管理提供基础数据。因此,调查工作应符合下列要求。

(1)环境现状调查的一般原则。根据建设项目所在地区的环境特点,结合各单项评价的工作等级,确定各环境要素的现状调查的范围,筛选出应调查的有关参数。原则上调查范围应大于评价区域,对评价区域边界以外的附近地区,若遇有重要的污染源时,调查范围应适当放大。环境现状调查应首先搜集现有资料。经过认真分析筛选,择取可用部分。若这些引用资料仍不能满足需要时,再进行现场调查或测试。

环境现状调查中,与评价项目有密切关系的部分应全面、详细、尽量,做到定量化;对一般自然和社会环境的调查,若不能用定量数据表达时,应做出详细说明,内容也可适当调整。

(2)环境现状调查的方法。调查的方法主要有:搜集资料法、现场调查法和遥感法。表8-6对这三种方法进行了比较。通常这三种方法的有机结合、互相补充是最有效的和可行的。

**环境现状调查三种方法的比较** 表8-6

| 方　法 | 搜集资料法 | 现场调查法 | 遥感法 |
|---|---|---|---|
| 特点 | 应用范围广,收效大。较节省人力、物力、时间 | 直接获取第一手资料,可弥补搜集资料法的不足 | 整体上了解环境特点,特别是人们不易开展现状调查的地区的环境状况 |
| 局限性 | 只能获得第二手资料,往往不全面,需要补充 | 工作量大,耗费人力、物力和时间,往往受季节、仪器设备条件的限制 | 精度不高,不宜用于微观环境状况调查,受资料判读和分析技术的制约 |

(3)环境现状调查的内容。环境现状调查的主要内容如下:

①地理位置。

②地貌、地质和土壤情况。水系分布和水文情况、气候与气象。

③矿产、森林、草原、水产和野生动植物、农产品、动物产品等情况。

④大气、水、土壤和环境质量现状。

⑤环境功能情况(特别注意环境敏感区)及重要的政治文化设施。

⑥社会经济情况。

⑦人群健康状况及地方病情况。

⑧其他环境污染和破坏的现状资料。

### (五)环境影响预测

(1)预测的原则。预测的范围、时段、内容及方法应按相应评价工作等级与环境的特性、当地的环境要求而定。同时应考虑预测范围内,规划的建设项目可能产生的环境影响。

(2)预测的方法。通常采用的预测方法有数学模式法、物理模型法、类比调查法和专业判断法。预测时应尽量选用通用、成熟、简便并能满足准确度要求的方法。参见表8-7。

环境影响预测常用方法　　表8-7

| 序　号 | 方　法 | 特　点 | 应用条件 |
|---|---|---|---|
| 1 | 数学模型法 | 计算简便、结果定量;需要一定的计算条件,输入必要的参数和数据 | 模式应用条件不满足时,要进行模式修正和验证,应首先考虑要用此法 |
| 2 | 物理模型法 | 定量化和再现好,能反映复杂的环境特征 | 合适的实验条件和必要的基础数据。无法采用方法1,而精度要求又高时,应选用此法 |
| 3 | 类比调查法 | 半定量性质 | 时间限制短,无法取得参数、数据,不能采用方法1、2时,可选用此法 |
| 4 | 专业判断法 | 定性反映环境影响 | 某些项目评价难以定量时,或上述三种方法不能采用时,可选用此法 |

(3)预测阶段和时段。建设项目的环境影响分三个阶段(即建设阶段、生产运营阶段、服务期满或退役阶段)和两个时段(即冬、夏两季或丰、枯水期)。所以预测工作在原则上也应与此相应,但对于污染物排放种类多、数量大的大中型项目,除预测正常排放情况下的影响外,还应预测各种不利条件下的影响(包括事故排放的环境影响)。

(4)预测的范围和内容。为全面反映评价区内的环境影响,预测点的位置和数量除应覆盖监测点外,还应根据工程和环境特征以及环境功能要求而设定。预测范围应等于或略小于现状调查的范围。

预测的内容依据评价工作等级、工程与环境特征及当地环保要求而定,即要考虑建设项目对自然环境的影响,也要考虑社会和经济的影响;既要考虑污染物在环境中的污染途径,也要考虑对人体、生物及资源的危害程度。

### (六)环境影响评价

评价项目的环境影响是关于环境影响资料的鉴别、收集、整理的结构机制,以各种形象化的形式提出各种信息,向决策者和公众表达开发行为对环境影响的范围、程度和性质。

关于环境影响评价的方法可以归纳很多,主要方法有:列表清单法、矩阵法、网络法、图形叠置法、组合计算辅助法、指数法、环境影响预测模型、环境影响综合评价模型等。

在这些环境影响评价方法中,应用的原理、需要的设备条件及最后结果的表示方式都不一样。在结果的表述中,有的是定量的数据,有的则是定性的描述。

环境影响评价方法正在不断改进,科学性和实用性不断提高。目前已从孤立地处理单个环境参数发展到综合参数之间的联系,从静态地考虑开发行为对环境生态的影响,发展到用动态观点来研究这些影响。

## 四、环境要素的单项评价

### (一)大气环境影响评价

大气环境影响评价可概括为:定量地评价拟建设项目建设前大气环境质量的现状,识别对大气环境的哪些质量参数产生影响和预测建设项目投产后大气污染指数的变化,解释污染物质在大气中的输送、扩散和变化的规律,提出建设项目污染源的控制治理对策。

1. 技术工作程序

大气环境影响评价的技术工作程序见图 8-7。由图可见,这个程序可分四个阶段:第一、第二阶段是整个评价工作的基础,包括了解工程设计、现场踏勘,了解环境法规和标准的规定,确定评价级别和评价范围,编制大气影响评价工作大纲,开展工程分析、资料收集、现场调查和监测等;第三阶段是评价工作的重要阶段,包括评价大气污染指数现状,根据排放源特征选择或建立和验证大气扩散模型,预测项目对大气的污染影响,并对影响的意义及其重要性做出评价,然后提出相应的对策,包括项目建设和运行期的监测;第四阶段是总结工作成果,提出大气环境影响专题报告。这四个阶段密切联系,目的是提供一份满足预防性环境保护要求的报告书。

2. 大气环境影响的评价

大气环境影响评价是在工程分析和影响预测的基础上,以法规、标准为依据,解释拟建项目引起的预期变化所造成影响的重大性,同时辨识敏感对象对污染物排放的反应;对于拟建项目的生产工艺、总图布置和选址方案(通常是在可行性研究报告中提出的)等提出改进意见;提出避免、消除和减少大气环境影响的措施或对策的建议;通过影响程度的分析做出评价结论。

(1)大气环境目标值判断法

①评价区域的大气污染物 $i$ 的环境目标值,依据当地大气环境规划中确定的功能区分类,按 GB 3095—1996 确定的浓度标准值为环境目标值。

②质量标准中未包含允许的最大长期(季或年)平均浓度值的污染因子,其目标值可按下述方法估算。

a. 如果在评价区内或地理条件基本一致,且距待评价项目的排放源距离($L_b$)不大于 50km 范围内布置了污染因子的监测网点,并具有监测资料,则首先计算各测点累积频率为 50% 和 93.3% 的一次取样或日平均浓度值。

b. 将上述结果分别标记在对数正态概率坐标纸上并联成直线;再沿这条直线的延长线查出各测点对应于质量标准值(例如 $SO_2$ 二级标准日平均浓度为 0.15mg/m$^3$)的累积频率,对数正态概率坐标纸的纵坐标为概率,横坐标为污染物浓度的对数值。

c. 将各测点对应于质量标准的累积频率和该测点的长期平均浓度,在对数正态概率坐标纸上做散点图,并对这些点进行线性回归。

d. 将上述回归直线沿横轴向低浓度方向平移至最边缘的一个散点上,再根据平移后的直线查出对应累积频率为 98% 的长期平均浓度,这一浓度值即为待求的污染因子长期平均浓度目标值。其方法示意见图 8-8。

e. 如无法获得必要的监测资料,一次取样、日、月、季、年平均值可按 1,0.33,0.20,0.14,0.12 的比例关系换算。即如果已知一次取样的环境目标值为 1.0mg/m$^3$,则年平均的环境目标值为 0.12mg/m$^3$,日平均环境目标值为 0.33mg/m$^3$,以此类推。

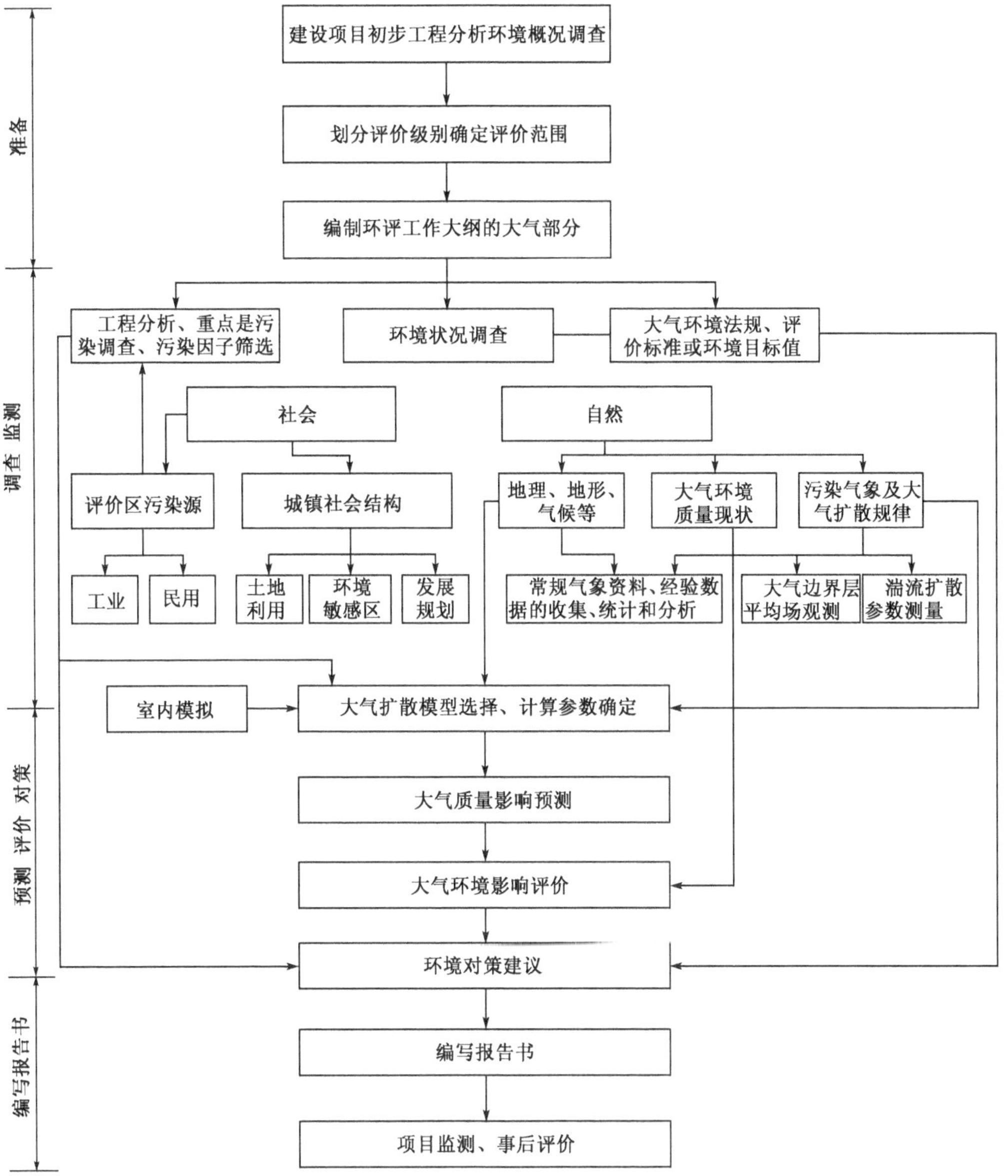


图 8-7 大气环境影响评价技术工作程序

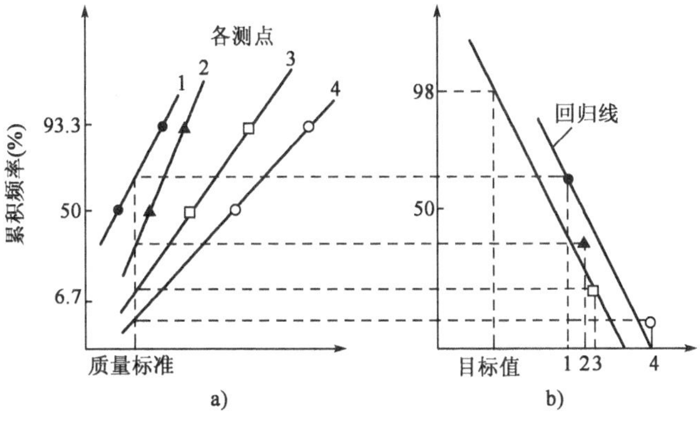


图 8-8 目标值确定方法示意图(对数正态坐标纸)

③将预测浓度及基线浓度之和与浓度目标值进行比较，如果两者比值≤1，表示无大影响；如比值＞1 且≤1.5，表明有较大影响；如＞2，表示有重大影响。

（2）容许排放量判断法

容许排放总量是一个较长时段内的统计平均值。它是随所在地区中污染源的位置、排放形式、风向、风速、大气稳定度以及地形条件的不同都有很大变化。它在短时间内可能比环境容量大，也可能比环境容量小。当然环境容量本身也同样是一个统计平均概念。

在环境评价工作中，首先要把造成现有污染情况的原因搞清楚，由此才能求出反映实际的容许排放总量。

区域的总容许排放量一般是在区域环境规划中确定的，而对一个具体拟建项目的容许排放量则是由地方环保管理部门依据区域总容许排放量、现状总排放量以及当地的环境状况具体确定的。如果项目排放量超过容许排放量，表明影响重大。

（3）指数法

①将拟建项目实施后的大气中污染物浓度 $c_t$ 与 $c_{0t}$ 比较。

$$I_t = \frac{c_t}{c_{0t}} \tag{8-38}$$

式中：$I_t$——大气指数单元；

$c_t$——拟建项目实施后预期的污染物 $i$ 的浓度（mg/L）。

$c_{0t}$——污染物 $i$ 的大气环境目标浓度（mg/L）。

如果 $I_t > 1$，表示 $i$ 污染物已超标，说明项目影响重大。

②有多个评价因子，例如 $i = 5$，也可采用综合大气指数对基线条件下的 $I_b$ 与有拟建项目的 $I$ 进行比较和评价。

③设经过治理后，拟建项目的污染物排放量为 $Q_t$，而环保部门规定的允许排放量为 $Q_{0t}$，则根据 $G_t = \frac{Q_t}{Q_{0t}}$对判断影响大小。如果 $G_t \leq 0$，表明影响不大；而 $G_t > 0$，表示影响大，应采取有效的削减措施。

（4）污染分担率（$K_{ij}$）判别法

一个拟建项目或一个评价区域往往有排放形式不同的多个污染源。在给定源强及相应气象参数的情况下，可根据源的类型选定扩散模型，按相应模型及选定的参数计算出各个源 $i$ 在每个控制点（或关心点）$j$ 上的浓度 $c_{ij}$因此，各源对控制点 $j$ 形成的总浓度为：

$$c_j = \sum_{j=1}^{n} c_{ij} \tag{8-39}$$

令：

$$K_{ij} = \frac{c_{ij}}{c_j} \tag{8-40}$$

由 $K_{ij}$可判断拟建项目影响的重大性。如果 $K_{ij} > 50\%$，可以认为影响重大。

为了使各控制点浓度 $c_j$ 不超过目标值（或环境标准），对源强就应有一定限制。当 $c_j$ 值超过目标值，就必须对拟建项目的源强在总量控制的条件下进行削减。

一个拟建项目造成的 $c_{ij}$ 值是与其项目选址和总图布置以及生产和工艺方案等密切相关的。

### （二）环境噪声影响评价

噪声影响评价就是解释和评估拟建项目造成的周围声环境预期变化的重大性。

1. 技术工作程序

噪声环境影响评价的技术工作程序见图 8-9。

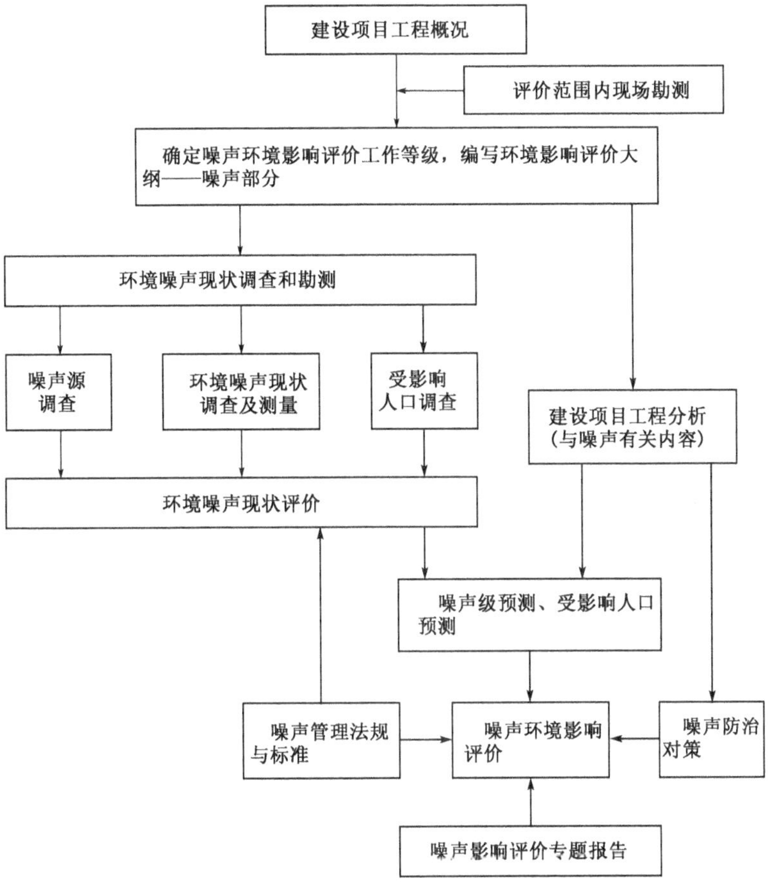


图 8-9　噪声环境影响评价技术工作程序

2. 基本内容

国内噪声影响评价的基本内容有六个方面。

(1)根据拟建项目多个方案的噪声预测结果和环境噪声评价标准,评述拟建项目各个方案在施工、运行阶段噪声的影响程度、影响范围和超标状况(以敏感区域或敏感点为主)。采用环境噪声影响指数对项目建设前和预期建设后的指数值进行比较,可以直观地判断影响的重大性。依据各个方案噪声影响的大小择优推荐。

(2)分析受噪声影响的人口分布(也包括受超标和不超标噪声影响的人口分布)。

可以通过以下两个途径估计评价范围内受噪声影响的人口:①城市规划部门提供的某区域规划人口数;②若无规划人口数,可以用现有人口数和当地人口增长率计算预测年限的人口数。

(3)分析拟建项目的噪声源和引起超标的主要噪声源及其主要原因。

(4)分析拟建项目的选址。设备布置和设备选型的合理性;分析建设项目设计中已有的噪声防治对策的适用性和效果。

(5)为了使拟建项目的噪声达标,评价必须提出需要增加的、适用于该项目的噪声防治对策,并分析其经济、技术的可行性。

(6)提出针对该拟建项的有关噪声污染管理、噪声监测和相关规划方面的建议。

**(三)水环境影响评价**

水环境影响评价是在工程分析和影响预测基础上,以法规、标准为依据,解释拟建项目引起水环境变化的重大性、同时辨识敏感对象对污染物排放的反应;对拟建项目的生产工艺、水污染防治与废水排放方案等提出意见。提出避免、消除和减少水体影响的措施、对策建议,最后做出评价结论。

1.评价工程程序

水环境影响评价的工作程序见图8-10。

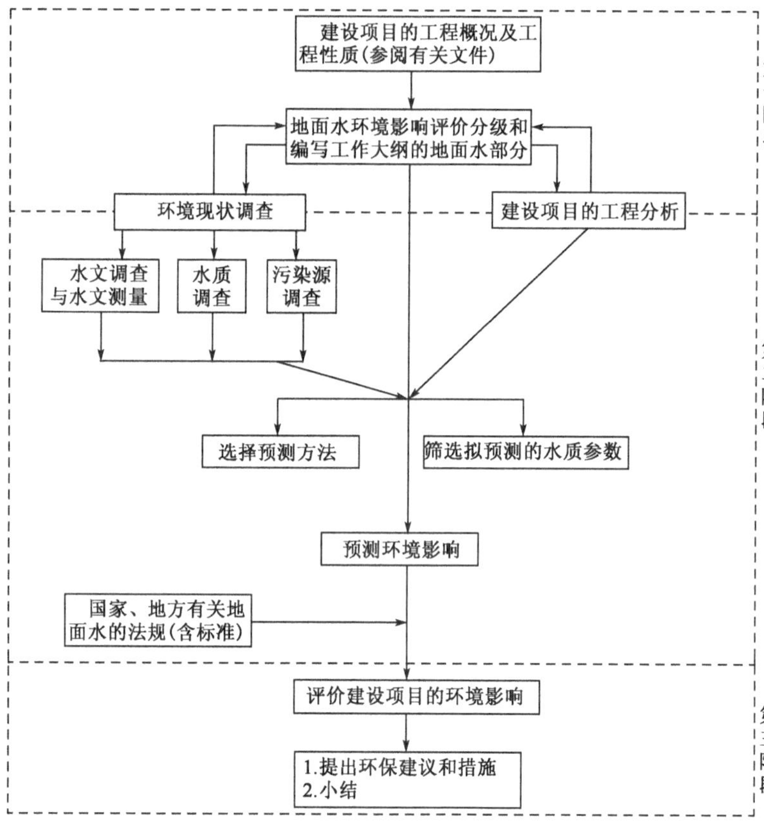


图8-10 水环境影响评价的工作程序

2.水环境影响评价要求

(1)评价重点和依据的资料

①所有预测点和所有预测的水质参数均应进行各建设阶段和运行生产阶段不同情况的环境影响重大性的评价,但应抓住重点。空间方面,水文(或水文地质)要素和水质急剧变化处、水域功能改变处、取水口附近等应作为重点,水质方面,影响较重的水质参数应作为重点。多项水质参数综合评价的方法和评价的水质参数应与环境现状综合评价相对应。

②进行评价的水质参数浓度应是其预测的浓度与基线浓度之和。

③了解水域的功能,包括现状的功能和规划功能。

④评价建设项目的地面水环境影响所采用的水质标准应与环境现状评价相同流时应由环保部门规定功能,并据以选择标准,进行评价。

⑤向已超标的水体排污时,应结合环境规划酌情处理或由环保部门事先规定排污要求。

(2)自净利用系数法

规划中的几个拟建项目在一定时期(如5年)内兴建并且向同一地面水环境排污的情况可以用自净利用指数法进行单项评价。其公式为:

$$P_{i,j}=\frac{c_{i,j}-c_{hi,j}}{\lambda(c_{i,ij}-c_{hi,j})} \tag{8-41}$$

式中:$P_{i,j}$——$i$污染物在$j$点的自净利用指数;

$c_{i,j}$——$i$污染物在$j$预测点的浓度(mg/L);

$c_{hi,j}$——河流上游i污染物的浓度(mg/L);

$\lambda$——自净能力允许利用率;

$c_{i,ij}$——$i$污染物的水质标准(mg/L)。

对位于地表水环境中$j$点的污染物$i$来说,自净能力允许利用率$\lambda$应根据当地水环境自净能力的大小、现在和将来的排污状况以及建设项目的重要性等因素决定,并应征得主管部门和有关单位同意。

DO的自净利用指数为:

$$P_{\mathrm{DO},j}=\frac{\mathrm{DO}_{hj}-\mathrm{DO}_j}{\lambda(\mathrm{DO}_{hj}-\mathrm{DO}_s)} \tag{8-42}$$

式中:$P_{\mathrm{DO},j}$——DO在$j$预测点的自净利用指数;

$\mathrm{DO}_{hj}$——河流在$j$点的DO现状值(mg/L);

$\mathrm{DO}_j$——$j$点的DO预测浓度(mg/L);

$\mathrm{DO}_s$——DO的标准(mg/L);

pH的自净利用指数为:

排入酸性物质时
$$P_{\mathrm{pH},j}=\frac{\mathrm{pH}_{hj}-\mathrm{pH}_j}{\lambda(\mathrm{pH}_{hj}-\mathrm{pH}_{sd})} \tag{8-43}$$

排入碱性物质时
$$P_{\mathrm{pH},j}=\frac{\mathrm{pH}_j-\mathrm{pH}_{hj}}{\lambda(\mathrm{pH}_{su}-\mathrm{pH}_{hj})} \tag{8-44}$$

式中:$P_{\mathrm{pH},j}$——pH在$j$点的自净利用指数;

$\mathrm{pH}_{hj}$——$j$点的pH的现状值;

$\mathrm{pH}_j$——$j$点的pH预测值;

$\mathrm{pH}_{sd}$——排入的酸性污染物pH标准值;

$\mathrm{pH}_{su}$——排入的碱性污染物pH标准值。

当$P_{i,j}\leqslant 1$时,说明污染物$i$在$j$点利用的自净能力没有超过允许的比例;否则说明超过允许利用的比例。这时$P_{i,j}$的值即为允许利用的倍数,表明影响是重大的。

## 五、环境风险评价

环境风险评价是20世纪70年代发展起来的一种环境评价方法。近年来很多发达国家对人类开发行动产生的环境影响均采用风险评价的方法,企图使评价结论更能反映实际,为环境管理部门能就社会效益和环境风险进行平衡、取舍,作出比较符合实际的决策提供科学依据。

由于交通运输业存在较大的风险性,特别是由于交通事故所带来的运输风险的影响,在交通建设项目的环境影响评价中环境风险评价不容忽视。

### （一）环境风险的概念

通俗地讲，风险就是发生不幸事件的概率。

环境风险是指由人类活动引起的，或由人类活动与自然界的运动过程共同作用造成的，通过环境介质传播的，能对人类社会及其生存、发展的基础——环境产生破坏、损失乃至毁灭性作用等不利后果的事件的发生概率。环境风险具有两个主要特点，即不确定性和危害性。不确定性是指人们对事件发生的时间、地点、强度等事先难以准确预料；危害性指事件的后果而言，具有风险的事件对其承受者会造成威胁，并且一旦事件发生，就会对风险的承受者造成损失或危害，包括对人身健康、经济财产、社会福利乃至生态系统等带来程度不同的危害。

环境风险广泛存在于人们的生产和其他活动之中，而且表现方式纷繁复杂。根据产生原因的差异，可以将环境风险分为化学风险、物理风险以及自然灾害引发的风险。

化学风险是指指人类、动物和植物能发生毒害或其他不利作用的化学物品的排放、泄漏，或者是易燃易爆材料的泄漏而引发的风险。

物理风险是指机械设备或机械结构的故障所引发的风险。

自然灾害引发的风险是指地震、火山、洪水、台风等自然灾害带来的化学性和物理性的风险，显然，自然灾害引发的风险具有综合的特点。

其中交通风险是指有害有毒化学物品、易燃易爆物品的运输过程中发生泄露、扩散等事故所造成的风险。

另外，也可以根据危害性事件的承受对象的差异，将风险分为三类，即人群风险、设施风险以及生态风险。人群风险是指因危害性事件而致人病、伤、死、残等损失的概率；设施风险是指危害性事件对人类社会的经济活动的依托——设施，如道路、桥梁、房屋等造成破坏的概率；生态风险是指危害性事件对生态系统中的某些要素或生态系统本身造成破坏的可能性，对生态系统的破坏作用可以是使某种群数量减少，乃至灭绝，导致生态系统的结构、功能发生异变。对于交通风险而言，人群风险和生态风险较容易发生，在风险评价中也是重点分析的内容。

### （二）环境风险评价的程序

环境风险评价，广义上讲是指对某建设项目的兴建、运转，或是区域开发行为所引发的或面临的灾害（包括自然灾害）对人体健康、社会经济发展、生态系统等所造成的风险，可能带来的损失进行评估，并以此进行管理和决策的过程。狭义上讲是指对有毒化学物质危害人体健康的可能程度进行概率估计，并提出减少环境风险的方案和决策。

人们已经逐渐认识到环境风险与人类社会的经济发展往往是联系在一起的。对于人类社会的经济发展所带来的或面临的不确定性，特别是一些重大的不确定性影响进行分析、预测和评价，有助于决策者作出更为科学的决策。同时，从人类社会的开发行为的效益和风险两方面考察人类的行为，也反映了人们认识范围的扩大和水平的提高。

环境风险评价包括三个紧密相连的步骤，即环境风险识别、环境风险估计以及环境风险对策和管理。

（1）环境风险识别又称为危险识别，是进行环境风险评价时的重要工作。这是因为，引起环境风险的因素很多，其后果严重程度也各不相同；同时环境系统中各个因素间又错综复杂。忽略或遗漏某些重要因素对于决策的科学化是很危险的；然而面面俱到地考虑每个因素又会使问题复杂化。环境风险识别就是根据因果分析的原则，用筛选、监控和诊断的方法。把环境系统中能给人类社会、生态系统带来风险的因素识别出来的过程。它将对有哪些环境风险应当考虑、引起这些环境风险的主要原因是什么等问题作出回答。环境风险识别是整个评价过程的基础。

(2)环境风险估计或称环境风险度量，是指对环境风险的大小以及事件的后果(包括事件涉及的时空范围、强度等)进行量测。在环境风险识别中已回答了要遇到的风险及引发的因素是什么，在环境风险估计时就应回答这个风险有多大，给出事件发生的概率以及其后果的性质。在回答这个问题之前，必须先确定风险事件危害的范围，分析环境风险的途径。确定环境风险的危害范围，应该从空间和时间两方面考虑。比如，在大多数环境风险评价中，从空间来讲有国界就足够了。例如某种有毒物质进口，在进口国的环境风险评价过程中空间范围将限于码头以及国内运输的途径，而不必去考虑出口国家加工以及在公海中运输的风险。另一方面，某些污染物有重大的区域性或全球性影响，空间范围的边界就应适当放宽。时间范围的限定对评价也很重要，比如难降解的有毒重金属物质在环境中的积累和富积，将造成潜在的重大风险。分析环境风险的途径是考虑初始事件对人类健康造成最终影响之间的联系。这种联系的途径一般包括：

①气、水、土壤和食物；

②人通过皮肤接触、咽下或吸入有害物质。

环境风险估计常常采用定量化的方式估计不利事件发生的概率以及造成后果的严重程度来表示，如用单位时间内不希望出现的后果或某种损失超过正常值或背景值的增量来表示。

(3)环境风险决策和管理是指根据风险分析、评估的结果，结合风险事件的承受者的承受能力，确定风险是否可以被接受，并根据具体情况采取减小风险的措施和行动，如工程技术措施等。

在环境风险管理和环境风险识别之间存在一个反馈环，这表明环境风险评价是一个动态过程，是一个可以迭代的过程。初始阶段可能把环境风险范围限定得相当小，在风险管理、决策阶段，便可修正系统边界以及风险表达式。

环境风险评价与环境影响评价又有一定的联系，环境风险评价不是一个分离的、孤立的评价，它是在环境影响评价确定了某些重大的危险因素的基础上，所作的进一步的分析。

**(三)环境风险识别**

环境风险识别是指运用因果分析的原则，采用一定的方法(筛选、监控、诊断等)从纷繁复杂的环境系统中找出具有风险的因素的过程。环境风险识别是环境风险评价的首要步骤。它主要回答以下问题：

(1)有哪些风险是重大的，并需要进行评价？

(2)引起这些风险的主要因素是什么？

常用于环境风险识别的法有许多，有些既可用于环境风险识别，又可用于环境质量预测等。在此主要介绍情景分析法。

情景分析方法是一种能帮助识别关键因素的方法。其研究的重点是：当某种能够引起环境风险的因素发生变化时，会有什么危险发生？对整个工程项目又会产生什么作用？这正如电影上一幕又一幕的场景，供人们进行研究和比较。情景分析方法常用于以下几种情况：

(1)提醒决策者注意某种措施可能引发的风险或危害性后果；

(2)提供需要进行监控的风险的范围；

(3)研究某些关键性因素对环境以及未来的影响；

(4)处理各种相互矛盾的情形。

作为情景分析方法的具体应用、筛选、监测和诊断常常用于环境风险识别之中。筛选是用某种程序将具有潜在性的危险的产品、过程和现象进行分类选择的风险识别过程；监测是对应于某种危险及其后果，对产品过程和现象进行观测、记录和分析的过程；而诊断则是根据症状或其后果，找出可疑的起因，并进行仔细分析和检查。筛选、监测和诊断是紧密相连的，它们分别从不同的侧面进行环境风险的识别。

1. 筛选

建设项目的环境风险的筛选是指找出项目具有哪些可能的危害，需要进行什么类型的风险评价。一般说来，根据建设项目可能存在的环境影响，可以把建设项目分为需要进行环境风险评价的项目和不需要进行环境风险评价的项目两类。对于前者，首先进行初步筛选，其目的是为了挑选出那些需要做环境风险评价的项目，然后再进一步作化学风险筛选和物理性风险筛选。物理性风险的筛选主要包括：交通风险、水库和大坝项目中的洪水风险、自然灾害引发的环境风险等。

2. 监测

尽管人们提出了越来越多的有助于筛选的方案，但人们仍然非常注意运用监测这一手段。这里所说的监测是指事故性监测，它不同于研究性监测和监视性监测。它的特定目的是将监测技术用于建设项目和大型设备中的事故、危险等的识别。

监测是一个极其复杂的过程。为了正确描述各危险因素，首先应使监测记录或数据具有一时间上和空间上的代表性。科学地布置观测采样点、确定适当的采样频率是保证监测结果具有代表性的关键；其次应根据优先监测原则，确定优先监测的因素，即确定那些危害严重，而且出现频率高的因素。具体地说，优先监测的因素如下：

(1)对环境和人体健康危害极大的污染物；

(2)已有可靠方法并能获得准确数据的污染物；

(3)对环境和人体健康的影响具有一定局限的污染物。

监测技术有许多类型，目前使用较多的是化学、物理监测和生物监测。根据建设项目的性质，可采用一种或几种监测方法。

不论采取自动、连续监测，还是采用简易、快速的监测手段，都必须保证监测过程的准确性和良好的监测质量，这是由环境风险的不确定性决定的。

3. 诊断

诊断是依据因果关系，从不利事件的后果中分析产生不利事件的原因。

目前经常使用的化学性风险筛选过程实际上是一种诊断的筛选方式。由于某些化学物品所造成的后果是比较明确的，有些手册给出了有毒有害化学品清单。只要根据手册中给出的阈值，就可以将某些产生环境风险的因素筛选出来。

诊断作为环境风险识别的一种方式，在环境风险管理过程中也是很有用的。依据风险可能造成的后果，查找产生的原因、制订减缓风险的措施。

### (四)环境风险评价的内容与范围

环境风险的可接受性，除了表现人的心理因素外，还表现风险所涉及到的时空范围。环境风险评价的深度和广度要依据可接受性的程度来确定。

1. 风险评价的边界

一般从以下六个方面来考虑确定。

(1) 根据引起不利的危害事件的类型来确定。危害事件的类型有项目正常运行引起的不利事件;项目非正常状态下的事故;自然灾害等外界因素对工程项目的破坏而引发的危害事件。

(2) 根据接受风险的人群来判断特殊敏感人群。

(3) 根据工程材料流程的不同阶段来确定。因为有些危险物品除在其自身建筑边界附近会引起风险外,还会因另一些有关的行动引起风险,如原材料阶段、基本生产阶段、深加工阶段、存储阶段、运输阶段、产品使用阶段和废物处理阶段。

(4) 根据评价的地理边界来确定。一个建设项目的材料流程可以延伸到距场址很远的地方,甚至跨越国界。因此适当的确定评价的地理边界是很重要的。

(5) 根据项目进行的不同阶段来确定。包括规划、施工、调试、运营、保养等阶段。前苏联切尔诺贝利核电站事故就是发生在调试阶段。

(6) 根据风险存在的可能时间来确定。有些建设项目产生的有毒材料被认为在环境中能无限循环下去。因此,若把评价时间范围仅限在使用期内是不合理的。另外,还应注意采用什么样的风险评价指标等。

2. 风险评价的深度

根据环境风险的可接受程度和环境风险管理的不同要求可以分为微观性、系统性和宏观性风险评价。

(1) 微观性风险评价是针对建设项目产生的一种或几种污染物的风险评价。典型的例子是美国国家环保局采用的方式,经常以化学品致癌表示风险。虽然微观性风险评价有一定局限性,但可以提供许多可靠的数据资料。

(2) 系统性风险评价是考虑一系列行为以及不同阶段的不同风险。一般通过系统性风险评价可以获得较全面的结论。

(3) 宏观性风险评价是在经济一社会领域中所出现的风险均在一个一系统中,它能在某一些方面引起风险,而在另一些方面能降低风险。

## 复习思考题

1. 什么是环境、环境质量和环境评价?
2. 你如何理解环境评价的价值?
3. 简述环境影响评价的工作程序?
4. 什么是环境标准? 环境标准如何分类?
5. 环境质量标准与环境基准有何区别?
6. 环境质量的综合评价方法有哪些? 应用中注意哪些问题?
7. 什么是风险,环境风险有何特点?
8. 环境风险评价包括哪几个阶段,每个阶段的主要内容是什么?
9. 一般可采用什么手段来识别风险及其危害?

# 第九章　交通环境与可持续发展

## 第一节　可持续发展概论

### 一、可持续发展问题的提出

1987年世界环境与发展委员会(WCED)向联合国提交了一份著名报告,叫做《我们共同的未来》,首次提出"可持续发展"的概念,并给出了可持续发展的定义:"所谓可持续发展是指既满足当代人的需要,又不损害子孙后代满足其需求能力的发展"。

1992年6月,联合国在巴西里约热内卢召开了环境与发展大会,首次提出了"可持续发展"的战略目标。这次会议是国际社会在环境与发展领域的一次重大行动,有102位国家元首和政府首脑到会。国务院时任总理李鹏代表中国政府在会议上作出了履行《21世纪议程》等文件的承诺。会议通过了《21世纪议程》等文件,并要求各国政府根据本国情况,制订各自的可持续发展战略、计划和对策。

2002年8月26日至9月4日,联合国在南非约翰内斯堡召开可持续发展世界首脑会议,这是继1992年里约环境与发展大会之后,进一步推动全球环境保护,实现人类可持续发展的第二届全球"高峰会议",举世瞩目,影响空前。国务院时任总理朱镕基出席了会议,并代表中国政府发言,向世界宣告了中国坚定不移地走可持续发展道路的决心。

约翰内斯堡会议最后通过了两份重要文件——《执行计划》和作为政治宣言的《约翰内斯堡可持续发展承诺》。从目前各国推行可持续发展战略的实际情况看,发展水平不同的国家,其贯彻可持续发展的侧重点和追求的目标均不一样,但是他们在设立机构、制定政策等方面都取得了相当的进展,在执行可持续发展的法律法规、公众参与等方面也做出了积极努力。

中国是一个发展中国家,众多的人口给中国的生态环境带来了巨大的压力。特殊的国情决定了中国环境问题的复杂性以及解决问题的艰巨性。但中国作为一个幅员辽阔的国家,深知自己在保护全球环境工作中的责任和作用,长期以来,在推进可持续发展方面做出了不懈的努力。我国领导人特别重视环境与可持续发展。

1992年里约环境与发展大会之后,中国政府就立即开始行动,在一个月内就提出了《中国环境与发展十大对策》,明确宣布实施可持续发展战略。同年7月,中国政府着手编制《中国21世纪议程》,并于1994年3月由国务院正式发布实施。"九五"计划首次将可持续发展战略同科教兴国战略并列为国家的两项基本战略,并以这两项战略来推进国家现代化建设。国家还十分重视可持续发展法律体系的建设。截至2001年底,国家制定和完善环境保护法律6部、资源管理法律13部。同时,国务院制定颁布了有关环境与资源方面的行政法规30余部。为了保证可持续发展战略的顺利实施,全面贯彻"预防为主"的原则,2002年10月28日,中华人民共和国第九届全国人民代表大会常务委员会第三十次会议,通过了《中华人民共和国环境影响评价法》,该法是我国环保史上一部里程碑式的大法。

由以上可以看出,可持续发展在我国已经受到了高度的重视。初步形成了适合社会主义市场经济的环境与资源保护法律体系框架,使中国可持续发展战略的实施逐步走向法制化、制度化和科学化的轨道。

## 二、可持续发展的主要内涵

可持续发展是一个包括了经济、社会与环境等因素及其相互作用在内的新概念。这一概念由世界环境与发展委员会于 1987 年在《我们的共同未来》中首次提出,在报告中,“可持续发展”被定义为“既满足当代人需要,又不对后代人满足其需要的能力构成危害的发展”。可持续发展战略体现了人口、资源、环境、经济、社会必须协调发展的思想,是人类对于人与自然的关系以及自身经济行为的认识的飞跃(图 9-1)。

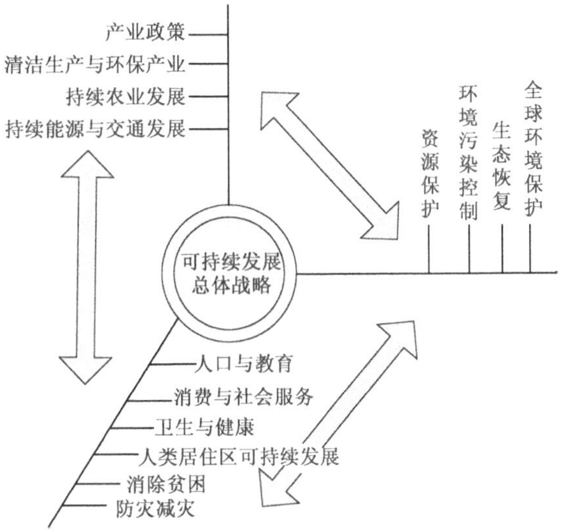


图 9-1 可持续发展总体战略图

从可持续发展的概念提出至今,已有国内外大量学者对可持续发展的内涵做出仁者见仁,智者见智的理解与阐述,其中甘师俊在《可持续发展——跨世纪的选择》一书中,从五个方面概括了对可持续发展的认识,他的认识基本代表了我国对可持续发展内涵的理解。这五点内容主要是:①可持续发展的核心是发展。②可持续发展的重要标志是资源的永续利用和良好的生态环境。③可持续发展是要求既考虑当前发展的需要,又要考虑未来发展的需要,不以牺牲后代人的利益为代价来满足当代人利益的发展。④实施可持续发展战略的关键在于综合决策机制和管理机制的改善。⑤实施可持续发展的最深厚根源在于民众之中。

## 三、可持续发展的原则

1992 年的世界首脑会议提出的《里约环境与发展宣言》中阐述了可持续发展的 27 条原则,综合的叙述了可持续发展的概念,可持续发展中的社会,经济与环境发展要求及国家、团体、个人、自然之间的相互关系。根据《里约环境与发展宣言》中的原则,我们可以概括出可持续发展的以下四项原则。

### 1. 发展原则

根据可持续发展的含义,这一原则包括两个部分。第一,它强调发展的必要性,认为发展是可持续发展的核心,必须通过发展以提高当代人的福利水平,那种认为我们必须停止经济发展以保护环境的观点是不可取的，相反，我们应坚定，发展是硬道理，同时，发展必须是可持续的观点。第二，我们在追求经济发展时必须具有长远观点，既要考虑当前发展的需要，又要考虑未来发展的需要。要考虑发展的后劲，不能以牺牲未来发展能力为代价换取一时的高速度；不以牺牲后代人的利益来满足当代人的发展。这既是可持续发展的一般原则，也是实现我国现代化，避免发展中途夭折的必要条件。

2. 协调性原则

经济和社会发展不能超越资源和环境的承载能力。适当投资于自然资本，投资于自然资源的保护和改善，以扩大资源和环境的承载能力是经济和社会发展的内在要求。我国人口众多，人均耕地资源、水资源、矿产资源以及森林覆盖率等方面均远低于世界平均水平，资源和环境对经济社会发展的制约明显。着眼于21世纪的发展，我们必须在现实的经济发展和提高资源承载力之间合理配置资源，适当投入资金来维护自然资源。投资于资源勘察、环境整治，以及旨在防止自然资源的枯竭和减少的技术创新等项活动。对于技术创新的投资有助于增加可资利用自然资源。这是因为，在不同技术水平条件下能够用于经济活动的自然资源是随着技术水平的提高而相应增加的。

3. 质量原则

可持续发展强调经济发展的质，而不仅仅是经济增长的量。这正是我国政府最近反复强调的“积极促进经济增长方式的根本转变”的关键所在。可持续发展应该是不单纯依靠扩大资源投入和消费增加来增大经济的总量，而要以尽可能低的资源代价达到提高人民生活质量的目的。在传统的经济发展模式中，环境保护被看作是发展的制约。而在可持续发展的概念下，生产过程及其产品对环境的影响程度与产品的耐久性、功能、可靠性等质量要素一样，被看作经济发展的质的一个重要方面。可持续发展还要求创造产业的竞争力，提高经济运行的效率。从长期看，要使全球人口都达到发达国家目前的健康水平和物质资料的丰富程度，各种经济活动就必须更加有效，单位经济增长所消耗的能源和原材料就应当更少，产生的废弃物更少，从而达到最佳的生态效益。

4. 公平性原则

这里的公平包括本代人之间的公平，代际公平，资源利用方面和发展机会的公平等方面。从国内来看，使广大民众在发展中普遍受益，改善低收入阶层的物质文化生活状况既是发展的目的，也是保证足够动力，拓宽发展空间的要求。从国际范围来看，坚持发展中国家在资源利用方面和经济发展中的公平机会，既是发展中国家的利益所在，也是保持全球经济协调发展的必要基础。目前全球的贫富悬殊，两极分化的状况是不可持续的。因此，对于发展中国家来说应当把消除贫困作为最优先的领域，同时重视区域发展的均衡性和公平性，政府应当保护承受能力差的阶层，给予落后地区在政策上的支持，促进地区间的协调发展。

综上所述，可持续发展的核心是发展，尤其是对发展中国家而言更是如此。可持续发展不仅重视发展的数量，更强调发展的质量。在经济发展过程中，对于资源的开发与环境的利用中，更要强调可持续，不能涸泽而渔。

## 四、可持续发展的基本理论

可持续发展是一门综合性很强的学科，包括了环境科学、自然科学、社会科学以及工程技术等，涉及资源、环境、社会、经济及人口诸方面学科领域在内。国家，地区和城市等区域可持续发展理论包括人地系统理论、环境承载力理论、可持续发展的生态学理论、可持续发展增长的极限理论、生态经济学理论、环境经济学理论、知识经济理论、全球性与开放性理论和三种生产力理论等。现选择其中基本理论，作一简单介绍。

1. 人地系统理论

可持续发展的主要研究对象是人与自然与地球之间的关系，即人地系统问题。它是属于地球系统科学的一个领域。人地系统理论，是可持续发展的核心理论。

所谓人地系统理论，是指人类社会是地球系统的一个组成部分，是生物圈的重要组成，是地球系统的主要子系统。它是由地球系统所产生的，同时又与地球系统的各个子系统之间存在相互联系、相互制约、相互影响的密切关系。人类社会的一切活动，包括经济活动，均受到地球系统的气候（大气圈）、水文与海洋（水圈）、土地与矿产资源（岩石圈）及生物资源（生物圈）的影响，地球系统是人类赖以生存和社会经济可持续发展的物质基础和必要条件；而人类社会和经济活动，又直接或间接的影响了大气圈（大气污染、温室效应、臭氧层），岩石圈（矿产资源的枯竭、沙漠化、土地资源的破坏等）及生物圈（森林遭砍伐，物种消失）的状态，其中包括建设作用和破坏作用，但目前以破坏作用为主。

2. 可持续发展的生态学理论

该理论包括以下内容：

生态系统的整体性，包括一定地理区域范围内物理的，社会的和文化的特征。生态系统作为一个整体，具有保持其结构组织能力，或维持自我组织的能力。在正常环境条件下，能保持其最佳状态，维持生态系统的健康和平衡，在受到一定压力后，生态系统仍能在一定程度上保持原来的有序状态。

对于生态可持续性，要求可持续发展遵循生态学三定律：

(1)高效原理，即能源的高效利用和废弃物的循环再生产；

(2)和谐原理，即系统中各组成部分之间的和睦共生，协同进化；

(3)自我调节原理，即协同的演化着眼于其内部自组织的自我调节功能的完善和持续性，而不是外部的控制或结构的单纯增长。

控制持续发展速度变化的基础变量有两大类：

(1)生态基础变量：包括生物生产力、生物多样性、土壤、淡水、大气、海洋。

(2)人类愿望基础变量：包括事务、水、健康、住房、燃料、文化凝聚力和多样性。

以上两者相互作用，相互反馈，他们的数量或水平决定着整个生态系统的持续性或不可持续的变化，并表现为人类社会发展的停滞或发展。

3. 可持续发展增长的极限理论

该理论是可持续发展的基础理论。增长的极限理论认为：

(1)随着社会经济的发展，人口增长会自动降低，到2050年，世界人口将趋向于稳定。但人口消费品在不断地增加，生活水平不断上升，其结果与人口不断增长的消耗效果相当。

(2)资源都是有限的，因此资源日渐短缺，虽然科技不断进步，新资源、新能源不断出现，但获取资源的难度越来越大，科技进步速度赶不上要求消费速度的增加。同时，科技进步往往造成部分人失业，贫富差别悬殊，引起社会不稳定，影响工农业生产。

(3)环境日益恶化的趋势不可轻视，尽管科技进步可以减轻污染，产品的单元污染量可能减少，但由于生产总数在增加，所以污染总量不会减少，甚至仍呈增长趋势。

(4)人口的增长停滞，使劳动力增长亦停滞，科技进步虽然促进了生产力的发展，但增长速率仍赶不上资源减少和污染增加的速率。

4. 环境承载力理论

地球环境的承载力，包括人口承载力和自组织能力，同时自组织能力又包括对环境破坏的自我恢复能力和对污染的自净能力等，这些都是与可持续发展密切相关的。

(1)环境的人口承载力：地球上有些地方适合人类生存，但约有 25% ~30% 的陆地面积不适合人类生存，在这些不适合人类生存的地方，人口承载力很低。

(2)环境的自我恢复能力：自然界，尤其是植物，具有自我恢复的能力，不同地区的不同植被具有不同的自我恢复能力。但这个自组织能力是有限的，人类对环境的破坏强度一定不能超过其自我恢复能力。

(3)污染自净能力：自然界，尤其是大气、水体、土壤等对污染具有一定的自净能力，这也是一种自组织能力。不同对象具有不同的资金能力或自组织能力，当前要建设，要发展经济，必然会产生一定污染，但污染的强度不能超过承受体的自净能力。

## 第二节　环境保护与可持续发展

### 一、资源问题与可持续发展

资源包括能源、水资源、工业资源(即矿物资源)、土地资源、生物资源、森林资源等。全球生态系统，在向人类提供生存与发展资源的同时，也在不断的再生(如森林资源的生长，动物的繁衍等)和自我修复(如江河的自净化)。但地球资源的再生能力与自我修复能力是有限的，人们对自然资源的利用与改造总会造成自然界的变动乃至缺损。但只有不超过地球的再生能力与自我修复能力，人类的生存才能得以延续。

但是，实际上人类活动已完全超出了这个范围。20 世纪以来，大工业的发展更把人类对自然的改造与利用扩展到空前的范围，引起了资源短缺、森林破坏、耕地减少、土地沙漠化、生物物种灭绝和环境污染等一系列问题。尤其是世界人口的增加，已经超过自然资源的再生速度，造成水资源过度利用，能源供应紧张，森林资源砍伐严重等一系列问题。自然资源的日趋耗竭与环境破坏使得为可持续发展提供物质基础的自然资源的数量和质量都在不断下降。

为了协调人与自然的关系，保障人类自身的持续性发展，曾有生态学家认为可持续发展是“自然资源及其开发利用之间的平衡”。为此，要求经济发展与环境保护并重。“在保持自然资源的质量及其提供服务的前提下，使经济发展的净利益达到最大”。要实现具有可持续意义上的经济增长，就必须改进资源开发方式和使用方式。在目前情况下，人们应在地球环境资源再生与自我调节能力范围内，对物质生活丰富有必要划定一个限度，使将来世代公平地共享地球资源，对于有限资源，在其再生能力许可的范围内，对他正确的分配使用，应将生产方式与生活水平向着保护地球资源的方向转化，与地球共生存。除此之外，人类应利用高新技术开发新能源，提高能源利用效率，改善能源管理。

在交通系统中，提高工程质量，改善道路条件，加强交通管理，以及对车辆实行节能技术处理，采用新型节能环保车辆等，均可以节省大量能源。同时，改变传统的粗放型经济增长方式，使之向集约型发展，实现废弃物减量化、资源化和无害化，减少单位经济所产生的环境压力。

总之，可持续发展已不是传统意义上的以牺牲环境和资源为代价的发展，从科技角度讲，“可持续发展就是转向更清洁，更有效的技术——尽可能接近零排放或密闭式工艺方法——尽可能减少能源和其他自然资源的消耗。”

## 二、环境问题与可持续发展

环境指大气、水、土地、矿藏、森林、草原、野生生物、水生生物、名胜古迹、风景游览区、温泉、疗养区、自然保护区、生活居住区等与人类关系最密切的生存条件。环境问题按其产生根源来划分，可以分为两类：首先是由自然力作用引起的原生环境问题，称为第一环境问题，主要指地震、海啸、洪涝、飓风、火山爆发等自然灾害问题。其次是由人类活动引起的次生环境问题，也称第二环境问题，它又分为环境污染和生态破坏两类。第一环境问题的形成主要是自然力作用的结果，是不以人类的意志为转移的，但是，人为作用可以加速或延缓，加重或减轻灾害的发生。第二环境问题的实质在于人类经济活动作用于自然环境，使环境的构成或状态发生了不可修复的变化，导致环境质量下降，自然生态系统遭到破坏。

可持续发展思想的提出，正是源于人们对环境问题的逐步认识和强烈关注。其产生的背景是人类赖以生存和发展的环境和资源遭到越来越强烈的破坏，大气污染、全球变暖、海平面上升、臭氧层缺失、生物多样性锐减、酸雨等严重而普遍的问题困扰着世界各国，并将危及人类今后的生存与展。环境问题绝对不是孤立的，它与人类经济和社会活动密切相关，需要把环境保护同经济增长与发展的要求结合起来，在发展进程中加以解决。

以 1992 年联合国环境和发展大会为标志，世界各国达成共识，否定了传统的以“高投入，高消耗，高污染”为标志的生产和消费模式，接受可持续发展的观点，提高了对环境问题认识的广度和深度，把环境问题与经济、社会发展结合起来，树立了环境与发展相互协调的观点，找到了在发展中解决环境问题的正确道路——可持续发展战略（图 9-2）。

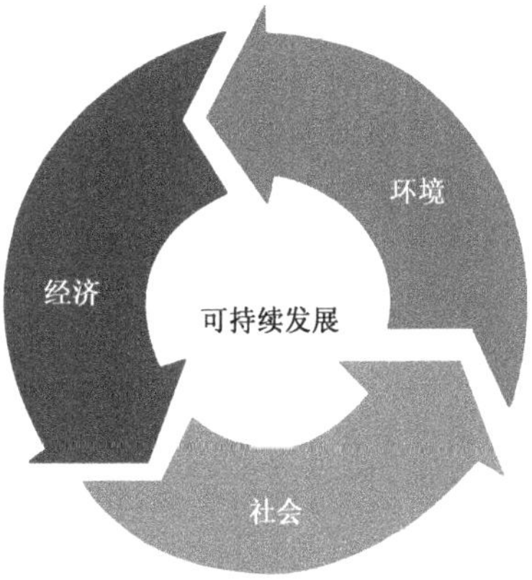

图 9-2　可持续发展示意图

环境保护需要经济发展所能提供的资金和技术，环境保护的好坏也是衡量发展质量的指标之一；经济发展离不开环境和资源的支持，发展的可持续性取决于环境和资源的可持续性。因此，必须在发展经济的过程中做好环境保护工作，走可持续发展的道路，离开了环境保护，可持续发展就是空谈。

中国是一个发展中国家，人口基数过大，经济发展面临着人均资源远远低于世界平均水平的约束条件，我们在环境保护的政策上，既不能走发达国家“先污染，后治理”的老路，也不能放慢经济发展速度，一味强调环境保护。诚然，可持续发展是一种与环境保护密切相关的发展战略和模式，但是不能无限延伸环境保护的概念与范围。中国经济建设的成果是环境保护事业的物质基础，能量基础和技术基础；同时，只有整个社会生活水准提高了，人们对环境质量的要求才会变得更加迫切，更加深刻和自觉。从这一基本理念出发，结合中国的实际，把可持续发展作为一种全新的社会发展观，努力寻求“人与自然”之间的平衡，充分协调经济发展与环境之间的关系，应是整个国家的战略目标。

## 三、交通运输与可持续发展

交通运输业是国民经济的重要组成部分，它既满足工农业生产和人民生活的需求，也对联系城市和乡村，巩固国防与社会安定，促进地区和民族之间的文化和信息交流有着极为重要的作用。现代化的交通运输业包括铁路、公路、水运、航空和管道五种基本的运输方式。

随着社会和经济的发展,对交通运输的需求越来越高,人们出行强度增加,活动范围日益扩大,客货平均运距逐年增加。同时,伴随着工业现代化进程和世界范围产业结构调整以及全球经济一体化趋势的增强,都将使客货运量大幅增加。总之,交通运输行业已经成为各个国家正常运行的命脉。

但是,人类在日益关注交通运输对社会发展所起的积极作用的同时,也看到了交通运输业对环境所带来的巨大负面影响。在交通设施的建设阶段,由于其自身所具有的路线长,规模大的特点,消耗了大量的不可再生资源、土地和能源。我国人多地少,能源后备严重不足,随着地面交通运输的发展,交通系统的用地与能源消耗比重也日趋增加。而且,交通运输线路的选择与粗放式的建设方式,对于自然生态环境的破坏和建筑材料的浪费都是不容忽视的因素。在交通运输系统的运营阶段。从汽车、火车、飞机、船舶等运输工具排放出的 CO、$NO_x$、$SO_x$ 等有害物质,对人类的健康和生活环境造成严重危害。交通运输工具成为大气污染的重要源头;船舶的垃圾、漏油和港区的排污水随着水体的流动,迅速扩散、转移,其影响之大,危害之深,使得整个流域的生态环境遭到破坏,同时河水中的污染物还通过饮水、食物链及所灌溉的农产品危害到动物和人类的身体健康;交通振动与交通噪声也是影响人类特别是城市居民身心健康与日常生活的一大公害。此外,还有危险品运输事故产生的土壤污染,核动力运输工具造成的放射性辐照等也对人类的持续性发展造成严重威胁。

世界银行从 1996 年发表"可持续发展交通优先改革提案"以后,对传统的交通政策构思做了调整,并从经济金融的可持续发展,环境的可持续发展,社会的可持续发展三个角度来定义可持续发展的交通运输,其内涵应为在可持续发展观念、政策、经济、环境、社会和技术基础上,使交通运输需求、运输服务水平、能源消耗、环境保护、运输综合效益与社会经济发展之间相互协调的发展(图 9-3)。

可持续发展交通运输体系的具体要求有:①基础设施、运输、装备与运输管理的供给能力与经济发展及交通的需求相平衡。②有限资源的充分利用。③改变消费模式,减少交通对不可再生资源的消耗,开发替代资源,保持可持续发展。④最大限度地减少交通对自然环境和生态环境的破坏。⑤交通设施在全社会成员之间公平分配。

为了确保交通运输的可持续发展,首先应加强环境教育,强调可持续发展观念,使环境保护观念在交通行业深入人心,贯穿交通运输建设(包括选线、可研、设计和施工)和运营的始终。

其次,应加强交通运输规划。在交通规划时,必须处理好交通设施与自然环境之间的协调关系。可持续发展的绿色建筑在设计上更加追随自然,尽量避开自然环境保护地带,减少对具有自然价值的植物、野生动物等构成的自然生态系统的破坏;还应通过各种有效措施来控制和减少交通公害,如在城市力优先发展公共交通、合理布局道路系统、增加绿化等;除此之外,还应加强对交通资源开发和利用的规划管理,要进行深层次开发和综合性利用,减少交通资源的浪费。

再次,从可持续发展角度对现有的交通运输系统结构作出战略性调整,对系统各部分进行协调的比例分配,提高运输效率,建立以轨道运输为主导的综合运输体系。应迅速扭转目前已出现的汽车发展过热的问题,积极加大对轨道建设资金的投入。轨道在技术经济性能,运输效率,对资源能源消耗以及环境保护等方面具有优势。

总之,交通运输行业的环境保护工作已经逐步开展起来,很多地方在高等级公路的建设上已采用环境影响评价和环保设计。但由于交通运输线的建设和运营对环境的影响具有长期性和渐进性。加之,我们的经济基础较弱,对交通运输所带来的经济效益给予了更多关注。因此,实现交通可持续发展的目标还有待更进一步的努力。

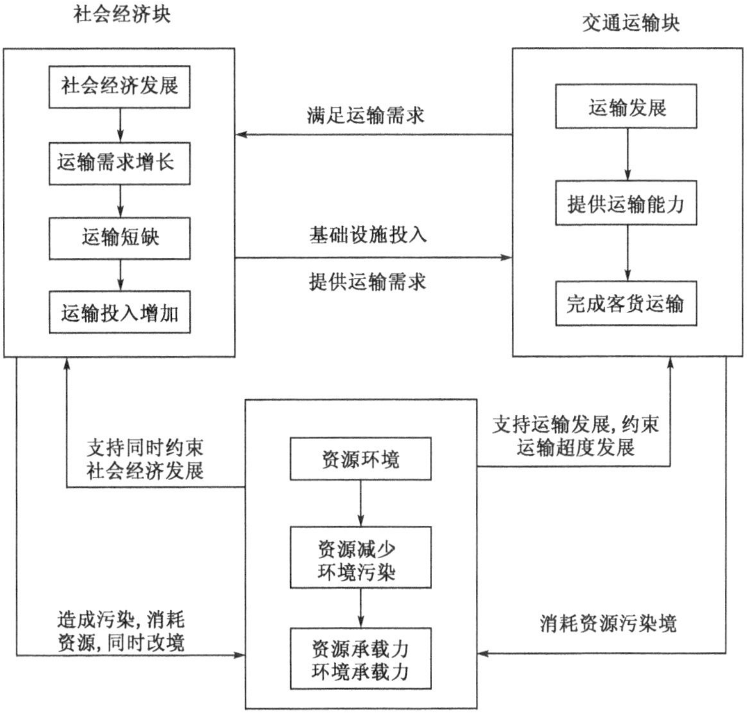


图 9-3　交通可持续发展运行框图

# 第三节　可持续发展评价与指标体系

## 一、可持续发展评价的目标和原则

1. 可持续发展评价的目标

可持续发展评价的目标是为了得到具体的可以进行观测,比较和分析的结果,对国家、区域或目标系统的可持续发展现状进行客观地定量评价,探讨国家、区域或目标系统的可持续发展潜力,从而为今后制定可持续发展战略提供理论基础和依据。

2. 可持续发展评价的原则

可持续发展评价的基本原则如下。

(1)区域系统的整体性原则:在区域系统的结构与功能的调整上,必须很好地体现出"整体大于部分之和"的基本要求。它意味着区域的持续发展要发挥出较好的整体效益,成为区域系统调控与优化的基本依据。与此同时,它还应当很好地表达出"等级有序"观念和"自组织能力"的水平。

(2)要素贡献的最小限制原则:由此出发去判定组成区域载荷能力与持续发展能力。这项原则是完成系统分析与系统优化的初始条件与边界条件,也是区域质量判定的基本依据。

(3)空间分布上的连续过渡原则:这是所有区域开发与评价时普遍遵从的一个基础原则。

它是由地球本身特性决定的。这个原则,普遍地制约着空间分布的格局。

(4)区域相似性与差异性互补原则:在系统中,在所规定的等级水平上,“无限的”差异性与相似性形成互为对立的一组事件,不存在完全相同的实体,相似性越高,差异性则越小,反之,若相似性越小,则差异性越高。二者之间的这种互补、对应的特性,在其等级水平发生变换时,也会同时有新的变动。该原则构成了一切区域比较、类型比较的分析基础。

(5)区域系统演进趋势的趋稳性原则:它特指系统的动态演化过程,具有某种自发趋稳的特性。只要外部输入中的“扰动”不超出允许的阈值范围,则该稳态在系统的自我调节下将得以保持。因此,系统的不稳态只是一种过渡的形式,它总是追寻自己的稳态。

(6)区域过程的振荡节律原则:区域过程随时间的变化是一种动态的随机行为,但是该随机行为的进一步分解,常常是某种节律、某种周期的叠加。这个原则保证了进行区域预测与模拟的现实性与可行性。

(7)要素功能的双向递减原则:任何一个作用于区域系统整体的要素,在某一点时若存在着某种最优值或最大(最小)值,离开这一点向上或向下,向左或向右,向前或向后这两个方向上,均表现出功能递减的特性。此原则的存在和应用,为求取系统整体优化,提供了理论上的答案和现实中的可能性。

## 二、可持续发展评价指标体系

关于可持续发展体系,至今尚没有公认的评价指标体系。根据目前已有的国内外权威单位提出的制定评价指标体系的原理,可持续发展的评价指标体系可以分为三类,第一类是关于全球可持续发展的评价指标体系,第二类是包括一个国家或地区的区域可持续发展指标体系,第三类是针对特定目标系统的可持续发展评价指标体系,包括农业可持续发展,城市可持续发展,交通可持续发展等。这里,我们主要讨论有关交通运输可持续发展的评价指标体系。交通运输可持续发展的评价指标体系,包括以下三个部分。

### 1. 技术性能指标

交通运输系统的技术性能指标反映系统的功能参数状况和对国民经济建设所需运量的满足程度,以及各种运输方式各自及相互之间的匹配程度。

(1)运输量

指系统的实际运输完成量,由货运量和周转量共同说明。其单位分别为t(人次)和t(人)km。为便于分析和统计,可将旅客运输量统一折算成货物运输量,得到总运输量为:

$$货运量=货运实物量+r\times客运量$$

$$周转量=货运周转量+r\times客运周转量$$

其中,$r$为客运人次数对货运吨位的转换当量系数。

(2)运输能力

运输能力指系统拥有的硬件设施所具有的运输量完成能力,包括以下三种:

①各种运输工具所具有的运输能力。

②各种运输线路所具有的运输能力。

③各种配套设备所具有的运输能力。

(3)运输质量

运输质量是对系统的运输作业完成效果好坏的一个评价指标。主要包括以下四个基本指标:

①安全性指标:安全性可用每万吨公里货物损失量和每万人次旅客伤亡率来反映。

②准时性指标:准时性一般可通过运输正点率来衡量。

③质量性指标:质量性指在运输过程中超出正常的自然损害率的人为造成货物损害的程度,可用单位时间运输纠纷索赔率来表示。

④数量性指标:数量性主要指系统对特殊运量需求的满足程度,用特殊运量需求完成率表示。

(4)配合程度

配合程度指通过合理配合,改善和加强运输网络功能,使各种运输方式结构合理化,科学化。运输配合程度包括以下两方面。

①运输方式自身匹配程度:指各种运输方式在运输工具、运输线路、配套设施三方面能力的匹配程度。

②运输方式之间的匹配程度:指各种运输方式在各自合理经济运距下完成运输量的状况,可用某种运输方式非经济运距运输周转量与该方式完成的总运输周转量之比表示。

(5)满足需求程度

满足需求程度指系统的运输能力分阶段对实际运输需求的满足程度,包括目前的满足程度和今后一段时期的满足程度,可用系统的运输能力与实际运输需求量或其预测量之比来表示。这个指标反映了各种运输方式满足需要状况及扩大运输能力的迫切程度。

2. 经济效益指标

经济效益指标反映交通运输系统拥有的经济量及其占有和消耗的劳动量与形成的有用成果之间的关系。

(1)资产拥有量

资产拥有量反映系统占用的物质手段,包括交通运输设备的规模,主要有以下三方面。

①运输工具资产数。

②运输线路资产数。

③配套设施资产数。

(2)运营成本

运营成本指系统在运营中的物化劳动和活劳动的消耗量。主要包括以下两方面。

①运营费用:包括工资、能耗、维修费、管理费等。

②折旧:指固定资产在运输生产过程中的损耗,可用每单位周转量平均折旧表示。

(3)运输收入

运输收入指系统获得各种资金回报的状况,可用以下三方面来反映。

①运营收入:主要为系统收取的运费,是运输完成量的价值形态,反映了满足运输需求的另一个侧面。

②利润率:指净利润与营运收入的比值,反映系统的盈利状况。

③内部收益率:内部收益率从动态的角度,以资金的时间价值出发,考察各种运输方式的运营效果,是进行行业评价和社会评价的重要指标。

3. 社会效益指标

社会效益指标从以下四个方面描述了交通运输系统与周围环境的关系。

(1)对经济发展的贡献

对经济发展的贡献主要从以下两方面来反映。

①对国民收入增长的贡献:按照每百元交通运输投资带来的国民收入增长量来计算。

②对科技发展的作用:指系统推动科技发展、促进运输设备制造业及相关工业发展的程度,具体较难量化,可用模糊评分法作量化处理。

(2)提高生活质量

系统在改善人民生活质量方面的作用可以从以下三个方面进行分析。

①方便性:指人们通过系统实现旅行和办理货运的便捷程度。

②经济性:指人们通过系统实现旅行和办理货运的花费程度,可以用单位里程票价反映。

③舒适性:指运输系统为旅客旅行提供安静、舒适、卫生的环境及周到服务的条件的状况。

方便性和舒适性需作模糊评分量化处理。

(3)资源利用

资源利用指系统在建设和运营作业中占用和消耗的各类资源的数量,从以下三方面来考虑。

①土地占用:系统在建设和运营作业中占用的土地量。用年单位周转量占用土地面积表示。

②能源消耗:指从建设到运营全过程中的直接能耗和间接能耗,用单位周转量耗用标准煤吨数表示。

③社会劳动消耗:用单位周转量占用劳动力数量来反映。

(4)环境与生态

环境与生态指标反映系统对环境和生态循环的影响,主要以噪声和三废排放量来表示。

①噪声:以系统产生的平均噪声分贝数表示。

②三废排放量:通过单位周转量所排放的三废量之和表示。

## 三、可持续发展的主要评价方法

1. 综合评价方法

目前在对交通发展的可持续性进行评判时,普遍采用的是模糊质量综合评判方法,其用于量度交通发展的可持续度、协调度,并最终得到综合评价意见。

2. 趋势预测方法

到目前为止,国内外提出的预测方法已经达到600多种。下面对预测方法作简单说明。

(1)约束外推法。此类预测方法大多用于时间序列的预测。此类比较常用的约束外推预测法有趋势外推法、移动平均法、指数平滑法等。

(2)模拟模型法。此类预测方法是根据“同态性原理”,比较常用的模拟模型预测法有回归分析与相关分析、最小二乘法、联立方程法、投入产出法等。

(3)类比方法。此方法是利用区域特点相类似的其他区域资料作为对比,说明该地区发展与环境问题。该方法是目前可持续发展评价中普遍采用的方法之一。

(4)目标决策方法。对区域发展进行多目标定性分析和多目标预测后确定应该采取的最佳对策方案。目标决策方法按其具体内容可以分为单目标决策方法和多目标决策方法。前者指根据单向要素的定性目标、定量目标值和有关指标标准,将预测结果与该标准进行比较和分析的评价方法;后者则根据多要素的定性目标、定量目标值和有关指标,将多种预测结果和多项标准进行比较和分析的评价方法。

(5)层次分析法。层次分析法简称AHP,又称为多层次权重分析决策法。是一种定性与定量分析相结合的决策方法,它能将决策者对复杂现象的决策思维过程系统化、模型化、数量化。

(6)指数平滑方法。指数平滑方法在一定程度上克服了上述层次分析的缺点,因而在某种程度上,可以说这两种方法是相互补充的。指数平滑方法用下式计算平滑值:平滑值 = $\alpha$(新数据) + $(1-\alpha)$(老数据),即平滑值是新老数据的加权组合。

(7)灰色系统分析方法。灰色系统理论是用于区域环境承载力的定量化方法。该方法在按一定的原则选定指标体系后,用灰色系统分析法分析指标间的灰色关联度,然后通过对灰色关联度进行排序,发现各指标对区域环境承载力的影响程度。

## 第四节　可持续发展的系统分析与评价

### 一、可持续发展系统

在可持续发展的有关文献中,"可持续发展体系"一词的常见表达形式为"人口—资源—环—发展系统"或"经济—资源—环境复合系统"或"人口—资源—环境—经济系统"等。简单地说,把以实现可持续发展作为目标的人类社会系统称为可持续发展系统,简称为 SDS。

可持续发展系统是由不同属性的子系统相互交织,相互作用,相互渗透而构成的具有特定结构和功能的开放的复杂系统。

SDS 包括人口、资源、环境、经济和社会五个要素,这是人类社会系统存在和发展的基本物质基础。在 SDS 中分别称为人口子系统(P)、资源子系统(R)、环境子系统(EN)、经济子系统(EC)和社会子系统(S)。因此,可以说 SDS 是人口、资源、环境、经济、社会五个子系统组成的相互关联,相互依存的统一整体。其中,人口子系统是 SDS 的主体,人口的数量和质量关系到整个区域的可持续发展;资源子系统是 SDS 的物质基础;环境子系统中的环境质量的好坏是可持续发展与非可持续发展的重要区别点;经济子系统是 SDS 的核心内容,其主要功能是保证物质商品的生产来满足人类的物质生活需要;实现社会的可持续发展是可持续发展的最高目标,社会子系统的质量是人口、资源、环境、经济子系统实现协调发展的关键,是实现可持续发展的保证。

SDS 中的每一个子系统都是多因素、多结构、多变量的系统,都包含着具有复杂关联关系的要素。各构成要素按一定方式相互依存或制约,决定着复杂系统 SDS 的运行过程和演进方向。

### 二、可持续发展的系统分析

系统分析过程是对客观世界进行认识、描述、模拟、评价和协调的过程。因为,可持续发展是公平性、持续性和协调性共同作用下的一种发展模式。因此可持续发展的系统分析包括了对可持续发展系统公平性、持续性、协调性三个目标的系统分析。

1. SDS 的公平性分析

公平性问题是可持续发展的核心问题。可持续发展的交通运输的公平性则强调社会所有成员公平地享受交通运输所产生的效益。可持续发展中的"公平"不仅仅是一个纯伦理学的概念,而且,具有环境,经济,资源等方面的实际意义。对其的理解和评价应该从时间,空间和内容三方面去把握。

(1)从时间上,公平性包括代际公平和代内公平。

(2)从空间上,公平性包括各人之间的公平、集团之间的公平和区域间的公平等。

(3)从内容上,公平性包括收入分配、资源消耗、权力、责任和义务等方面的公平。

在以上三维坐标下,可以组合出多个具体的公平性问题,这里主要分析代际公平和代内公平。

①代际公平性分析

代际公平主要涉及的是当代人与后代人之间的福利和资源分配问题。通过代际财富转移模型和代际财富的公平方程,可以充分说明代际公平问题。

代际财富转移模型:财富由上一代人向下一代人转移有两种基本形式:一种是由后代继承前一代的遗产,另一种是前一代对后一代抚养所花费的财富。同时,如果下一代对上一代进行了赡养,则有一部分财富进行了逆向转移。

代际财富的公平方程:对于人类发展过程中的每一代而言,当其接受的财富总和与其转移的财富总和相等时,则称人类各代之间是完全代际公平的;当其接受的财富总和大于转移的财富总和时,则这代人消耗了过多的财富,是代际不公的,若这种状况代代延续,可持续发展是无法实现的;当其接受的财富总和小于转移的财富总和时,则这代人转移出去的财富多于消耗的财富,若这种状况代代延续,财富有向后积累的趋势,当差额较大时,说明上一代人的发展受到了较大限制,同样是代际不公的。

②代内公平性分析

与可持续发展相联系的代内公平问题这里主要讨论自然资源使用的公平性和收入分配的公平性。

自然资源利用的公平性:当今世界,各国自然资源消耗极度悬殊。占全球人口26%的发达国家消耗的总能源、钢铁、矿物和纸张等资源却占全球消耗的80%,木材占40%。造成这种地区间自然资源分配不公的原因很多,其中不平等的贸易关系是主要原因。

除了不同国家的比较外,自然资源分配的公平性问题还存在于同一国家内部不同集团和不同群体之间。与农村居民相比,城市居民享受着较为优越的生活和生产条件,对很多资源的消耗远大于农村居民。另一方面,农村居民由于条件的限制又可能大量消耗某几种自然资源如柴薪等生物燃料。运用自然资源消耗的公平性模型可以判定自然资源利用的代内、代际公平性问题。

收入分配的公平性分析:从经济学角度分析研究社会成员收入分配的公平性问题。收入分配的不公平是造成贫富悬殊的根源。历经两百多年的西方工业文明,不仅创造了大量的财富和高度发达的科学技术,同时也带来了惊人的不公平和世界大多数人口的贫困落后状态。发达国家人均生产总值高达1.1万美元,而世界上有约2亿人的月平均收入在6~10美元之间。这是国家之间收入分配的不均衡和贫富差距,同时,在各个国家(包括中国)内部,也存在着严重的收入分配不公和贫富差距。有人拥有高档别墅和豪华轿车,也有人下岗待业,靠基本生活费度日。基尼系数是国际上通用的衡量贫富差距的宏观指标。

总之,从整体上来看,贫富差距日趋严重,这会造成社会不稳定,是实现可持续发展的主要障碍。因此,缩小贫富差距是可持续发展代内公平的主要目标。

2. SDS的持续性分析

持续性是SDS的时间维的发展目标。SDS的持续性是指系统能够维持正常运转和继续增长至无限的将来,而不会因为环境压力和扰动而被迫衰退的能力。持续性分析的理论基础是系统自组织演化理论，该理论认为一个开放系统要形成有序结构，其内部的相互作用必然是非线性的。因而，一般发展系统的演化过程用Logistic方程，也称为增长曲线模型来描述。由此而得的发展过程与发展速度曲线图如下（图9-4）。

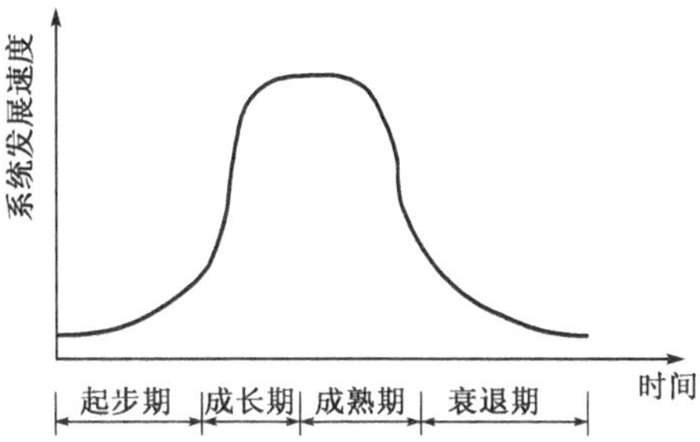


图9-4　系统发展过程和发展速度曲线图

实现SDS的持续性发展，可以有两种途径：一是基于模型本身参数的分析，通过延长系统发展的成长期和成熟期，使曲线进一步拓展，同时使系统尽量避免进入衰退期。二是对自组织过程进行系统调控，使系统发展过程呈螺旋式上升，即进入良性循环轨道。呈S形增长的发展曲线，是可持续发展的理想发展模式。

总之，复杂系统的演化总是确定性和不确定性的统一，在达到发展分岔点后，系统演化方向或是可持续的，或循环发展的，或停滞不前的，或倒退的。SDS的目标首先是发展的持续性，为此，SDS必须朝着有序，协同的方向演变。

3. SDS的协调性分析

交通运输系统可以看作是一些相互矛盾或相互制约的子系统组成，系统中存在利益冲突的多个独立个体或因素，也包含有对各个目标有不同评价标准的参与者，因此，需要进行系统协调。系统协调的基本思想是通过某种方法来组织和调控所研究的系统，寻求解决矛盾或冲突的方法，使系统从无序转换到有序，达到协同和和谐的目的。

交通运输系统由多个子系统集成为一个具有特定目标的总系统，各子系统之间势必相互关联，相互作用。若把子系统之间的这种关系定义为系统集成的“协调程度”，设 $F$ 为集成前各子系统的成效的总和，$W$ 为系统集成后的总成效，$S$ 为协调度，则可用“协调度”来定量分级表示。如表9-1所示。

**交通运输系统协调度分级表**　　表9-1

| 协调程度 | 负效应 | | 正效应 | | |
|---|---|---|---|---|---|
| | 对抗 | 制约 | 协调 | 协同 | 和谐 |
| 判据 | $W \ll F$ | $W < F$ | $W = F$ | $W > F$ | $W \gg F$ |
| 协调度 | -1 | (-1,0) | 0 | (0,1) | 1 |

当子系统之间相互矛盾、相互制约或相互推诿时，有 $W < F$ 甚至 $W \ll F$，这时系统称为制约级和对抗级；当子系统集成后所获得的总成效能维持原来的各成效总和时（$W = F$），称系统是协调的，说明子系统之间既未发生严重内耗，也未能相互推动，获取更多的成效，子系统之间尚能协调共存；当子系统集成后所获得的总成效超过原来各成效之和时（$W > F$），称系统是协同的，说明子系统之间能够相互激励，相互推动，从而获得更多的成效；当子系统集成后所获得的总成效大大超过了原来各成效的总和时（$W \gg F$），称系统是和谐的，说明子系统集成后总成效极佳。

可持续发展实现的手段是社会经济发展与人口、资源、环境相协调，因此，可持续发展与SDS发展协调性的关系体现了目的和手段的关系，协调就是为了保证实现可持续性目标，凡一切偏离目标的行为都应以协调为手段进行调节和控制。SDS的协调发展应包括子系统内部的协调发展和子系统之间的协调发展。

## 三、可持续发展系统状态评价模型

1. 模型评价思路和步骤

可持续发展系统状态可以用四种综合性评价指标来描述。一是各子系统的综合发展水平指标,二是 SDS 的发展持续性指标,三是 SDS 的发展协调性指标,四是 SDS 的发展公平性指标。

遵循多指标综合评价的思路(图 9-5),综合运用多种评价方法研究可持续发展系统状态评价的多层次,多指标评价模型。该模型重点体现了可持续发展的内涵(公平性评价暂不考虑),该模型的评价思路和评价步骤概括如下:

(1)选择评价指标,按子系统分类建立指标体系。

(2)收集指标数据并进行标准化处理,处理结果为原始数据标准化后的数据向量。

(3)按所选择的多指标综合评价方法对子系统发展水平、发展持续性、发展协调性进行评价。

(4)在子系统评价的基础上对整个系统的综合发展、发展的持续性和发展的协调性作出评价(分别用“综合发展水平值”、“发展持续度”和“状态协调度”度量)。

(5)综合上述结果作出整个系统的可持续发展状态水平的评价结论。

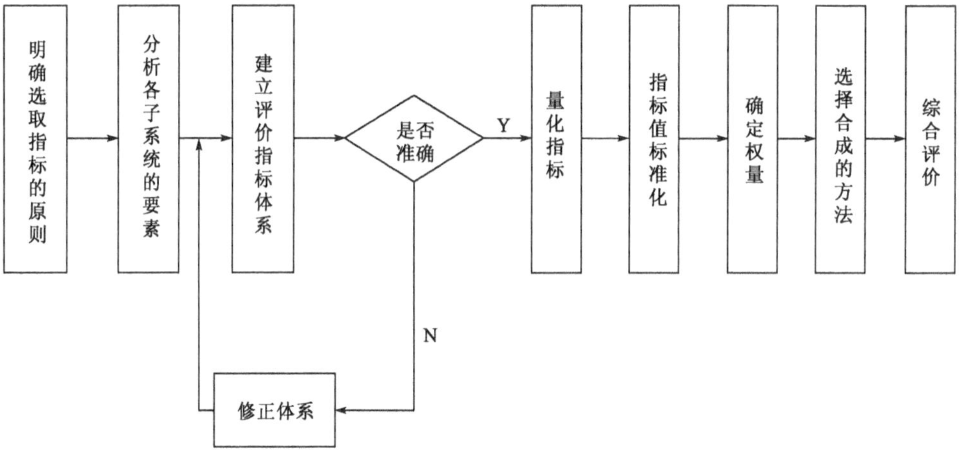


图 9-5　多指标综合评价流程图

2. SDS 系统综合发展水平的评价

可持续发展系统综合发展水平的评价实质上是一个多层次,多指标的综评价问题。其评价过程可以分为以下两步。

(1)采用主分量分析法来计算各子系统的综合发展水平。主分量分析法是在保证信息损失尽可能少的前提下,经线性变换对指标进行“聚集”,并舍弃一小部分信息,从而使高维的指标数据得到最佳的简化。

(2)对子系统进行综合。具体是在已求得的各子系统综合发展水平值的基础上,如已知人口、资源、经济、社会、环境各子系统的综合发展水平值,可考虑对这几个子系统进行进一步加权,得出 SDS 的发展水平值。

对可持续发展系统而言,各子系统分属不同类别,彼此间指标值相关程度小,对他们的权重确定属于估价权重的确定范围,因此用主观赋权法中的层次分析法来确定权重,再进行加权比较合适。

3. SDS 系统持续性评价

(1)对于多区域可持续发展的横向比较评价问题:由于系统持续性评价的目的是为了排序,所以对子系统发展的可持续性评价可采用距离函数作为评价函数形式。把与子系统相对应的指标的观察值或收集到的现状值,对应于空间中的“空间现状点坐标”,把相应的可持续发展的目标值或理想值对应于空间中的“目标点坐标”,该评价模型的核心则是求取“现状点”与“目标点”的差异,即空间中两坐标点间的距离。

(2)对于可持续发展的纵向评价问题:可以考虑用子系统的发展速率(如不递减)作为子系统本身发展的持续性评价标准,也可以用 SDS 的综合发展速度作为整体持续性指标。在此基础上,对整个 SDS 的系统持续性发展作出评价。

4. SDS 系统协调性评价

在评价中,SDS 的协调性首先是指系统中的子系统及构成要素间具有合作、互补、同步等多种关联关系,以及由于这些关系使系统呈现出的协调结构和状态。其次,这种关系并非是固定不变的,而是呈现出一种动态的协调关系。同时,SDS 协调发展的实质是充分利用和促进子系统间的积极关系,实现子系统间的良性循环,达到人口适度增长、经济稳定发展、社会结构合理、资源高效利用、环境状况良好的一种稳定状态。

对于 SDS 系统协调状态的评价,不能仅以“是”或“不是”作出结论。因为协调发展是一个内涵明确而外延不明确的模糊概念,因此,我们用模糊数学中的隶属度概念对其进行描述。应用隶属度的思想,可以建立状态协调度函数,以表示在给定数值下系统对“协调”这一模糊概念的符合程度。其计算公式为:$U=\exp\{-(x-x')^2\}/s^2$,其中,$U$ 表示状态协调度,$x$ 为实际值,$x'$ 为协调值,$s^2$ 为方差。

从公式中可以看出,实际值越接近于协调值,状态协调度 $U$ 越大,说明系统协调发展程度越高。实际值与协调值离差越大,状态协调度越小,系统协调发展程度越低。当实际值等于协调值时,状态协调度为 1,说明系统完全协调。

状态协调度能够反映实际值与协调值接近的程度,即协调发展的程度,通过它可以直观,方便地评价系统的协调发展状况。

根据可持续发展的内涵,可持续发展的实质就是保持持续性和协调性统一基础上的发展,因此,在 SDS 系统的综合发展水平评价,持续性评价和协调发展评价的基础上就不难作出 SDS 的可持续发展状态评价了。

## 四、环境可持续发展能力评价

环境可持续发展能力即为能够持久地在各方面产生高水平环境功能地能力。环境可持续发展能力的内容包括以下四个方面。

(1)公民的环境保护意识。

(2)政府的环境政策。

(3)环境系统对人类活动的支持能力(其阈值即环境承载力)。

(4)环境治理能力,即为人类社会经济活动对环境的控制和保护作用。

在这四项内容中,环境系统对人类活动的支持能力可以通过环境承载力的计算来具体掌握,因此本小节重点从环境系统对人类活动的支持能力(环境承载力)方面进行环境可持续发展能力的量化与评价。

1. 环境承载力

环境承载力指在某一时期,某种状态或条件下,某地区的环境所能承受人类活动作用的阈值。因此环境承载力的大小可以以人类活动作用的方向、强度和规模来加以反映。

在对环境承载力进行量化之前,必须要了解环境承载力的本质。环境承载力的本质包括以下三点。

(1)环境承载力并不是固定不变的,它可以因人类对环境的改造而变化,实际上,人类改造环境的目的,在很大程度上就是为了提高环境承载力。

(2)环境承载力是一个客观的量,是环境系统的客观属性。但是,把握环境承载力不能只从"量"上来入手,还是应从"质"的方面入手。正是在"质"的规定性方面,环境承载力与人类社会经济活动直接相联系。

(3)特定范围的环境,对于特定的人类活动所具有的支持能力的阈值,即环境承载力是一致的。

由于环境承载力是用以衡量人类社会经济活动与该地区环境条件协调适配程度的,因此,环境承载力指标体系中的所有指标都必须是可以度量的。环境承载力可量化指标中应包括以下几种。

(1)自然资源类指标:淡水、土地、矿产、生物等均属于此类,可以用种类、数量及开发条件来表征。

(2)社会条件来指标:人口、交通、能源、经济状况、信息等均属于此类,他们分别可以从不同的角度来加以表征。

(3)污染承载能力类指标:可以用有关污染物在大气、水体、土壤中的迁移、扩散、转化能力(自净能力)以及它们现有的含量(本底值)和敏感限值(即相应的环境标准)来表征。

环境承载力计算的关键是寻找发展变量与限制变量之间的关系,发展变量是反映人类活动强度的量,限制变量是反映人类活动起支持或限制作用的变量,是反映环境资源条件的变量。可以用多元线性逐步回归方法得到。

2. 交通环境容量和交通环境承载力

(1)交通环境容量

可持续交通系统要求交通系统在满足交通需求的同时,不以破坏生态环境、影响资源持续利用为前提。这样,就要求在环境允许的范围内发展交通运输。为此,引出交通环境容量(Traffic Environmental Capacity,TEC)的概念。

交通环境容量是指在人类生存、生态环境和资源利用不致受害的前提下,某一交通环境所能容纳交通系统排放污染物的最大负荷量或其利用环境资源的最大使用量。TEC 可以分为两类:①交通环境污染容量。指环境对交通系统排放的污染物,如 CO、NO、$NO_x$ 等的最大负荷量;②交通环境资源容量。指环境提供给交通系统的环境资源,如土地、石油等的最大使用量。TEC 是环境容量 $V$ 的一部分,可以表达为 $TEC = \alpha \times V$,$\alpha$ 为交通环境容量在环境容量中所占的比重系数。

(2)交通环境承载力

由于 TEC 的限制,交通环境所能负荷的交通总量是有限的。我们把环境对交通系统的负载能力称为交通环境承载力(Traffic Environment Carrying Capacity,TECC)。当 TEC 确定时,TECC 主要取决于单位交通量的排污强度和资源耗费量,此外,由于不同交通工具之间的排污强度、资源耗费量及交通供给量都是不同的,所以环境对不同结构的交通系统来说,其承载力也是不同的。

TECC 也可以划分为交通环境污染承载力和交通环境资源承载力。例如,交通系统中的土地占用问题。对一个区域来讲,可供给交通系统作用的土地面积是有限的,一般不会超过区域总面积的 30% ,否则将制约区域的社会经济发展。土地对交通系统发展的制约正是交通环境资源承载力的一种表现。

TECC 是一种动态变化的能力。短期来看,这种承载力是不变的,是现有经济技术水平下的现实承载力;但从长远来看,它随着经济技术水平的提高而上升,是一种潜在的承载力。

(3)环境可持续性指数(Environment Sustainability Index, ESI)

环境可持续性指数是近几年里建立起来的,一套用来测量不同国家和地区为其后代保持良好环境状况的能力的指标体系。正如 GDP 为经济发展提供了一个大尺度的指标一样,ESI 也把一个国家或地区的环境可持续发展能力用 1 到 100 的简单数字表示出来,该指数为每个国家的下一代人或下两代人可能生活的环境质量提供综合的预测与描述,为环境决策建立有效的基础。

ESI 的核心内容有五个方面:①环境系统的状态,如空气、土壤、生态系统和水;②环境系统所承受的压力,以污染程度和开发程度来衡量;③人类对于环境变化的脆弱性,表现为粮食资源的匮乏或环境所致疾病的损失;④应对环境挑战的社会与体制能力;⑤对于全球环境合作需求的响应能力,这些合作力图保存如大气等国际环境资源。

ESI 评价得出的结果数值(包括各组成部分、各指标和各变量的数值)越高,表明环境可持续发展能力越强,越有利于为未来保持良好的环境状态。

## 复习思考题

1. 对可持续发展内涵是如何理解的?
2. 请概括出可持续发展的四项原则。
3. 什么是可持续发展增长的极限理论,该理论的基本假定有哪些?
4. 可持续发展交通运输体系的具体要求有哪些? 如何确保交通运输地可持续发展?
5. 简述可持续发展评价的基本原则与评价指标。
6. 可持续发展的主要评价方法有哪些? 如何进行层次分析法?
7. 什么是 SDS? 如何实现 SDS 的持续性发展?
8. 简述交通环境容量的定义及其分类,环境可持续性指数的核心内容有哪些?

# 参 考 文 献

[1] 中华人民共和国环境保护行业标准.环境影响评价技术导则总则(HJ/T 288—2006)[S]北京:中国环境科学出版社,2006.
[2] 张坤.环境与可持续发展[M].北京:气象出版社,1999.
[3] 马光等.环境与可持续发展导论[M].北京:科学出版社,2000.
[4] 高吉喜.可持续发展理论探索——生态承载力理论方法与应用[M].北京:中国环境科学出版社,2001.
[5] 承继成,林珲.面向信息社会的区域可持续发展导论[M].北京:商务印书馆,2001.
[6] 伊武军.资源、环境与可持续发展[M].北京:海洋出版社,2001.
[7] 曾珍香,顾培亮.可持续发展的系统分析与评价[M].北京:科学出版社,2000.
[8] 徐新华,吴忠标,陈红.环境保护与可持续发展[M].北京:化学工业出版社,2000.
[9] 战略环境影响评价与可持续发展[J].兰州铁道学院学报,第21卷.
[10] 张生瑞,严宝杰.交通运输系统协调发展的理论分析[J].
[11] 袁伟峰.交通运输的可持续发展观[J].
[12] 王振林,申金升,徐一飞.交通环境容量与交通环境承载力的探讨[J].
[13] 李湛.城市交通运输体系的评价指标体系[J].
[14] 张坤民,杜斌.环境可持续性指数:尝试评价国家或地区环境可持续能力的指标[J].
[15] 徐州港总体规划环境影响报告书[R],2010.
[16] 宁小莉.基于层次分析法的包头市城市生态环境质量评价指标体系构建[A],安徽农业科学 2010,38(4):1997-1998,2052.
[17] 李涛.灰色系统在城市区域环境噪声分析中的应用[J],环境与科学技术 2001,24 卷:28-37.
[18] 周律.环境工程学[M].北京:中国环境科学出版社,2001.
[19] 孙胜龙.环境污染与控制[M].北京:化学工业出版社,2001.
[20] 叶常明.水污染理论与控制[M].北京:学术书刊出版社,1989.
[21] 黄铭荣.水污染治理工程[M].北京:高等教育出版社,1995.
[22] 窦贻俭.环境科学原理[M].南京:南京大学出版社,1998.
[23] 刘天齐.环境保护[M].北京:化学工业出版社,1996.
[24] 陆渝蓉.地球水环境[M].南京:南京大学出版社.
[25] 张玉芬.道路交通环境工程[M].北京:人民交通出版社,2001.
[26] 王莹.长安大学硕士学位论文,2000.
[27] 华娣.公路工程对水的影响及其减轻措施[J].交通环保,1998(1).
[28] 黄满红.公路建设中的水环境问题与对策研究[J].交通环保,2003(4).
[29] 邱立萍.水质监测分析的系统问题[J].交通环保,1999(6).
[30] 王飞.公路建设水土流失与水土保持研究[J].公路,2003(8).
[31] 郦桂芬.环境质量评价[M].北京:中国环境科学出版社,1994.
[32] 赵焕臣.层次分析法[M].北京:科学出版社,1986.

[33] 杨洪.建设项目环境影响经济评价探讨[J].江苏环境科技.2003.
[34] 许榕,徐淑霞.方差分析在环境质量评价中的应用[J].江苏环境科技.2002.
[35] 张松滨,李万海.环境质量评价中的基础分析法[J].辽宁城乡环境科技.
[36] 张松滨,李万海.环境质量评价中的双基指数法[J].辽宁城乡环境科技.
[37] 沈珍瑶,谢彤芳.环境质量评价中若干评价方法的比较[J].干旱环境监测.1998.
[38] 钱明,等.环境质量综合评价最佳权重的确定[J].南京林业大学学报.
[39] 王伟武,等.基于"3S"技术的环境质量评价及其研究展望[J].浙江大学学报,2002.
[40] 赵颖,等.模糊数学在环境质量评价中的应用[J].河南科学.2002(9).
[41] 徐吉谦.交通工程总论(第三版).北京:人民交通出版社,2008.
[42] 王炜.交通工程学.南京:东南大学出版社,2000.
[43] 关坪.环境保护管理与污染治理.北京:国防工业出版社.
[44] 高速公路环境保护与绿化.北京:人民交通出版社,2000.